地气系统碳氮交换

——从实验到模型

黄 耀 著

气象出版社

内容简介

本书以作者及其研究组成员近年来对地气系统碳氮交换的研究工作为基础，系统地介绍了在实验和模型研究方面的成果。全书共分十章：第一章介绍地气系统碳氮交换研究的意义及研究框架；第二章简要介绍国内外稻田生态系统 CH_4 排放、农田生态系统 N_2O 排放、地气系统 NO_x 交换及 CO_2 交换、陆地生态系统碳循环模型的研究进展；第三章介绍地气系统碳氮交换的测定技术、方法和实验设计；第四章至第七章分别介绍稻田 CH_4 排放、农田 N_2O 排放、农田-大气 NO_x 交换、农田土壤有机碳分解和地气系统 CO_2 交换的研究成果；第八章、第九章和第十章分别介绍农田土壤有机碳动态模型、陆地生态系统碳通量模型和区域氮循环模型的研究成果。

本书可供从事环境科学、大气科学、生态学、土壤学和全球变化研究的科研、教学人员及大学生、研究生阅读参考。

图书在版编目(CIP)数据

地气系统碳氮交换——从实验到模型/黄耀　著.
—北京：气象出版社，2003.12
ISBN　7-5029-3662-9
Ⅰ.地…　Ⅱ.黄…　Ⅲ.碳循环—碳氮—研究　Ⅳ.S143.1
中国版本国书馆 CIP 数据核字(2003)第 114176 号

地气系统碳氮交换——从实验到模型
黄　耀　著
责任编辑：李太宇　袁信轩　　终审：陈云峰
封面设计：王　伟

气象出版社 出版
（北京市海淀区中关村南大街 46 号　　电话：68406262）
网址：http://cmp.cma.gov.cn　　Email：ams@cma.gov.cn
北京京科印刷有限公司印制

新华书店北京发行所发行　　全国各地新华书店经销
开本：787 mm×1092 mm　1/16　印张：16.5　字数：403 千字
2003 年 12 月第一版　　2003 年 12 月第一次印刷
印数：1～1000 册　　定价：50.00 元
ISBN 7-5029-3662-9/P・1293

前　　言

自工业革命以来，人类活动对生物圈的影响已从区域扩展到全球，特别是大气中二氧化碳(CO_2)、甲烷(CH_4)和氧化亚氮(N_2O)等温室气体浓度在逐年增加。IPCC (Intergovernmental Panel on Climate Change，政府间气候变化专门委员会)指出，如果温室气体以目前排放速率持续下去，到2100年全球平均温度则可能增加1.4～5.8℃。全球气温升高将会导致海平面上升、降水分布变异、沙漠化加剧、自然灾害发生频繁等，对人类的生存环境和国民经济的可持续发展带来极为不利的影响。除了化学燃料燃烧外，陆地生物圈过程对大气CO_2、CH_4和N_2O浓度的增加起着极其重要的作用。

在中国科学院"引进国外杰出人才"计划(陆地生态系统痕量气体排放的实验与计算机模拟研究，2000～2003)及目前正在实施的中国科学院知识创新工程重大项目(中国陆地和近海生态系统碳收支研究，2001～2005)的资助下，我和我的同事及研究生对地气系统碳氮交换进行了连续的野外观测、实验室培养测定和过程模型的研究。几年来，我们不仅取得了大量的第一手实验数据和研究结果，而且初步建立了从实验研究到模型研究的方法论，这为深入研究陆地生态系统碳氮循环及其对全球变化的响应和反馈奠定了基础。本书系统地介绍了这些研究成果，主要内容源自本研究组在国内外发表的四十余篇论文和有关博士或硕士论文。全书共分十章，第一章介绍地气系统碳氮交换研究的意义及研究框架；第二章简要介绍国内外稻田生态系统CH_4排放、农田生态系统N_2O排放、地气系统NO_x交换及CO_2交换、陆地生态系统碳循环模型的研究进展；第三章介绍地气系统碳氮交换的测定技术、方法和实验设计；第四章至第七章分别介绍稻田CH_4排放、农田N_2O排放、农田-大气NO_x交换、农田土壤有机碳分解和地气系统CO_2交换的研究结果；第八章、第九章和第十章分别介绍农田土壤有机碳动态模型、陆地生态系统碳通量模型和区域氮循环模型的研究结果。

本书是集体智慧和辛勤劳动的结晶。三年多来共有二十余位科技人员和研究生参加了野外实验和模型研究。我不会忘记，无论是酷暑盛夏还是凛冽寒冬，他们都毫无怨言地从事野外实验观测，兢兢业业地研制过程模型。我由衷地感谢王跃思研究员、郑循华研究员、宗良纲教授、徐星凯副研究员、杨昕副研究员、李晶博士以及已经毕业或仍在求学的研究生刘世梁、蒋静艳、焦燕、邹建文、沈雨、孙文娟、张稳、于永强、徐仲均、刁一伟、宋涛、孙扬、王迎红等对项目研究所作的贡献；感谢刘广仁高级工程师和张文研究员为项目研究设计和加工野外采样装置。没有他们的辛勤劳动就不可能使项目得以顺利实施，更不用说撰写本书。感谢王明星研究员、陈泮勤研究员及我的博士学位导师、美国莱斯大学Ronald L. Sass教授对我的鼓励和指导；感谢中国科学院大气物理研究所的领导、大气边界层物理和大气化学国家重点实验室及南京农业大学资源和环境科学学院的领导从实验空间和人员配备上的大力支持；感谢郑循华研究员仔细校阅了第六章和第十章；感谢戴万宏博士和我的博士研究生邹建文、孙文娟在本书各章节的修改和编辑过程中付出的辛勤劳动；感谢气象出版社的领导和编辑，他们的鼎立支持使得本书能在短时间内得以出版。

尽管近年来在地气系统碳氮交换的实验与模型研究方面取得了一定的进展，仍有许多未知的科学问题需要我们来回答。由于著者学术积累有限，本书错误和遗漏在所难免，恳请读者不吝指正。

黄　耀

2003年初夏

目 录

第一章　绪　　论

气候变暖是当今全球性的环境问题，其主要原因是由于大气中温室气体浓度的不断增加。CO_2、CH_4 和 N_2O 被认为是最重要的温室气体。Rodhe(1990)的研究指出，一摩尔 CH_4 的增温效应是 CO_2 的 15～30 倍，N_2O 的增温效应是 CO_2 的 150～200 倍。在夏威夷 Mauna Loa 的观测结果表明，在 1959～1999 年间，大气中 CO_2 浓度从 315 ppmv* 增加到 368 ppmv 左右(http://www.co2science.org)。而在过去的 250 年里，CH_4 和 N_2O 的浓度则分别增加了 151% 和 17%。目前大气中 CO_2、CH_4 和 N_2O 浓度分别为 370 ppmv、1760 ppbv** 和 316 ppbv(IPCC，2001)。对 2100 年大气中温室气体浓度的模型预测表明，届时 CO_2 的浓度可能会增加到 540～970 ppmv，CH_4 浓度的增加范围为－190 到＋1970 ppbv，N_2O 浓度的增加范围为＋38 到＋144 ppbv(IPCC，2001)。

为了提供国际公认的和具有权威性的有关全球气候变化、气候变化对环境的可能影响、气候与社会之间相互作用的科学信息，国际上于 1988 年成立了政府间气候变化专门委员会(IPCC，Intergovernmental Panel on Climate Change)。IPCC 于 1990 和 1992 年完成了第一次综合评估报告，1995 年完成了第二次综合评估报告，2001 年出版了第三次综合评估报告。除对工业、交通和能源消耗等人类活动产生的 CO_2 进行评估外，IPCC 还要求编制由农业活动所产生的 CH_4 和 N_2O 排放量的国家清单(IPCC，2000)。1992 年在巴西里约热内卢召开的联合国环境与发展大会上，包括中国在内的全球 166 个国家与地区签署了旨在"将大气 CO_2 浓度稳定在某一水平以防止人类活动严重干扰气候系统"的《联合国气候变化框架公约》(UNFCCC，United Nations Framework Convention on Climate Change)。该公约要求所有签约国或地区提交一份温室气体排放量和转化量的国家清单，提出为实施该公约的原则和目标所采取的步骤和行动。1997 年在日本京都发表的《京都议定书》为发达国家规定了温室气体减排指标，在 2008 年至 2012 年期间，发达国家的温室气体排放量要在 1990 年的基础上平均削减 5.2%，其中美国削减 7%、欧盟 8%，日本 6%。

研究表明，陆地生态系统碳氮循环过程对大气中温室气体浓度的变化起着至关重要的作用(Melillo 等，1993；Minoda 等，1996；Farquhar，1997；Prentice 和 Lloyd，1998；Robertson 等，2000；Valentini 等，2000)。一方面，陆地生态系统碳氮元素的分解/矿化及转化过程中所产生的温室气体通过土壤和植物进入大气，使得大气中温室气体浓度增加。另一方面，大气中温室气体浓度增加所导致的气候变暖可能使得陆地生态系统的土地利用方式和植被类型等发生变化，CO_2 浓度的增加则使得陆地生态系统的初级生产力提高(http://www.co2science.org/)。而气候变暖、土地利用方式和植被的变化以及陆地生态系统初级生产力的提高使得土壤中有机碳储量发生变化。土壤中有机碳储量是大气中碳储量的 2 倍(Post 等，1982；Eswaran 等，1993)，它的变化驱动着地-气间碳交换过程。同时，土壤有机碳的周转也是氮素转化的载体，其分解/矿化及转化过程直接影响 N_2O 和 NO 等痕量

---

* ppmv＝$\times10^{-6}$

** ppbv＝$\times10^{-9}$

气体在地-气间的交换。

陆地生态系统是一个极其复杂的系统，其碳氮循环过程不仅受到自然环境（如：气候、土壤和地形地貌等）的影响，而且强烈地受到人类活动（如土地利用方式、化肥施用和放牧等）的制约（Post 等，1985；Rasmussen 等，1998；Schlesinger，1999；Izaurralde 等，2000；Scholes 和 Noble，2001；Melillo 等，2002）。20 世纪 80 年代以来，我国科学家对农田温室气体的排放进行了大量的野外观测研究（如：王明星等，1987；1998；陈冠雄等，1995；蔡祖聪等，1998）。由于陆地生态系统的复杂性，仅根据若干个点的测定结果尚不足以阐明我国陆地生态系统 CO_2 源/汇强度的时空分布特征以及编制 CH_4 和 N_2O 排放量的国家清单，且目前我们还难以作大范围的野外测定。因此，建立一个受气候、土壤、生物和人类活动综合影响的生态系统模型并用以研究陆地生态系统碳氮循环尤为重要。在最近的 IPCC 报告中，陆地生物圈模型被广泛用于评价和预测全球陆地生物圈初级生产力和碳循环的过去、现在和未来格局（Melillo 等，1996）。陆地生物圈模型为综合大量的观测数据、分析和预测大尺度的生态系统过程以及启发相关学科对过程和机理作深入研究提供了一个强有力的工具。

实验观测（包括野外测定和实验室分析测定）为过程/机理研究提供第一手资料，过程研究的成果是建立模型的基础。对于任何一个模型研究者来说，如果对模拟对象所涉及的关键过程一知半解，那么他所建立的模型注定是无效的。一般而言，建立陆地生态系统模型的基本目的有两个：科学研究与实际应用。就科学研究的目的而言，模型的建立是对原假设（理论）的检验，如果所建模型能恰当地描述给定系统的有关过程，则认为原假设（理论）是合理的；反之，则需对原假设（理论）进行更深入的研究，从而推动该领域的发展。从实际应用的目的来看，需要应用所建模型对给定系统进行预测和科学管理。利用有效的实验（试验）数据，对所建模型进行检验是模型研究过程中的重要环节。实验测定为过程研究和模型建立提供基本数据，系统模拟给出该过程的数学表达，而系统预测则给出该过程的演变趋势。

区域或国家层面的模型预测需要空间尺度转换，即从点尺度（site scale）到面尺度（regional scale）的拓展。地理信息系统（GIS，Geographical Information System）和遥感（RS，Remote Sensing）技术是空间尺度转换的重要纽带。GIS 是一种以计算机为基础的管理和研究空间数据的技术系统，在计算机软硬件支持下，它可以对空间数据按地理坐标或空间位置进行各种处理和有效管理，通过它研究各种空间实体及相互关系。通过对多因素的综合分析，它可以迅速地获取满足应用需要的信息，并能以地图、图形或数据的形式表示处理的结果。遥感数据是 GIS 的重要信息源，将 RS 和 GIS 数据引入碳氮循环模型是研究陆地生态系统 CO_2 源/汇强度的时空分布特征以及编制 CH_4 和 N_2O 排放量国家清单的重要途径。图 1.1 为本书从实验到模型的基本工作框架。

一般系统论认为，所有系统是由若干要素以一定结构形式联结构成的具有某种功能的有机整体，其共同特征是系统的整体性、关联性、等级结构性、动态平衡性和时序性。系统论的核心思想是系统的整体性，其基本任务不仅在于认识系统的特点和规律，更重要的是利用这些特点和规律去控制、管理和改造一个系统，使它的存在与演替合乎人类社会发展的需要。从系统论的基本观点来分析，陆地生态系统的基本要素是环境（气候和土壤）、生物和人类活动，各要素间相互联系。同时，该系统内层次结构分明（如植被类型可分为森林、草原和农田等，而森林植被又可分为热带雨林、常绿阔叶林等)，各子系统间碳氮元素的交换、转化和迁移过程是动态的，并表现出明显的时间变化特征。对这些过程的研究必须具备物理、化学、数学、生态学、植物学、植物生理学、土壤学、气象学和环境学等专门学科的基本理论和知识。在过去的几十年里，由于我国高等教育的专业划分太细，所培养的高级专门人才往往知识面较窄。因此，对陆地生态系统碳氮循环的研究必须充分强调系统的整体性及多学科的交叉与协作。

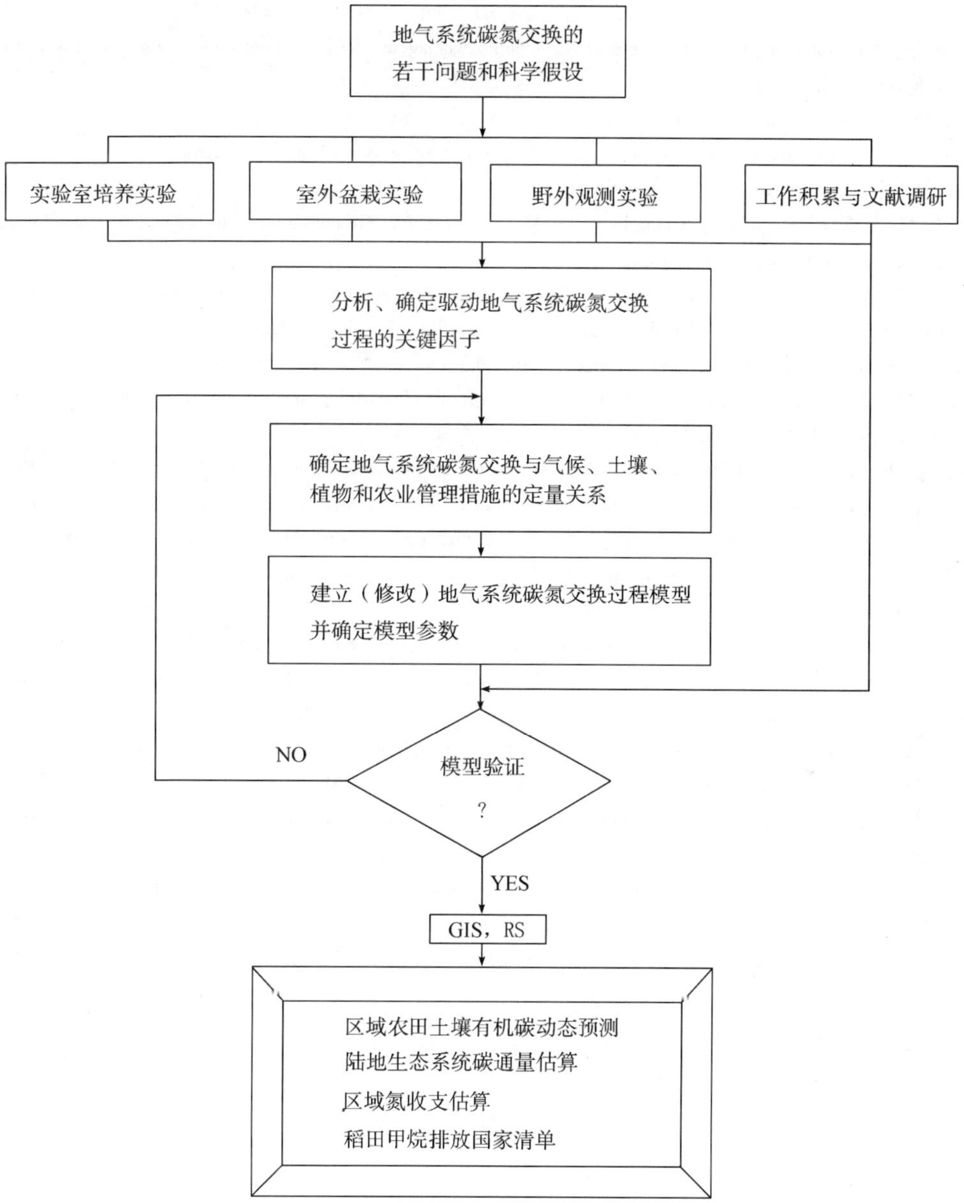

图 1.1 地气系统碳氮交换研究的基本工作框架

参考文献

蔡祖聪，徐华，卢维盛等. 1998. 冬季水分管理方式对稻田 CH_4 排放通量的影响. 应用生态学报，**9**（2）：171～175.

陈冠雄，黄国宏，黄斌等. 1995. 稻田 CH_4 和 N_2O 的排放及养萍和施肥的影响. 应用生态学报，**6**（4）：378～382.

王明星等. 1987. 稻田和沼气池甲烷排放通量的测量. 科学通报，**21**：1646～1649.

王明星，李晶，郑循华. 1998. 稻田甲烷排放及产生、转化、输送机理. 大气科学，**22**（4）：600～612.

Eswaran，H.，van den Berg，E，Reich，P. 1993. Organic carbon in soils of the world. *Soil Science Society of America Journal*，**57**：192－194.

Farquhar，G. D. 1997. Climate change：carbon dioxide and vegetation. *Science*，**278**：1411.

IPCC. 2000. IPCC Good Practice Guidance and Uncertainty Management in National Greenhouse Gas Inventories，IG-ES，Tokyo，pp. 4.53－4.76.

IPCC . 2001. Climate Change 2001. Cambridge University Press，pp. 12－14.

Izaurralde，R. C.，McGill，W. B.，Rosenberg，N. J. 2000. Carbon cost of applying nitrogen fertilizer. *Science*，**288**：809.

Melillo，J. M.，McGuire，A. D.，Kicklighter，D. W.，et al. 1993. Global climate change and terrestrial net primary production. *Nature*，**363**：234－240.

Melillo，J. M.，Prentice，I. C.，Farquhar，G. D.，et al. 1996. Terrestrial biotic responses to environmental change and feedbacks to climate. In：Houghton，J. T.，Meira Filho，L. G.，Callander，B. A.，et al.（eds.）Climate Change 1995：The Science of Climate Change. Cambridge University Press，pp. 444－481.

Melillo，J. M.，Steudler，P. A.，Aber，J. D.，et al. 2002. Soil warming and carbon-cycle feedbacks to the climate system. *Science*，**298**：2173－2176.

Minoda，T.，Kimura，M. and Wada，E. 1996. Photosynthates as dominant source of CH_4 and CO_2 in soil water and CH_4 emitted to the atmosphere from paddy fields. *Journal of Geophysical Research*，**101**：21091－21097.

Post，W.，Emanuel，W.，Zinke，P.，et al. 1982. Soil carbon pools and world life zones. *Nature*，**298**：156－159.

Post，W.，Pastor，J.，Zinke，P. and Stangenberger，A. 1985. Global patterns of soil nitrogen storage. *Nature*，**317**：613－616.

Prentice，I. C. and Lloyd，J. 1998. C-quest in the Amazon basin. *Nature*，**396**：619－620.

Rasmussen，P. E.，Goulding，K. W. T.，Brown，J. R.，et al. 1998. Long-term agroecosystem experiments：assessing agricultural sustainability and global change. *Science*，**282**：893－896.

Robertson，G. P.，Paul，E. A.，Harwood，R. R. 2000. Greenhouse gases in intensive agriculture：contributions of individual gases to the radiative forcing of the atmosphere. *Science*，**289**：1922－1925.

Rodhe，H. 1990. A comparison of the contribution of various gases to the greenhouse effect. *Science*，**248**：1217－1219.

Schlesinger，W. H. 1999. Carbon and agriculture：carbon sequestration in soils. *Science*，**284**：2095.

Scholes，R. J. and Noble，I. R. 2001. Climate change：storing carbon on land. *Science*，**294**：1012－1013.

Valentini，R.，Matteucci，G.，Dolman，A. J.，et al. 2000. Respiration as the main determinant of carbon balance in European forests. *Nature*，**404**：861－864.

第二章　地气系统碳氮交换研究概况

2.1　稻田生态系统 CH_4 排放

甲烷(CH_4)是大气中含量最高的有机气体，它在大气中的平均存留寿命约为 8～10 年(王明星，2001)，可以长时间在全球范围内输送与混合。由于具有较强的化学活性，能在对流层大气中参与许多重要的大气化学过程，其转化产物直接影响人体健康。另外，CH_4 还具有很强的红外辐射吸收带，因此又是一种重要的温室气体。大气中 CH_4 浓度的增加可能引起全球气候变暖，监测大气中 CH_4 浓度的变化并研究其源汇关系是全球变化领域的重要主题之一。

2.1.1　大气 CH_4 浓度、变化趋势及源汇分布

19 世纪法国科学家 Gautier 最早监测到大气中的 CH_4，但并未引起人们的注意。一般公认 Migeotte 于 1948 年首次在大气中发现了 CH_4，他利用测量精度很低的红外光谱测得地面大气 CH_4 浓度为 1.5～2 ppbv(Cicerone 和 Oremland，1988)。1983 年起世界气象组织在全球 23 个大气本底监测站开展了统一规范的大气 CH_4 浓度观测，结果显示 1998 年全球地面大气 CH_4 平均浓度为 1.75 ppmv(IPCC，2001)。20 世纪 90 年代以后，冰芯气泡分析等分析技术提供了大量不同年代大气 CH_4 浓度的资料(图 2.1a)。冰芯分析技术的结果和近 20 年的实际观测资料表明，工业革命前，地球大气 CH_4 浓度长期保持在约 0.6～0.8 ppmv，工业革命后，大气 CH_4 浓度迅速增加，到 20 世纪 70 年代达到1.6 ppmv 左右，70 年代末到 80 年代增加较快，年均增长率 1.2%左右，80 年代中期增长率开始逐渐降低，80 年代末为0.8% $\cdot a^{-1}$，1992 年大气 CH_4 年增长率降到最低，并出现了负增长(图 2.1b、c)。

全球范围内，近地层大气中 CH_4 浓度沿纬圈分布基本上是均匀的，但不同纬度上有较明显的差异。南半球大气 CH_4 浓度较低，随纬度变化不明显，而北半球大气 CH_4 浓度明显高于南半球，且随纬度增加明显增加(National Research Council，1984)。关于大气 CH_4 浓度随高度垂直变化的有限观测表明，对流层内大气 CH_4 浓度基本上是均匀的，对流层顶到大约 40 km 高度的平流层上部大气 CH_4 浓度总体上呈线性递减趋势(Meszoros，1981)。

IPCC(1990)估计全球 CH_4 排放总量为 525 Tg $\cdot a^{-1}$(1 Tg=10^{12} g)，王明星(2001)估计为 515 Tg $\cdot a^{-1}$左右。大气 CH_4 浓度的增加主要源于生物过程的排放，这些过程大多发生在厌氧环境下，如反刍动物的瘤胃、天然湿地、稻田、垃圾和废弃物堆放处理场等。CH_4 产生的非生物源主要来自化石燃料的开采和使用过程，非生物源的大气 CH_4 只占 20%左右。大气中 CH_4 的汇是通气良好的土壤或干燥土壤的吸收以及大气中 CH_4 的氧化，后者占主导地位，主要机制是在土壤微生物参与下 CH_4 的氧化和大气中 OH^- 自由基参与下的 CH_4 的氧化。表 2.1 给出目前已知大气中 CH_4 源/汇的种类及其估算量(Bouwman，1990a；Schütz 等，1990a)。

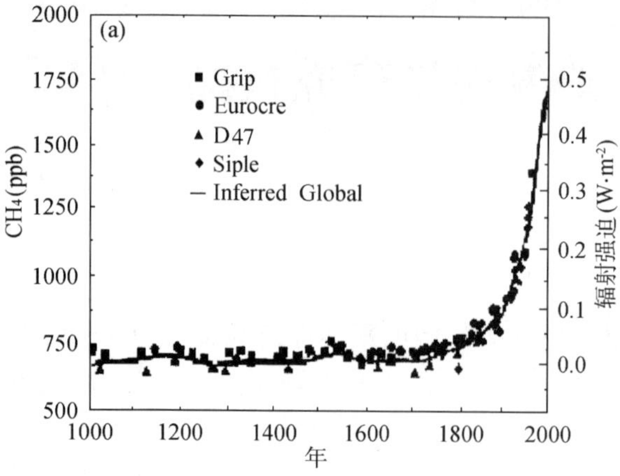

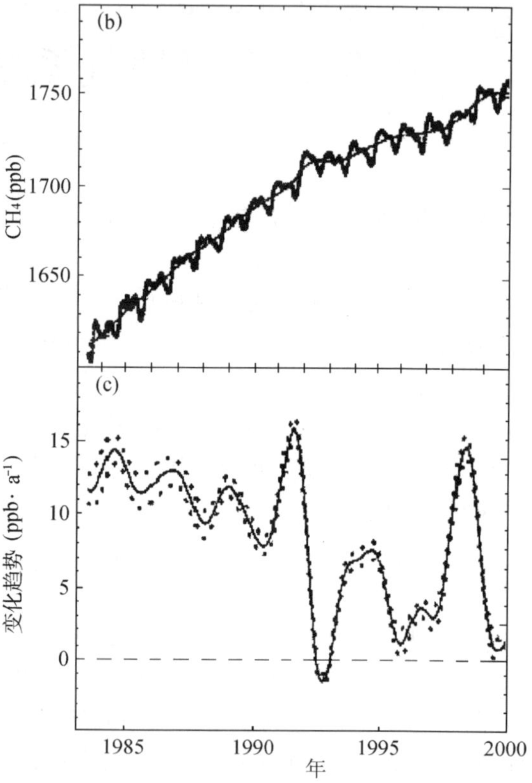

图2.1　不同时间尺度大气 CH_4 浓度、变化趋势和辐射强迫（IPCC，2001）

(a) 过去 1000 年大气 CH_4 浓度的变化。资料来源：Grip，Blunier 等(1995)和 Chappellaz 等(1997)；Eurocore，Blunier 等(1993)；D47，Chappellaz 等(1997)；Siple，Stauffer 等(1985)；Inferred Global，Etheridge 等(1998)和 Dlugokencky 等(1998)；(b) 1983 至 1999 全球 CH_4 平均浓度(Dlugokencky 等，1998)；(c) 1983 至 1999 大气 CH_4 浓度年增长率(Dlugokencky 等，1998)。

表 2.1　大气中甲烷的源和汇

源/汇	类别	CH_4 年释放/吸收量($Tg \cdot a^{-1}$)
CH_4 源	填埋	30～70
(Bouwman,	其它非生物源	1～2
1990a)	天然气开采	30～40
	煤矿开采	35
	生物质燃烧	55～100
	水稻田	60～140
	反刍动物瘤胃	66～90
	其它自然源(包括海洋、淡水湖，火灾等)	15～35
	白蚁	6～42/2～5
	湿地	40～160
	总量	334～714
CH_4 汇	对流层 OH^- 氧化	421
(Schütz 等，	平流层 OH^- 氧化	60
1990a)	土壤吸收	40
	总量	521

2.1.2　稻田 CH_4 排放研究概况

自 Koyama 于 1963 年在实验室中测定稻田土壤的 CH_4 排放以后，世界上很多科学家对稻田 CH_4 排放进行了大量的野外观测，较早的野外观测在美国和欧洲（如：Cicerone 和 Shetter，1981；Seiler 等，1984；Holzapfel 和 Seiler，1986；Schütz 等，1989b），随后占全球水稻面积 90%以上的亚洲国家，包括中国（如：王明星等，1987；Wang 等，1990；陈冠雄等，1995；蔡祖聪等，1995a、b）、菲律宾（如：Denier van der Gon 和 Neue，1995；Denier van der Gon 等，1996）、印度（如：Parashar 等，1991）、印度尼西亚（如：Nugroho 等，1994）的科学家也对稻田 CH_4 排放进行了大田观测和深入研究，这些研究为全球稻田 CH_4 排放估算提供了第一手资料。

我国学者自上世纪 80 年代起先后在东北、华北、华中、西南、华东和华南等稻区对 CH_4 排放进行了系统的观测和机理研究（戴爱国等，1991；陈德章和王明星，1993；上官行健等，1993a、b、c；沈壬兴等，1995；陈冠雄等，1995；蔡祖聪等，1995a、b；1998；卢维盛等，1997a；卢婉芳等，1997；徐华等，1999a；Wang 等，1990；Yao 和 Chen，1994a、b；Yao 等，1996；Wang 和 Shangguan，1996；Zheng 等，1997；1998；Wang 等，1999；Huang 等，2001），并建立了估算稻田 CH_4 产生、氧化和排放过程的模型（丁爱菊和王明星，1995；Huang 等，1998）。在研究稻田 CH_4 排放的同时，对减排措施也进行了探索研究（上官行健和王明星，1993；李玉娥和林而达，1993；李晶等，1997；1998）。

IPCC（2000）明确规定各国有义务编制国家或地区尺度的稻田 CH_4 排放清单，准确估计稻田 CH_4 排放量及客观评价环境、生物和农业管理等对稻田 CH_4 排放的影响是制订 CH_4 减排政策和发展减排技术的基础。早期的稻田 CH_4 排放估计是通过大田观测数据外推到区域或全球（Cicerone 和 Shetter，1981；Holzapfel 和 Seiler，1986；Schütz 等，1989b；Neue 等，1990；Wang 等，1990；Waston 等，1992），或假定 CH_4 排放是水稻净初级生产力的一部分，继而通过水稻物质生产进行估计（Aselmann 和 Crutzen，1989；Taylor 等，1991；Bachelet 和 Neue，1993；Bachelet 等，1995）。由于人们采用的方法不一致，对全球稻田 CH_4 排放的估计有较大的差异，数值上从 25.4～54 $Tg \cdot a^{-1}$（Sass，1994）到 120～200 $Tg \cdot a^{-1}$（Crutzen，1985）。随着人们对 CH_4 排放机理的进一步认识，稻田 CH_4 排放模型（Cao 等，1995；Nouchi 等，1997；Huang 等，1998；Matthew 等，2000；Bodegom 等，2001）逐步成为估计区域尺度或全球尺度 CH_4 排放的重要工具（IPCC，2000）。2001 年由若干国际知名的稻田 CH_4 排放研究专家（包括：Sass，R. L.；Mosier，A.；Neue，H. U.；Khalil，M. A. K.；Conrad，R.；Wang，M. X.；Cai，Z. C. 等）参加的亚洲稻田温室气体排放国际会议在南京召开，与会科学家一致认为全球稻田 CH_4 排放量为 20 $Tg \cdot a^{-1}$ 左右（Sass 等，2002）。这些最新的估计值远远小于 Bouwman（1990a）和 IPCC（1990）的估计值。

2.1.3　稻田 CH_4 排放过程和机理

稻田灌水期间，水层将土壤与大气隔离，土壤中 O_2、Fe^{2+}、NO_3^- 和 SO_4^{2-} 被依次还原消耗，形成一个还原性厌氧环境，产 CH_4 细菌和其它厌氧细菌在土壤中生长繁殖、分解土壤有机物产生 CH_4。稻田生态系统中，水体和表层土壤是有氧环境，是 CH_4 的氧化区。较深的土层是厌氧环境，CH_4 在这个厌氧环境下产生。一般认为，稻田土壤中 CH_4 的产生主要在 5～20 cm 土层中，其中以 10～15 cm 土层产生率最高。但在总体厌氧的深层土壤中，植物和根表面会形成很薄的有氧区氧化 CH_4。稻田 CH_4 的产生和氧化涉及到很多复杂的微生物过程，而 CH_4 由土壤向大气排放又涉及到很复杂的物理过程，因此稻田 CH_4 排放取决于稻田有机质还原产生 CH_4 和 CH_4 氧化消耗以及传输这三个过程的综合作用。气候、土壤、水稻生长和农业管理等因素都对稻田 CH_4 排放产生明显影响。

2.1.3.1　稻田 CH_4 的产生

稻田土壤淹水形成的厌氧环境中，土壤有机质、死亡的作物根系或作物体、作物残茬或还田秸秆、施入的有机肥、死亡的土壤动物和微生物以及作物根系分泌物等有机物质，在厌氧细菌（糖类水解发酵细菌、氢还原细菌和产乙酸细菌等）作用下逐渐分解为简单的小分子化合物（如 HCOOH、CH_3COOH、CO_2、H_2 等）。在此基础上，产 CH_4 细菌进一步将 CO_2 和 H_2、酯类、有机酸盐等小分子化合物转化为 CH_4（Koyama，1963；Stainer 等，1976；Batjes 和 Bridges，1992）。

淹水稻田土壤中 CH_4 的生成是一个生物化学过程，有两条主要途径：一是在专性矿质化学营养 CH_4 形成细菌的参与下，以 H_2 或有机分子作 H 供体还原 CO_2（Conrad 等，1986；Papen 和 Rennenberg，1990；Peters 和 Conrad，1996；Yao 和 Conrad，1999）或直接利用 HCOOH 和 CO 形成 CH_4（Papen 和 Rennenberg，1990），简单化学反应式为：

$$CO_2(g) + 4H_2(g) \longrightarrow CH_4(g) + 2H_2O \tag{2.1}$$

$$4HCOOH\ (aq) \longrightarrow CH_4(g) + 3CO_2(g) + 2H_2O \tag{2.2}$$

$$4CO\ (g) + 2H_2O\ (l) \longrightarrow CH_4(g) + 3CO_2(g) \tag{2.3}$$

另一条途径是在甲基营养 CH_4 形成细菌的参与下，含甲基的简单化合物（乙酸、甲醇和三甲胺等）经过脱甲基作用产生 CH_4（Papen 和 Rennenberg，1990；Yao 和 Conrad，1999），这是 CH_4 形成的主要途径，占 70%左右（闵航等，1993），反应式为：

$$2CH_3COO^-\ (aq) + 2H^+\ (aq) \longrightarrow 2CH_4(g) + CO_2(g) \tag{2.4}$$

$$4CH_3OH \longrightarrow 3CH_4 + CO_2 + 2H_2O \tag{2.5}$$

$$4(CH_3)_3N + 6H_2O \longrightarrow 9CH_4 + 3CO_2 + 4NH_3 \tag{2.6}$$

在这些产生途径中，稻田 CH_4 主要产生于 H_2-CO_2 和乙酸盐途径，其中 H_2-CO_2 产生 CH_4 过程的贡献约占 30%～50%（Schütz 等，1989a），同时乙酸脱羧过程被认为是淹水稻田形成 CH_4 的最重要途径（Takai 和 Wada，1990；Achtnich 等，1995a）。

厌氧还原条件下产生 CH_4 的微生物过程受到许多因素的制约，这些因素包括反应底物的供给、不同细菌对反应底物的竞争和土壤温度等。稻田土壤中诸如氮氧化物、硫酸盐和 Fe(III)等其它电子受体一旦被还原耗尽，土壤 CH_4 的产生就会迅速增加，此时 CH_4 的产生主要受土壤有机质（包括脱落的根细胞、根系分泌物和植物残茬）降解所提供的底物驱动，在无外源有机碳输入时，植物根系活动对 CH_4 的产生至关重要（Sass 等，1990）。土壤中组成其它氧化还原体系的物质亦影响 CH_4 的产生（Achtnich 等，1995b；Klüber 和 Conrad，1998；Yao 和 Conrad，1999），通常认为只要铁还原细菌或硫酸盐还原细菌还具有竞争 H_2 和乙酸的能力，CH_4 产生细菌就没有足够的能量去争夺 H_2 和乙酸的电子而产生 CH_4（Lovley 和 Goodwin，1988；Achtnich 等，1995b）。在大部分情况下，稻田土壤氧化还原电位高于－150 mV 时产 CH_4 细菌的活性就受到抑制（Zehnder 和 Stumm，1988；Masscheleyn 等，1993；Wang 等，1993），但也有实验观测到在较高的氧化还原电位下仍能产生 CH_4（Fetzer 和 Conrad，1993；Peters 和 Conrad，1996；Roy 等，1997）。大多数产 CH_4 细菌对温度变化很敏感，最佳繁殖温度一般为 30～40℃。

2.1.3.2 稻田 CH_4 的氧化

土壤 CH_4 的氧化发生在 CH_4 向大气传输过程中（King，1992）。淹水稻田 CH_4 的氧化主要发生在土壤表层的氧化层和根际氧化膜中，氧化层的厚度取决于 O_2 的供给和消耗，一般从 0～2 cm 不等（Bosse 和 Frenzel，1998），根际氧化膜一般只有 0～0.2 mm，但它是稻田深层 CH_4 氧化的重要场所（Gilbert 和 Frenzel，1998），CH_4 也有可能在植物体内的有氧环境中被氧化。稻田 CH_4 氧化速率主要取决于有氧层厚度、O_2 浓度和 CH_4 的有效性（Gilbert 和 Frenzel，1995；Watson 等，1997）。IPCC（1995）估计每年被土壤氧化吸收的大气 CH_4 量大约为 30 Tg（以 CH_4 计）。有研究认为稻田 CH_4 氧化过程能够消耗稻田产生 CH_4 总量的 80%～94%（Schütz，1989a；Elizabeth 和 Hemond，1992）。土壤吸收 CH_4 和 CH_4 在土壤中氧化是大气 CH_4 的唯一陆地汇，也是全球 CH_4 收支的重要构成（Dorr 等，1993；MacDonald 等，1998）。

CH_4 可以在有氧和厌氧环境下被氧化，虽然有报道认为稻田土壤中存在 CH_4 的厌氧氧化过程（颜晓元和蔡祖聪，1996），但更多的研究指出 CH_4 氧化非常严格地与氧气的存在相伴，表明厌氧氧化不重要。CH_4 氧化受土壤中 CH_4 氧化细菌和硝化细菌的控制（Papen 和 Rennenberg，1990；Knowles，1993），这些微生物产生催化酶使得 CH_4 或简单有机化合物作为底物发生氧化反应：

$$CH_4 + NADH + H^+ + O_2 \xrightarrow{\text{甲烷单氧酶}} CH_3OH \xrightarrow{\text{甲醇脱氢酶}} CH_2O \xrightarrow{\text{甲醛脱氢酶}} HCOOH \xrightarrow{\text{甲酸脱氢酶}} CO_2 + NADH + H^+ \quad (2.7)$$

$$CH_4 + O_2 + XH_2 \xrightarrow{\text{氨-单氧酶}} CH_3OH + H_2O + X \quad (2.8)$$

此外，人们也发现了 CH_4 的厌氧氧化的一些其它过程。如 Yavitt 等（1987）认为硫酸盐可能是厌氧环境中氧化 CH_4 的主要氧化剂，其反应过程可以表示为（Papen 和 Rennenberg，1990）：

$$CH_4 + SO_4^{2-} \longrightarrow HCO_3^- + HS^- + H_2O \quad (2.9)$$

土壤中 CH_4 的氧化速率主要由土壤理化性质决定，其中包括质地（Dorr 等，1993）、孔隙度（MacDonald 等，1996）、pH 值（Hütsch 等，1994）、有机质含量（Czeipel 等，1995）、土壤湿度（Castro 等，1994）和温度（Crill，1991）等。有研究指出施氮量也影响 CH_4 的氧化（Steudler 等，1989；MacDonald 等，1997）。

2.1.3.3 稻田 CH_4 的传输

土壤中产生的 CH_4 通过三条途径向大气排放：植物体传输、气泡传输和分子扩散（王明星，2001）。三条途径对稻田 CH_4 排放的贡献随区域和水稻生长而异。上官行健等（1993a）对中国湖南双季稻田的观测研究指出，对于早稻生长季来说，土壤产生而又未被氧化的 CH_4 有 73%通过植物体排放，24%通过气泡排放，只有 3%通过水层液相扩散排放；而对于晚稻，三条途径的排放分别占 55%、40%和 5%。

水稻植株体为 CH_4 向大气传输提供了主要通道（Cicerone 和 Shetter，1981；Holzapfel-Pschorn 等，1986；Schütz 等，1989a）。水稻生长期 CH_4 排放主要以水稻植株通道为主。Seiler 等（1984）和 Schütz 等（1989b）的模拟实验结果表明，在水稻生长的大多数阶段，绝大部分 CH_4（大约 95%）是通过水稻植株体的通气组织排放到大气中的，气泡和液相扩散对 CH_4 排放的贡献很小。Holzapfel-Pschorn 等（1986）也观察到大约 80%的 CH_4 是通过水稻植株排放的。水稻植株传输 CH_4 的相对重要性和传输阻力因水稻生育期和品种而异（De Bont 等，1978；Inubushi 等，1990b；Huang 等，1997a）。不同水稻品种间株型、株高的差异也会影响其传输能力（上官行健等，1993a；王明星等，1998）。

气泡扩散传输是 CH_4 向大气释放的另一条途径。影响气泡传输过程的因素包括风速、水温、辐射、水位和大气压（Mattson 和 Likens，1990）。不同研究者在不同地点测得的气泡扩散传输在 CH_4 排放中所占的比例不同（Devol 等，1988；Wilson 等，1989；Bartlett 等，1988；Crill 等，1988；上官行健等，1993a），范围在 20%～85%。

稻田淹水情况下，气体分子在水中的扩散速率非常慢，大约是其在大气中扩散的 10^{-4}。因此稻田 CH_4 扩散排放非常困难，并有相当部分 CH_4 在扩散途中被氧化（Whalen 和 Reeburgh，1990；Conrad 和 Rothfuss，1991）。据实验观察，稻田土壤中通过液相扩散方式排放的 CH_4 只占排放总量的 2.7%～4.5%（上官行健等，1993a）。

2.1.4 稻田 CH_4 排放的影响因素

稻田 CH_4 排放是由 CH_4 的产生、氧化和传输共同作用的结果，其中涉及到一系列微生物、物理和化学过程（Bosse 和 Frenzel，1998）。因此与上述过程相关联的任何因素都会影响稻田 CH_4 的产生和排放。一般认为，控制稻田 CH_4 排放的主要因素包括（1）土壤因素：土壤类型、质地、温度、水分、pH 和 Eh 等（Neue 等，1994；Sass 等，1994）；（2）气候因素：温度、辐射、降雨和风速等（Schütz 等，1990b；Sass 等，1991）；（3）农业管理措施：灌溉、施肥（包括有机肥和化肥）等（Schütz 等，1989b；Yagi 和 Minami，1990；Inubushi 等，1990a、b；Cicerone 等，1992；Lindau 等，1991；Sass 等，1992）和（4）生物因素：水稻生长发育和品种（Nouchi 等，1990；Whiting 和 Chanton，1993；Lin，1993；Nouchi，1994；Sass 和 Fisher，1995）。

2.1.4.1 温度

土壤温度直接影响有机质的分解及 CH_4 产生、氧化过程中所涉及的一系列微生物菌群的数量、种群结构和活性（Schimel 和 Gulledge，1998），同时也影响 CH_4 的传输过程（上官行健等，1993a）。温度升高有助于 CH_4 排放（上官行健等，1993a；Holzapfel-Pschorn 和

Seiler,1986;Yagi 等,1998)。稻田 CH_4 排放日变化与土壤温度有密切关系(Sass 等,1991),在持续淹水、无外源有机质施用和土壤温度的季节变化幅度较大的情况下,稻田 CH_4 排放的季节性变化与土壤温度直接相关(Huang 等,2001)。不同时期 CH_4 排放与不同深度的土壤温度相关,Schütz 等(1989b;1990b)的研究结果表明,在 5 月、6 月和 8 月,CH_4 排放与浅层(1～5 cm)土壤温度相关性最好,6～7 月与深层(10～15 cm)温度相关性最好;同时指出 CH_4 排放通量无论是日变化还是季节变化,均与 1～15 cm 土层的温度呈正相关,与 20 cm 深的土温不相关或弱相关。许多研究者在实验观测基础上提出,稻田 CH_4 排放通量与土壤温度呈指数关系,可以用 Arrhenius 方程来描述(上官行健等,1993c;Schütz 等,1990b;Sass 等,1991;Khalil 等,1998;Wassmann 等,1998;Huang 等,2001),即在有机质充分供给等适度条件下,CH_4 排放速率与土壤温度的关系遵循 Arrhenius 方程:

$$F = A \cdot e^{-E_a/(R \cdot T)} \tag{2.10}$$

其中 F 为 CH_4 排放速率,E_a 为表观活化能,R 为气体常数,T 为土壤温度(K),A 为经验系数。稻田 CH_4 排放随温度的变化也可以用 Q_{10} 表示,一般情况下温度每升高 10℃,CH_4 排放速率增加 2～3 倍,即 Q_{10} 为 2～3(Khalil 等,1998)。但不同研究者得出的稻田生态系统的 Q_{10} 数值差异较大,大多数报道 Q_{10} 数值在 2～20 之间(Khalil,1991;Schütz 等,1989b;Huang 等,2001)。

土壤微生物对不同温度范围的适应性不同,因此温度对 CH_4 排放的影响也会随温度范围不同而不同,当温度低于 10～15℃时,稻田 CH_4 产生率迅速下降,而在温度高于 60℃后,CH_4 的产生一般会停止(Pacey 和 De Gier,1986),许多产 CH_4 菌在 30℃左右时 CH_4 产生率最高(Neue 和 Scharpenseel,1984)。Inubushi 等(1990a)也发现,相对较高温度(特别是 30℃以上)会促进 CH_4 的形成。

也有研究指出稻田 CH_4 排放与温度之间并不存在简单的相关关系(Lindau 等,1991;蔡祖聪等,1998)。Cicerone 等(1983)、Seiler 等(1984)和 Sass 等(1990;1992)观测到稻田 CH_4 排放的季节动态并不直接归咎于温度的季节变化,有些研究(戴爱国等,1991)虽然观测到稻田 CH_4 排放与温度具有相同变化趋势,但两者间并不存在相关关系。这是因为影响稻田 CH_4 排放的因子很多,环境因子之间具有复杂的交互作用,当一个或多个其它环境因子受到限制时,温度就不再是引起 CH_4 排放季节变化的主导因数(Svensson,1984;Yavitt,1987)。Huang 等(2001)通过比较美国德克萨斯和中国南京地区的持续淹水稻田 CH_4 排放与影响因数之间的关系后,认为稻田 CH_4 排放与土壤温度的显著正相关关系一般出现在水稻生长期内土壤温度变化较大的持续淹水稻田。生长季内太小的土壤温度变化(如:Cicerone 等在美国加利福尼亚州的试验和 Sass 等在美国德克萨斯州的试验)并不足以影响 CH_4 的产生与排放,水分管理(如烤田)对 CH_4 产生的影响亦远远超过土壤温度的影响,因而观测不到 CH_4 排放季节性变化对温度的依赖关系(Huang 等,2001)。

2.1.4.2 水分管理

稻田 CH_4 产生的厌氧条件很大程度上决定于土壤水分状况。当水分阻止了 O_2 扩散而在土壤中形成厌氧环境时才产生 CH_4,因此水分对稻田 CH_4 的产生起着重要作用。CH_4 的产生随土壤含水量增加而增加,而土壤对 CH_4 的吸收与土壤含水量成反比。上官行健等(1994)报道,稻田土壤湿度降低到一定程度时(26%～31%,w/w),CH_4 排放率突然减小,并且随着湿度的降低,主要的产 CH_4 区域向土壤深层转移。

大量研究指出,稻田淹水和烤田相结合是减少 CH_4 排放的理想措施(Yagi 和 Minami,1990;Kimura 等,1991;Sass 等,1992),适当的间歇烤田能大幅度减少 CH_4 排放量(王明星等,1998;熊效振等,1999;Nugroho 等,1994;Husin 等,1995;Trolldenier,1995;Watanabe 等,1995;Yagi 等,1996)。这是因为烤田会导致土壤 Eh 增高而抑制 CH_4 产生和排放(Masschelyn 等,1993),同时土壤的干湿交替会杀死产 CH_4 细菌和其它有关微生物(Kieft 等,1987),从而降低了稻田 CH_4 排放。因而,烤田后即使再复水稻田 CH_4 的排放量仍然难以恢复到烤田前的水平。

烤田能大大降低稻田 CH_4 排放的总体水平,但很多研究表明在烤田初期的二三天内有大量的 CH_4 排放,在数量上可占全生育期排放总量的 7%～10%(Denier van der Gon 和 Neue,1995;Yagi 等,1996),甚至可高达 20%(Wassmann 等,1994)。对这个现象的解释是淹水期间有大量的 CH_4 蓄积在土壤中,烤田使这部分 CH_4 向大气排放的阻力减小,因而得以充分释放。

稻田水层深度对 CH_4 排放也有一定的影响(上官行健和王明星,1993;Moore 和 Roulet,1993;Schimel 和 Gulledge,1998)。据 Sebacher 等(1986)报道,灌溉水层在 10 cm 以内时,CH_4 排放通量随着水位深度的增加而增加,一旦超过此阈值,CH_4 排放反而下降。然而,Lindau 等(1991)的研究认为 CH_4 排放通量与水层深度之间不存在相关关系。

2.1.4.3 施肥

稻田施加有机肥为微生物特别是为产 CH_4 细菌提供能量来源和反应底物,因而促进 CH_4 的产生和排放(上官行健等,1993c;陈德章和王明星,1993;Schütz 等,1989b;Yagi 和 Minami,1989;1990;Sass 等,1991;Cicerone 等,1992;Wassmann 等,1993;Neue 等,1994;Zheng 等,1999)。值得重视的是,沼渣肥是我国农业生产上一种特殊形式的有机肥,大量观测试验表明这种已经发酵过的"陈"有机肥能够不明显地促进 CH_4 的排放(陈德章和王明星,1993;上官行健等,1993c;1994)。另外,我们的研究中也发现施用未经堆腐的干有机厩肥与稻田水分管理相结合并不显著增加 CH_4 排放(邹建文等,2003a)。

秸秆还田和施用新鲜绿肥对稻田 CH_4 排放有明显影响,但影响大小随施用量和土壤特性而不同。Schütz 等(1989b)在意大利稻田土壤(砂粒含量 60%)施用 3 $t \cdot hm^{-2}$、6 $t \cdot hm^{-2}$ 和 12 $t \cdot hm^{-2}$ 水稻秸秆时 CH_4 排放比对照分别增加了 44%、155%和 212%;Sass 等(1991)在美国德克萨斯稻田施用 6 $t \cdot hm^{-2}$ 秸秆使 CH_4 排放增加 30%;Yagi 和 Minami(1990)在日本稻田施用 6 $t \cdot hm^{-2}$ 秸秆使 CH_4 排放增加 2～3 倍。Lauren 和 Duxbury(1993)报道,稻田施用绿肥量为 9.3 $g \cdot kg^{-1}$ 土时可以使 CH_4 排放增加 2～3 倍。稻田施用绿肥所增加的 CH_4 排放高于秸秆还田的效应(Neue 等,1994;Denier van der Gon 和 Neue,1995)。Huang 等(1998)分析了菲律宾、美国和意大利的相关研究结果指出,砂性土壤施用有机肥对 CH_4 排放的贡献大于粘性土壤。

矿质化学肥料在稻田生态系统中被广泛使用,它们对稻田 CH_4 排放的影响主要依赖于肥料类型、施用量和施用方式(Schütz 等,1989b)。各类化肥对稻田 CH_4 排放的影响机理还存在很大争议,不同的研究者观测得到的结果并不一致。相关内容请参阅王明星所著

《中国稻田甲烷排放》(王明星,2001)。

2.1.4.4　土壤类型和土壤性质

不同类型土壤具有不同的理化和生物学特性,主要包括土壤质地、有机质含量、结构、矿物质含量、pH 和 Eh 等,这些都会对稻田土壤 CH_4 的产生、氧化和传输过程产生很大影响。王明星著的《中国稻田甲烷排放》对相关内容进行了系统总结(王明星,2001)。但由于不同研究中的环境因素和栽培管理措施的差异,导致许多结果缺乏一致性和可比较性。相对而言,在相同气候和栽培条件下,不同土壤对稻田 CH_4 排放影响的研究还较少,本书第四章对这方面研究有较为详尽的介绍。

2.1.4.5　水稻生长与水稻品种

稻田是人们以获取水稻籽粒为最终目的的人为生态系统,各种农作措施(包括水分管理、耕作和施肥等)的实施是以水稻生长发育阶段的进程作为前提的,同时人们不断培育新的水稻品种以获取较高的籽粒产量和较好的品质。水稻的生长状态和基因型差异都影响稻田 CH_4 排放。水稻生长对 CH_4 排放的影响主要包括三个方面:①水稻植株以生物残体或根系分泌物形式向根际提供有机碳,促进稻田 CH_4 的产生(Raimbault 等,1977;Holzapfel-Pschorn 等,1986;Kludze 等,1995);②水稻植株向下输送 O_2,在根际形成有氧微区从而使 CH_4 氧化(De Bont 等,1978;Conrad 和 Rothfuss,1991;Gerard 和 Chanton,1993);③水稻植株为 CH_4 向大气传输提供通道(Cicerone 和 Shetter,1981;Holzapfel-Pschorn 等,1986;Schütz 等,1989a)。农业技术措施影响水稻的生长发育,进而影响 CH_4 的产生、氧化和传输。Schütz(1989b)观察到水稻生长增加了植株的 CH_4 排放,同时也增加了 CH_4 在根际再氧化的比例。Sass 等(1990)研究表明植株体内 CH_4 气体浓度与土壤中 CH_4 产生量和根系生物量相关。

Minoda 和 Kimura(1994)以及 Minoda 等(1996)利用 $^{13}CO_2$ 的研究指出,水稻植株通过光合作用固定的一部分 ^{13}C 在 3～11 小时内便通过水稻根系分泌到根区,然后以 CH_4 的形式排放。Sigren(1996)在美国德克萨斯州稻田的原位测定结果表明,在植稻土壤能检测到较高的乙酸浓度,而在同一小区非植稻土壤的乙酸浓度要比植稻土壤的低 2～3 个量级。Sass 等(1991)报道,无论施用秸秆与否,CH_4 排放总是伴随着水稻产量的增加而增加。Huang 等(1997a、b)报道美国德克萨斯州淹水稻田 CH_4 季节排放总量与水稻地上生物量之间存在显著正相关,CH_4 的日排放与水稻地上生物量和地下生物量之间均有显著的相关性,同时根据 CH_4 排放与水稻生物量的相关关系推断稻田季节性 CH_4 排放总量相当于水稻净光合产物的 1.2%～5.4%(均以碳计)。

稻田 CH_4 排放还与水稻的品种及其形态学特征有关(Sass 等,1994;Lindau 等,1995;Huang 等,1997b)。印度(Denier van der Gon 和 Neue,1995)、中国(上官行健等,1993b、d;陈德章和王明星,1993;Lin,1993)和美国(Lindau 等,1995;Sass 和 Fisher,1995)的研究均指出,不同水稻品种的 CH_4 排放存在很大的差异。Ding 等(1999)报道 CH_4 排放与不同水稻品种成熟期的植株高度有关,Kludze 等(1995)的研究指出,水稻品种间 CH_4 排放的差异由水稻根系的分泌物决定。

2.2　农田生态系统 N_2O 排放

除二氧化碳(CO_2)和甲烷(CH_4)外，氧化亚氮(N_2O)被认为是最重要的温室气体之一。IPCC(2001)给出不同时间尺度下 1 摩尔 N_2O 的全球增温潜势(GWP，Global Warming Potential)为 CO_2 的 156～296 倍。此外，N_2O 在大气中的滞留时间达 120 年之久，并参与大气中许多光化学反应，能间接地破坏平流层中臭氧层(Delgado 和 Mosier，1996)。

2.2.1　大气 N_2O 浓度、变化趋势及源汇分布

自工业革命以来，大气中 N_2O 浓度持续上升(图 2.2)。在过去的 250 年间，大气 N_2O 浓度增加了 17%(IPCC，2001)。目前大气中 N_2O 浓度为 316 ppb，年平均增加率为 0.8 ppb・a^{-1}。模型预测表明，2100 年大气中 N_2O 浓度将增加 38～144 ppb (IPCC，2001)。

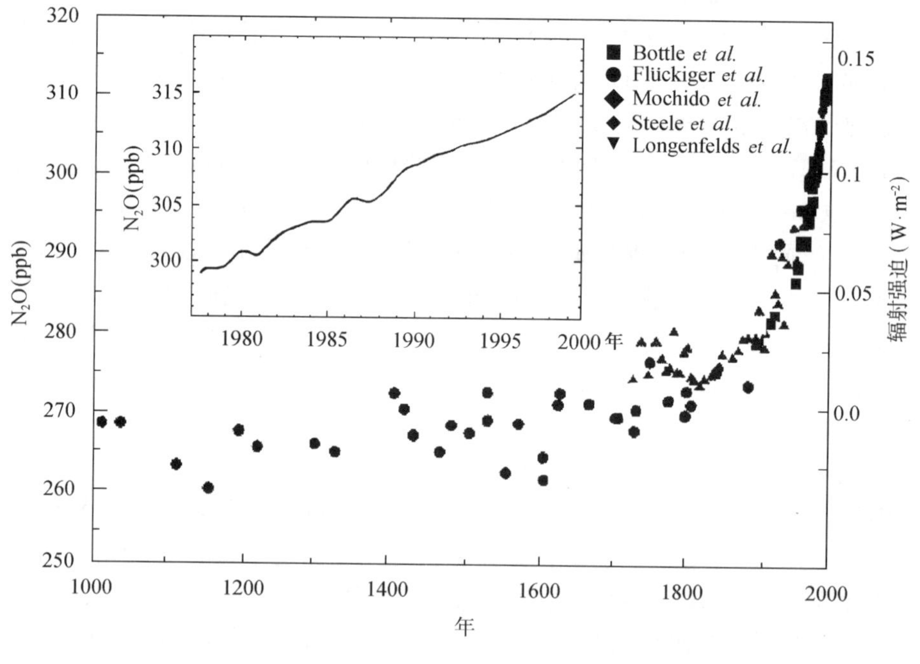

图 2.2　大气 N_2O 浓度和辐射强迫变化(IPCC，2001)

全球 N_2O 排放的主要自然源包括海洋、森林和草地土壤，人为源包括农业土壤、畜牧业、生物质燃烧和工业过程等。N_2O 一个比较重要的汇是 N_2O 扩散进入平流层，并发生光化学分解(90%)和与电离的氧原子反应，形成 N_2、O_2 和 NO，它是平流层臭氧消耗的主要自然催化剂(IPCC，1996)。有报道指出水田表层水中 N_2O 浓度较低时，可以吸收大气中 N_2O 而成为大气 N_2O 的汇(Minami 和 Fukushi，1984)。但是土壤作为大气 N_2O 汇的作用尚未明了(Mosier 和 Kroeze，1998)。表 2.2 列出不同时期 IPCC 对全球 N_2O 收支的估计(Mosier 和 Kroeze，1998)，括号内数值为相应估计值的范围。

由表 2.2 可以看出，最新估计的全球 N_2O 源总量为 16.2 TgN・a^{-1}，可能的范围为

6.4～34.4 TgN·a^{-1}。其中由于人类活动排放的 N_2O 约占源总量的 44%，而农牧业活动排放的 N_2O 约占人为源的 75%，农业土壤排放的 N_2O 约占人为源的 46%。

表 2.2　全球 N_2O 的收支(Mosier 和 Kroeze，1998)

源/汇	全球 N_2O 收支估计(TgN·a^{-1})		
	IPCC，1992	IPCC，1995	IPCC，1997
自然源			
海洋	1.4～2.6	3(1～5)	3.0(1～5)
热带土壤			
湿润森林	2.2～3.7	3(2.2～3.7)	3.0(2.2～3.7)
干旱热带草原	0.5～2.0	1(0.5～2.0)	1.0(0.5～2.0)
温带土壤			
森林	0.5～2.0	1(0.1～2.0)	1.0(0.1～2.0)
草地	?	1(0.5～2.0)	1.0(0.5～2.0)
小计	4.6～10.3	9(4.3～14.7)	9.0(4.3～14.7)
人为源			
农业土壤	0.03～3.0	3.5(1.8～5.3)	3.3(0.6～14.8)
生物质燃烧	0.2～2.1	0.5(0.2～1.0)	0.5(0.2～1.0)
工业源	0.8～1.8	1.3(0.7～1.8)	1.3(0.7～1.8)
家畜和饲养场	?	0.4(0.2～0.5)	2.1(0.6～3.1)
小计	1.0～6.9	5.7(3.7～7.7)	7.2(2.1～19.7)
源总量	5.6～17.2	14.7(8～22.4)	16.2(6.4～34.4)
汇			
大气增加	3～4.5	3.9(3.1～4.7)	3.9(3.1～4.7)
土壤	?	?	?
平流层汇	7～13	12.3(9～16)	12.3(9～16)

2.2.2　农业系统 N 循环和 N_2O 排放

在大部分农业土壤中，可利用矿质氮的增加促进 N_2O 的形成。施用氮肥直接导致土壤 N_2O 排放的增加，通过淋溶或径流进入水体的部分氮亦间接地形成 N_2O。农业系统的人为 N_2O 源主要来自化肥、动物的厩肥、作物残茬和凋落物、生活污水等。图 2.3 为农业系统 N 循环与 N_2O 排放的概念性流程(Mosier 和 Kroeze，1998)。

Mosier 和 Kroeze(1998)采用 IPCC(1997)推荐的方法，对 1990 年全球由农业活动引起的 N_2O 排放进行了估计。结果表明，来自于农业源的 N_2O 排放量为 6.2(1.2～16.9) TgN·a^{-1}(表 2.3)。其中农业土壤的直接排放(包括化肥施用、动物粪便、生物四氧化二氮固定、作物残茬和耕作的有机土)为 2.1 TgN·a^{-1}，动物生产过程排放 2.1 TgN·a^{-1}，由于农业氮输入引起的间接排放(包括大气沉降、氮淋溶和径流、人类生活污水)为 1.98 TgN·a^{-1}。图 2.4 为 1960 到 1994 年间全球农业系统 N_2O 排放的估计(Mosier 和 Kroeze，1998)。在这 35 年间，全球农业系统 N_2O 排放增加了约 80%，而土壤直接排放却增加了 160%。土壤直接排放的大幅度增加主要是由于化肥投入的增加，1960 年和 1994 年全球农业化肥氮投入分别为 64 Tg 和 167 Tg。

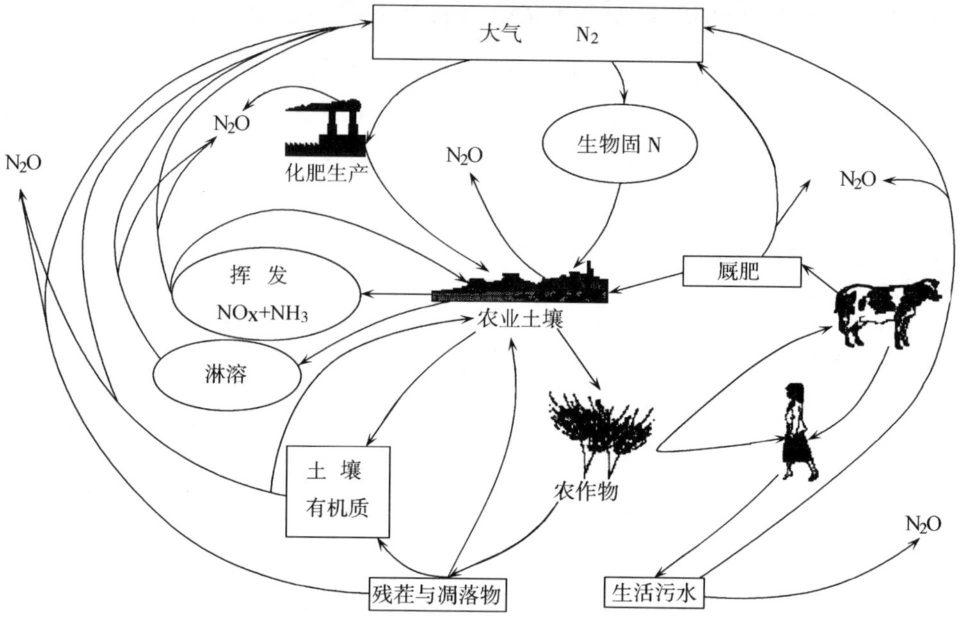

图 2.3　农业系统 N 循环与 N_2O 排放(Mosier 和 Kroeze,1998)

表 2.3　全球农田 N_2O 排放(Mosier 和 Kroeze,1998)

类别	N_2O 排放($TgN \cdot a^{-1}$)
土壤直接排放	
化肥	0.87(0.18～1.6)
动物粪便	0.63(0.12～1.1)
生物四氧化二氮固定	0.12(0.02～0.2)
作物残茬	0.37(0.07～0.7)
耕作的有机土	0.1 (0.02～0.2)
小计	2.1 (0.4～3.8)
动物生产	
动物粪便处理系统	2.1 (0.6～3.1)
间接排放	
大气沉降	0.36(0.07～0.7)
氮淋溶和径流	1.4 (0.11～6.7)
人类生活污水	0.22(0.04～2.6)
小计	1.98(0.22～10.0)
总量	6.2 (1.2～16.9)

硝化作用和反硝化作用是农田土壤氮素循环的两个重要过程，也是产生 N_2O 的关键过程(Breminer，1997)。硝化作用是微生物将铵氧化为硝酸，并从中获得生活所需能量的过程，它由两个连续而又不同的阶段所构成。第一阶段是由亚硝酸细菌将铵氧化为 NO_2^-，此阶段的生化过程尚不十分清楚；第二阶段是由硝酸细菌将 NO_2^- 氧化成 NO_3^-，这一阶段的过程比较清楚(朱兆良和文启孝，1992)。参与两个阶段的微生物大都属于硝化细菌科，均系化能自养菌。除自养硝化菌外，有些异养微生物也能进行硝化作用。反硝化过程基本上是在通气不良条件下硝化过程的逆向反应，由反硝化细菌参与完成。其中也包括两个作用，即反硝化及生物脱氮作用。NO 作为反硝化中间产物有所争议，但 N_2O 作为中间产物则是肯定的，而且在某些条件下 N_2O 释放量很大。对于硝化作用来说，底物和产物浓度高均抑制作用菌的生长，高浓度 NH_4^+ 既抑制亚硝酸菌，也抑制硝酸菌，后者更敏感。而 NH_4^+ 的氧化往往比由矿化作用产生的 NH_4^+ 的速率快得多，如果此时 O_2 的供应受到限制，NO_2^- 不能被彻底氧化成 NO_3^-，就会导致 N_2O 生成量的增加。反硝化过程是酶促反应，故与底物浓度 NO_3^- 含量呈正相关。但反硝化作用中，产物 N_2O/N_2 之比受以下因素的影响：NO_3^- 或 NO_2^- 浓度增加，N_2O/N_2 比例上升，O_2 浓度增加，该比例也增长；可利用碳源增加时，比例会下降。参照 Firestone 和 Davidson(1989)的工作，Parton 等(1996)给出硝化和反硝化作用的一般过程如下：

硝化过程 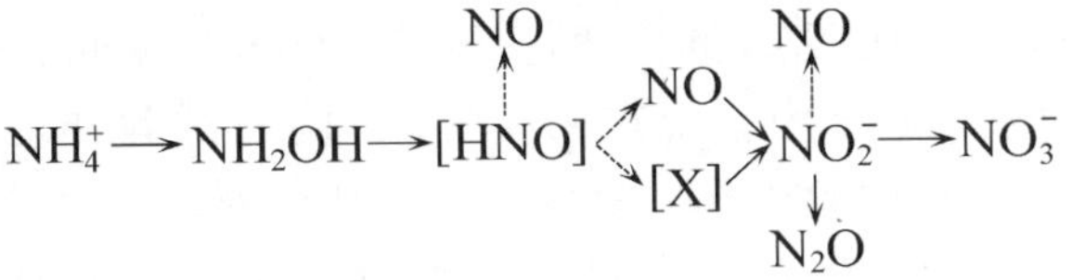

反硝化过程　　$N_2 \leftarrow N_2O \leftarrow NO \leftarrow NO_2^- \leftarrow NO_3^-$

上述反应中，虚线和方括号表示对该过程不甚完全了解。任何影响硝化作用和反硝化作用的因素均直接影响土壤 N_2O 的排放。

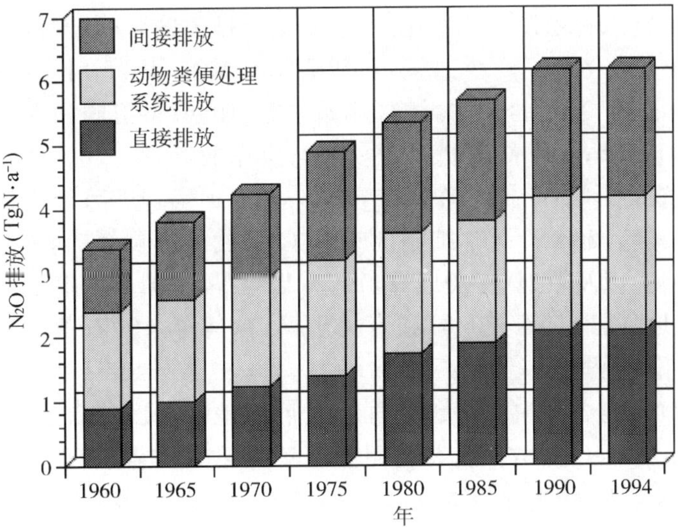

图 2.4　全球农业系统 N_2O 排放(Mosier 和 Kroeze，1998)

2.2.3 农业土壤 N_2O 排放研究概况

在人为活动介入之前，自然过程释放的 N_2O 主要来自于生物固定的大气中的氮。随着人类活动的介入，特别是农田氮肥用量的逐年增加，使得大气中 N_2O 的浓度快速升高，加剧了温室效应和对臭氧层的破坏。《联合国气候变化框架公约》将 N_2O 列为仅次于 CO_2 和 CH_4 的重要温室气体。根据该公约的规定，为履行缔约国的义务，各国都必须定期向联合国提交国家温室气体排放清单。作为国家温室气体排放清单的最基础工作，世界各国的科学家相继对农业系统 N_2O 排放进行了大量的田间观测和机理性研究。这些研究包括化肥和有机肥施用对 N_2O 排放的影响(Aulakh 等，1991；Mosier，1994；Flessa 和 Beese，1995；Benckiser 等，1996；Bouwman，1996；Mogge 等，1999；Maggiotto 等，2000；Shelp 等，2000)、种植制度或耕作方式对 N_2O 排放的影响(Flessa 等，1995；Benckiser 等，1996；Corrie 等，1996；Thornton 和 Valente，1996；Cochran 等，1997；Dobbie 等，1999；Teepe 等，2000)、土壤特性对 N_2O 排放的影响(Daum 和 Schenk，1998；Gödde 和 Conrad，2000；Kaiser 和 Ruser，2000；Huang 等，2002)、气候条件对 N_2O 排放的影响(Van Bochove 等，1996；Teepe 等，2000；Zheng 等，2000)。田间观测表明 N_2O 排放具有很大的时空变异性(Ambus 和 Christensen，1995；Van Cleemput 等，1994；Christensen，1985；Flessa 等，1995；Kaiser 等，1998)。时间变异性表现在 N_2O 的日变化、季节变化和年际间变化，主要由于气候因素和植物生长所控制。空间变异性表现在两个方面：同一试验样地不同观测点上 N_2O 排放的差异；不同地区 N_2O 排放的差异。前者主要与厌氧微环境和微生物活性热岛等土壤异质性的微域变异性有关，后者与土壤类型、生物气候条件、土地利用方式和耕作管理等宏观空间变化有关。

我国学者自上世纪 90 年代起先后对农田、草地和森林生态系统的 N_2O 排放进行了观测和机理研究。这些研究包括化肥和有机肥施用对 N_2O 排放的影响(陈冠雄等，1995；黄国宏等，1995；杨军等，1996；郑循华等，1997a、b；宋文质等，1997；侯爱新等，1998；徐华等，1999b；梁东丽等，2002a)、种植制度或耕作方式对 N_2O 排放的影响(曾江海等，1995；宋文质等，1996；1997；王智平，1997；卢维盛等，1997b；杨军等，1997；丁洪等，2001a；Xing，1998)、灌溉和土壤水分对 N_2O 排放的影响(郑循华等，1996；蔡祖聪和 Mosier，1999；黄国宏等，1999；徐华等，1999b；2000a；颜晓元等，2000；梁东丽等，2002b、c；徐文彬等，2002)、植物类型对 N_2O 排放的影响(李楠和陈冠雄，1993；杨思河等，1995；于克伟等，1995；黄国宏等，1998a、b；熊正琴等，2002)、化学抑制剂对 N_2O 排放的影响(陈利军等，1995；周礼恺等，1999；封克等，1999)以及草地(王庚辰等，1998；杜睿等，2001a、b；耿远波等，2001；王跃思等；2002)、沼泽湿地(刘景双等，2003)和森林土壤(徐慧等，1995；董云社等，1996；张秀君等，2002)的 N_2O 排放等。

IPCC(2000)明确规定各国有义务编制国家尺度或地区尺度的农业系统 N_2O 排放清单。准确估计农业土壤 N_2O 排放量及客观评价环境、生物和农业管理等对 N_2O 排放的影响是制订 N_2O 减排政策和发展 N_2O 减排技术的基础。目前大多数国家采用田间观测资料外推估计农业土壤 N_2O 排放总量，但由于 N_2O 排放的巨大时空变异性，农业土壤 N_2O 排放的估计仍具有极大的不确定性(如表 2.3 所示)。

2.2.4　农田 N_2O 排放的影响因素

影响农业土壤 N_2O 排放的主要因素包括气候、土壤和农业技术措施等。气候条件决定了生物地球化学过程的基本模式，土壤和农业技术措施在较小的空间尺度上相互影响，具有交互作用，其结果是在各种尺度水平上都有若干自然和人为因素直接或间接地控制 N_2O 的产生、传输和排放。

2.2.4.1　气候

气候要素（如：太阳辐射、温度、降水等）直接影响土壤环境，而土壤环境驱动着 N_2O 的产生和排放。如温度和降水的季节性变化改变了土壤的水热条件，进而影响硝化和反硝化作用，最终导致土壤 N_2O 排放的季节性变化。

农田 N_2O 排放的日变化和季节变化可部分地通过气温的变化来解释。郑循华等(1997c)对太湖地区稻麦轮作周期内 N_2O 排放的自动连续观测研究表明，显著 N_2O 排放发生的频率随气温的变化呈正态分布，67%的排放量都集中在 15～25℃范围内。在旱地土壤条件下，温度是影响 N_2O 排放季节变化的关键因子，而在水田阶段则不然。但水田和旱地具有相同的 N_2O 排放日变化模式，只是后者达到极大值的时间比前者延迟 3 小时（郑循华等，1997c）。在适宜的土壤水分条件下和一定温度范围内，N_2O 排放随土壤温度的上升而增加（邹建文等，2003b）。Dorland 和 Beauchamp(1991)的研究发现，在－2～25℃范围内反硝化量的平方根与温度呈直线关系。

降水改变农业土壤水分状态，雨水中溶解氧还可提高土壤氧化还原电位，改变 O_2 供给状况，从而影响 N_2O 的排放。郑循华等(1996)的大田观测表明，春季和秋季麦田 N_2O 的排放与降雨量呈明显正相关，但水稻田和冬季麦田的 N_2O 不受降雨影响。Dobbie 等(1999)也证实草地 N_2O 的排放与降雨量密切相关。黄耀等(2001a)的研究表明冬小麦田 N_2O 排放通量与观测日前一星期内的降水显著相关。实验室研究和大田观测结果表明，在气候干燥而土壤含水量较低的情况下，N_2O 的产生主要来自于硝化过程；降雨后土壤含水量较高时，N_2O 主要通过反硝化过程产生；而在农田中等含水量情况下，土壤微生物的硝化和反硝化作用产生的 N_2O 大约各占一半（黄国宏等，1999）。

冻融交替可导致短期的极端排放高峰。研究表明，早春 N_2O 排放主要是由于冻土融化过程造成的，排放高峰一般发生在土壤融化一周后。这种 N_2O 排放峰的一个重要前提就是冻层的形成，把土壤剖面阻隔成两个截然不同的区域(Burton 和 Beauchamp，1994)。表土轻度冻结一周左右并不出现排放峰，而是造成冬季排放很低，约占全年 7%(Armstrong，1983；Yamulki 等，1995)，单一的冻结过程亦并不必然导致春季排放峰。

除温度和降水条件外，光照强度也影响 N_2O 的排放。在强光照下，农作物（大豆和叶菜类）和阳生树木（水曲柳、红松和赤杨）N_2O 排放通量较低，阴生植物（椴树）排放较高，弱光条件下则反之（于克伟等，1995；张秀君等，2000）。

2.2.4.2　土壤

土壤质地是土壤通透性、土壤空气组分、水分有效性和微生物活性的一个重要控制因素，因而影响硝化和反硝化作用的相对强弱及 N_2O 在土壤中的扩散速率。土壤质地还影响土壤有机碳的分解速率(黄耀等,2002),进而影响产 N_2O 微生物的基质供应。丁洪等(2001b)对华北平原5种典型土壤的培养实验结果表明,砂姜黑土的硝化作用活性较弱但反硝化活性较强,潮土、褐土、盐渍土和风沙土的硝化作用活性较强,而反硝化活性相对较弱。徐华等(2000b)的田间观测结果表明,土壤质地明显影响小麦和棉花田 N_2O 的排放量,壤质土壤排放的 N_2O 高于砂质和粘质土壤。表土砂粒和粘粒含量常分别用作指示土壤适于好气生物和嫌气微生物的参数,Granli 和 Bøckman(1994)认为土壤质地可作为适合硝化和反硝化作用的指示参数。

土壤通气状况由水分含量、O_2 在土壤中扩散的难易程度以及微生物和根系对 O_2 消耗的多寡所决定。对反硝化过程而言,其速率与 O_2 量成负相关。Ryden 等(陈文新,1989)指出明显的反硝化作用发生在氧化还原电位(Eh)为300～650 mV之间,Eh在0 mV以下则不对 N_2O/N_2 比发生影响。但对于硝化过程而言,现只知道有氧时其最终产物是 NO_3^-,但绝对厌氧条件下能否硝化完全尚存争议。衣纯真等(1994)发现在温度、湿度相同的条件下,通气状况强烈影响土壤反硝化作用的进行,嫌气条件下反硝化作用强于好气状况。邹国元等(2001)对北京潮土夏玉米-冬小麦轮作系统的 N_2O 排放研究表明,硝化作用对北方旱地土壤 N_2O 排放具有重要的贡献。

土壤水分状况主要决定于降水量、土表蒸发和植物蒸腾等。地下水位高、土壤剖面有不透水层和低洼地形时有益于反硝化作用。由于产生 N_2O 的硝化过程和反硝化过程均受到土壤水分的影响,故当土壤含水量既能促进硝化作用又能促进反硝化作用时,会导致最多的 N_2O 生成与排放。在施肥条件下,土壤含水量影响反硝化酶活性,通过反硝化酶活性的变化可以区分硝化和反硝化过程产生的 N_2O(史奕和黄国宏,1999)。研究表明,当土壤水分含量为 WFPS(Water-Filled Pore Space)的45%～75%时,硝化细菌和反硝化细菌都可能成为 N_2O 的主要制造者(封克和殷士学,1995)。当 WFPS 大于阈值60%时,反硝化作用与土壤含水量呈明显的线性关系。不同研究者对于 N_2O 排放最适宜的 WFPS 不尽一致,Davidson(1991)报道为50%～70%,郑循华等(1996)报道为84%～86%;Simojoki 等(2000)报道为60%～90%(壤性粘土);邹建文等(2003b)报道为80%～85%。Zheng 等(1999)对华东地区稻麦轮作系统 N_2O 排放的观测结果表明,在土壤水分含量小于415 $g \cdot kg^{-1}$ 时,土壤中 N_2O 的排放量随土壤含水量的增加而线性增加。当土壤含水量大于415 $g \cdot kg^{-1}$ 时,N_2O 的排放量随土壤含水量的增加以指数形式减少。旱地土壤的间歇灌溉能促进反硝化反应,因而增加 N_2O 的产生与排放。水田土壤的干湿交替亦可促进 N_2O 的生成与排放,其原因是干燥时部分微生物的死亡增加了土壤可降解有机碳化合物的量,氧的存在又促进了硝化作用,而灌溉使土壤充分湿润导致反硝化作用发生,造成土壤中 N_2O 的积累。因而,灌溉水稻栽培的烤田过程在抑制 CH_4 产生的同时却促进了 N_2O 的排放(Zheng 等,1999)。邹建文等(2003a)的研究结果表明,典型的水旱轮作生态系统中,稻田水分管理措施的不同会引起后季冬小麦田 N_2O 排放的极显著差异。此外,Yan 等(2000)认为,稻田的水分管理决定着 N_2O 排放路径。淹水期以水稻植株排放为主,而落干期主要通过土壤表面排放。

表土铵态氮和硝态氮浓度与 N_2O 排放有相关关系(Skiba 等,1998;Smith 等,1998)。土壤有机碳、全氮以及 C/N 比可以粗略表征微生物底物的有效性。土壤 pH 对 N_2O 排放的影响十分复杂,不同研究者在不同土壤上对此进行研究的结果不尽一致。一般认为,反硝化作用菌最适宜的 pH 值与异养菌相似，为 6～8，活动范围为 3.5～11.2(陈文新，1989)。而对于硝化作用来说，在 3.4～8.6 数值范围内与土壤的 pH 值呈正相关(陈文新，1989)。当土壤 pH 降低时，反硝化作用产生的 N_2O 的比例增大。Daum 和 Schenk(1998)监测到当土壤 pH 为中性时 N_2 是反硝化主要产物，当 pH 降低时则有利于 N_2O 的释放。因此 N_2O 常表现为酸性土中反硝化的主要产物，N_2O/N_2 比例随 pH 下降而上升。

相对而言，不同土壤类型在相同气候和栽培条件下的 N_2O 排放研究还较少，本书第五章对这方面有较为详尽的介绍。

2.2.4.3　土地利用方式与作物类型

由于气候条件、土壤状况等自然条件和种植习惯的不同，不同的种植方式导致了农业生态系统类型的多样性。农田 N_2O 产生的条件与草地有所不同。多年生草本植物生育期长，因此延长了氮的吸收时期，有助于避免土壤中矿质氮的累积，而农田土壤在秋季收获作物后会产生氮累积。草地土壤比农田土壤累积更多的有效碳，而农田土壤反过来由于碳消耗和大量施肥而会表现出较高的氮有效性。

在农业土壤上，不同的轮作制度也对 N_2O 的排放有明显影响。据报道，我国稻田 N_2O 的排放量为总量的 22.6%(Xing，1998)。1993 年我国旱地和水田两大类型农田生态系统的平均排放通量分别为 10.84 $\mu g \cdot m^{-2} \cdot h^{-1}$ 和 2.74 $\mu g \cdot m^{-2} \cdot h^{-1}$(王智平，1997)。徐文彬等(2000)对我国亚热带旱地玉米-油菜轮作田、大豆-冬小麦轮作田和休耕地三种方式下 N_2O 排放的测定结果指出，三种方式下 N_2O 排放通量具有相同的日变化和季节变化规律，但排放通量存在较大差异，三田块的 N_2O 排放通量分别为 9.81～433.11 $\mu g \cdot m^{-2} \cdot h^{-1}$，4.00～180.41 $\mu g \cdot m^{-2} \cdot h^{-1}$ 和 9.74～282.00 $\mu g \cdot m^{-2} \cdot h^{-1}$。徐华等(2000b)测得我国黄淮海平原麦棉轮作土壤年平均 N_2O 排放通量为 19.37～51.97 $\mu g \cdot m^{-2} \cdot h^{-1}$。

作物在农业生态系统 N_2O 排放中具有重要作用。作物与土壤相互作用极大地影响 N_2O 的排放，一方面，作物根系及根系分泌物影响产生 N_2O 的微生物过程，特别是根系对离子的吸收和分泌有机酸，使根际土壤 pH 值改变，从而影响硝化和反硝化过程；另一方面作物可以通过某种方式将土壤中产生的 N_2O 传输到大气中或通过作物组织的生理反应排放 N_2O(于克伟等，1995)。尤其在固氮作物将大气中的氮转化为生物有机氮的过程中，作物会向大气中排放部分 N_2O。据报道，固氮作物每公斤干物质中约含有 0.03 kgN，其中 1.25%左右转化为 N_2O 排放到大气中(Desjardins，1999)。于克伟等(1995)指出大豆和春小麦、菠菜田具有不同的 N_2O 日排放形式，大豆田呈现双峰双谷的 N_2O 日排放规律，而春小麦和菠菜田一天内只有一个排放高峰，种植大豆较大地提高了农田土壤 N_2O 的排放通量。李楠和陈冠雄(1993)认为，随着大豆、春小麦和谷子三种作物生育期的变化，N_2O 排放速率具有相似的变化规律性，在生长发育的前期逐渐增加，至开花前后达到高峰，然后迅速下降。在相应生育期，大豆表现出比谷子和春小麦更高的 N_2O 释放速率。丁洪等(2001a)对华北平原潮土上玉米、大豆、花生和棉花 4 种夏季典型作物系统间的 N_2O 排放通量进行了比较研究，结果表明，不施氮肥时不同作物系统的 N_2O 排放量差异较小，为 0.57～1.00 $kgN_2O\text{-}N \cdot hm^{-2}$；施氮条件下 N_2O 排放量差异较大，排放量大小依次为玉米＞花生＞大豆＞棉花，变化范围为 1.48～3.12 $kgN_2O\text{-}N \cdot hm^{-2}$。也有研究指出种植豆科与非豆科作物农田的 N_2O 排放没有明显差异(Flessa 等,1995;Allen 等,1996)。

2.2.4.4 施肥对 N_2O 排放的影响

农业系统 N_2O 排放增加主要是肥料施用量增加以及由此而引起的农业固氮和氮沉积增加,这些综合影响使得土壤氮有效性增加,从而增强土壤中硝化和反硝化作用,导致 N_2O 排放增加,近 50 年来大气 N_2O 浓度的持续增加(图 2.2)便是一个例证(Nevison 和 Holland,1997)。Mosier 和 Kroeze(1998)估计全球化学氮肥的施用每年约产生 0.87 TgN_2O-N,占农田土壤直接排放的 41%(表 2.3)。除氮素输入增加氮的有效性外,不同种类的碳氮源(如有机肥)对 N_2O 的产生与排放也具有重要的影响。

引起农田土壤 N_2O 排放的氮源主要来自有机氮矿化、化学氮肥、有机肥料和生物固氮等,其中化学氮肥是我国农业生态系统中氮素的主要补充源。自上世纪 60 年代以来,我国化学氮肥的施用量逐年增加,这使化肥施用成为农业 N_2O 的第二大排放源。IPCC(1997)将化学氮肥施用引起的农田 N_2O 排放分为直接排放和间接排放两大类。直接排放是由于非挥发性氮肥施用转化成 N_2O 排放;间接排放是挥发性氮肥(NH_3-N 和 NO_x-N)施用后挥发到大气中的 NH_3 和 NO_x 通过沉降作用又回到土壤中,转化成 N_2O 排放到大气中的过程。此外,由于化学氮肥的渗漏和径流作用等,估计所施用的氮肥中非挥发性氮的 30%将进入水体,这部分氮的 2.5%左右转化成 N_2O 排放到大气中。Xing 和 Zhu (2000)用 IPCC(1997)推荐的估算方法得出我国北方旱地氮渗漏损失占化肥施用量的 0.5%~4.2%;南方水田氮渗漏损失为 6.75~27.0 kgN · hm^{-2} · a^{-1};径流损失为 2.54~19.0 kg N · hm^{-2} · a^{-1}。

IPCC(1997)将同期内 N_2O-N 排放量占化肥氮施用量的百分比定义为 N_2O 排放系数(EF,Emission Factor)。欧洲的许多研究表明,常用类型的化学氮肥都具有接近的排放系数(Eichner,1990;Bouwman,1996;Hénault 等,1998a)。根据发达国家相关的观测数据,IPCC(1997)建议化肥氮的 N_2O-N 排放系数为 1.25±1%。但这个数值并不一定适用于所有国家和地区,尤其是一些发展中国家和地区。因此,IPCC 方法指南中还特别强调各国在编制 N_2O 排放清单时要尽可能采用当地的排放系数。封克和殷士学(1995)根据文献调研得出的排放系数值在 0.1%~2%之间,Xing(1998)根据我国的资料估计施氮量的 0.6%左右转化成 N_2O-N。Bouwman(1995)的资料表明,不同肥料类型和施用量下农田 N_2O 排放系数存在较大差异,以尿素(180 kg · hm^{-2},水稻)排放系数最低,约 0.1%;有机质+NH_4NO_3+尿素(287 kg · hm^{-2},玉米)最高,其排放系数达 2.2%。侯爱新等(1998)研究指出,长碳肥与普碳肥和尿素相比,不但可以明显延后 N_2O 排放高峰出现时间,而且大多数情况下可以显著减少其排放量。有机-无机肥结合施用,农田排放 N_2O 通量最高。Xing 和 Zhu(1997)发现猪粪加尿素处理比含同样氮的尿素处理 N_2O 排放量多 61%。普遍认为,含氮量相同的有机肥比无机肥对反硝化促进作用更明显,但还原是否彻底则报道不一。李楠和陈冠雄(1993)研究指出,小麦田排放 N_2O 的速率不完全取决于土壤的含氮水平,而与作物对氮素的利用有关,过量施肥导致 N_2O 排放速率增加。此外,不同的施肥方式和时间也影响 N_2O 的排放。如水田深施氮肥会减少稻田系统的氮素损失,且土壤生物硝化作用明显弱于表施氮肥,少量多次和分期施用氮肥可以降低土壤 NH_4^+ 浓度,同时水稻根系也可以吸收因生物硝化作用产生的 NO_3^-(俞慎等,1999)。

土壤有机质含量和C/N比影响N_2O排放。有机质分解能提供反硝化作用所需能量，土壤中有机质斑块状分布是影响N_2O排放空间变异的重要因素。一般而言，反硝化作用与土壤有效碳素含量密切相关，而与总碳量无关。往土壤中加入有机质，如植物秸秆或厩肥，可大大增加反硝化强度。有机碳的加入可促进微生物活动，使O_2供应不足，最终导致自养微生物参与的硝化作用减弱（封克和殷士学，1995）。植物残体的C/N比是影响其在土壤中分解速率和氮素转换的一个重要指标（Eichner，1990；Aulakh等，1991；Németh等，1996），高C/N比的有机物加入土壤可限制硝化作用，但在低C/N比有机物料加入后，氮可被矿化并产生N_2O，土壤中反硝化速率与施用的植物残体C/N比的负相关关系也多见报道（Aulakh等，1991；Flessa和Beese，1995）。我们的培养试验也表明在植物残体施用或植物残体与尿素混施的条件下，N_2O排放系数都与植物残体的C/N比显著相关（参见第五章相关内容）。不同有机厩肥施用导致N_2O排放也有差异，其排放系数在0.05%～0.97%之间（Chadwick等，2000）。另外，有报道认为N_2O排放跟作物残体的粉碎程度和颗粒大小有关。Angers和Recous（1997）认为，粉碎的小颗粒作物残体有利于N_2O产生，而Breland（1994）的报道结果则与之相反。Ambus等（2001）的资料表明，施用粉碎的小颗粒豌豆残体比施用粗颗粒残体土壤的N_2O排放高50%左右，大约是不施用作物残体土壤的两倍，但施用大麦残体对N_2O排放的影响与残体的大小无关。作物残体的不同施用方式对N_2O排放亦有影响，Ambus（2001）的研究结果指出，田间填埋小麦残体的N_2O排放是表层施用的6.5倍。有报道显示作物秸秆腐解过程中产生的化感物质对土壤N_2O排放有抑制作用（黄益宗，1999）。

2.2.4.5　耕作对N_2O排放的影响

农田土壤比未开发利用土壤产生的N_2O多，在农田土壤中，免耕土壤较常耕土壤含有较多的水分和较小的总空隙度，所以能产生和排放更多的N_2O（封克和殷士学，1995）。另外，免耕土壤的生物反硝化作用强于耕作土壤。镇压土壤对N_2O排放也有明显影响。在块根和块茎作物上，作物行间机械作业造成的土壤压实和撒施肥料可以增加生长季节中的N_2O排放（Kaiser等，1998）。Robertson和Paul（2000）报道，在常规施肥水平下，免耕土壤N_2O排放量接近或略高于正常耕翻土壤。但耕翻会引起土壤N_2O剧烈脉冲排放。郑循华等（1997c）的实验结果表明，麦田土壤的N_2O产生过程主要发生在0～10 cm土层，因此耕翻造成N_2O排放特征的变化也多见报道。

随着农田土壤N_2O排放研究的不断深入，越来越多的农业管理措施正成为研究的对象，如在稻田的水面、土壤的表面和土壤中施用硝化抑制剂可明显抑制N_2O的排放（陈利军等，1995；周礼恺等，1999），硝化抑制剂主要是通过对亚硝酸细菌专一性的抑制作用，从而抑制了土壤生物亚硝化作用过程（Mosier等，1996）。当施用石灰改良酸性土壤，pH增至4.4时，自养微生物硝化作用几乎增加一倍，而异养微生物的硝化不受其影响，pH增至6.6时，异养硝化作用消失，NO_3^-的生成仅由自养型硝化细菌进行，且全部的NO_3^-生成量增加3倍。同时改变农业管理措施对减少N_2O排放有很大潜力，其中包括在贫瘠或肥沃土壤上调整肥料施用、改变化肥和有机肥雨后施用的时间、改变耕作时间和深度。

2.3 地气系统 NO_x 交换

气态氮氧化物($NO_x=NO+NO_2$)是大气中的痕量组分，在大气中具有很强的化学活性，它们不直接影响地球的辐射平衡，但能在大气中发生一系列的化学催化反应，特别是在对流层 O_3 和 OH 自由基的光化学反应过程中起着决定性的作用(Crutzen，1983；Ehhalt 等，2001)。NO_x 是臭氧、其它光化学二次污染物(PAN、二次气溶胶等)和形成氢氧自由基的前体反应物。NO_x 是对流层光化学过程产生 O_3 污染的关键化合物，其对 CO、CH_4 和非甲烷碳氢化合物的催化氧化是造成污染大气中高浓度 O_3 的主要原因，同时也是形成光化学烟雾的源。被氧化的 CH_4 和 CO 是大气中重要的痕量温室气体。NO_x 的氧化产物之一硝酸还是形成酸雨的重要成分之一(IPCC，2001)。

2.3.1 大气 NO_x 的特征、作用及源汇

NO_x 主要是以 NO 形式排放。NO_x 的大气寿命很短，一般只有 1～10 天(IPCC，2001)，但在对流层中变化范围很宽，在污染边界层的寿命是 1 天或更短，在对流层上部可能为 5～10 天(IPCC，2001)，排放的 NO 在几分钟内就与 NO_2 达到光化学平衡，因此地表释放的 NO_x 无法到达平流层。由于 NO_x 的大气寿命很短，因此对工业革命后全球大气 NO_x 的增长速率并不很清楚。但冰芯记录明显反映出目前大气 NO_3^- 浓度约比工业革命前高出 5 倍(IPCC，2001)，这表明作为 NO_3^- 主要源的 NO_x 浓度在过去一个世纪来已迅速增长。

大气中 NO_x 浓度与其寿命及源的分布密切相关，在底层大气中浓度分布很不均匀，观测的 NO_x 浓度具有很大的时空变异性，从热带大西洋表面的几个 ppb 到城市地区的>100 ppb。由于 NO_x 的化学寿命很短，在特定时间、特定地点测得的大气 NO_x 浓度不具有全球代表性，因而试图通过观测大气中 NO_x 浓度去估计全球排放量或平均浓度是不客观的(IPCC，2001)。

NO_x 的大气化学行为包括它在对流层大气中的化学转化过程和在平流层大气中对 O_3 层的破坏。工业革命后对流层 O_3 浓度每年 2%～4%的增长速率被认为是由于人类向大气排放了大量的 NO_x 所致。自然过程和人类活动引起的 NO_x 最初大多以 NO 的形式排放，如土壤排放的 NO_x 中 90%是 NO(Conrad，1990；Williams 等，1992a)。当 NO 进入对流层时，很快与 O_3 反应转化为 NO_2。NO_x 是 OH 自由基的间接生成源，决定着对流层大气的氧化能力。但在高浓度的 NO_x 环境下，NO_2 能与 OH 快速反应生成 HNO_3，降低 OH 浓度，从而减缓大气中的各种氧化过程。NO_x 也可以直接氧化成有机硝酸盐和无机硝酸盐。在光化学活性较强的夏季 NO_x 氧化仅需几小时，在冬季则需几天(IPCC，2001)。Bouwman(1990b)综合了相关研究结果，给出全球对流层大气 NO_x 源强度为 25～99 $TgN\cdot a^{-1}$(表2.4)。对流层大气 NO_x 主要源自两个方面：地面和大气。地面源包括：(1)化石燃料燃烧。主要是高温燃烧时燃料中 N 的氧化和对大气 N_2 的固定，包括汽车尾气、电厂和冶炼厂的排放等。化石燃料燃烧源具有局地分布和排放能力强两大特点，预计 1990 年到 2025 年化石燃料燃烧源的年排放量将从 24 TgN 增加到 33～39 TgN(徐文彬，1999)。(2)生物质燃烧。全球生物质燃烧包括森林开垦燃烧、热带大草原燃烧、农业秸秆就地燃烧

和柴薪燃烧。(3)土壤中硝化-反硝化过程,最新全球土壤 NO 源估计为 21 $TgN \cdot a^{-1}$(Davidson 和 Kingerlee,1997)。大气源包括:(1)闪电合成:闪电 NO_x 源的估计变化很大,最新的估计值是 12 $TgN \cdot a^{-1}$(Price 等,1997a、b),也有研究认为是 3～5 $TgN \cdot a^{-1}$(Huntrieser 等,1998;Wang 等,1998)。(2)大气中 NH_3 的氧化。(3)平流层光化学反应。(4)航空器排放:徐文彬(1999)的估计值为 0.25～1 $TgN \cdot a^{-1}$。

表 2.4　全球对流层大气 NO_x 源($TgN \cdot a^{-1}$)估计(Bouwman,1990b)

源	平均	范围
地面源		
化石燃料燃烧	21	14～28
生物质燃烧	5.1	3.6～6.7
土壤中硝化-反硝化过程	8	4～16
大气源		
闪电合成	8	2～20
NH_3 氧化		1～10
平流层光化学反应	0.5	
航空器	0.25	
源总量	50	25～99

人们估算的全球生物质源、土壤排放、闪电合成和 NH_3 氧化的 NO_x 排放量仍存在很大不确定性,尤其是前三个排放源。大多数研究者估算的全球 NO_x 排放量在 40～50 $TgN \cdot a^{-1}$的范围内(徐文彬,1999)。工业革命前 N_2O 和 NO_x 的大气浓度主要由地表的微生物作用过程所控制,工业化过程使化石燃料燃烧成为全球最主要的 NO_x 排放源,贡献量为 50%。随着垦荒和耕种,生物质燃烧也成为主要的 NO_x 排放源之一,人类活动对全球 NO_x 年排放总量的贡献大于 70%,与 N 的生物地球化学过程有关的排放源(土壤排放、NH_3 氧化、平流层 N_2O 氧化)的贡献量约 20%。但在工业欠发达地区,尤其是农业区和热带偏远地区,由于化石燃料燃烧量有限,土壤中 N 的生物地球化学作用过程(包括施肥)和生物质燃烧就可能成为最重要的 NO_x 排放源,在这些地区土壤的 NO_x 排放量约占当地年总量的 50%,在夏季可能升至 70%(Lee 等,1997)。

大气 NO_x 的主要汇是大气氧化作用过程及其后的干湿沉降过程(IPCC,2001)。自然和人为源排放的 NO_x 最初大多以 NO 的形式出现,但很快可以氧化形成 NO_2,NO_2 被 OH 自由基氧化形成硝酸(HNO_3),聚集在气溶胶中或溶解在降雨中,最终通过干湿沉降返回地面。大气 NO_x 消除的其它途径还有植物冠层的 NO_x 净化和土壤吸收。研究指出在某些条件下,土壤可以吸收大气中的 NO 而成为 NO 的汇(Slemr 和 Seiler,1984;Colbourn 和 Harper,1987)。

2.3.2 土壤-大气 NO_x 交换研究概况

土壤中 NO_x 是硝化和反硝化过程的产物，NO_x 中有 90%以上以 NO 形式排放（Conrad，1990；Williams 等，1992a），迄今还没有足够证据证明土壤生物过程会产生 NO_2，但是在森林生态系统中已观测到大气 NO_2 向地面的周年沉降（Gasche 和 Papen，1999），土壤表层几毫米内有可能发生少量的 $NO+O_3=NO_2+O_2$ 反应，从而导致土壤表观 NO_2 排放。虽然硝化和反硝化过程中产生 NO_x 的一些机理还不十分清楚，但和 N_2O 产生的反应过程基本相同，只是产生的条件不同。NO 主要产生于硝化作用过程中，土壤 pH 低于 5.0 时化学反硝化作用也会对 NO 产生有所贡献（Van Cleemput 和 Baert，1984；Galbally，1989）。硝化和反硝化过程总是伴随着发生的，因此准确确定它们对 NO 排放的相对贡献还有很大困难。研究表明，在硝化产物中 NO/N_2O 的比值为 1～5，而在反硝化产物中仅为 0.01（Anderson 和 Levine，1986）。土壤硝化和反硝化的基本反应过程已在上一节中作了详细介绍，这里就不再赘述。

Galbally 和 Roy（1978）首次报道了草地 NO 的排放，此后土壤一直被认为是对流层 NO_x 的一个主要源。20 世纪 80 年代后期尤其是进入 90 年代，国外对陆地生态系统土壤 NO_x 的排放进行了较为广泛的观测研究。虽然人类活动引起的 NO_x 排放（化石燃料燃烧排放和农业活动等造成的排放）在总量上远远超过了自然过程，但自然过程控制着全球大部分地区的 NO_x 排放。Ehhalt（1999）估计 1985 年全球土壤 NO 排放总量为 5.5 $TgN \cdot a^{-1}$，IPCC（2001）估计为 5.6 $TgN \cdot a^{-1}$，Lee 等（1997）估计为 7.0 $TgN \cdot a^{-1}$。在全球土壤 NO 排放总量中，农业土壤所占比例最高，约 40%，其次是热带草原和热带雨林土壤，分别占 35% 和 16%（Logan，1983；Yienger 和 Levy，1995；Potter 等，1996；Lee 等，1997；Davidson 和 Kingerlee，1997；Delmas 等，1997）。

农业活动产生的 NO_x 来自化肥的施用、农业生物固氮、有机肥施用、秸秆还田、大气氮（$NO_y \backslash NH_x$）沉降、秸秆燃烧、放牧和粪便管理系统等。Zheng 等（2002）对亚洲地区从这些生物源所排放的 NO_x 的估计值为：1961 年约 0.8 $TgN \cdot a^{-1}$，2000 年约 2.2 $TgN \cdot a^{-1}$，2030 年可能达到约 3.1 $TgN \cdot a^{-1}$，其中化肥施用导致的 NO 排放约占 2%。20 世纪 80～90年代亚洲耕作土壤（不包括作物秸秆燃烧）排放的 NO 估计为 0.8～1.2 $TgN \cdot a^{-1}$，占全球总量 1.6～8.4 $TgN \cdot a^{-1}$（Davidson 和 Kingerlee，1997；Delmas 等，1997）的 16%～24%。Zheng 等（2002）通过亚洲占全球的草地面积和森林面积的比例关系，以及全球自然界 NO 排放量，估算亚洲自然陆地生态系统的 NO 排放量约为 1.4 $TgN \cdot a^{-1}$。

全球土壤 NO_x 排放估计的不确定性主要来自以下 2 个方面：（1）缺乏系统的、具有代表性的土壤 NO_x 排放的观测数据。（2）对植物-大气系统 NO_x 光化学反应特性认识的不足。

全球近一半面积的土壤仍没有具代表性的 NO_x 排放观测数据，亚洲大陆土壤排放 NO_x 的系统观测数据极其缺乏，该地区又恰是全球主要的高施肥量农业区。田间观测结果表明，土壤 NO 排放具有极大时空变异性（Butterbach-Bahl 等，1997；Gasche 和 Papen，1999），这些时空变异对准确估计土壤 NO_x 排放带来了极大的困难。南北美洲（如：Matson 等，1996）、欧洲（如：Jambert 等，1994；1997）、澳大利亚（如：Galbally 等，1987）和中国（郑循华等，1998）农田土壤 NO 通量的观测值范围为：施肥农田 1～556 $ngN \cdot m^{-2} \cdot s^{-1}$，平均 40.4 ngN·$m^{-2}$·$s^{-1}$；不施肥农田 0.3～21.7 ngN·$m^{-2}$·$s^{-1}$，平均 4.3 ngN·$m^{-2}$·$s^{-1}$；水稻田 0.2 ngN·$m^{-2}$·$s^{-1}$。这些变异主要是土壤物理、化学和生物学性质的变异性和包括土壤温度、土壤水分、农作措施、植被覆盖、植物吸收、季节、地表风速和土壤上空大气 NO_x 浓度等因素引起的(Williams 等，1987；Kim 等，1994)。为了降低不确定性和寻找减少农田人为 NO 排放的有效措施，Matson(1997)提出了以下需要开展的研究工作：(1)冠层对生物圈和大气圈间 NO_x 交换的定量化；(2)管理措施对 NO 排放影响的定量化；(3)了解 N 循环变化的最终结果，如 N 沉积和/或施用 N 肥对 N 循环的影响结果等。

NO_x 在大气中具有很强的化学活性，土壤排放的 NO 能很快转化为 NO_2，这种光化学反应具明显的局地性。如对森林土壤，土壤排放的 NO_x 在逸出冠层前，要经过"冠层衰减作用"过程(Yienger 和 Levy，1995)，冠层下的 NO_2 很小部分来自土壤直接排放，大部分来自 NO 与 O_3 间的快速氧化反应，反应速度足以使土壤排放的大部分 NO 在逸出冠层前就被氧化为 NO_2。"冠层衰减作用"对土壤排放 NO 的间接影响很大，热带雨林的衰减率甚至达 75%。但冠层衰减效应对森林土壤、草地和农业土壤并不相同，森林土壤(50%)高于草地和农业土壤(20%)。

研究表明，土壤 NO 排放通量明显地受土壤温度的影响，两者之间可用指数方程 $F=\alpha \cdot e^{\beta \cdot T}$来定量描述(Williams 等，1992a)。其中 F 为 NO 通量，T 为土壤温度，是气温的函数，α 和 β 是经验系数。土壤温度变化 10℃引起 NO 排放变化(Q_{10})是描述 NO 排放温度依赖性的关键参数，可用 $Q_{10}=e^{10\beta}$ 计算(Williams 等，1992b)。Arrhenius 方程 $F=A \cdot e^{-Ea/(R \cdot T_K)}$ 也被用来描述麦田 NO 排放对温度的依赖性(Yamulki 等，1995)，其中 T_K 是土壤温度(K)，E_a 为表观活化能，R 为气体常数，A 为指前因子。目前已有的经验、半经验和生物地球化学过程模型中都经常使用以上两种方程(Williams 等，1992a；Ding 和 Wang，1996；Li 等，2000)。通常认为参数 Q_{10} 或 E_a 为常数，例如稻田甲烷产生的模型研究中 $Q_{10}=2.0$(Williams 等，1992a；Li 等，2000)和 $E_a=75$ kJ·mol^{-1}(Ding 和 Wang，1996)。土壤水分条件是影响农田 NO 排放的另一个重要因子，Zheng 等(2003a、2003b)对此作了系统的研究，本书第六章详细介绍这方面的研究成果。

土壤排放是目前大气 NO 来源中仅次于化石燃料燃烧的第二大来源(Delmas 等，1997；Ehhalt 等，2001)。随着燃烧过程 NO 减排技术的不断进步，预计在不远的将来化石燃料燃烧排放的 NO 可以减少 90%(Bradley 和 Jones，2002)，而土壤中生物来源的 NO 则有可能成为大气 NO 第一大来源。因此我们必须寻找有效的方法来减少农田生态系统中的 NO_x 排放量，其中可能最有效的方法就是通过农业活动的有效管理来降低氮素在土壤中的累积。如 Zheng 等(2003a)的研究表明：化肥施用明显促进了 NO 排放，但是秸秆堆肥和化肥配合施用可以减缓促进作用，深耕也可以减缓促进作用。同时，减少休耕时间，种植其它农作物或绿肥，减少矿化氮在土壤中的累积也是减少农田 NO_x 排放的措施之一。

2.4 地气系统 CO_2 交换

二氧化碳(CO_2)是重要的温室气体，对我们赖以生存的地球环境具有非常重要的影响。地质记录表明地球大气 CO_2 浓度曾经发生过非常大的变化(IPCC，2001)。在温室气体中，大气 CO_2 浓度增加对气候变化产生的影响尤其引人关注。1992 年在巴西里约热内卢召开的联合国环境与发展大会上，包括中国在内的全球 166 个国家与地区签署了旨在“将大气 CO_2 浓度稳定在某一水平以防止人类活动严重干扰气候系统”的《联合国气候变化框架公约》(UNFCCC)。该公约要求所有签约国或地区提交一份温室气体排放量和转化量的国家清单，提出为实施该公约的原则和目标所采取的步骤和行动。1997 年在日本京都发表的《京都议定书》为发达国家规定了温室气体减排指标，在 2008 年至 2012 年期间，发达国家的温室气体排放量要在 1990 年的基础上平均削减 5.2%，其中美国削减 7%、欧盟 8%，日本 6%。

2.4.1 大气 CO_2 浓度、变化趋势及其源汇分布

CO_2 在大气中的存留寿命为 5～200 年(IPCC，2001)，辐射强迫 1.46 $W \cdot m^{-2}$，对全球温室效应的相对贡献约为 50%(Bouwman，1990a)。对冰芯中 CO_2 气体浓度的测定和过去 40 余年大气 CO_2 浓度的直接观测表明，工业革命(约 1750 年)前的很长时间里，大气 CO_2 浓度基本稳定在 280±10 ppm，其后持续上升(图 2.5a)。在夏威夷 Mauna Loa 的观测结果表明，1958～1999 年间大气中 CO_2 浓度已从 315 ppm 增加到 368 ppm 左右(图 2.5b)。图2.5c为根据 1958～1999 年逐年大气 CO_2 浓度计算的年增加量，可以看出，在过去 40 余年间大气 CO_2 浓度的年增加量呈上升趋势。政府间气候变化专门委员会(IPCC)指出，如果温室气体以目前排放速率持续下去，2100 年大气中 CO_2 的浓度可能会增加到 540～970 ppm，全球平均温度则可能增加 1.3～5.8℃(IPCC，2001)。

大气 CO_2 同位素组成和大气中 O_2 减少的实际观测证明大气 CO_2 浓度增加主要是由于化石燃料燃烧和森林砍伐引起有机碳氧化的结果。1980 年以来，大气 CO_2 浓度平均每年增加 0.4%。在过去 20 年里大部分 CO_2 排放增加是由于化石燃料燃烧造成的，人类活动导致的土地利用变化(特别是森林砍伐)引起的 CO_2 排放占 10%～30%。观测结果表明大气 CO_2 浓度增加速率具有很大的年际波动，20 世纪 90 年代，大气中 CO_2 浓度增加速率为 0.9～2.8 $ppm \cdot a^{-1}$，相当于 1.9～6.0 $PgC \cdot a^{-1}$，这种年际变化与短期气候变化有关(IPCC，2001)。

大气 CO_2 浓度变化取决于全球参与碳循环的各个碳库间碳交换通量的变化。参与碳循环过程的主要碳库包括大气、海洋、陆地生物圈和地质沉积物，碳在这些碳库中以不同的形态存在并不断地迁移转化(表 2.5)。陆地生物圈中所储存的有机碳大约是大气碳量的 3 倍，而海洋、沉积物及化石燃料中储存的碳量更加可观，如此巨大的碳库发生微小变化必将对大气 CO_2 浓度产生非常巨大的影响。对近 20 年来全球 CO_2 收支的估算表明，由于化石燃料燃烧导致的碳排放仍在继续增加，上世纪 80 和 90 年代分别为 5.4±0.3 和 6.3±0.4 $PgC \cdot a^{-1}$；海洋-大气碳交换通量基本未变，分别为－1.9±0.5 和－1.7±0.5 $PgC \cdot a^{-1}$；陆地对大气 CO_2 的吸收有较明显的增加，分别为－0.2±0.7 和－1.4±0.7 $PgC \cdot a^{-1}$(表 2.6)。

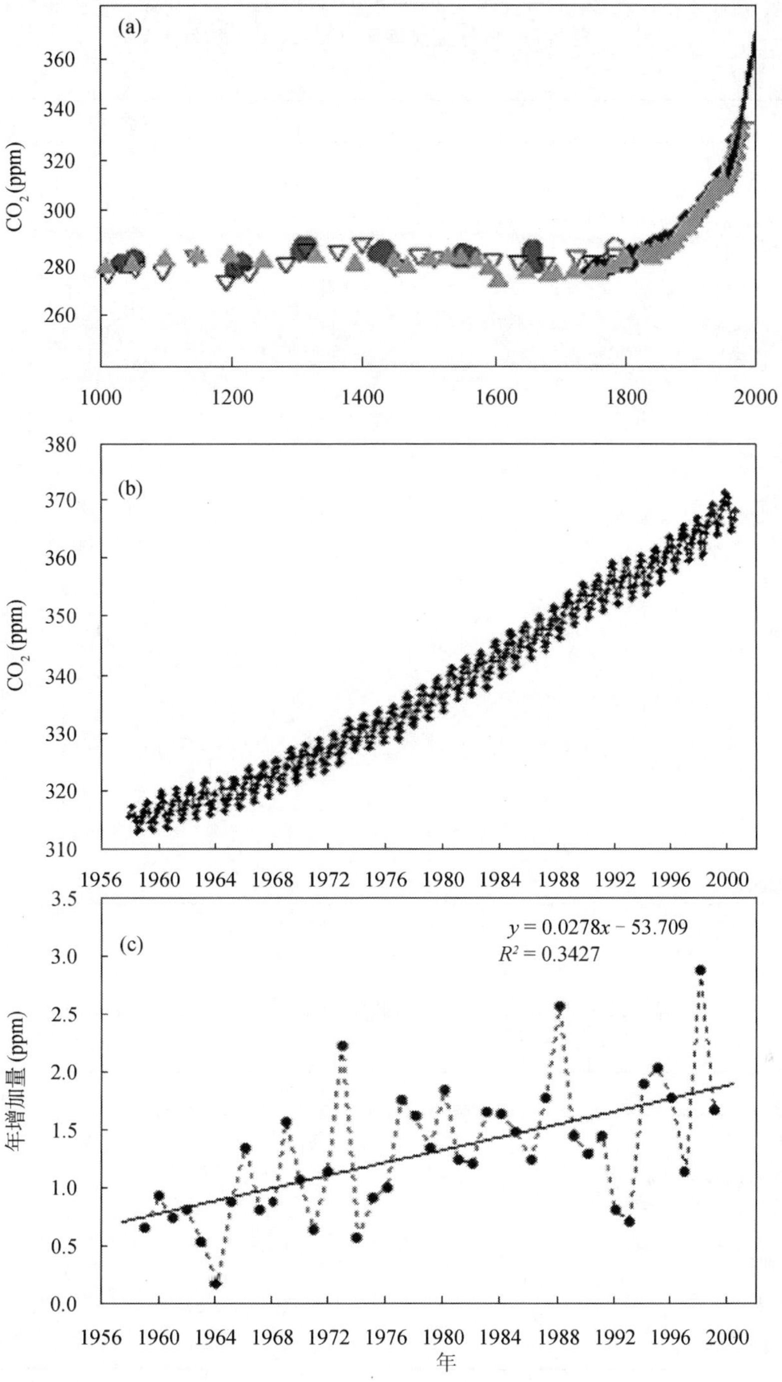

图 2.5 不同时间尺度大气中 CO_2 浓度的变化

(a)过去 1000 年大气 CO_2 浓度变化(IPCC,2001);

(b)过去四十余年大气 CO_2 浓度变化(http://www.co2science.org);

(c)过去四十余年大气 CO_2 浓度年增加量变化趋势

表 2.5　全球主要碳库(Falkowski 等,2000)

碳库	质量(GtC)
大气	720
海洋	38400
总无机碳	37400
表层	670
深层	36730
总有机碳	1000
岩石圈	
沉积碳酸盐	>60000000
油母页岩	15000000
陆地生物圈(总量)	2000
活生物质	600~1000
死生物质	1200
水生生物圈	1~2
化石燃料	4130
煤	3510
石油	230
天然气	140
其它(泥炭)	250

表 2.6　近 20 年全球 CO_2 收支*($PgC \cdot a^{-1}$)(IPCC,2001)

	1980s	1990s
大气圈增加	3.3±0.1	3.2±0.1
工业排放(化石燃料和水泥生产等)	5.4±0.3	6.3±0.4
海洋一大气通量	−1.9±0.5	−1.7±0.5
陆地一大气通量	−0.2±0.7	−1.4±0.7
土地利用变化	1.7(0.6~2.5)	1.6±0.8
陆地生态系统吸收	−1.9(−3.8~0.3)	−2±−4

* 正值代表向大气的排放,负值代表从大气中吸收。±标准差。

2.4.2 陆面碳循环研究概况

陆地生态系统碳循环研究是全球变化科学的重要组成部分，是20世纪80年代兴起的跨学科、综合性的、规模较大的国际合作研究的热点。陆地生态系统碳循环研究是预测未来大气CO_2和其它温室气体浓度变化、认识大气圈与生物圈的相互作用等科学问题的关键，也是认识地球系统水循环、养分循环和生物多样性变化的基础。

尽管人们在微观层次上对陆地和近海生态系统的碳循环有了比较深入的了解，但是将微观研究成果外推到不同类型的生态系统时，便会产生极大的不确定性，这是研究陆面碳循环及其对全球变化影响所面临的难题和挑战。自上世纪80年代初开始，国际科学界组织了一系列大型全球变化研究计划。其中包括世界气候研究计划(WCRP)、国际地圈生物圈计划(IGBP)、全球环境变化的人类因素计划(IHDP)和生物多样性计划(DIVERSITAS)。最近三大国际组织(IGBP－IHDP－WCRP)提出了一个碳集成研究计划，其重点是要回答目前全球碳源/汇的时空格局如何？何种因素导致？决定未来碳循环动态的控制与反馈机制(人为的和自然的)是什么？未来全球碳循环的可能动态为何等科学问题。面对全球变化给人类带来的巨大挑战，一些国家先后启动了碳循环科学研究计划。美国于2000年启动了“碳循环科学计划”，重点研究大陆和区域尺度的碳汇/源的时空变化。日本于2002年启动了“陆地生态系统碳收支国家战略性研究计划”，以亚洲的亚寒带、温带和热带陆地生态系统为对象开展碳收支综合研究。欧盟启动的“欧洲碳循环联合项目”目的是监测陆地生态系统碳储量/通量状况，为国家清单编写提供一致性的时空尺度方法论。在这些科学计划中，碳通量观测网络(FLUXNET)的建立为研究全球碳循环提供了有效的平台。其中包括欧洲的EuroFLUX，美国的AmeriFLUX，亚洲的AsiaFLUX。

自上世纪80年代初以来，我国开始研究森林生态系统的生物量和生产力，涉及到自寒温带至热带地区的主要森林类型和一些典型区域。同时在全国尺度的气候植被分类，区域蒸散模式与自然植被净初级生产力与碳储量的空间格局，土壤有机碳库的储量，生态系统的碳密度与收支等方面开展了研究，这些研究成果大部分于90年代开始在相关刊物上发表(朱志辉，1993；延晓冬和赵士洞，1995；周广胜和张新时，1996a、b；方精云等，1996；康惠宁等，1996；刘邵辉和方精云，1997；蒋高明等，1997；李凌浩，1998；李凌浩等，1998；刘绍辉等，1998；李忠佩和王效举，1998；李意德等，1998；季劲钧等，1999)。“八五”和“九五”期间，我国先后启动了中国科学院重大项目“生态系统生产力形成机制和可持续性研究”，林业部重点项目“中国森林碳平衡研究”以及国家攻关项目“非工业源(森林、海洋)二氧化碳排放通量测定”等研究项目。

为了在区域和国家尺度上回答与中国碳收支相关的科学问题，中国科学院于2001年启动了知识创新工程重大项目“中国陆地和近海生态系统碳收支研究”(黄耀，2002)，国家科技部于2002年启动了国家重点基础研究“中国陆地生态系统碳循环及其驱动机制研究”项目。“中国陆地和近海生态系统碳收支研究”的总体目标是以回答科学问题为中心，着眼于为我国社会经济的可持续发展和履行有关国际公约服务。近5年目标是通过对中国陆地和近海生态系统碳收支时空格局、碳循环过程和模型、生态系统碳收支对全球变化的响应和反馈以及碳增汇/减排技术的系统研究，阐明中国陆地和近海生态系统碳收支的系列科学问题，提高我国在国际全球变化研究领域中的学术地位，为全球变化背景下中国社会经济的可持续发展以及生态系统的管理提供科学依据，为履行有关国际公约提供基础数据。该研究的长远目标将瞄准国际碳循环的热点科学问题，紧跟国际前沿，实现重点突破和知识创新。通过长期研究实现如下目标：揭示气候、土壤和人类活动对生态系统碳循环过程的综合影响规律；阐明自然扰动和人为活动对生态系统碳源/汇格局的作用和调控机理；阐明中国生态系统碳源/汇强度的时空分布特征及其在全球碳循环中的作用；预测中国生态系统碳收支对全球变化的响应和生态系统的适应性；提出增加中国生态系统碳固定/减少碳排放的对策和技术，制定有利于稳定气候的替代性生态建设方案。

2.4.3 陆面碳循环研究的相关问题

陆面碳循环研究涉及的研究领域非常广，包括生物、生理、生态、物理、化学、气象、土壤、沉积学等，其时间尺度可以从瞬时光合作用一直到万年以上；空间上跨两极间的广大地区。虽然对陆面碳循环已经进行了几十年的研究，取得了很大的进展，但到目前为止，对一些基本问题的认识依然存在很大的不确定性。如未知碳汇、植物净初级生产力、土壤呼吸、CO_2 的“施肥效应”和陆地生态系统碳库的大小等。这与其研究难度有很大关系，因为它不是一个简单的区域问题，不是有限的实验研究所能解决的。全球范围的共同合作以及各种研究方法的协同研究是必不可少的。

杨昕和王明星(2001)通过调研过去二十余年来发表的相关文献，对陆面碳循环的主要研究内容和进展进行了分析，以下主要介绍他们对陆面碳循环研究中主要问题的评述。

2.4.3.1 “漏失汇”问题

目前碳循环研究中的一个关键问题是已知的碳汇不能平衡已知的碳源，存在一个很大的“漏失汇”。如以 20 世纪 80 年代平均计算，这一“未探明的汇”约为 1.3 $PgC \cdot a^{-1}$(Woodwell 等，1998)。这一数字是根据碳源与汇事实上的平衡计算得出的，即：源(化石燃料＋土地利用)＝汇(大气增加＋北方森林＋海洋＋未探明的汇)，根据目前的数据，对应为：

$$5.5(\pm 0.5)+1.6(\pm 0.7) = 3.2(\pm 0.2)+0.6(\pm 0.6)+2.0(\pm 0.8)+1.3(\pm 1.1)$$

可以看出，在每年所排放的 7.1 PgC 中除了 3.2 PgC 作为大气增加量外，只有 2.6 PgC 被北方森林及海洋吸收，剩下 1.3 PgC 构成“未探明的汇”，这就是目前令科学家困惑的“漏失汇”问题。平衡碳源和汇成为当前气候及生物地球化学等研究领域的热门课题之一(Schimel，1998)，是准确预测未来气候变化的一个重要基础。

陆地生态系统在整个碳循环中的作用问题存在很大的不确定性。主要是因为陆地生态系统有着十分复杂的下垫面，且每年可能的 1～2 PgC 的净通量相对于约每年 50～60 PgC 的进出量来讲很小。如果将其平均分配到整个陆地生态系统中的话，则只相当于每平方米几克到十几克的量级。要观测出这样小的净通量其难度是可想而知的。各种观测结论相差很大，甚至完全相反。因此虽然来自各方面的“证据”表明陆地生态系统的确净吸收大气 CO_2(Tans 等，1990；Cao 和 Woodward，1998)，但直接的观测证据仍然是十分零散和缺乏的。最近的研究表明热带地区可能是一个重要的汇(Grace 等，1995；Cao 和 Woodward，1998)。来自亚马孙热带雨林的观测结果支持了这一观点(Phillips 等，1998；Prentice 和 Lloyd，1998)。这表明未探明的汇可能分散在全球更大范围的生态系统中，或地表其它地方，而不仅仅是过去认为的那样主要集中在北方中、高纬度森林地区。也有许多研究者认为陆地植被对平衡目前的碳源和汇贡献不大，是海洋吸收了更多的碳（Sarmiento 等，1998；Tans 和 White，1998）。目前对碳平衡问题的研究存在很大的争论，陆地学说和海洋学说各持己见（Schimel，1998）。

当前热带地区碳通量的研究是一个热点。这一地区的陆地生态系统和海洋碳循环受 ENSO 事件的影响较大，且该地区的碳通量以及年际变化均较显著，可能对大气 CO_2 浓度的季节和年际自然波动产生主要影响。对其作深入研究有助于认识控制大气 CO_2 浓度变化的原因（Phillips 等，1998；Tian 等，1998；Rayner 等，1999；Battle 等，2000）。杨昕等（Yang 和 Wang，2000）的研究表明，大气 CO_2 浓度的年际增长率同全球陆地降水的年际增长率间有显著正相关，特别是在东亚季风区最为明显，这与两者在 10 年际尺度上的负相关（Keeling 等，1995）完全相反，从而了一个新的大气 CO_2 浓度变化同气候因素间的关系。研究表明，特殊的季风气候是引起这一现象的主要因素。在季风区的雨季，增加降水量并没有使植被净吸收更多的大气 CO_2，反而由于云量的增加降低了植被的光合作用，从而导致净释放出更多的 CO_2。这一机理可以很好地解释 Bacastow 在 1976 年的一个观测事实，即大气中 CO_2 浓度的自然变化同南方涛动指数（SOI）存在约半年的滞后相关（Bacastow，1976）。

一般认为陆地生态系统净吸收 CO_2 的主要机制有这样几个方面：①CO_2 的施肥效应；②氮素的增加（由于人为因素导致的氮素的矿化程度的增加）；③气候变化（暖）或者是它们的综合作用。最新的研究报道指出：土壤（老龄土）有机碳对温度的不敏感性可能有助于对这一问题的解释（Liski 和 Westman，1997；Giardian 和 Ryan，2000）。从最近十几年的情况看，陆地生态系统似乎正从以前的净吸收碳变成近中性或碳源（Woodwell 等，1998；Battle 等，2000）。一般认为这是由于 CO_2 的施肥效应已经不能补偿温度变暖所引起的土壤释放量的增加（Cao 和 Woodward，1998）。如果这一机制被证明是正确的，则未来的气候将进入恶性循环中。因此研究气候变化对生态系统的影响，特别是对土壤有机碳分解的作用似乎越来越重要（Grace 和 Rayment，2000）。

2.4.3.2 大气 CO_2 的源、汇

碳循环过程是一个发生在各种时间尺度和空间范围内的多种过程的综合。这种过程可简单地表示为（Goreau，1990；Batjes 和 Brides，1994）：

$$\frac{dCO_2}{dt}=C+D+R+S+O-P-I-B$$

其中方程左端代表大气 CO_2 浓度的变化率，右端各项代表大气 CO_2 的源和汇。

主要源：

C：化石燃料燃烧释放到大气中的 CO_2；

D：土地利用（包括森林砍伐、森林退化、开荒等）释放到大气中 CO_2；

R：陆地植物的自养呼吸；

S：陆地生态系统的异养呼吸（包括微生物、真菌类和动物）；

O：海洋释放到大气中的 CO_2。

主要汇：

P:陆地生态系统通过光合作用固定的 CO_2；

I:海洋吸收大气中 CO_2；

B:沉积在陆地和海洋中的有机和无机碳。

植物光合作用吸收大气中 CO_2 产生的总初级生产力(GPP)约为 100～120 PgC · a^{-1}，其中大约一半用于植物的自养呼吸。异养呼吸作用将分解释放出剩余的碳。在平衡的情况下异养呼吸释放量应等于植物净初级生产力(NPP)。如果两者不等则其差值将构成生态系统净生产力(NEP)。

由于人类活动(包括森林砍伐、森林退化、开荒等)的增加以及生物质的燃烧等释放到大气中 CO_2 量呈逐年增加趋势，这部分排放量约为 1～2 PgC · a^{-1}。

深海共储存约 39000 PgC，每年通过海洋洋面同大气的交换量约 90～100 PgC，净吸收量为 2 PgC · a^{-1}左右。研究短期气候变化(百年尺度内)可不考虑海洋沉积物的影响。但对于研究几千年到万年尺度上的气候变化时，海洋的作用相当重要。

全球河流每年向海洋输送有机碳约 0.4 PgC(Schlesinger 和 Melack，1981；Sarmiento 和 Sundquist，1992)，这一数字随人类活动的增加呈增长趋势。这一部分对净碳通量具有一定的影响，但如果考虑到其中很大部分将被氧化后以 CO_2 形式返回大气，则其作用将降低(Woodwell 等，1998)。不同研究估计的河流每年向海洋输送有机碳量有较大的差别，有研究认为海洋珊瑚礁碳吸收量约为 0.1 PgC · a^{-1}。

陆地岩石圈中含有大量的无机碳，但相对较稳定。目前由于人类活动所导致的化石燃料的燃烧排放量约为 5.5～6.5 PgC · a^{-1}。火山喷发是大气 CO_2 的一个净源。以目前的火山活动水平，年平均输入量约为 0.04～0.05 PgC，因此是一小量。在土壤碳平衡中，不可忽视的一点是大气 CO_2 会以 HCO_3^- 的形式输入土壤，其量级约为 0.16～0.27 PgC · a^{-1}(Van 和 Feijtel，1990)，因此熔岩土壤对大气 CO_2 构成一个汇。气候变化对无机碳库的影响请参见 Bohn(1990)的文章。

2.4.3.3　植被净初级生产力

净初级生产力(NPP)为总初级生产力(GPP)减去同期的自养呼吸量(R)，它表示了植物在一定时间内的净光合同化量，构成生态系统的净输入量。NPP 对气候(温度、降水等)因子及营养元素(C、N、P 等)具有很强的依赖性，在地-气间 CO_2 交换过程中扮演着十分重要的角色(Melillo 等，1993)。生态系统中，NPP 包括一段时期内植物地上地下部分总的增长量、衰老和生殖过程中脱落物量及短期生长后死亡的植株生物量，再加上食草性动物消耗的生物量。表 2.7 为 NPP 的一般组成及比例。

估计全球陆地植被净初级生产力大小主要有两种方法：一是统计回归模型；二是过程模型。第一种方法主要是利用气候因子等已知量同实测 NPP 进行统计分析，建立回归模型进行外推。而后者因为包括了光合作用、有机物分解及营养元素的循环等生理过程，从而可用于详细研究各种因素对 NPP 的影响。但过程模型的建立一般是基于有限范围上的观测结果和实验室中所得到的数据，因此对特定的植被类型或在有限区域范围内可以给出较精确的估计值，但外推到其它情况或全球范围其结果值得研究(Melillo 等，1993)。由于过程模型所用到的环境因子较多，具体使用时有很大限制，且所采用的许多参数在外推到另外一个地区时需要做进一步检验和修正。而统计模型的优点是建立在大范围上的观测数据，因此更适合于描述大区域以至全球尺度上的情况，其不足之处是对特定的地区、特殊情况下的 NPP 估计值与实测结果可能相差较大。另外一个显著的差别在于，过程模型可以用于研究时变情况下的 NPP 变化，但统计模型一般只适用于描述平衡态时的情况（如冰期-间冰期的情况），不适用于短期气候变化情况，但也有研究者将统计模型用于研究近百年来气候变化所引起的净碳通量的变化（Dai 和 Fung，1993）。不同作者给出的年 NPP 估计值见表 2.8，全球陆地生态系统 NPP 为 50～60 PgC · a^{-1}。

表 2.7 NPP 的组成及其比例（Chapin 等，2002）

组分	占 NPP %
新鲜植物生物质	40～70
叶子和生殖体部分（细小凋落物）	10～30
顶端茎生长量	0～10
次级茎生长量	0～30
新根	30～40
根分泌物	20～40
根渗出物	10～30
根传输成为菌根	10～30
食草性动物消耗、死亡及火灾消耗	1～40
挥发排放	0～5

表 2.8 不同作者给出的年 NPP 估计值（转引自杨昕和王明星，2001）

NPP（PgC · a^{-1}）	作者和时间	方法
53.0～66.0	Lieth 和 Whittaker（1975）	统计模型（Miami）
60	Ajtay 等（1979）	统计模型
42.8	Matthews（1983）	统计模型
48	Esser（1987）	统计模型（OBM）
67.8	Box（1988）	过程模型
75.8	Jenkinson 等（1991）	过程模型（Rotham sted Model）
53	Friedlingstein 等（1992）	统计模型（Modified Miami）
53.2	Melillo 等（1993）	过程模型（TEM）
48	Potter 等（1993）	过程模型（CASA）
60	Rotmans 和 Van den Elzen（1993）	过程模型
58.5	Goldewijk 等（1994）	过程模型（IMAGE－2）
62	Foley（1995）	过程模型（DEMETER）
47	Hudson 等（1994）	过程模型（GLOCO）
65	Warnant 等（1994）	过程模型（CARAIB）
42	Bonan（1995）	过程模型
45.0～50.0	Matthews（1997）	统计模型

统计模型在实际应用中得到广泛应用的主要原因是所需因子比较少，使用方便。其中 Miami 模型（Lieth 和 Whittaker，1975）和 Chikugo 模型（Uchijima 和 Seino，1985）是常用的两种。以上两种模型的最大缺陷是对极端干旱地区（沙漠或荒漠）的 NPP 的估计不准确（朱志辉，1993）。Miami 模型偏高，而 Chikugo 模型偏低。产生这一现象的重要原因在于来自干旱地区植被的 NPP 测量数据较少，如 Miami 模型的建立基本上是基于湿润地区植被的 NPP 测量数据。我国许多研究者针对上述模型的不足，并结合大量实测资料对其进行了修正，以适用于我国情况（朱志辉，1993；周广胜和张新时，1996a）。

2.4.3.4 土壤呼吸

土壤呼吸产生生态系统有机碳的输出。在平衡状态下，土壤异养呼吸量应等于植被净初级生产力。通常在样地上所观测到的土壤呼吸量（R_s）是土壤异养呼吸量（R_h）同植物根呼吸量（R_r）之和。其中根呼吸量约占大多数森林土壤呼吸量的 40%，对草地及灌木而言则占 20%～30%（Peterjohn 等，1993）。对所有植被而言平均约为 24%（Raich 和 Schlesinger，1992）。通常的观测方法很难将 R_h 和 R_r 两者区分开来，这对研究生态系统的净碳通量（NEP ＝NPP － R_h）是一个很大的障碍。因为要得到两个较大变量间的差值，其中任何一个变量的微小不确定性都将导致最终结果的极大误差。

土壤呼吸量随温度变化习惯用温度系数 Q_{10} 表示，即温度每增加 10℃呼吸增加的倍数。土壤呼吸的 Q_{10} 约在 2.0～2.4 之间（Harvey，1989；Raich 和 Schlesinger，1992）。如果用同样的方法表示 NPP 随温度的变化，则其 Q_{10} 约为 1.0～1.5（Harvey，1989；Kohlmaier 等，1990）。因此，从平均角度看 NPP 对温度的响应要小于土壤呼吸。即使对土壤呼吸而言，不同生物群落的 Q_{10} 不尽相同。但总体上，高纬度地区的 Q_{10} 比低纬度的要高（Townsed 等，1992；刘邵辉和方精云，1997）。表 2.9 给出不同生物群落土壤呼吸的 Q_{10} 估计值。

土壤呼吸是发生在不同“年龄”有机质上的总呼吸量之和。一般而言，随着土壤深度的增加，有机质的“年龄”越大。这可通过对 ^{14}C 同位素的测定来推测。如低层的腐殖质具有千年左右的寿命（Jenkinson 和 Rayner，1977），而上层新鲜凋落物的寿命大约只有一年。如果不计根系的呼吸量，则全球平均土壤碳的周转时间为 32 年（Raich 和 Schlesinger，1992）。

需要指出的是，表 2.9 中所给出的呼吸速率随温度的变化，基本上针对年轻土壤或凋落物的分解而言的，对老龄土壤情况可能不一样。最近的一些研究指出老龄土壤中有机碳对温度的响应并不显著（Liski 和 Westman，1997；Giardian 和 Ryan，2000）。如果这一结论是正确的，则对平衡目前的碳库有重要价值，并且降低了我们对未来气候恶化的担忧。但这两项研究都是基于非常有限的实验资料，其可信性需要进一步确定。土壤有机碳的分解（或呼吸速率）是当前碳循环研究中的一个十分引人关注的热点问题（Giardian 和 Ryan，2000；Valentini 等，2000），对它的研究将有助于认识目前碳平衡问题（Grace 和 Rayment，2000）。

一般而言，气候变暖可能增加土壤呼吸释放出的 CO_2 量。但是土壤呼吸对温度变化的响应只反映了土壤呼吸的一个侧面。事实上，土壤呼吸是一个复杂的生物学过程，受多种因素制约，如植被类型、枯枝落叶层的覆盖、土壤微生物活性、温度、湿度、土壤理化特性等多种环境因素。其中降水、温度作为水、热状况的重要指标在生态学研究中具有同等重要的意义，其作用是不可分割的。非常湿润和非常干旱的土壤条件同样不利于微生物的活动，会降低土壤呼吸作用(Dorr 和 Munnich,1987)。只强调其中一个因素来讨论气候变化(暖)对碳循环的影响是不全面的。目前还没有一个很好的合理描述土壤呼吸速率随气候因素变化的模型可用于研究气候变化对陆地生态系统净碳通量的影响。

表 2.9　不同生物群落土壤呼吸的 Q_{10} 估计值(转引自杨昕和王明星,2001)

生物群落	Q_{10}估计值	作者和时间
热带森林	1.96	Fung 等(1987)
温带森林	1.93	Fung 等(1987)
草原	2.03	Fung 等(1987)
北方森林	1.3,1.6	Berger 和 Loutre(1997)
	2.42	Cowling 和 MacLean(1982)
	1.24,1.73	Gordon 等(1987)
	1.61,1.68,1.91	Schlentner 和 Van Cleve(1985)
冻原	2.78	Stewart 和 Wheatley(1990)
	1.5～15.6	Svenson(1980)
全球平均	2.0	Harvey(1989)
全球平均	2.4	Raich 和 Schlesinger(1992)

2.4.3.5　CO_2 的"施肥效应"

大气 CO_2 浓度直接影响植物的光合作用、呼吸作用、气孔导度以及植物对水分的利用效率(WUE,Water Use Efficiency)等。研究发现 C_3 植物在目前大气 CO_2 浓度下基本上是光合作用不足的(Sharkey,1985;Gunderson 和 Wullschleger,1994)，因此 CO_2 浓度增加将提高净初级生产力，称之为 CO_2 的"施肥效应"。这一作用被认为是导致陆地生态系统净吸收大量 CO_2 的主要原因。

通过对 13 年树龄的火炬松(loblolly pine)森林进行的为期 2 年的 FACE 试验，结果表明 CO_2 浓度每增加 200×10^{-6} 将提高植被净初级生产力约 25%(De Lucia 等,1999)。CO_2 浓度增加对细根的影响最大(De Lucia 等,1999;林伟宏等,1999)。当然由于其它因素(水、营养元素、树龄和植被类型等)的限制，不同生态系统对 CO_2 浓度增加的响应并不一样。

有研究认为，CO_2 的"施肥效应"并不像过去认为的那样显著，还不足以解释全部的"漏失汇"。主要原因是其它营养元素(如 N、P 等)限制了植物对 CO_2 的吸收(Schimel,1998)。大气 CO_2 浓度的增加不仅会增加 NPP，同时会导致一系列植物生理上的变化，如改变植物组织中碳氮比，降低凋落物的分解速率(Bazzaz,1990;Amthor,1995)等。在大气 CO_2 浓度增加的情况下，因为光合作用效率提高所增加的有机碳较多地储存在地下根系中，因此将增加土壤中可分解碳含量。这样就会对土壤生物圈的食物链产生影响。由于真菌分解有机物的竞争增加，甚至有可能导致从土壤中释放出更多的 CO_2 到大气中(Jones 等,1998)。

2.4.3.6　气候变化对净碳通量的影响

Dai 和 Fung(1993)利用一个简单的经验模型研究了上世纪 30 年代以来气候变化对

陆地生态系统净碳通量的影响，发现仅仅考虑气候因素(温度和降水)所引起的陆地生态系统净累积的有机碳量可以解释约一半的“漏失汇”。该方法主要是利用两个统计模型分别独立计算土壤碳的输入量(NPP)和输出量(即土壤的异氧呼吸 R_h)，其差值即构成土壤的净碳通量(NEP)。其中 NPP 利用修正的 MIAMI 模型(Friedlingstein 等，1992)得到，而 R_h 的计算则是利用 Raich 和 Schlesinger(1992)所给出的土壤碳总呼吸量与气候因素间的关系式经转化得到。虽然这一模型十分简单，也存在很多问题，但这一结论提出了一个新的解释“漏失汇”问题的机制，是碳循环研究中的一个值得关注的问题(Woodwell 等，1998)。

2.4.3.7 反褶积(Deconvolution)分析方法

要平衡碳源和碳汇，就需要确定发生在各主要碳库间的碳通量大小。然而，目前能够较确切知道的主要碳通量只有化石燃料的燃烧量、大气中 CO_2 的净增加量以及因土地利用而释放到大气中的 CO_2 量。一般来讲，通过直接观测方法来确定海洋和陆地生态系统的碳交换量有很大的难度，因此通常利用模型研究来确定其净交换量。已有的研究表明，海洋是大气 CO_2 的重要汇(Siegenthaler 和 Sarmiento，1993)，但其吸收能力并非可以无限大，其吸收能力可以通过海洋模型进行估算。由于海洋的吸收能力与大气中的 CO_2 分压有关，海洋吸收多少碳是与大气中的 CO_2 浓度相关的。因此，在已知大气 CO_2 浓度的情况下，可以反推出需要多少来自化石燃料和生态系统的排放量方能使得全球碳源和碳汇得以平衡。将其结果减去已知的化石燃料燃烧量，便可得到来自生态系统的净排放通量。这就是“反褶积”分析方法。如果再减去土地利用(包括森林砍伐、森林退化、开荒等)导致的 CO_2 释放量，则可确定陆地生态系统的净吸收量。

Siegenthaler 和 Oeschger(1987)利用此方法估计 1850～1984 年间的整个生态系统净排放通量(土地利用加上可能的固碳作用)为 50 PgC。Houghton(1993)估计 1850～1985 年间土地利用的排放量约为 98～128 PgC，如果以其高估计值来考虑土地利用排放量(同期为 126 PgC)，则会发现陆地生态系统将净吸收 76 PgC。这一净积累量即是反推得到的“漏失汇”量。这一“漏失汇”主要发生在上世纪 40 年代后期，80 年代中期达到最大，约为 2 $PgC \cdot a^{-1}$。但自 80 年代后期至今呈下降趋势，现在已接近零(Battle 等，2000)。

其它分析方法所得结果能进一步证实由“反褶积”分析方法所得到的结论。对南北半球大气 CO_2 的浓度梯度及洋面 CO_2 分压资料的分析表明，北半球陆地是大气 CO_2 的汇(Tans 等，1990；Fan 等，1998)，对大气中碳的同位素的分析结果也支持这一结论(Ciais 等，1995)。

2.4.3.8 陆地生态系统碳库

陆地生态系统碳库主要包括植被碳库和土壤碳库两大部分。凋落物也包含部分有机碳。由于凋落物处在地表，一般不将其归并到土壤有机碳库中(Buringh，1984；Bouwman，1990a)。植被碳库定义为地上和地下植物活的有机体。对土壤有机质的定义有多种，详见 Batjes 和 Brides(1994)的综述。土壤有机碳库可分为两部分：活性碳和惰性碳。其中惰性碳约占土壤总有机碳库的 25%(Harrison 等，1990)甚至更高(Trumbore 等，1996)，这部分碳具有较长的周转时间(千年以上)。另外土壤中也含有部分矿质无机碳(碳酸岩)，其周转时间更长。因此对目前碳循环具有显著影响的是其中的有机碳部分。表 2.10 给出了不同研究者估计的全球植被、土壤和凋落物的有机碳储量。

表 2.10　不同研究者估计的植被、土壤和凋落物的有机碳储量(转引自杨昕和王明星,2001)

碳库	碳量(Pg C)	作者和时间
植被	924	Adams 等(1990)
	594	Goudriaan 和 Ketner(1984)
	901	Friedlingstein 等(1992)
	567.5	Goldewijk 等(1994)
土壤	700	Bolin(1970)
	1080	Bases 等(1977)
	1456	Schlesinger(1977)
	1636	Ajtay 等(1979)
	1395	Post 等(1982)
	1272.4	Post 等(1985)
	2946	Bohn(1976)
	2200	Bohn(1982)
	1115	Adams 等(1990)
	1297	Friedlingstein 等(1992)
	1517.7	Goldewijk 等(1994)
凋落物	69	Ajtay 等(1979)
	152	Esser(1987)
	68	Matthews(1997)

以上 3 个碳库的基本估计方法有两种:一是基于样地实际测量结果,并乘以对应的面积求得;二是根据模型的计算结果给出。事实上很难判断哪一个结果更精确。不过从各种估计结果间的相对差别可以看出对各个碳库的估计情况。一般来说,对植被碳库的估计相对误差较小,各种估计值基本处于 600～900 PgC 间,这得益于相对较多的观测资料。而对土壤和凋落物碳库的估计不确定性要大得多,土壤碳库估计值的变化幅度在 700～2946 PgC 间,凋落物为 50～150 PgC。一般广为接受的估计数字为:土壤碳库约为 1300 PgC(Post 等,1982;Post 等,1985),凋落物为 68 PgC(Matthews,1997),这两个数字基本上是根据大量实测数据得到的,可详见有关文献。

2.4.3.9　末次冰期极盛时陆地生态系统的碳库

虽然导致末次冰期极盛时(LGM)大气中 CO_2 浓度很低的主要原因是海洋吸收了大量的 CO_2,但陆地生态系统的碳含量究竟有多大是颇有争议的问题。不同研究者的估计值相差甚远。精确估计冰期极盛时陆地生态系统的含碳量对于研究整个大气-海洋-陆地生态系统碳循环及预测未来气候变化都具有重要意义。

估计末次冰期极盛时陆地生态系统的碳含量主要有 3 种方法:①通过来自孢粉、土壤以及沉积物等古生态调查证据,估计过去的植被类型、土壤碳含量状况,并外推到整个陆地生态系统(Adams 等,1990);②利用气候-生态模型进行模拟。首先利用 GCM 模型模拟古气候状况，再根据气候状况重建陆地植被状况，进而计算碳含量(Prentice 和 Fung，1990)；③根据碳同位素的质量平衡原理估计陆地生态系统的碳储量的变化(Bird 等，1994)。其中第 3 种方法是通过对深海沉积物的$^{13}C/^{12}C$值的测定发现冰期极盛时大气中$\delta^{13}C$比工业革命前要小 0.03%～0.07%，而$\delta^{13}C$的变化主要是反映了生物对大气中碳同位素的选择性吸收(植物对^{12}C的偏向性吸收)。根据碳同位素的变化情况可以估计出古环境下的陆地生态系统所储藏的有机碳与现在相比变化了多少。

表 2.11 不同研究方法估计的末次冰期极盛时陆地生态系统总碳库(土壤碳加生物质碳)与现在相比的偏差 (单位：PgC)(转引自杨昕和王明星，2001)

方法	差值(现在－LGM)	作者和时间
古环境证据	1350	Adams 等(1990)
	750～1050	Crowley(1995)
	1050(900～1900)	Adams 和 Faure(1998)
气候-生态模型	±50	Prentice 和 Fung(1990)
	31(不考虑碳的施肥效应)	Esser 和 Lautenschlager(1994)
	134(不考虑碳的施肥效应)	Francios 等(1998)
同位素分析	310～550	Bird 等(1994)
	270～720	Crowley(1995)

表 2.11 给出不同研究者利用上述 3 种方法所估算的末次冰期极盛时陆地生态系统碳储量与现在相比的变化量(现在值减去末次冰期极盛时的值)。以上各种估计方法的结果相差很大，与现在相比的减小量在 0～1500 PgC 间。其中利用古环境调查数据得到的减小量普遍偏大，基本上是在 700～1500 PgC 间。而利用气候-生态模型方法得到的减小量普遍偏小，基本在 0～300 PgC 间(如果不计 CO_2 的"施肥效应")。而利用同位素分析方法所得到的结果却在两者之间(约 300～700 PgC 间)。可见估计冰期极盛时陆地生态系统碳库具有很大的不确定性。第一种方法由于古环境的残留物的分布十分分散，所获得的调查数据较少，因而外推到全球范围上存在明显的问题。而气候-生态模型方法对古气候(特别是对古降水)的模拟结果也存在许多不确定性，同时缺乏大范围的验证，可信度也不高。同位素分析方法所估计的值较为可信。古环境调查数据方法和气候-生态模型方法在碳库估计上的巨大差别可能主要是对冰期极盛时气候(主要是降水或湿度)状况的认定上。

2.4.3.10 土地利用变化

土地利用变化是影响陆地碳源/汇强度的最为重要的人为活动。工业革命后，世界人口急剧增加，粮食、燃料和其它农副产品的需求日益增大，愈来愈多的土地被开垦农用，快速发展的城市化侵吞了肥沃的粮田土壤。人类活动的某些结果(如土壤沙漠化、盐渍化、城市化等)直接减少了陆地绿色植物对大气 CO_2 的固定，自然土壤(森林土、沼泽土和草地等)的开垦农用大大加速了土壤有机质的分解，减少了土壤有机碳储量。

1960 年以前，每年由生物和土壤释放的碳量超过燃烧化石燃料排放的量(Woodwell，1983)。根据联合国粮农组织(FAO)1981 年公布的数字，由森林(包括原始森林、用材林和次生林)转变为永久性农业和牧业的面积为 $4.5\times10^6\ hm^2\cdot a^{-1}$,转变为轮作地的面积为 $2.17\times10^7\ hm^2\cdot a^{-1}$,原始森林转变为用材林的面积为 $4.6\times10^6\ hm^2\cdot a^{-1}$。不同的土地利用方式对植被和土壤的影响不同,从而 CO_2 的释放不同。森林开垦不仅地上部生物量被砍伐,而且残留植物的腐烂和土壤有机质的下降在最初的几年内会急剧增加向大气的 CO_2 排放。森林转化作农田,土壤碳损失 25%～40%,耕作层(0～20 cm)的损失量最大,可达 40%(Davison 等,1993),损失的绝对量取决于气候条件、管理措施及原来土壤的初始碳含量;森林转化成草原和轮种,土壤碳分别损失 20%和 18%～27%。热带森林因土地利用方式的改变导致碳净释放为 $4.7\times10^8\ tC\cdot a^{-1}$(其中 $3.1\times10^8\ tC\cdot a^{-1}$来自植物,$1.6\times10^8\ tC\cdot a^{-1}$来自土壤)。然而,上世纪 90 年代以来的研究表示,土地覆被变化既有消极的一面(森林砍伐对植被和土壤的破坏使陆地生态系统成为碳源),也有积极的一面—造林和再造林吸收大气中 CO_2 成为碳汇。FAO(1997)公布的对世界上超过 170 个国家的统计数字表明:在 1990～1995 年全球净损失的 $5.63\times10^7\ hm^2$ 森林中,发展中国家损失 $6.51\times10^7\ hm^2$,但发达国家的森林面积同时增加了 $8.8\times10^6\ hm^2$。由此引起的 CO_2 的净释放为 $1.15\times10^9\ tC\cdot a^{-1}$(毁林释放 $1.44\times10^9\ tC\cdot a^{-1}$,造林补偿 $2.9\times10^8\ tC\cdot a^{-1}$),其中热带常绿森林损失 $6.9\times10^8\ tC\cdot a^{-1}$(Potter,1999)。换言之,热带森林的开垦仍然是主要碳源之一。虽然说温带和寒带森林再造具有碳汇的作用,但与热带森林的碳源相比毕竟太小,不足以弥补其碳损失。值得注意的是,除了毁林外,还有一个森林退化的问题,不合理的伐木、砍伐和自然火灾使林地的结构、微气候及土壤都发生变化,同样对全球碳平衡造成巨大破坏。据 FAO(1993)统计,世界范围内森林退化的速度比毁林高几倍,因此森林退化应引起足够重视。

草原占陆地生态系统总面积的 16.4%,碳贮量为 3.08×10^{11} tC,占陆地生态系统的 15.2%,其中 92%(2.82×10^{11} tC)贮存在土壤中(Houghton,1995)。影响草原生态系统碳贮量的土地利用活动包括草地开垦和过度放牧。草地开垦后伴随的烧荒使原来固定在植被中的碳全部释放到大气(李凌浩,1998)。开垦促进了土壤呼吸作用,加速了土壤有机质的分解(Anderson 和 Coleman,1985)。多年生牧草农被农作物取代后使初级生产固定的碳量向土壤中的分配比例降低,收割又减少了地上生物量中碳向土壤的输入(McConnell 和 Quinn,1988)。研究表明,草地开垦为农田后土壤中的碳损失为 30%～50%(Aguilar 等,1988;Davidson 和 Ackermann,1993)。据 Houghton(1995)估计,1850～1980 年期间由于开垦导致的草原生态系统碳净损失量约为 10×10^9 tC。过度放牧使草地初级生产力降低,家畜采食减少碳由植物凋落物向土壤中的输入,而且促进草地土壤的呼吸作用,从而加速碳从土壤向大气的释放。对内蒙古锡林河流域羊草草原的研究结果表明,40 年来过度放牧使表层土壤(0～20 cm)中碳的贮存量降低了 12.4%(李凌浩,1998)。

农田是人类活动最频繁和强度最大的场所,农业管理措施直接影响到农田生态系统碳循环过程,包括植物的光合作用形成生物质、凋落物和土壤有机质分解以及从生态系统中移走大量有机物等。频繁的耕作增加了土壤通气性,增加土壤与残茬的接触,使土壤团聚体保护的部分有机质暴露出来供微生物分解等,加速了土壤有机质分解。相比之下,少、免耕能明显增加土壤有机碳。Oklahoma 粉壤土上 17 年免耕与常规耕作的比较研究表明,免耕可以增加土壤有机质含量 65%,同时减少土壤 CO_2 排放(Dao,1998)。Reicosky(1998)报道,土壤呼吸和 CO_2 通量与耕作方法和耕作强度有关。Lal 等(1995)研究表明,种植不同作物也会影响土壤呼吸和 CO_2 通量，苜蓿地 CO_2 通量较高，玉米地和林地较低，同时玉米地垄作比平地种植的 CO_2 通量高。不同轮作制度也会影响土壤有机质周转和土壤 CO_2 通量。Rochtte 等(1992)报道，加拿大东部大麦田中土壤呼吸比休闲土壤低 25%，休闲土壤向大气排放更多的 CO_2。加拿大西部作物-休闲轮作制中，连作大麦田土壤 CO_2 排放量<大麦-休闲土壤。休闲方式下只有土壤排放碳而没有植物固碳，因此是农田生态系统向大气排放 CO_2 最多的管理方式(McGinn 和 Akinremi，2001)。Curtin 等(2000)研究表明，加拿大半干旱地区传统的小麦-休闲轮作方式转变为免耕小麦连作后，在 13～14 年时土壤以有机质和残茬形式截获 5～6 $tC \cdot hm^{-2}$。

2.5　陆地生态系统碳循环模型

在过去的十几年内，陆地生物地球化学模型发展突飞猛进。这些模型被广泛用于评价和预测全球变化背景下区域性(Raich 等，1991；McGuire 等，1992；VEMAP Members，1995；Schimel 等，1997；Tian 等，1998；Ito 和 Oikawa，2000；Bousquet 等，2000)或全球性(Melillo 等，1993；Running 和 Hunt，1993；Schimel 等，1996；Cox 等，2000)能量收支、水分循环、初级生产力和碳循环。在 IPCC 报告中，这些模型被用于评价和预测全球陆地生物圈初级生产力和碳循环的过去、现在和未来格局(Melillo 等，1996；Schimel 等，1996)。陆地生物地球化学模型不仅为综合大量的观测数据、分析和预测大尺度的生态系统过程提供了一个工具，而且还为实验研究给以新的启示(Oreskes 等，1994；Heimann 等，1998)。

2.5.1　陆地生态系统碳循环的基本过程

自然状态下，陆地生态系统碳循环的基本过程为：大气中的 CO_2 通过植物光合作用形成有机碳储存于植物体中，植物地上部分和根枯死后残留在土壤中形成土壤有机质，土壤有机质经微生物分解向大气释放 CO_2。扩展的时空尺度上各种影响的相互关系构成了碳循环中生态系统生理与结构的相互作用，主要包括：总初级生产力(GPP，Gross Primary Production)，即细胞层次上的光合作用；净初级生产力(NPP，Net Primary Production)，即通过光合作用固定的碳减去植物的自养呼吸(R_A，Autotrophic Respiration)排放的碳；净生态系统生产力(NEP，Net Ecosystem Production)，即作为整体的生态系统获得或损失的碳，数值上等于 NPP 与异养呼吸(R_H，Heterotrophic Respiration)之差。陆地生态系统碳循环过程中，人为活动或自然灾害，如森林火灾、作物收获、秸秆焚烧等，也可以在很短时间内使生态系统中大量有机物碳被移走或氧化成 CO_2。净生态系统生产力 NEP 减去人为或自然破坏损失的碳 L_d 即为净生物群落生产力(NBP，Net Biome Production)。它们之间的相互关系为：

$$NPP = GPP - R_A$$
$$NEP = NPP - R_H$$
$$NBP = NEP - L_d$$

光合作用是陆地生态系统中有机碳的最初来源。大气中的 CO_2 通过光合作用被植物固定，并在植物体内各个器官之间按照生长的需要不断地运输和分配，从而保证植物能够正常生长、发育并完成其生活周期，其中也有部分有机物以根系分泌物的形式进入植物根际，成为根际沉积物(rhizodeposits)。

NPP 有别于生长的植物群体或者生物量。它包括一段时期内植物地上地下部分总的增长量、衰老和生殖过程中脱落物量、根系的分泌物量、短期生长后死亡的植株生长量和食草动物消耗的生物量。而生物量是指某一时刻单位土地面积的地上、地下存在的活植物材料的重量。

植物生长发育不仅需要碳源作为自身结构物质的一部分，而且需要消耗大量的能量来完成和维持生长发育，这些能量来自于植物自养呼吸，自养呼吸过程向大气释放 CO_2。生态系统中除植物外的其它生物和微生物消耗有机碳，使其分解氧化成 CO_2 的过程统称为异养呼吸。可供异养呼吸的有机物包括土壤有机质、枯落物、植物根、根系分泌物、死的生物和排泄物，也包括立枯的树木和粗的木质残渣等。

2.5.2　陆地生态系统碳循环模型研究概况

陆地生态系统碳循环模型从建模思路上主要有两类：统计回归(regression)模型和过程(process level)模型。统计回归模型属经验性(empirical)模型，过程模型为机理性(mechanistic)或半经验半机理性(semi-empirical)模型。

统计回归模型通常依据实验测定或调查的碳循环分量(如 NPP 和土壤呼吸)与气候因子等已知环境变量进行回归分析，建立模型进行外推。Lieth 和 Whittaker(1975)基于大量的观测数据，用回归分析方法建立了第一个陆地生态系统模型，即 MIAMI 模型。该模型以年降水量或年均温为驱动变量模拟全球自然植被的净初级生产力。Chikugo 模型(Uchijima 和 Seino，1985)是另一个用于计算陆地初级生产力的统计模型。近年来，MIAMI 模型和 Chikugo 模型经过不断修正被用于研究初级生产力的历史变化和区域碳循环(朱志辉，1993；周广胜和张新时，1995；Dai 和 Fung，1993；Post 等，1997)。Raich 和 Potter(1995)用统计方法建立了一个全球碳排放经验模型，该模型以月为步长，研究陆地生态系统土壤碳的年排放、湿地在全球土壤碳排放中的作用、土地覆盖变化对土壤碳排放的影响以及土壤碳排放与气候变化的关系等。统计模型一般所需因子较少，使用比较方便，在实际中被广泛应用。其主要优点是适合于描述大区域乃至全球尺度上的碳循环情况，不足之处在于经验性强，对特定地区、特定生态系统或特殊情况下的碳循环估计值与实测结果可能相差很大，且难以预测初级生产力对未来气候变化的响应(McGuire 等，1993)。

过程模型则从陆地生态系统的光合作用、呼吸作用及营养元素的循环等生理生态过程着手，研究各种环境、生物、气候因素对碳循环过程的综合影响。如 TEM(Melillo 等，1993)，CENTURY(Parton 等，1988)，FBM(Kindermann 等，1993)，Biome-BGC (Running 和 Hunt，1993)和 CASA(Potter 等，1993)。IPCC 将过程模型又分为两类：一类是陆地生物地球化学模型(TBMs，Terrestrial Biogeochemical Models)，它可以模拟陆地生态系统的碳通量及水、氮的耦合；另一类是动态全球植被模型(DGVMs，Dynamic Global Vegetation Models)，它更关注于生态系统内部结构和组成的相互作用(Prentice 等，1995)。这些模型对碳与其它营养元素相互作用关系的处理有极大的不同。例如一些模型把氮的供应作为碳循环的主要限制因子，而另一些模型则不这样认为(Knorr 和 Heimann，2001a、b)。目前公开发表的过程模型大约有 30 个 TBMs 和 10 个 DGVMs。过程模型的主要优点是机理性强、综合程度高和外延性好，是研究生态系统过程对全球变化响应和反馈的强有力的工具。微分方程和差分方程是描述机理模型各组分之间相互关系的常用数学方法。由于机理模型可以解释生态系统的行为，因此具有潜在的外推能力(Dixon 等，1994)。其不足之处是所需输入参数较多，具体使用时有较大的限制性，许多参数在外推到另一生态系统或另一地区时需要做进一步的检验和修正。正如 Melillo 等指出的：对于模型在时间与空间上的外推，我们并不清楚控制生态系统过程的最少信息是哪些(Melillo 等，1995)。同时，过程模型对某些尚不了解的生态系统过程作了过多的假设和简化处理，在特定生态系统类型或有限区域范围内可能给出较为精确的估计结果，但外推到其它生态系统类型或全球范围其估计结果的准确性是值得研究的(Melillo 等，1993)。

统计模型与过程模型的另一个显著差别在于，过程模型可以用于研究生态系统变化情况下的碳循环，而统计模型一般只能用于描述较长时段平衡态的情况，但也有研究者将统计模型用于研究近百年来气候变化所引起的净碳通量的变化(Dai 和 Fung，1993)。

Heimann 等(1998)按照模型应用性将陆地碳循环模型分为两类，即诊断性(diagnostic)和预测性(prognostic)模型。诊断性模型将 NPP 表达为光合有效辐射(PAR)和标准化植被指数(NDVI)的函数(Fung 等，1987；Heimann 和 Keeling，1989)。诊断性模型主要依赖于由卫星图像导出的 NDVI(Fung 等，1987；Knorr 和 Heimann，1995)，但就目前我们对大气和地面的订正能力而言，NDVI 的准确性值得商榷。而且当未来气候、CO_2 和其它因素发生变化时，这类模型便无法预测植物的生长(Tian 等，1998)。预测性模型不依赖于卫星图像，更注重土壤-植被-大气的相互作用以及未来全球变化对相关过程的影响，包括水热通量、CO_2 通量及元素的循环过程(Parton 等，1993；Melillo 等，1993；VEMAP Members，1995)。目前的发展趋势是无论是诊断性模型还是预测性模型都强调生态系统过程的机理性，特别是将植被、凋落物和土壤有机质库与碳和其它矿质营养的迁移转化联系在一起(Tian 等，1998)。

由于生态系统的层次性结构以及不同层次之间存在的相互联系和作用，区域碳循环模型从逻辑结构上可分为自下而上(Bottom-up)和由上而下(Top-down)两种建模方法。自下而上建模方法就是根据相关过程变量的连接过程或机理从最底层的生态关系开始构建更大尺度上的模型(Reynolds 等，1996)。建立的小尺度模型为较大区域动态模型提供基础。但大尺度模型并不是对底层模型的简单平均或相加。大尺度模型必须考虑到景观异质性以及生态过程的作用和相互制约关系，如区域模型必须考虑大气-生物圈的相互作用及土地利用模式等。由上而下建模方法通常是在当前气候和植被类型关系的基础上建立静态模型(Walker，1994；Reynolds 等，1996)。应用这类模型通常需要考虑两方面的问题，一是模型的外推可能性，如生物气候变量与陆地植被分布之间的关系只表明在当前气候条件下的一种相关关系，但植被的分布不仅受到气候的影响，还与竞争、土壤养分条件、自然灾害及历史因素有关，而所有这些因素在不同的气候条件下会产生不同的相互作用，进而影响到植被的分布。其次是大气 CO_2 浓度上升对陆地生态系统所带来的直接或间接影响(Reynolds 等，1996)，如果仅考虑气候的作用，而不考虑气候及 CO_2 浓度升高的作用，则模型的预测结果就会有很大偏差(Woodward 等，1998)。如 BIOME2、MAPSS 等模型中对土壤水分、叶面积和植被蒸腾进行了模拟，MAPSS 模型中还模拟了 CO_2 浓度对气孔导度、蒸腾及叶面积持续时间的影响(VEMAP members,1995)。

不同尺度碳循环模型的逻辑联结和合理简化,形成大尺度的区域碳循环模型,从而利用RS、GIS和计算机模拟技术进行区域乃至全球尺度的碳循环分析和预测。模型简化必然会带来模拟结果精度的损失,但可以确定关键的且可观测到的最少数量的变量和影响他们的环境变量(Waring 和 Running,1998)。如土壤温度和水分条件是驱动土壤呼吸作用的关键变量,在区域尺度上一般难以获得,但通过易观测的相关变量(如气候变量和植被特征等)可以对其进行模拟。CENTURY 模型(Parton 等,1993)便是依据气候条件模拟土壤水分状况,进而模拟土壤的碳动态。FOREST-BGC 模型用叶面积指数(LAI)作为关键的植被属性,因为 LAI 在时间和空间上的动态数据可以通过遥感方法获得(Waring 和 Running,1998)。Running(1993)将 FOREST-BGC 模型、RESSYs 模型和一个利用 AVHHR 卫星数据计算全球 NDVI 植被指数的简单模型相结合,进行区域尺度的碳循环模拟。RESSYs 模型模拟环境因子的空间扩展,为 FOREST-BGC 模型模拟生态系统的碳动态提供输入,模拟的结果再与 NDVI 结合进行回归分析,实现尺度转换和扩展。

陆地生态系统碳模型的有效性在于输出结果与真实世界的一致性。模型有效性的检验一般通过两条途径,与独立于建模数据以外的观测资料(真实世界)进行比较以及模型间的相互比较(Heimann 等,1998)。利用大范围的实测资料对模型的有效性进行检验可以确定某一特定模型的应用范围以及驱动变量的边界值,并可识别那些使模型输出不合理的条件,以利于进一步完善模型,这对于模型应用的时空扩展特别重要。通过模型输出结果与实际观测值的统计比较和模型的敏感性分析可以帮助模型研制者来分析了解模拟结果的不确定性和模型间的差别(Cramer 等,1999)。陆地生态系统模型主要靠实地测得的生态参数来验证,其中最大的数据集是 NPP 和土壤碳含量的数据,其它数据包括土壤湿度、氮的矿化速率和不同碳氮被分室后各部分的含量。目前在 IGBP 和 GCTE 研究计划中已经行了两次大的碳循环模型比较研究:动态全球植被模型比较研究(Cramer 等,1999;2001)和土壤有机质周转模型比较研究(Simith 等,1997)。一些模型具有很好的拟合的结果,但仍普遍缺乏在较大时间尺度上的验证。

2.5.3　净初级生产力模型

净初级生产力(NPP)代表了生态系统固定大气 CO_2 的能力,是陆地生态系统碳循环模拟的主要对象。NPP 模型的基本驱动变量为太阳辐射、温度、降水、大气 CO_2 浓度,以及土壤水分状况等,仅有少数 NPP 模型考虑了 N 素营养的作用。NPP 模型的时间步长一般为月或年。

早期的 NPP 模型以 MIAMI 模型(Lieth 和 Whittaker,1975)和 Chikugo 模型(Uchijima 和 Seino,1985)为代表。MIAMI 模型是根据世界五大洲约 50 个自然植被 NPP 的实测资料及同期年均温和降水总量资料用回归统计分析而形成的经验模型,该模型不考虑其它环境因子对自然植被 NPP 的影响。Uchijima 和 Seino(1985)利用 Efimova 及 Cannel 等人在 IBP(国际生物圈计划)研究期间所取得的世界各地自然植被净初级生产力资料和同期气象资料,计算了太阳总辐射、光合有效辐射、辐射干燥度(RDI)等,建立了基于净辐射和辐射干燥度的自然植被 NPP 模型,即 Chikugo 模型。虽然这两个模型对有些区域植被的 NPP 估计有较大的误差(朱志辉,1993;周广胜和张新时,1995),但由于这它们简单且输入参数易于获取，至今仍被许多研究者作为基础模板使用（朱志辉，1993；周广胜和张新时，1995；Dai 和 Fung，1993；Post 等，1997）。

随着卫星遥感技术的发展和遥感数据的公开化，基于卫星遥感数据的 NPP 模型在陆地碳循环研究中得以广泛应用（Fung 等，1987；Heimann 和 Keeling，1989；Potter 等，1993；Knorr 和 Heimann，1995）。这类模型的基础是基于卫星遥感数据的 NDVI，通过 NDVI 和其它相关变量反演植被叶面积指数或光合作用强度。卫星遥感数据可以反应植被生长季节性的变化，数据量大，反映的植被时相要比观测数据有更高的时间分辨率。CASA 模型（Potter 等，1993）便是一个利用卫星遥感数据计算 NPP，并结合土壤和植被情况来模拟陆地生态系统碳过程的例子。

目前，基于过程的陆地生物地球化学模型较为流行，这些模型主要被用来研究自然生态系统中碳和其它矿质营养的循环过程和蓄积量。如 TEM 模型（McGuire 等，1992；1993），HRBM 模型（Esser 和 Lautenschlager，1994）和 BIOME3 模型（Haxeltine 和 Prentice，1996）等。TEM 模型描述了全球范围内除湿地生态系统外的植物和土壤的碳氮动态（Raich 等，1991；Melillo 等，1993；1995）。在 TEM 中，NPP 是 GPP 与植被呼吸之差。GPP 是大气 CO_2 浓度、太阳辐射、气温、植被叶面积以及水分和氮素有效性的函数。该模型应用空间分布资料（分辨率为 $0.5°\times0.5°$），包括气候、海拔高度、土壤、植被和水分条件对每月的 C、N 进行估计。结果表明，在 335 ppmv CO_2 浓度下，全球陆地年 NPP 为 418 $gC\cdot m^{-2}\cdot a^{-1}$。假定 CO_2 倍增，预计全球陆地年 NPP 将增加 20%～26.1%（Melillo 等，1993）。

陆地生态系统碳循环的 NPP 模型可以划分为三个层次：从叶片到冠层（Badlocchi 和 Harley，1995）；从局地生态系统到区域生态系统（Running 和 Hunt，1993；Ruimy 等，1996）；从区域生态系统到全球范围。近年来 NPP 模型发展的重点主要集中在后者，这些模型将全球划分为不同分辨率的网格，然后通过基于点上的植物-土壤相互作用模型来计算全球每个网格的碳循环（Cramer 等，1999）。总体而言，植被 NPP 模型已发展得较为成熟。这些模型能比较准确和详细地描述植物生长发育过程，在相对较多观测资料的基础上所选取的相关参数也比较合理，对 GPP 和 NPP 的估算有较高的可信度，不同模型的 NPP 估计值之间有较好的可比性。Cramer 等（1999）利用 16 个公开发表的模型（TURC，GLO-PEM，CARAIB，KGBM，BIOME-BGC，SILVAN，BIOME3，CENTURY，FBM，PLAI，CA-SA，SIB2，DOLY，TEM，HRBM，HYBRID）计算了全球陆地植被的 NPP，平均值为 54.9 $PgC\cdot a^{-1}$。用 HYBRID 模型（Friend 等，1997）估计的值最小，为 39.9 $PgC\cdot a^{-1}$；用 TURC 模型（Ruimy 等，1996a、b）估计的值最大，为 80.5 $PgC\cdot a^{-1}$。若不考虑这两个模型的估算结果，其余 14 个模型估算的 NPP 范围在 44.3～66.3 $PgC\cdot a^{-1}$，平均为 54.1 $PgC\cdot a^{-1}$。模型描述的全球 NPP 分布模式与主要气候变量在大部分地区是一致的，如干燥和/或寒冷地区生产力低，湿润热带森林地区生产力高。

2.5.4　土壤呼吸作用模型

土壤呼吸作用向大气释放 CO_2。严格意义上的土壤呼吸包括未受扰动土壤中产生 CO_2 的所有代谢作用，即三个生物学过程（土壤微生物呼吸、活根呼吸和土壤动物呼吸）和一个非生物学过程即含碳物质化学氧化作用。一般而言，土壤微生物呼吸和活根呼吸是土壤呼吸的主要部分，土壤动物呼吸及化学氧化作用常常忽略。影响土壤呼吸的主要因素包括土壤温度、土壤湿度、植物根的氮含量、土壤质地以及反应底物的数量和质量（Buchmann，2000）。在这些影响因素中，土壤温度和湿度是最关键的因素，大部分土壤呼吸模型（Norman 等，1992；Lloyd 和 Taylor，1994；Winkler 等，1996；Davidson 等，1998；Lin 等，1999；Mielnik 和 Dugas，2000；Luo 等，2001；Fang 和 Moncrieff，2001）以此作为驱动变量。

土壤呼吸作用是一个酶动力学（enzyme kinetics）过程。Van't Hoff 关于酶动力学反应与温度关系的基本假设是温度每增高 10℃，生物化学反应加快一倍，即：

$$Q_{10}=\frac{R_{T+10}}{R_T}=2 \tag{2.5.1}$$

式中 Q_{10} 为温度系数，R_T 和 R_{T+10} 分别是温度为 T 和 $T+10$ 时的生物化学反应速度。根据 Van't Hoff 的假设，若 Q_{10} 在任一温度范围内均为常数，那么在任一温度间隔（$T_2 \sim T_1$）下，生物化学反应速度随温度之增长应为指数关系：

$$\frac{R_{T_2}}{R_{T_1}}=Q_{10}^{\frac{T_2-T_1}{10}} \tag{2.5.2}$$

自 Van't Hoff 于 1885 年和 Arrhenius 于 1889 年将呼吸作用表达成温度的函数以来，不同研究者根据实验室培养实验和野外原位观测结果对两者之间的数学表达不断进行修正。然而，几乎所有这些修正（如：Lloyd 和 Taylor，1994）都是基于 Van't Hoff 方程（式 2.5.1）或 Arrhenius 方程（式 2.5.2）。

$$R_S=A\times e^{MT} \tag{2.5.3}$$

$$R_S=B\times e^{-E/RT} \tag{2.5.4}$$

式中：Rs 为呼吸速率，T 为温度，Van't Hoff 方程中 T 表达为℃，Arrhenius 方程中 T 表达为绝对温度（K）。E 为活化能，R 为普适气体常数（8.314 J · K^{-1} · mol^{-1}）。A、B、M 为经验系数。

Fang 和 Moncrieff（2001）在不同温度条件下对农田土壤和森林土壤进行培养，并测定 CO_2 释放量。他们用 10 种不同的方程形式对培养测定结果与温度进行拟合，并求出相应的 Q_{10}，这些方程主要包括线性形式、幂函数形式和指数形式。对不同方程的拟合效果和 Q_{10} 的分析结果表明，Arrhenius 方程对实验结果具有最好的解释能力和理论基础，虽然在低温时可能低估了土壤的呼吸（Fang 和 Moncrieff，2001）。许多研究指出，土壤呼吸的 Q_{10} 值并非常数，但是用 Arrhenius 方程估计的 Q_{10} 值一般在 2～3 之间（Lloyd 和 Taylor，1994；Fang 和 Moncrieff，2001）。Kirschbaum（1995）对文献中有关土壤 CO_2 排放和温度资料（n=43）的分析结果表明，Q_{10} 随温度的升高而降低，温度在 0～10℃范围内 Q_{10} 值为 8～4；10～20℃范围内为 4～3；20～35℃范围内为 3～1.5。

土壤呼吸与水分条件的关系通常用一元二次方程、双曲线方程和指数方程来描述（Linn 和 Doran，1984；Carlyle 和 Than，1988；Mielnik 和 Dugas，2000；黄耀等，2001b）。尽管如此，水分条件对土壤呼吸作用的影响及其相互关系仍缺乏一致性，即使在控制条件下的培养实验亦是如此。如 Fang 和 Moncrieff（2001）在三种水分条件（潮湿、中等潮湿、相对干燥）下对农田土壤和森林土壤的培养实验结果表明：土壤水分状况并不影响 CO_2 排放；而黄耀等（2002）在四种水分条件（200g · kg^{-1}、300 g · kg^{-1}、500 g · kg^{-1}、淹水）的培养实验结果表明，土壤 CO_2 排放随水分增加而增加。也有研究指出，土壤从干燥到湿润的突变过程（如干旱后的降水和灌溉）能促进其呼吸作用（Riggs 等，1999）。野外观测研究的不一致性可能是由于其它因素的干扰，如温度变化和植物生长等。

在众多的陆地生态系统模型中，CENTURY 模型（Parton 等，1988；1993）和 DNDC 模型（Li 等，1992a、b；1994）在模拟土壤碳氮动态和土壤呼吸过程具有独特的功能。CENTURY 模型是一个植物-土壤养分循环模型，它用于模拟不同类型生态系统（包括草地、农田、森林、稀疏草原）的长期（几十年到几百年）碳氮等养分动态和植物生长动态。该模型包括土壤有机物分解、碳氮周转和植物生长等功能模块。其中碳氮周转模块通过分室计算 C、N、P、S 的流动，计算时间步长为月，需要的驱动变量为：月最高、最低、平均气温，月降水，土壤质地，植物 N、S、P 含量，植物残体的初始木质素和 N 含量等。CENTURY 模型也被用于土壤形成过程中碳累积的模拟（Parton 等，1993）和气候变化对土壤碳储存变化的影响（Schimel 等，1994）。DNDC 模型耦合了受土壤环境影响的反硝化和分解过程，目标是预测农业生态系统中碳和氮的生物地球化学循环。该模型包括了相互耦合的土壤气候、植物生长、有机质分解、硝化反硝化和发酵过程模块。主要输入参数有天气、土壤和农业管理等。主要输出包括作物生长，土壤碳氮动态和农田土壤痕量气体（CO_2、CH_4、N_2O、N_2）的释放。

参考文献

蔡祖聪，Mosier，A. R. 1999. 土壤水分状况对 CH_4 氧化，N_2O 和 CO_2 排放的影响. 土壤，**6**：289～298.

蔡祖聪，颜晓元，鹤田治雄等. 1995a. 丘陵区稻田 CH_4 排放的空间分布. 土壤学报，**32**：151～159.

蔡祖聪，颜晓元，鹤田治雄等. 1995b. 氮肥品种对稻田 CH_4 排放的影响. 土壤学报，**32**（增刊）：136～142.

蔡祖聪，沈光裕，颜晓元等. 1998. 土壤质地、温度和 Eh 对稻田甲烷排放的影响. 土壤学报，**35**：145～153.

陈德章，王明星. 1993. 我国西南地区稻田甲烷排放. 地球科学进展，**8**：47～54.

陈冠雄，黄国宏，黄斌，吴杰，于克伟，徐慧，薛晓华，王正平. 1995. 稻田 CH_4 和 N_2O 的排放及养萍和施肥的影响. 应用生态学报，**6**（4）：378～382.

陈利军，史奕，李荣华，胡连生，周礼恺. 1995. 脲酶抑制剂和硝化抑制剂的协同作用对尿素氮转化和 N_2O 排放的影响. 应用生态学报，**6**（4）：368～372.

陈文新. 1989. 土壤环境微生物学. 北京：北京出版社. 133～151.

戴爱国，王明星，沈壬兴等. 1991. 我国杭州地区秋季稻田的甲烷排放. 大气科学，**15**：102～110.

丁爱菊，王明星. 1995. 稻田甲烷排放的初级模式. 大气科学，**19**：733～740.

丁洪，蔡贵信，王跃思，陈德立. 2001a. 华北平原不同作物-潮土系统中 N_2O 排放量的测定. 农业环境保护，**20**（1）：7～9.

丁洪，蔡贵信，王跃思，陈德立. 2001b. 华北平原几种主要类型土壤的硝化及反硝化活性. 农业环境保护，**20**（6）：390～393.

董云社，彭公炳，李俊. 1996. 温带森林土壤排放氧和 CO_2、CH_4、N_2O 时空特征. 地理学报，**51**（增刊）：120～128.

杜睿，王庚辰，吕达仁. 2001a. 放牧对草原土壤 N_2O 产生及微生物的影响. 环境科学，**22**（4）：11～15.

杜睿，王庚辰，吕达仁，万晓伟. 2001b. 内蒙古大针茅草原的 N_2O 和 CH_4 通量变化特征. 中国环境科学，**21**（4）：289～292.

方精云，刘国华，徐嵩龄. 1996. 我国森林植被的生物量和净生产量. 生态学报，**16**（5）：497～508.

封克，殷士学. 1995. 影响氧化亚氮形成与排放的土壤因素. 土壤学进展，**23**（6）：35～41.

封克，汤炎，钱晓晴，王小治，张素玲. 1999. 施用石灰对酸性土壤中氧化亚氮形成的影响. 土壤与环境，**8**（3）：198

～202.
耿远波，章申，董云社，孟维奇，齐玉春，陈佐忠，王艳芬. 2001. 草原土壤的碳氮含量及其与温室气体通量的相关性. 地理学报，**56** (1)：44～53.
侯爱新，陈冠雄，Van Cleemput，O. 1998. 不同种类氮肥对土壤释放 N_2O 的影响. 应用生态学报，**9** (2)：176～180.
黄国宏，陈冠雄，吴杰，黄斌，于克伟. 1995. 东北典型旱作农田 CH_4 和 N_2O 排放通量研究. 应用生态学报，**6** (4)：383～386.
黄国宏，陈冠雄，黄斌，吴杰. 1998a. 玉米植株对大田温室气体 N_2O 排放的影响. 应用生态学报，**9** (3)：261～264.
黄国宏，陈冠雄，张志明，吴杰，黄斌. 1998b. 玉米田 N_2O 排放及减排措施研究. 环境科学学报，**18** (4)：344～349.
黄国宏，陈冠雄，韩冰. 1999. 土壤含水量与 N_2O 产生途径研究. 应用生态学报，**10** (1)：53～56.
黄耀，蒋静艳，宗良纲，周权锁，Sass，R. L.，Fisher，F. M. 2001a. 种植密度和降水对冬小麦田 N_2O 排放的影响. 环境科学，**22** (6)：20～23.
黄耀，刘世梁，沈其荣，宗良纲. 2001b. 农田土壤有机碳动态模拟模型的建立. 中国农业科学，**34**：532～536.
黄耀. 2002. 中国陆地和近海生态系统碳收支研究. 中国科学院院刊，**17** (2)：104～107.
黄耀，刘世梁，沈其荣，宗良纲. 2002. 环境因子对农业土壤有机碳分解的影响. 应用生态学报，**13** (6)：709～714.
黄益宗，张福珠，刘淑琴，曹美秋. 1999. 化感物质对土壤 N_2O 释放影响的研究. 环境科学学报，**19** (5)：478～482.
季劲钧，余莉等. 1999. 地表面物理过程与生物地球化学过程耦合反馈机理的模拟研究. 大气科学，**23** (4)：439～448.
蒋高明，韩兴国，林光辉. 1997. 大气 CO_2 浓度升高对植物的直接影响. 植物生态学报，**21** (6)：489～502.
康惠宁，马钦彦，袁嘉祖. 1996. 中国森林C汇功能基本估计. 应用生态学报，**7** (3)：230～234.
李晶，王明星，陈德章. 1997. 水稻田甲烷的减排方法研究. 中国农业气象，**18** (6)：9～14.
李晶，王明星，陈德章. 1998. 水稻田甲烷的减排方法研究及评价. 大气科学，**22** (3)：354～362.
李凌浩. 1998. 土地利用变化对草原生态系统土壤碳贮量的影响. 植物生态学报，**22**：300～302.
李凌浩，刘先华，陈佐忠. 1998. 内蒙古锡林河流域羊草草原生态系统碳素循环研究. 植物学报，**40** (10)：955～961.
李楠，陈冠雄. 1993. 植物释放 N_2O 速率及施肥的影响. 应用生态学报，**4** (3)：295～298.
李意德，吴仲民，曾庆波，周光益，陈步峰，方精云. 1998. 尖峰岭热带山地雨林生态系统碳平衡的初步研究. 生态学报，**18** (4)：371～378.
李玉娥，林而达. 1993. 影响甲烷形成和排放的因子及控制技术的研究进展. 中国农业气象，**14** (3)：50～53.
李忠佩，王效举. 1998. 红壤丘陵区土地利用方式变更后土壤有机碳动态变化的模拟. 应用生态学报，**9** (4)：365～370.
梁东丽，同延安，Ove Emteryd，马林英. 2002a. 菜地不同施氮量下 N_2O 逸出量的研究. 西北农林科技大学学报（自然科学版），**30** (2)：73～77.
梁东丽，同延安，Ove Emteryd，方日尧，张树兰. 2002b. 干湿交替对旱地土壤 N_2O 气态损失的影响. 干旱地区农业研究，**20** (2)：28～31.
梁东丽，同延安，Ove Emteryd，李生秀，方日尧，张树兰. 2002c. 灌溉和降水对旱地土壤 N_2O 气态损失的影响. 植物营养与肥料学报，**8** (3)：298～302.
林伟宏，张福锁，白克智. 1999. 大气 CO_2 浓度升高对植物根际微生态系统的影响. 科学通报，**44**：1690～1696.
刘景双，王金达，李仲根，于君宝，张学林，于春梅，王艳. 2003. 三江平原沼泽湿地 N_2O 浓度与排放特征初步研究. 环境科学，**24** (1)：33～39.
刘绍辉，方精云. 1997. 土壤呼吸的影响因素及全球尺度下温度的影响. 生态学报，**17**：469～476.
刘绍辉，方精云，清田信. 1998. 北京山地温带森林的土壤呼吸. 植物生态学报，**22** (2)：119～126.
卢婉芳，陈苇，郭望模，段彬武. 1997. 气温及水肥管理方式对中国稻田 CH_4 排放的影响. 中国水稻科学，**11** (3)：170～174.
卢维盛，张建国，廖宗文，蔡祖聪. 1997a. 不同水分管理及耕作制度对广州地区稻田 CH_4 排放的影响. 华南农业大学学报，**18** (3)：57～61.
卢维盛，张建国，廖宗文. 1997b. 广州地区晚稻田 CH_4 和 N_2O 的排放通量及其影响因素. 应用生态学报，**8** (3)：275～278.

陆锦文，罗远培著. 1994. 土壤水和养分的有效利用，北京：农业出版社. 120～125.
闵航，陈美慈等. 1993. 厌氧微生物学. 杭州：浙江农业大学出版社.
上官行健，王明星. 1993. 稻田甲烷排放的控制措施. 地球科学进展，**8**：55～62.
上官行健，王明星，陈德章，沈壬兴. 1993a. 稻田甲烷的传输. 地球科学进展，**8**：13～22.
上官行健，王明星，Wassmann，R. 等. 1993b. 稻田土壤中甲烷产生率的实验研究. 大气科学，**17**：604～610.
上官行健，王明星，陈德章，沈壬兴. 1993c. 稻田土壤中的甲烷产生. 地球科学进展，**8**：1～12.
上官行健，王明星等. 1994. 我国华中地区稻田甲烷排放特征. 大气科学，**18**：358～365.
沈壬兴，上官行健，王明星等. 1995. 广州地区稻田甲烷排放及中国稻田甲烷排放的空间变化. 地球科学进展，**10**：387～391.
史奕，黄国宏. 1999. 土壤中反硝化酶活性变化与 N_2O 排放的关系. 应用生态学报，**10** (3)：329～331.
宋文质，王少彬，苏维翰，曾江海，王智平，张玉铭. 1996. 我国农田土壤的主要温室气体 CO_2、CH_4 和 N_2O 排放研究. 环境科学，**17** (1)：85～92.
宋文质，王少彬，曾江海，王智平，张玉铭. 1997. 华北地区旱田土壤氧化亚氮的排放. 环境科学进展，**5** (4)：49～55.
王庚辰，杜睿，王艳芬，刘广仁，王跃思，陈佐忠，吕达仁. 1998. 内蒙古草原 N_2O 和 CH_4 排放通量及其季节变化特征研究. 草地学报，**6** (4)：306～311.
王明星. 2001. 中国稻田甲烷排放. 北京：科学出版社.
王明星等. 1987. 稻田和沼气池甲烷排放通量的测量. 科学通报，**21**：1646～1649.
王明星，李晶，郑循华. 1998. 稻田甲烷排放及产生、转化、传输机理. 大气科学，**22**：600～612.
王跃思，胡玉琼，纪宝明，刘广仁，薛敏. 2002. 放牧对内蒙古草原温室气体排放的影响. 中国环境科学，**22** (6)：490～494.
王智平. 1997. 中国农田 N_2O 排放量的估算. 农村生态环境，**13** (2)：51～55.
熊效振，沈壬兴等. 1999. 太湖流域单季稻的甲烷排放研究. 大气科学，**23**：9～18.
熊正琴，邢光熹，鹤田治雄，施书莲，沈光裕，杜丽娟，钱薇. 2002. 种植夏季豆科作物对旱地氧化亚氮排放贡献的研究. 中国农业科学，**35** (9)：1104～1108.
徐华，蔡祖聪，李小平. 1999a. 土壤 Eh 和温度对稻田甲烷排放季节变化的影响. 农业环境保护，**18** (4)：145～149.
徐华，邢光熹，蔡祖聪，鹤田治雄. 1999b. 土壤水分状况和氮肥施用及品种对稻田 N_2O 排放的影响. 应用生态学报，**10** (2)：186～188.
徐华，邢光熹，蔡祖聪，鹤田治雄. 2000a. 土壤水分状况和质地对稻田 N_2O 排放的影响. 土壤学报，**37** (4)：499～505.
徐华，邢光熹，蔡祖聪，鹤田治雄. 2000b. 土壤质地对小麦和棉花田 N_2O 排放的影响. 农业环境保护，**19** (1)：1～3.
徐慧，陈冠雄，马成新. 1995. 长白山北坡不同土壤 N_2O 和 CH_4 排放的初步研究. 应用生态学报，**6** (4)：373～377.
徐文彬. 1999. NO_x 大气化学概论及全球 NO_x 释放源综述. 地质地球化学，**27**：86～92.
徐文彬，洪业汤，陈旭晖等. 2000. 贵州省旱田土壤 N_2O 释放及其环境影响因素. 环境科学，**21** (1)：7～11.
徐文彬，刘广深，刘维屏. 2002. 降雨和土壤湿度对贵州旱田土壤 N_2O 释放的影响. 应用生态学报，**13** (1)：67～70.
延晓冬，赵士洞. 1995. 温带针阔混交林林分碳贮量动态的模拟模型，I. 乔木层的碳贮量动态. 生态学杂志，**14** (2)：6～12.
颜晓元，蔡祖聪. 1996. 土壤对甲烷氧化作用的研究进展. 农村生态环境，**12** (2)：33～38.
颜晓元，施书莲，杜丽娟，邢光熹. 2000. 水分状况对水田土壤 N_2O 排放的影响. 土壤学报，**37** (4)：482～489.
杨军，陈玉芬，胡飞，伍时照，王国昌. 1996. 广州地区旱稻田施肥对 N_2O 排放影响的初步研究. 华南农业大学学报，**17** (4)：52～57.
杨军，贺丽萍，杨崇，陈玉芬，吕雪娟，伍时照. 1997. 广州地区晚季稻田 CH_4、N_2O 排放研究初报. 华南业大学学报，**18** (3)：62～66.
杨思河，陈冠雄，林继惠，吴杰，马越强. 1995. 几种木本植物的 N_2O 释放与某些生理活动的关系. 应用生态学报，**6** (4)：337～340.

杨昕，王明星. 2001. 陆面碳循环研究中若干问题的评述. 地球科学进展，**16** (3)：427～435.

衣纯真，梁洪波，张建华等. 1994. 温度、湿度及通气状况对土壤中 N_2O 释放量影响的研究. 见：李韵珠，陆锦文，罗远培等著，土壤水和养分的有效利用，北京：农业出版社. 120～125.

于克伟，陈冠雄，杨思河，吴杰，黄斌，黄国宏，徐慧. 1995. 几种旱地农作物在农田 N_2O 释放中的作用及环境因素的影响. 应用生态学报，**6** (4)：387～391.

俞慎，李振高. 1999. 稻田生态系统生物硝化-反硝化作用与氮素损失. 应用生态学报，**10** (5)：630～634.

曾江海，王智平，张玉铭，宋文质，王少彬，苏维翰. 1995. 小麦-玉米轮作期土壤排放 N_2O 通量及总量估算. 环境科学，**16** (1) 32～35.

张秀君，陈冠雄，徐慧. 2000. 不同光强条件下树木释放 N_2O 的研究. 应用生态学报，**13** (12)：1563～1565.

张秀君，徐慧，陈冠雄. 2002. 影响森林土壤 N_2O 排放和 CH_4 吸收的主要因素. 环境科学，**23** (5)：8～12.

郑循华，王明星，王跃思，沈壬兴，龚宴邦，骆冬梅，张文，金继生，李老土. 1996. 稻麦轮作生态系统中土壤湿度对 N_2O 产生与排放的影响. 应用生态学报，**7** (3)：273～279.

郑循华，王明星，王跃思，沈壬兴，龚宴邦，骆冬梅，张文，金继生，李老土. 1997a. 华东稻麦轮作生态系统的 N_2O 排放研究. 应用生态学报，**8** (5)：495～499.

郑循华，王明星，王跃思，沈壬兴，上官行健，Kogge，M.，Heyer，J.，Papen，H.，金继生，李老土，1997b. 华东稻田 CH_4 和 N_2O 排放. 大气科学，**21** (2)：231～237.

郑循华，王明星，王跃思，沈壬兴，龚宴邦. 1997c. 温度对农田 N_2O 产生与排放的影响. 环境科学，**18** (5)：1～5.

郑循华，王明星，王跃思，沈壬兴，金继生，李老土. 1998. 农田 NO 排放自动观测. 环境科学，**19** (2)：1～5.

周广胜，张新时. 1995. 自然植被净第一性生产力模型初探. 植物生态学报，**17**：1～8.

周广胜，张新时. 1996a. 全球气候变化的中国自然植被的净第一生产力研究. 植物生态学报，**20**：11～19.

周广胜，张新时. 1996b. 全球变化的中国气候-植被分类研究. 植物学报，**38** (1)：8～17.

周礼恺，徐星凯，陈利军，李荣华. 1999. 氢醌和双氰胺对种稻土壤 N_2O 和 CH_4 排放的影响. 应用生态学报，**10** (2)：189～192.

朱兆良，文启孝主编. 1992. 中国土壤氮素，南京：江苏科学技术出版社.

朱志辉. 1993. 自然植被净第一生产力估计模型，科学通报，**38**：1422～1426.

邹国元，张福锁，陈新平，李新慧. 2001. 农田土壤硝化-反硝化作用与 N_2O 的排放. 土壤与环境，**10** (4)：273～276.

邹建文，黄耀，宗良纲，郑循华，Sass，R. L. 2003a. 不同种类有机肥施用对稻田 CH_4 和 N_2O 排放的综合影响. 环境科学，**20** (4)：7～12.

邹建文，黄耀，宗良纲，蒋静艳，郑循华，王跃思. 2003b. 稻田灌溉和秸秆施用对后季麦田 N_2O 排放的影响. 中国农业科学，**36** (4)：409～414.

Achtnich C，Schuhmann A，et al. 1995a. Role of interspecies H_2 transfer to sulfate and ferric iron-reducing bacteria in acetate consumption in anoxic paddy soils. *FEMS Microbiology Ecology*，**16**：61－69.

Achtnich C，Bak F，Conrad R. 1995b. Competition for electron donors among nitrate reducers，ferric iron reducers，sulfate reducers and methanogens in anoxic paddy soils. *Biology and Fertility of Soils*，**19**：65－72.

Adams，J. M. and Faure，H. 1998. A new estimate of changing carbon storage on land since the last glacial maximum，based on global land ecosystem reconstruction. *Global and Planetary Change*，**16-17**：3－24.

Adams，J. M.，Faure，H.，Faure-Denard，L.，et al. 1990. Increases in terrestrial carbon storage from the Last Glacial Maximum to the present. *Nature*，**348**：711－714.

Aguilar，R.，Kelly，E. F.，Heil，R. D. 1988. Effects of cultivation on soils in northern Great Plains rangeland. *Soil Science Society of America Journal*，**52**：1081－1085.

Ajtay，G.，Ketner，P.，Duvigneaud，P. 1979. Terrestrial primary production and phytomass. In：Bolin，B.，Degens，E. T.，Kempe，S.，et al. (eds.). The Global Carbon Cycle，SCOPE 13. John Wiley and Sons，Chichester. pp. 129－181.

Allen，A. G.，Jarvis，S. C.，Headon，D. M. 1996. Nitrous oxide emissions from soils due to inputs of nitrogen from excreta return by livestock on grazed grassland in the UK. *Soil Biology and Biochemistry*，**28** (4－5)：597－607.

Ambus，P. and Christensen，S. 1995. Spatial and seasonal nitrous oxide and methane fluxes in Danish forest-，grassland-, and agroecosystems. *Journal of Environmental Quality*, **24** (5): 993—1001.

Ambus, P., Jensen, E. S., Robertson, G. P. 2001. Nitrous oxide and water mediated N-losses from agricultural soil: influence of crop residue particle size, quality and placement. (http://www.nitro-soil.at/contribution/contritxt.html)

Amthor, J. S. 1995. Terrestrial higher-plant response to increasing atmospheric CO_2 in relation to the global carbon cycle. *Global Change Biology*. **1**: 243—274.

Anderson, D. W. and Coleman, D. C. 1985. The dynamics of organic matter in grassland soils. *Journal of Soil and Water Conservation*, **40**: 211—216.

Anderson, I. C. and Levine, J. S. 1986. Relative rates of nitric oxide and nitrous oxide production by nitrifiers, denitrifers and nitrates respirers. *Applied Environmental Microbiology*, **51**: 938—944.

Angers, A. and Recous, S. 1997. Decomposition of wheat and rye residue as affected by particle size. *Plant and Soil*, **189**: 197—203.

Armstrong, A. S. B. 1983. Nitrous oxide emissions from two sites in southern England during winter 1981/1982. *Journal of the Science of Food and Agriculture*, **34**: 803—807.

Aselmann, I. and Crutzen, P. J. 1989. Global distribution of natural freshwater wetlands and rice paddies: Their net primary productivity, seasonality and possible methane emissions. *Journal of the Atmospheric Chemistry*, **8**: 307—358.

Aulakh, M. S., Doran, J. W., Walter, D. T., Mosier, A. R., Francis, D. D. 1991. Crop residue type and placement effects on denitrification and mineralization. *Soil Science Society of America Journal*, **55**: 1020—1025.

Bacastow, R. B. 1976. Modulation of atmospheric carbon dioxide by the Southern Oscillation. *Nature*, **116**: 116—118.

Bachelet, D. and Neue, H. U. 1993. Methane emissions from wetland rice areas of Asia. *Chemosphere*, **26**: 219—237.

Bachelet, D., Kern, J., Tolg, M. 1995. Balancing the rice carbon budget in China using a spatially-distributed data. *Ecological Modelling*, **79**: 167—177.

Badlocchi, D. D. and Harley, P. C. 1995. Scaling carbon dioxide and water vapor exchange from leaf to canopy in a deciduous forest. 2 Model testing and application. *Plant, Cell and Environment*, **18**: 1157—1173.

Baes, C. F., Goeller, H. E., Olson, J. S. and Rotty, R. M. 1977. Carbon dioxide and climate: The uncontrolled experiment. *American Scientist*, **65**: 310—320.

Bartlett, K. B., Crill, P. M., et al. 1988. Methane fluxes from the central Amazonian floodplain. *Journal of Geophysical Research*, **93**: 1571—1582.

Batjes, N. H. and Bridges, E. M. 1992. World inventory of soil emissions: Identification and geographic quantification of soil factors and soil processes that control fluxes of CO_2, CH_4 and N_2O, and the heat and moisture balance (draft background paper for discussion). Working Paper and Preprint, **4**: 11—47.

Batjes, N. H. and Brides, E. M. (eds.). 1994. A review of soil factors and processes that control fluxes of heat, moisture and greenhouse gases. International Soil Reference and Information Center, Wageningen. pp. 97—148.

Battle, M., Bender, M., Sowers, T., Tans, P. P., Butler, J. H., Elkins, J. W., Conway, T., Zhang, N., Lang, P. and Clarke, A. D. 1996. Atmospheric gas concentrations over the past century measured in air from firn at South Pole. *Nature*, **383**: 231—235.

Battle, M., Bender, M. L., Tans, P. P., et al. 2000. Global carbon sinks and their variability inferred from atmospheric O_2 and $\delta^{13}C$. *Science*, **287**: 2467—2470.

Bazzaz, F. A. 1990. The response of natural ecosystems to the rising global CO_2 levels. *Annual review of Ecological System*, **21**: 167—196.

Benckiser, G., Eilts, R., Linn, A., Lorch, H. J., Sümer, E., Weiske, A., Wenzhöfer, F. 1996. N_2O emissions from different cropping systems and from aerated, nitrifying and denitrifying tanks of a municipal waste water treatment plant. *Biology and Fertility of Soils*, **23**: 257—265.

Berger, A. and Loutre, M. F. 1997. 古气候对二氧化碳和太阳辐射的敏感性. 王普才等译，朱志辉校. *AMBIO*(人类环境杂志), **26** (1): 32—37.

Bird, M. I., Lloyd, J., Farquhar, G. D. 1994. Terrestrial carbon storage at the LGM. *Nature*, 371: 566.

Blunier, T., Chappellaz, J., Schwander, J., Barnola, J.-M., Desperts, T., Stauffer, B., Raynaud, D. 1993. Atmospheric methane, record from a Greenland ice core over the last 1000 years. *Journal of Geophysical Research*, **20**: 2219—2222.

Blunier, T., Chappellaz, J., Schwander, J., Stauffer, B., Raynaud, D. 1995. Variations in atmospheric methane concentration during the Holocene epoch. *Nature*, **374**: 46—49.

Bodegom, P. M., van Wassmann, R., Metra-Corton, T. M. 2001. A process-based model for methane emission predictions from flooded rice paddies. *Global Biogeochemical Cycles*, **15**: 247—263.

Bohn, H. L. 1976. Estimate of organic carbon in world soil. *Soil Science Society of America Journal*, **40**: 468—470.

Bohn, H. L. 1982. Organic carbon in world soils. *Soil Science Journal of America*, **46**: 1118—1119.

Bohn, H. L. 1990. Considerations for modeling carbon interaction between soil and atmosphere. In: Bouwman, A. F. (ed.). Soils and the Greenhouse Effect. John Wiley and Sons, Chichester. pp. 391—394.

Bolin, B. 1970. The carbon cycle. *Scientific American*, **223** (3): 124—132.

Bonan, G. B. 1995. Land-atmosphere CO_2 exchange simulated by a land surface process model coupled to an atmospheric general circulation model. *Journal of Geophysical Research*, **100**: 2817—2831.

Bosse, U. and Frenzel, P. 1998. Methane emissions from rice microcosms: The balance of production, accumulation and oxidation. *Biogeochemistry*, **40**: 199—214.

Bousquet, P., Peylin, P., Ciais, P., et al. 2000. Regional changes in carbon dioxide fluxes of land and oceans since 1980. *Science*, **290**: 1342—1346.

Bouwman, A. F. (ed.). 1990a. Soils and the Greenhouse Effect. John Wiley and Sons, Chichester.

Bouwman, A. F. 1990b. Exchange of greenhouse gases between terrestrial ecosystems and the atmosphere. In: Bouwman, A. F. (ed.). Soils and the Greenhouse Effect, John Wiley and Sons, Chichester. pp. 61—127.

Bouwman, A. F. 1995. Compilation of a global inventory of emissions of nitrous oxide. Thesis, Landbouwuniversiteit Wageningen, ISBN 90-5485-364-6. pp. 143.

Bouwman, A. F. 1996. Direct emission of nitrous oxide from agricultural soils. *Nutrient Cycling in Agroecosystems*, **46**: 53—70.

Box, E. O. 1988. Estimating the seasonal carbon source-sink geography of a natural steady-state terrestrial biosphere. *Journal of Applied Meteorology*, **27**: 1109—1127.

Bradley, M. J. and Jones, B. M. 2002. Reducing global NO_x emissions: Developing advanced energy and transportation technologies. *AMBIO*, **31**: 141—149.

Breland, T. A. 1994. Enhanced mineralization and denitrification as a result of heterogeneous distribution of clover residues in soil. *Plant and Soil*, **166**: 1—12.

Bremner, J. M. 1997. Sources of nitrous oxide in soils. *Nutrient Cycling in Agroecosystems*, **49**: 7—16.

Buchmann, N. 2000. Biotic and abiotic factors controlling soil respiration rates in Picea abies stands. *Soil Biology and Biochemistry*, **32**: 1625—1635.

Buringh, P. 1984. Organic carbon in soils of the world. In: Woodwell, G. M. (ed.). The Role of Terrestrial Vegetation in the Global Carbon Cycle, Measurement by Remote Sensing SCOPE 23, Wiley and Sons, New York, pp. 91—109.

Burton, D. L. and Beauchamp, E. G. 1994. Profile nitrous oxide and carbon dioxide concentrations in a soil subject to freezing. *Soil Science Society of America Journal*, **58** (1): 115—122.

Butterbach-Bahl, K., Gasche, R., Breuer, L., Papen, H. 1997. Fluxes of NO and N_2O from temperature forest soils: impact of forest type, N deposition and of liming on the NO and N_2O emissions. *Nutrient Cycling in Agroecosystems*, **48**: 79—90.

Cao, M. K. and Woodward, F. I. 1998. Dynamic responses of terrestrial ecosystem carbon cycling to global climate change. *Nature*, **393**: 249—252.

Cao, M. K., Dent, J. B., Heal, O. W. 1995. Modeling methane emission from rice paddies. *Global Biogeochemical*

Cycles, **9**: 183—195.

Carlyle, J. C. and Than, U. B., 1988. Abiotic control of soil respiration beneath an eighteen-year-old pinus radiate stand in south-eastern Australia. *Journal of Ecology*, **76**: 654—662.

Castro, M. S., Mellilo, J. M., et al. 1994. Soil moisture as a predictor of CH_4 uptake by temperate forest soils. *Canadian Journal of Forest Research*, **24**: 1805—1810.

Chadwick, D. R., Pain, B. F., Brookman, S. K. E. 2000. Nitrous oxide and methane emissions following application of animal manures to grassland. *Journal of Environmental Quality*, **29**: 277—287.

Chapin, F. S. III., Matson, P., Mooney, H. A. 2002. Principles of Terrestrial Ecosystem Ecology (Chapter 6). Springer-Verlag New York, Inc. (http://www.faculty.uaf.edu/fffsc/Ecotext.html)

Chappellaz, J., Blunier, T. Kints, S., Dällenbach, A., Barnola, J.-M., Schwander, J., Raynaud, D. and Stauffer, B. 1997. Changes in the atmospheric CH_4 gradient between Greenland and Antarctica during the Holocene. *Journal of Geophysical Research*, **102**: 15987—15999.

Christensen, S. 1985. Denitrification in an acid soil: Effects of slurry and potassium nitrate on the evolution of nitrous oxide and on nitrate—reducing bacteria. *Soil Biology and Biochemistry*, **17**: 757—764.

Ciais, P., Tans, P. P., Troiler, M., White, J. W. C., Francey, R. J. 1995. A large northern hemisphere CO_2 sink indicated by the $^{13}C/^{12}C$ ratio of atmospheric CO_2. *Science*, **269**: 1098—1102.

Cicerone, R. J. and Shetter, J. D., 1981. Sources of atmospheric methane: measurements in rice paddies and a discussion. *Journal of Geophysical Research*, **86**: 7203—7209.

Cicerone R. J. Shetter, J. D., Delwiche, C. C. 1983. Seasonal variation of methane flux from a Californian rice paddy. *Journal of Geophysical Research*, **88**: 11022—11024.

Cicerone, R. J. and Oremland. R. S. 1988. Biogeochemical aspects of atmospheric methane. *Global Biochemistry Cycles*, **2**: 299—327.

Cicerone, R. J., Delwiche, C. C., et al. 1992. Methane emission from California rice paddy with varied treatments. *Global Biogeochemical Cycles*, **6**: 233—248.

Cochran, V. L., Sparrow, E. B., Schlentner, S. F., Knight, C. W. 1997. Long-term tillage and crop residue management in the subarctic: fluxes of methane and nitrous oxide. *Canadian Journal Soil Science*, **77**: 565—570.

Colbourn, P. and Harper, I. W. 1987. Denitrification in drained and undrained arable clay soil. *Journal of Soil Science*, **38**: 531—539.

Conrad, R. 1990. Flux of NO_x between soil and atmosphere: Importance and soil microbial metabolism. In: Sorensen, J. Revsbech, N. P. (eds.). Denitrification in Soil and Sediment, Plenum Press, New York. pp. 105—128.

Conrad, R. and Rothfuss, F. 1991. Methane oxidation in the soil surface layer of a flooded rice field and the effect of ammonium. *Biology and Fertility of Soils*, **12**: 28—32.

Conrad, R., Schink, B., Phelps, T. J. 1986. Thermodynamics of H_2-producing and H_2-consuming metabolic reactions in diverse methanogenic environments under in situ conditions. *FEMS Microbiology Ecology*, **38**: 353—360.

Corrie, M. D., Van Kessel, C., Pennock, D. J. 1996. Landscape and seasonal patterns of nitrous oxide emissions in a semiarid region, *Soil Science Society of America Journal*, **60**: 1806—1815.

Cowling, J. E. and MacLean, Jr S. F. 1982. Forest floor respiration in a black spruce taiga forests ecosystem in Alaska. *Holarct Ecol.*, **4**: 229—237.

Cox, P. M., Betts, R. A., Jones, C. D., et al. 2000. Acceleration of global warming due to carbon-cycle feedbacks in a coupled climate model. *Nature*, **408**: 184—187.

Cramer, W., Kicklighter, D. W., Bondeau, A., Moore III, B., Churkina, G., Nemry, B., Ruimy, A., Schloss, A. L. and Participants of "Potsdam'95". 1999. Comparing global models of terrestrial net primary productivity (NPP): Overview and key results. *Global Change Biology*, **5** (*Suppl.* 1): 1—15.

Cramer, W., Bondeau, A., Woodward, F. I., Prentice, I. C., Betts, R. A., Brovkin, V., Cox, P. M., Fisher, V., Foley, J., Friend, A. D., Kucharik, C., Lomas, M. R., Ramankutty, N., Sitch, S., Smith, B., White, A., Young-Molling, C. 2001. Global response of terrestrial ecosystem structure and function to CO_2 and climate change: results from six dynamic global vegetation models. *Global Change Biology*, **7** (4): 357—373.

Crill, P. M. 1991. Seasonal patterns of CH_4 uptake and CO_2 release by a temperate woodland soil. *Global Biogeochemical Cycles*, **5**: 319—334.

Crill, P. M., Bartlett, K. B., et al. 1988. Methane flux from Minnesota peat lands. *Global Biogeochemical Cycles*, **2**: 371—384.

Crowley, T. J. 1995. Ice age terrestrial carbon change revised. *Global Biogeochemical Cycles*, **9**: 377—389.

Crutzen, P. J. 1983. Atmospheric interactions-homogeneous gas reactions of C, N and S containing compounds. In: Bolin, B., Cook, R. B. (eds). The Major Biogeochemical Cycles and Their Interactions, Wiley and Sons, Chichester. pp. 67—112.

Crutzen, P. J. 1985. The role of the tropics in atmospheric chemistry. In: Dickinson, R. (eds.). Geophsiology of Amazonia, Wiley, Chichester. pp. 107—132.

Curtin, D., Wang, H., Selles, F., et al. 2000. Tillage effects on carbon fluxes in continuous wheat and fallow-wheat rotations. *Soil Science Society of America Journal*, **64**: 2080—2086.

Dai, A. and Fung, I. Y. 1993: Can climate variability contribute to the "missing" CO_2 sink? *Global Biogeochemical Cycles*, **7**: 599—609.

Dao, T. H. 1998. Tillage and crop residue effects on carbon dioxide evolution and carbon storage in a paleustoll. *Soil Science Society of America Journal*, **62**: 250—256.

Daum, D. and Schenk, M. K. 1998. Influence of nutrient solution pH on N_2O and N_2 emissions from a soilless culture system. *Plant and Soil*, **203**: 279—287.

Davidson, E. A. 1991. Fluxes of nitrous oxide and nitric oxide from terrestrial ecosystems. In: Rogers, J. E. and Whitman, W. B. (eds.). Microbial production and consumption of greenhouse gases: Methane, nitrogen oxides and halomethanes. American Society for Microbiology, Washington, D. C. pp. 219—235.

Davidson, E. A. and Ackermann, I. L. 1993. Changes in soil carbon inventories following cultivation of previously untilled soils. *Biogeochemistry*, **20**: 161—193.

Davidson, E. A. and Kingerlee, W. 1997. A global inventory of nitric oxide emissions from soils. *Nutrient Cycling in Agroecosystems*, **48**: 37—50.

Davidson, E. A., Belk, E., Boone, R. D. 1998. Soil water content and temperature as independent or confounded factors controlling soil respiration in a temperate mixed hardwood forest. *Global Change Biology*, **4**: 217—227.

De Bont, J. A. M., Lee, K. K., Bouldin, D. F. 1978. Bacterial oxidation of methane in rice paddy. *Bulletin of the Ecological Society of America*, **26**: 91—96.

De Lucia, E. H., Hamilton, J. G., Naidu, S. L., et al. 1999. Net primary production of a forest ecosystem with experimental CO_2 enrichment. *Science*, **284**: 1177—1179.

Delgado, J. A. and Mosier, A. R. 1996. Mitigation alternatives to decrease nitrous oxides emissions and urea—nitrogen loss and their effect on methane flux. *Journal of Environmental Quality*, **25** (6): 1105—1111.

Delmas, R., Jambert, C., Serca, D. 1997. Global inventory of NO_x sources. *Nutrient Cycling in Agroecosystems*, **48**: 51—60.

Denier van der Gon, H. A. C. and Neue, H. U. 1994. Impact of gypsum application on the methane emission from a wetland rice field. *Global Biogeochemical Cycles*, **8**: 127—134.

Denier van der Gon, H. A. C. and Neue, H. U. 1995. Influence of organic matter incorporation on the methane emission from a wetland rice field. *Global Biogeochemical Cycles*, **9**: 11—22

Denier van der Gon, H. A. C., van Breemen, N., Neue, H. U., Lantin, R. S., Aduna, J. B., Alberto, M. C. R. 1996. Release of entrapped methane from wetland rice fields upon soil drying. *Global Biogeochemical Cycles*, **10**: 1—7.

Desjardins. 1999. (http://www.agr.ca/policy/epad/french/pubs/wp-tp/ggh/report1/report1.pdf)

Devol, A. H., Richey, J. E., et al. 1988. Methane emissions to the troposphere from the Amazon Floodplain. *Journal of Geophysical Research*, **93**: 1583—1592.

Ding, A. and Wang, M. 1996. Model for methane emission from rice fields and its application in Southern China. *Advances in Atmospheric Sciences*, **13**: 159—168.

Ding, A., Willis, C. R., Sass, R. L., et al. 1999. Methane emissions from rice fields: Effect of plant height among several rice cultivars. *Global Biogeochemical Cycles*, **13** (4): 1045—1052.

Dixon, R. K., Brown, S., Houghton, R. A., Solomon, A. M., Trexler, M. C., Wisniewski, J. 1994. Carbon pools and flux of global forest ecosystems. *Science*, **263**: 185—190.

Dlugokencky, E. J., Masarie, K. A., Lang, P. M., Tans, P. P. 1998. Continuing decline in the growth rate of the atmospheric methane burden. *Nature*, **393**: 447—450.

Dobbie, K. E., McTaggart, I. P., Smith, K. A. 1999. Nitrous oxide emissions from intensive agricultural systems: Variations between crops and seasons, key driving variables, and mean emission factors. *Journal of Geophysical Research*, **104** (D21): 26891—26899.

Dorland, S. and Beauchamp, E. 1991. Denitrification and ammonification at low soil temperatures. *Soil Science*, **71**: 293—303.

Dorr, H. and Munnich, K. O. 1987. Annual variation in soil respiration in selected areas of temperate zone. *Tellus*, **39**B: 114—121.

Dorr, H., Katruff, L., Levin, I. 1993. Soil texture parameterisation of the CH_4 uptake in aerated soils. *Chemosphere*, **26**: 697—713.

Ehhalt, D. H. 1999. Gas phase chemistry of the troposphere. In: Deutsche Bunsen-Gesellschaft fûr Physikalische Chemie e. V., et al. (ed). Global Aspects of Atmospheric Chemistry. Springer, New York. pp. 21—109.

Ehhalt, D., Prather, M., Dentener, F., et al. 2001. Atmospheric Chemistry and Greenhouse Gases. In: Houghton, J. T. (ed.). Climate Change 2001: The Scientific Basis.

Eichner, M. J. 1990. Nitrous oxide emissions from fertilized soils: summary of available data. *Journal of Environmental Quality*, **19**: 272—280.

Elizabeth, J. F. and Hemond, H. F. 1992. Methane transport and oxidation in the unsaturated Zone of Sphafnum Peatland. *Global Biogeochemical Cycles*, **6**: 33—44.

Esser, G. 1987. Sensitivity of global carbon pools and fluxes to human and potential climatic impacts. *Tellus*, **39**B: 245—260.

Esser, G. and Lautenschlager, M. 1994. Estimating the change of carbon in the terrestrial biosphere from 18000 BP to present using a carbon cycle model. *Environment Pollution*, **83**: 45—53.

Etheridge, D. M., Steele, L. P., Francey, R. J., Langenfelds, R. L. 1998. Atmospheric methane between 1000 A. D. and present: Evidence of anthropogenic emissions and climatic variability. *Journal of Geophysical Research*, **103**: 15979—15993.

Falkowski, P., Schools, R. J., Boyle, E., et al. 2000. The global carbon cycle: a test of our knowledge of earth as a system. *Science*, **290**: 291—296.

Fan, S., Gloor, M., Mahlman, J., et al. 1998. A large terrestrial carbon sink in North America implied by Atmospheric and oceanic carbon dioxide data and models. *Science*, **282**: 442—446.

Fang, C. and Moncrieff, J. B. 2001. The dependence of soil CO_2 efflux on temperature. *Soil Biology and Biochemistry*, **33**: 155—165.

FAO. 1981. Tropical forest assessment project: Forest resources of tropical Asia. Roma.

FAO. 1993. Forest resources assessment 1990: Tropical countries. FAO Forestry Paper. Roma. 112.

FAO. 1997. http://www.fao.org/docrep/W4345E/W4345E00.htm

Firestone, M. K. and Davidson, E. A. 1989. Microbiological basis of NO and N_2O production and consumption in soil. In: Andreae, M. O. and Schimel, D. S. (eds.). Exchange of Trace Gases between Terrestrial Ecosystems and the Atmosphere. John Wiley and Sons, Chichester. pp. 7—21.

Flessa, H. and Beese, F. 1995. Effect of sugar beet residues on soil redox potential and nitrous oxide emission. *Soil Science Society of America Journal*, **59**: 1044—1051.

Flückiger, J., Dällenbach, A., Blunier, T., et al. 1999. Variations in atmospheric N_2O concentration during abrupt climatic changes. *Science*, **285**: 227—230.

Foley, J. A. 1995. An equilibrium model of the terrestrial carbon budget. *Tellus*, **47**B: 310—319.

Francois, L. M., Delire, C., Warnant, P., et al. 1998. Modelling the glacial-interglacial changes in the continental biosphere. *Global and Planetary Change*, **16-17**: 37—52.

Friedlingstein, P., Delire, C., Müller, C., et al. 1992. The climate induced variation of the continental biosphere: a model simulation of the Last Glacial Maximum. *Geophysical Research Letters*, **19**: 897—900.

Friend, A. D., Stevens, A. K., Knox, R. G., Cannell, M. G. R. 1997. A process-based, terrestrial biosphere model of ecosystem dynamics (Hybrid v3.0). *Ecological Modelling*, **95**: 249—287.

Fung, I. Y., Tucker, C. Y., Prentice, K. C. 1987. Application of advanced very high resolution radiometer vegetation index to study of atmosphere-biosphere exchange of CO_2. *Journal of Geophysical Research*, **92**: 2999—3015.

Galbally, I. E. 1989. Factor controlling NO_x emissions from soils. In: Andraea, M. O., Schimel, D. S. (eds.). Exchange of Trace Gases between Terrestrial Ecosystems and the Atmosphere, John Wiley and Sons, Chichester. pp. 23—37.

Galbally, I. E. and Roy, C. R. 1978. Loss of fixed nitrogen from soils by nitric oxide exhalation. *Nature*, **275**: 734—735.

Galbally, I. E., Freney, J. R., Muirhead, W. A., et al., 1987. Emission of nitrogen oxides (NO_x) from a flooded soil fertilized with urea: Relation to other nitrogen loss processes. *Journal of Atmospheric Chemistry*, **5**: 343—365.

Gasche, R. and Papen, H. 1999. A 3-year continuous record of nitrogen trace gas fluxes from untreated and limed soil of a N-saturated spruce and beech forest ecosystem in Germany-2: NO and NO_2 fluxes. *Journal of Geophysical Research*, **104**: 18505—18520.

Gerard, G. and Chanton, J. 1993. Quantification of methane oxidation in the rhizosphere of emergent aquatic macrophytes: defining upper limits. *Biogeochemistry*, **23**: 79—97.

Giardian, C. P. and Ryan, M. G. 2000. Evidence that decomposition rates of organic carbon in mineral soil do not vary with temperature. *Nature*, **404**: 858—861.

Gilbert, B. and Frenzel, P. 1995. Methanotrophic bacteria in the rhizophere of rice microcosms and their effect on pore water methane concentration and methane emission. *Biology and Fertility of Soils*, **20**: 93—100.

Gilbert, B. and Frenzel, P. 1998. Rice roots and CH_4 oxidation: the activity of bacteria, their distribution and the microenvironment. *Soil Biology and Biochemistry*, **30**: 1903—1916.

Gödde, M. and Conrad, R. 2000. Influence of soil properties on the turnover of nitric oxide and nitrous oxide by nitrification and denitrification at constant temperature and moisture. *Biology and Fertility of Soils*, **32**: 120—128.

Goldewijk, K. K., Van Minner, J. J., Kreileman, G. J. J., et al. 1994. Simulating the carbon flux between the terrestrial environment and the atmosphere. *Water, Air and Soil Pollution*, **76**: 199—230.

Gordon, A. M., Schlenter, R. E., Van Cleve, K. 1987. Seasonal patterns of soil respiration and CO_2 evolution following harvesting in the white spruce forests of interior Alaska. *Canadian Journal of Forest Research*, **17**: 304—310.

Goreau, T. J. 1990. Balancing atmospheric carbon dioxide. *AMBIO*, **19**: 230—236.

Goudriaan, J. and Ketner, P. 1984. A simulation study for the global carbon cycle, including man's impact on the biosphere. *Climate Change*, **6**: 167—192.

Grace, J. and Rayment, M. 2000. Respiration in the balance. *Nature*, **404**: 819—820.

Grace, J., Lloyd, J., McIntyre, J., et al. 1995. Carbon dioxide uptake by an undisturbed tropical rain forest in southwest Amazonian. *Science*, **270**: 778—780.

Granli, T. and Bøckman, O. C. 1994. Nitrous oxide from agriculture. *Norwegian Journal of Agricultural Sciences Supplement*, **12**: 7—124.

Gunderson, C. A. and Wullschleger, S. D. 1994. Photosynthetic acclimation in trees to rising atmospheric CO_2: A broader perspective. *Photosynthesis Research*, **39**: 369—388.

Harrison, A. F., Harkness, D. D., Bacon, P. J. 1990. The use of bombon—^{14}C for studying organic matter and N and P dynamics in a woodland soil. In: Harrison, A. F., Ineson, P., Heal, O. W. (eds.). Nutrient Cycling in Terrestrial Ecosystems: Field Methods, Application and Interpretation. Barking: Elsevier Applied Science.

Harvey, L. D. D. 1989. Effect of model structure on the response terrestrial biosphere models to CO_2 and temperature increases. *Global Biogeochemical Cycles*, **3**: 137—153.

Haxeltine, A. and Prentice, I. C. 1996. A general model for the Light-use efficiency of primary production. *Functional Ecology*, **10**: 551—561.

Heimann, M. and Keeling, C. D. 1989. A three dimensional analysis of atmospheric CO_2 transport based on observed winds: 2. Model description and simulated tracer experiments. In: Peterson, J. H. (ed.). Aspects of Climatic Variability in the Pacific and Western Americas. *American Geophysical Union Monograph*, **55**: 237—275.

Heimann, M., Esser, G., Haxeltine, A., Kaduk, J., Kicklighter, D. W., Knorr, W., Kohlmaier, G. H., McGuire, A. D., Melillo, J., Moore, B., Otto, R. D., Prentice, I. C., Sauf, W., Schloss, A., Sitch, S., Wittenberg, U., Wurth, G. 1998. Evaluation of terrestrial carbon cycle models through simulations of the seasonal cycle of atmospheric CO_2-first results of a model intercomparison study. *Global Biogeochemical Cycles*, **12**: 1—24.

Hénault, C., Devis, X., Lucas, J. L., Germon, J. C. 1998a. Influence of different agricultural practices (type of crop, form of N-fertilizer) on soil nitrous oxide emissions. *Biology and Fertility of Soils*, **27**: 299—306.

Hénault, C., Devis, X., Page, S., Justes, E., Reau, R., Germon, J. C. 1998b. Nitrous oxide emissions under different soil and land management conditions. *Biology and Fertility of Soils*, **26**: 199—207.

Holzapfel—Pschorn, A., Conrad, R., Seiler, W. 1986. Effects of vegetation on the emission of methane from submerged paddy soils. *Plant and Soil*, **92**: 223—233.

Houghton, R. A. 1993. Changes in terrestrial carbon over the last 135 years. In: Heiman M. (ed.). *NATO ASI Series*, *Vol* **115**: The Global Carbon Cycle. Berlin Heidelberg: Springer-Verlag. pp. 139—156.

Houghton, R. A. 1995. Changes in storage of terrestrial carbon since 1859. In: Lal, R., et al. (eds). Soils and Global Change. Boca Raton: CRC Press. pp. 45—65.

Huang, Y., Sass, R. L., Fisher, F. M. 1997a. Methane emission from Texas rice paddy soils. 2. Seasonal contribution of rice biomass production to CH_4 emission. *Global Change Biology*, **3**: 491—500.

Huang, Y., Sass, R. L., Fisher, F. M. 1997b. Methane emission from Texas rice paddy soils. 1. Quantitative multi—year dependence of CH_4 emission on soil, cultivar and grain yield. *Global Change Biology*, **3**: 479—489.

Huang, Y., Sass, R. L., Fisher, F. M. 1998. A semi-empirical model of methane emission from flooded rice paddy soils. *Global Change Biology*, **4**: 247—268.

Huang, Y., Jiang, J. Y., Zong, L. G., Sass, R. L., Fisher, F. M. 2001. Comparison of field measurements of CH_4 emission from rice cultivation in Nanjing, China and in Texas, USA. *Advances in Atmospheric Sciences*, **18** (7): 1121—1130.

Huang Y, Jiao Y, Zong L G, Wang Y S, et al. 2002. Nitrous oxide emissions from the wheat-growing season in eighteen Chinese paddy soils: an outdoor pot experiment. *Biology and Fertility of Soils*, **36**: 411—417.

Hudson, R. J. M., Gherini, S. A., Goldstein, R. A. 1994. Modeling the global carbon cycle: Nitrogen fertilization of the terrestrial biosphere and the "missing" CO_2 sink. *Global Biogeochem Cycles*, **8**: 307—333.

Huntrieser, H., Schlager, H., Feigl, C., Höller, H. 1998. Transport and production of NO_x in electrified thunderstorms: survey of previous studies and new observations at midlatitudes. *Journal of geophysical Research*, **103**: 28247—28264.

Husin, Y. A., Mundiyarso, D., et al. 1995. Methane flux from Indonesian wetland rice: The effect of water management and rice variety. *Chemosphere*, **31**: 3153—3180.

Hütsch, B. W., Webster, C. P., Powlson, D. S. 1994. CH_4 oxidation in soil as affected by land use, soil pH and N fertilization. *Soil Biology and Biochemistry*, **26**: 1613—1622.

Inubushi, K., Muramatsu, Y., Taja, D., Umebayashi, M. 1990a. Control of methane emission from paddy soil. In: Paper presented at 14th International Congress of Soil Science, Kyoto.

Inubushi, K., Umebayashi, M., Wada, H. 1990b. Methane emission from paddy fields. In: Paper presented at 14th international Congress of Soil Science. Kyoto.

IPCC, 1990. Climate Change 1990. The IPCC scientific assessment.

IPCC, 1992. Climate Change 1992. The supplementary report to the IPCC Scientific assessment, Houghton, J. T. et al. (eds.), Published for the IPCC, Cambridge University Press.

IPCC, 1995. Climate Change 1994. Radiative Forcing of Climate Change and an Evaluation of the IPCC IS92 Emission Scenarios, Houghton, J. T. et al. (eds.). Published for the IPCC, Cambridge University Press. Cambridge, UK. pp. 337

IPCC, 1995. IPCC Guidelines for National Greenhouse Gas Inventory.

IPCC, 1996. Global Change 1995. The Science of Climate Change. Contribution of Working Group I to the Second Assessment Report of the Intergovernmental Panel on Climate Change.

IPCC, 1997. Intergovernmental Panel on Climate Change Guidelines for National Greenhouse Gas Inventories, Chapter 4. Agriculture: Nitrous oxide from agricultural soils and manure management, OECD, Paris, France.

IPCC, 2000. IPCC Good Practice Guidance and Uncertainty Management in National Greenhouse Gas Inventories. IGES, Tokyo. pp. 4.77—4.94.

IPCC, 2001. Climate Change 2001. (http://www.ipcc.ch/)

Ito, A. and Oikawa, T. 2000. The large carbon emission from terrestrial ecosystems in 1998: A model simulation. *Journal of the Meteorological Society of Japan*, **78**: 103—110.

Jambert, C., Delmas, R. A., Labroue, L., Chassin, P. 1994. Nitrogen compound emissions from fertilized soils in a maize field in the southwest of France. *Journal of Geophysical Research*, **99**: 16523—16530.

Jambert, C., SerCa, D., Delmas, R. 1997. Quantification of N-losses as NH_3, NO and N_2O and N_2 from fertilized maize fields in southwestern France. *Nutrient Cycling in Agroecosystems*, **48**: 91—140.

Jenkinson, D. S., Adams, D. E., Wild, A. 1991. Model estimates of CO_2 emissions from soil in response to global warming. *Nature*, **351**: 304—306.

Jenkinson, D. S. and Rayner, J. H. 1977. The turnover of soil organic matter in some of the Rothamsted classical experiments. *Soil Science*, **123**: 298—305.

Jones, T. H., Thompson, J. H., Lawton, T. M., et al. 1998. Impacts of rising atmospheric carbon dioxide on model terrestrial ecosystem. *Science*, **280**: 441—443.

Kaiser, E. A. and Ruser, R. 2000. Nitrous oxide emissions from arable soils in Germany—an evaluation of six long-term field experiments. *Soil Science and Plant Nutrition*, **163**: 249—260.

Kaiser, E. A., Kohrs, K., Kucke, M., Schnug, E., Heinemeyer, O., Munch, J. C. 1998. Nitrous oxide release from arable soil-importance of N-fertilization, crops and temporal variation. *Soil Biology and Biochemistry*, **12** (30): 1553—1563.

Keeling, C. D., Whorf, T. P., Wahlen, M., et al. 1995. Interannual extremes in the rate of rise of atmospheric carbon dioxide since 1980. *Nature*, **375**: 666—670.

Khalil, M. A. K., Rasmussen, R. A., Wang, M. X., Ren, L. X. 1991. Methane emission from rice fields in China. *Environmental Science and Technology*, **25**: 979—981.

Khalil, M. A. K., Rasmussen, R. A., Shearer, M. J., Dalluge, R. W., Ren, L., Duan, C. L. 1998. Factors affecting methane emissions from rice fields. *Journal of Geophysical Research*, **103**: 25219—25231.

Kieft, L. T., Soroker, E., Firstone, M. K. 1987. Microbial biomass response to a rapid increase in water potential when a dry soil is wetted. *Soil Biology and Biochemistry*, **19**: 119—126.

Kim, D., Aneja, V. P., Robarge, W. P. 1994. Characterization of nitrogen oxide fluxes from soil of a fallow field in the central Piedmont of North Carolina. *Atmospheric Environment*, **28**: 1129—1137.

Kimura, M., Miura, Y., Watanabe, A., Katoh, T., Haraguchi, H. 1991. Methane emission from paddy field (part

1). Effect of fertilization, growth stage and midsummer drainage: pot experiment. *Environmental Science*, **4**: 265—271.

Kindermann, et al. 1993. Structure of a global and seasonal carbon exchange model for the terrestrial biosphere — The Frankfurt Biosphere Model (FBM). *Water, Air and Soil Pollution*, **70**: 675—684.

King, G. M. 1992. Ecological aspects of methane oxidation, a key determinant of global methane dynamics. *Advances in Microbial Ecology*, **12**: 431—468.

Kirschbaum, M. U. F. 1995. The temperature dependence of soil organic matter decomposition, and the effect of global warming on soil organic C storage. *Soil Biology and Biochemistry*, **27**: 753—760.

Klüber, H. D. and Conrad, R. 1998. Effects of nitrate, nitrite, NO and N_2O on methanogenesis and other redox processes in anoxic rice fields. *FEMS Microbiology Ecology*, **25**: 301—318.

Kludze, H. K., Neue, H. U., Llenarsas, D., Lantin, R. 1995. Rice root exudation and its impact on methane production. Paper Presented at the Planning Meeting of Methane Emission from Rice Fields, Chonburi, Thailand.

Knorr, W. and Heimann, M. 1995. Impact of drought stress and other factors on seasonal land biosphere CO_2 exchange studied through an atmospheric tracer transport model. *Tellus*, **47**B: 471—489.

Knorr, W. and Heimann, M. 2001a. Uncertainties in global terrestrial biosphere modeling, Part I: a comprehensive sensitivity analysis with a new photosynthesis and energy balance scheme. *Global Biogeochemical Cycles*, **15** (1): 207—225.

Knorr, W., and Heimann, M. 2001b. Uncertainties in global terrestrial biosphere modeling, Part II: global constraints for a process-based vegetation model. *Global Biogeochemical Cycles*, **15** (1): 227—246.

Knowles, R. 1993. Methane: Processes of production and consumption. In: Agricultural and Ecosystem Effects on Trace Gases and Global Climate Change. Special publication, ASA, Madison, Wis, **55**: 145—156.

Kohlmaier, G. H., Janecek, A., Kindermann, J. 1990. Positive and negative feedback loops within the vegetation/soil system in response to a CO_2 greenhouse warming. In: Bouwman, A. F. (ed.). Soils and the Greenhouse Effect, John Wiley and Sons, Chichester. pp. 415—422.

Koyama, T. 1963. Gaseous metabolism in lake sediments and paddy soils and the production of atmospheric methane and hydrogen, *Journal of Geophysical Research*, **68**: 3971—3973.

Lal, R., Fausey, N. R., Eckert, D. J. 1995. Land use and soil management effects on emissions of radiatively active gases from two Ohio soils. In: Lal, R. et al. (ed.) Soils and global change: Advances in soil science. CRC Press, Boca Raton, FL. pp. 41—59.

Langenfelds, R. L., Fraser, P. J., Francey, R. J., Steele, L. P., Porter, L. W., Allison, C. E. 1996. The Cape Grim Air Archive: The first seventeen years. In: Francey, R. J., Dick, A. L. and Derek, N. (eds.). "Baseline Atmospheric Program Australia, 1994—95". pp. 53—70.

Lauren, J. G. and Duxbury, J. M. 1993. Agriculture ecosystem effects on trace gases and global climate change. *ASA Special Publication*, **55**: 183—192.

Lee, D. S., Köhler, I., Grobler, E., et al. 1997. Estimations of global NO_x emissions and their uncertainties. *Atmospheric Environment*, **31**: 1735—1749.

Li, C., Frolking, S., Frolking, T. A. 1992a. A model of nitrous oxide evolution from soil driven by rainfallevents: 1. Model structure and sensitivity. *Journal of Geophysical Research*, **97**: 9759—9776.

Li, C., Frolking, S., Frolking, T. A. 1992b. A model of nitrous oxide evolution from soil driven by rainfall events: 2. Model applications. *Journal of Geophysical Research*, **97**: 9777—9783.

Li, C., Frolking, S., Harriss, R. 1994. Modeling carbon biogeochemistry in agricultural soils. *Global Biogeochemical Cycles*, **8**: 237—254.

Li, C., Aber, J., Stange, F., Butterbach-Bahl, K., Papen, H. 2000. A process oriented model of N_2O and NO emissions from forest soils: 1. Model development. *Journal of Geophysical Research*, **105**: 4369—4384.

Lieth, H. and Whittaker, R. H. 1975. Primary Productivity of the Biosphere. Spring-Verlag, New York.

Lin, E. 1993. Agricultural techniques: factors controlling methane emission. In: Gao, L., Wu, L., Zhen, D., Han,

X. (eds.). Proceedings of International Symposium on Climate Change, Natural Disasters and Agricultural Strategies. China Meteorological Press, Beijing. pp. 120—126.

Lin, G., Ehleringer, J. R., Rygiewicz, P. T., Johnson, M. G., Tingey, D. T. 1999. Elevated CO_2 and temperature impacts on different components of soil CO_2 efflux in Douglas-fir terracosms. *Global Change Biology*, **5**: 157—168.

Lindau, C. W., Bollich, P. K., Delaune, R. D., Patrick Jr., W. H., Law, V. J. 1991. Effect of urea fertiliser and environmental factors on methane emissions from a Louisiana, USA rice field. *Plant and Soil*, **136**: 195—203.

Lindau, C. W., Bollich, P. K., Delaune, R. D. 1995. Effect of rice variety on methane emission from Louisiana rice. *Agriculture, Ecosystems and Environment*, **54**: 109—114.

Linn, D. M. and Doran, J. W. 1984. Effect of water-filled pore space on carbon dioxide and nitrous oxide production in tilled and nontilled soils. *Soil Science Society of America Journal*, **48**: 1267—1272.

Liski, J. and Westman, C. J. 1997. Carbon storage in forest soil of Finland, 1: Effect of thermo climate. *Biogeochemistry*, **36**: 239—260.

Lloyd J. and Taylor J. A. 1994. On the temperature dependence of soil respiration. *Functional Ecology*, **8**: 315—323.

Logan, J. A. 1983. Nitrogen oxides in the troposphere: global and regional budgets. *Journal of Geophysical Research*, **88**: 10785—10807.

Lovley, D. R. and Goodwin, S. 1988. Hydrogen concentrations as an indicator of the predominant terminal electron-accepting reactions in aquatic sediments. *Geochimica Et Cosmochimica Acta*, **52**: 2993—3003.

Luo, Y., Wan, S., Hui, D., Wallace, L. 2001. Acclimatization of soil respiration to warming in a tall grass prairie. *Nature*, **413**: 622—625.

MacDonald, J. A., Skiba, U. M., et al. 1996. Soil environmental variables affecting CH_4 flux from a range of forest, moorland and agricultural soils. *Biogeochemistry*, **34**: 113—132.

MacDonald, J. A., Skiba, U. M, Sheppard, L. J., Ball, B., Roberts, J. D., Smith, K., Fowler, D. 1997. The effect of N deposition and seasonal variability on CH_4 oxidation and N_2O emission rates from an upland spruce plantation and moorland. *Atmospheric Environment*, **31**: 3693—3706.

MacDonald, J. A., Eggleton, P., et al. 1998. Methane emission by termites and oxidation by soils, across a forest disturbance gradient in the Mbalmayo Forest Reserve, Cameroon. *Global Change Biology*, **4**: 409—418.

Machida, T., Nakazawa, T., Fujii, Y., Aoki, S., Watanabe, O. 1995. Increase in the atmospheric nitrous oxide concentration during the last 250 years. *Geophysical Research Letters*, **22**: 2921—2924.

Maggiotto, S. R., Webb, J. A., Waggner-Riddle, C., Thurtell, G. W. 2000. Nitrous and nitrogen oxide emissions from turfgrass receiving different forms of nitrogen fertilizer. *Journal of Environmental Quality*, **29**: 621—630.

Masscheleyn, P. H., DeLaune, R. D., Patrick Jr., W. H. 1993. Methane and nitrous oxide emissions from laboratory measurements of rice soil suspension: Effect of soil oxidation— reduction status. *Chemosphere*, **26** (1—4): 251—260.

Matson, P. A. 1997. NO_x emission from soils and its consequences for the atmosphere and biosphere: critical gaps and research directions for the future. *Nutrient Cycling in Agroecosystems*, **48**: 1—6.

Matson, P. A., Billow, C., Zachariessen, J. 1996. Fertilization practices and soil variations control nitrogen oxide emissions from tropical sugar cane. *Journal of Geophysical Research*, **101**: 18533—18546.

Matthews, E. 1983. Global vegetation and land use: new high-resolution databases for climate studies. *Journal of Climate and Applied Meteorology*, **22**: 474—487.

Matthews, E. 1997. Global litter production, pools, and turnover times: Estimates from measurement data and regression models. *Journal of Geophysical Research*, **102**: 18771—18800.

Mattson, M. D. and Likens, G. E. 1990. Air pressure and methane fluxes. *Nature*, **347**: 718—719.

Matthew, R. B., Wassmann, R., Arah, J. 2000. Using a crop/soil simulation model and GIS techniques to assess methane emission from rice fields in Asia. I. Model development. *Nutrient Cycling in Agroecosystems*, **58**: 141—159.

McConnell, S. G. and Quinn, M. L. 1988. Soil productivity of four land use systems in southeastern Montana. *Soil*

Science Society of America Journal, **52**: 500—506.

McGinn, S. M. and Akinremi, O. O. 2001. Carbon dioxide balance of a crop-fallow rotation in western Canada. *Canadian Journal Soil Science*, **81**: 121—127.

McGuire, A. D., Melillo, J. M., Joyce, L. A., Kicklighter, D. W., Grace, A. L., Moore III, B., Vörösmarty, C. J. 1992. Interactions between carbon and nitrogen dynamics in estimating net primary productivity for potential vegetation in North America. *Global Biogeochemical Cycles*, **6**: 101—124.

McGuire, A. D., Joyce, L. A., Kicklighter, D. W., Melillo, J. M., Esser, G., Vorosmarty, C. J. 1993. Productivity response of climax temperate forests to elevated temperature and carbon dioxide: a North American comparison between two global models. *Climate Change*, **24**: 287—310.

Melillo, J. M., McGuire, A. D., Kicklighter, D. W., Moore III, B., Vorosmarty, C. J., Schloss, A. L. 1993. Global climate change and terrestrial net primary production. *Nature*, **363**: 234—240.

Melillo, J. M., Kicklighter, D. W., McGuire, A. D., Peterjohn, W. T., Newkirk, K. M. 1995. Global change and its effects on soil organic carbon stocks. In: Zepp, R. G., Sonntag, Ch. (eds.). Role of Nonliving Organic Matter in the Earth's Carbon Cycle. John Wiley and Sons, Chichester. pp. 175—189.

Melillo, J. M., Prentice, I. C., Farquhar, G. D., Schulze, E. -D., Sala, O. E. 1996. Terrestrial biotic response to environmental change and feedbacks to climate, In: Houghton, J. T., Filho, L. G. M., Callander, B. A., Harris, N., Kattenberg, A. and Maskell, K. (eds.). Climate Change 1995. The Science of Climate Change. University Press, Cambridge. pp. 449—481.

Meszoros, E. 1981. Atmospheric Chemistry. Akademia Kiado, Budapest.

Mielnick, P. C. and Dugas, W. A. 2000. Soil CO_2 flux in a tallgrass prairie. *Soil Biological and Bilochemistry*, **32**: 221—228.

Minami, K. and Fukushi, S. 1984. Methods for measuring N_2O flux from water surface and N_2O dissolved in water from agricultural land. *Soil Science and Plant Nutrition*, **29**: 517—524.

Minoda, T. and Kimura, M. 1994. Contribution of photosynthesized carbon to the methane emitted from rice fields. *Geographical Research Letters*, **21**: 2007—2010.

Minoda, T., Kimura, M., Wada, E. 1996. Photosynthates as dominant source of CH_4 and CO_2 in soil water and CH_4 emitted to the atmosphere from paddy fields. *Journal of Geophysical Research*, **101**: 21091—21097.

Mogge, B., Kaiser, E. A., Munch, J. C. 1999. Nitrous oxide emissions and denitrification N-losses from agricultural soils in the Bornhöved lake region: Influence of organic fertilizers and land-use. *Soil Biology and Biochemistry*, **31**: 1245—1252.

Moore, T. R. and Roulet, N. T. 1993. Methane flux-water table relations in northern wetlands. *Geophysical Research Letters*, **20**: 587—590.

Mosier, A. R. 1994. Nitrous oxide emissions from agricultural soils. *Fertilizer Research*, **37**: 191—200.

Mosier, A. and Kroeze, C. 1998. A new approach to estimate emissions of nitrous oxide from agriculture and its implications for the global N_2O budget. *IGBP Newsletter*, **34**: 8—13. (http://www. igbp. kva. se/cgi—bin/php/frameset. php)

Mosier, A. R., Duxbury, J. M., Freney, J. R., Heinemeyer, O., Minami, K. 1994. Nitrous oxide emissions from agricultural fields: Assessment, measurement and mitigation. *Plant and Soil*, **181**: 95—108.

Mosier, A., Kroeze, C., Nevison, C., Oenema, O., Seitzinger, S., van Cleemput, O. 1998. Closing the global N_2O budget: nitrous oxide emissions through the agricultural nitrogen cycle — OECD/IPCC/IEA phase II development of IPCC guidelines for national greenhouse gas inventory methodology. *Nutrient Cycling in Agroecosystems*, **52**: 225—248.

National Research Council. 1984. Global tropospheric chemistry, A plan for action. National Academy Press.

Neue, H. U. and Scharpenseel, H. W. 1984. Gaseous products of the decomposition of organic matter in submerged soils. In: Organic Matter and Rice. International Rice Research Institute, Manila, Philippines. pp. 311—328.

Neue, H. U., Becker-Heidmann, P., Scharpenseel, H. W. 1990. Organic matter dynamics, soil properties and cultural practices in rice lands and their relationship to methane production. In: Bouwman, A. F. (ed.), Soils and the Greenhouse Effect. John Wiley and Sons, Chichester. pp. 457—466.

Neue, H. U., Lantin, R. L., Wassmann, R., Aduna, J. B., Alberto, M. C. R., Andales, M. J. F. 1994. Methane emission from rice soils of the Philippines. In: Minami, K., Mosier, A. R., Sass, R. L. (eds.). CH_4 and N_2O: Global emissions and controls from rice fields and other agricultural and industrial sources. NIAES Series 2, Tokyo. pp. 55—77.

Nevison, C. D. and Holland, E. A. 1997. A reexamination of the impact of anthropogenically fixed nitrogen on atmospheric N_2O and the stratospheric O_3 layer. *Journal of Geophysical Research*, **102**: 25519—25536.

Németh, T., Abd El-Galil, A., Radimszky, L., Baczó, G. Y., 1996. Effect of plant residues on ammonium and nitrate content of soils during incubation. In: Van Cleemput, O., Hofman, G., Vermoesen, A. (eds.), Progress in Nitrogen Cycling Studies. Kluwer, London. pp. 109—114.

Norman, J. M., Garcia, R., Verma, S. B. 1992. Soil surface CO_2 fluxes and the carbon budget of a grassland. *Journal of Geophysical Research*, **97**: 18845—18853.

Nouchi, I. 1994. Mechanism of methane transport through rice plants. In: Minami, K., Mosier, A., Sass, R. (eds.). CH_4 and N_2O: Global emissions and controls from rice fields and other agricultural and industrial sources. NIAES Series 2, Tokyo.

Nouchi, I., Mariko, S., Aoki, K. 1990. Mechanisms of methane transport from the rhizosphere to the atmosphere through rice plants. *Plant Physiology*, **94**: 59—66.

Nouchi, I., Hosono, T., Aoki, K., Minami, K. 1997. Seasonal variation in methane flux from rice paddies associated with methane concentration in soil water, rice biomass and temperature, and its modeling. *Plant and Soil*, **2**: 195—208.

Nugroho, S. G., Lumbanraja, J., et al. 1994. Effect of intermittent irrigation on methane emission from an Indonesian paddy field. *Soil Science and Plant Nutrition*, **40**: 609—615.

Oreskes, N., Shrader-Frechette, K., Belitz, K. 1994. Verification, validation and confirmation of numerical models in the earth sciences. *Science*, **263**: 641—646.

Pacey, J. G. and De Gier, J. P. 1986. The factors influencing landfill gas production. In: Energy from landfill gas. Proceeding of a conference jointly sponsored by the United Kingdom Department of Energy and the United States Department of Energy. pp. 51—59.

Papen, H. and Rennenberg, H. 1990. Microbial processes involved in emissions of radiatively important trace gases. In: Transactions 14th International Congress of Soil Science, Kyoto. pp. 232—237.

Parashar, D. C., Rai, J., et al. 1991. Parameters affecting methane emission from paddy fields. *Indian Journal of Radio and Space Physics*, **20**: 12—17.

Parton, W. J., Scurlock, J. M. O., Ojima, D. S., et al. 1993. Observations and modelling of biomass and soil organic matter dynamics for the grassland biome worldwide. *Global Biogeochemical Cycles*, 7: 785—809.

Parton, W. J., Mosier, A. R., Ojima, D. S., Valentine, D. W., Schimel, D. S., Weier, K., Kulmala, A. E. 1996. Generalized model for N_2 and N_2O production from nitrification and denitrification. *Global Biogeochemistry Cycles*, **10**: 401—412.

Parton, W. J., Stewart, J. W. B., Cole, C. V. 1988. Dynamics of C, N, S, and P in grassland soils: a model. *Biogeochemistry*, **5**: 109—131.

Peterjohn, W. T., Melillo, J. M., Bowles, F. P., et al. 1993. Soil warming and trace gas fluxes: Experimental design and preliminary results. *Oecologia*, **93**: 18—24.

Peters, V. and Conrad, R. 1996. Sequential reduction processes and initiation of CH_4 production upon flooding of oxic upland soils. *Soil Biology and Biochemistry*, **28**: 371—382.

Phillips, O. L., Malhi, Y., Higchi, N., et al. 1998. Changes in the carbon balance of tropical forests: evidence from long-term plots. *Science*, **282**: 439—441.

Post, W. P., Emanua, L. W. R., Zinke, P. J., et al. 1982. Soil carbon pools and world life zones. *Nature*, **298**:

156—159.

Post, W. P., Pastor, J., Zinke, P. J., et al. 1985. Global patterns of soil nitrogen storage. *Nature*, **317**: 613—616.

Post, W. M., King, A., Wullschleger, S. 1997. Historical variations of terrestrial carbon storage. *Global Biogeochemical Cycles*, **11**: 99—109.

Potter, C. S. 1999. Terrestrial biomass and the effects of deforestation on the global carbon cycle. *Bioscience*, **49**: 769—778.

Potter, C. S., Randerson, J. T., Field, C. B., et al. 1993. Terrestrial ecosystem production: A process model based on global satellite and surface data. *Global Biogeochemical Cycles*, **7**: 811—841.

Potter, C. S., Matson P. A., Viitousck, P. M., Davidson, E. A. 1996. Process modeling of controls on nitrogen trace gas emissions from soils worldwide. *Journal of Geophysical Research*, **101**: 1361—1377.

Prentice, K. C. and Fung, I. Y. 1990. The sensitivity of terrestrial carbon storage to climate change. *Nature*, **346**: 48—51.

Prentice, K. C. and Lloyd, J. 1998. C—quest in the Amazon Basin. *Nature*, **396**: 619—620.

Prentice, P. Sellers, J., Townshend, J. R. G., Tucker, C. J., Ustin, S. L., Vitousek, P. M. 1995. Mapping the land-surface for global atmosphere-biosphere models-toward continuous distributions of vegetations functional—properties. *Journal of Geophysical Research*, **100**: 20867—20882.

Price, C., Penner, J., Prather, M. 1997a. NO_x from lightning 1. Global distribution based on lightning physics. *Journal of Geophysical Research*, **102**: 5929—5941.

Price, C., Penner, J., Prather, M. 1997b. NO_x from lightning 2. Constraints from the global electric circuit. *Journal of Geophysical Research*, **102**: 5943—5951.

Raich, J. W. and Potter, C. S. 1995. Global patterns of carbon dioxide emissions from soils. *Global Biogeochemical Cycles*, **9**: 23—36.

Raich, J. W. and Schlesinger, W. H. 1992. The Global carbon dioxide flux in soil respiration and its relationship to vegetation. *Tellus*, **44**B: 81—99.

Raich, J. W., Rastetter, E. B., Melillo, J. M., Kicklighter, D. W., Steudler, P. A., Peterson, B. J., Grace, A. L., Moore III, B., Vörösmarty, C. J. 1991. Potential net primary productivity in South America: application of a global model. *Ecological Applications*, **1**: 399—429.

Raimbault, M., Rinaudo, G., Garcia, J. L., Boureau, M. 1977. A device to study metabolic gases in the rice rhizosphere. *Soil Biology and Biochemistry*, **2**: 193—196.

Rayner, P. J., Law, R. M., Dargaville, R. 1999. The relationship between tropical CO_2 fluxes and the E1 Niño-Southern Oscillation. *Geophysical Research Letters*, **26**: 493—496.

Reicosky, D. C. 1998. Tillage methods and carbon dioxide loss: Fall versus spring tillage. In: Lal, R., et al. (eds.). Management of carbon sequestration in soil. CRC Press, Boca Raton, F. L. pp. 99—111.

Reynolds, J. F., Kemo, P. R., et al. 1996. Progress, limitation and challenges in modeling the effects of elevated CO_2 on plants and ecosystems. In: Carbon dioxide and terrestrial ecosystem. Academic Press, San Diego. pp. 347—381.

Riggs, A. C., Striegl, R. G., Maestas, F. B. 1999. Soil respiration at the Amargosa Desert Research site. (http://toxics. usgs. gov/pubs/wri99—4018/Volume3/SectionD/3505_Riggs/index. html)

Robertson, G. P., Paul, E. A., Harwood, R. R. 2000. Greenhouse gases in intensive agriculture: Contributions of individual gases to the radiative forcing of the atmosphere. *Science*, **289**: 1922—1925.

Rochette, P., Gregorich, E G., Desjaidins, R. L. 1992. Comparison of static and dynamic closed chambers for measurement of soil respiration under field conditions. *Canadian Journal Soil Science*, **72**: 605—609.

Rotmans, J. and Van den Elzen, M. G. J. 1993. Modeling feedback mechanisms in the carbon cycle: Balancing the carbon budget. *Tellus*, **45**B: 301—320.

Roy, R., Klüber, H. D., Conrad, R. 1997. Early initiation of methane production in anoxic rice soil despite the presence of oxidants. *FEMS Microbiology Ecology*, **24**: 311—320.

Ruimy, A., Dedieu, G., Saugier, B. 1996a. TURC: a diagnostic model of continental gross primary productivity and net primary productivity. *Global Biogeochamical Cycles*, **10**: 269—286.

Ruimy, A., Kergoat, L., Field, C. B., Saugier, B. 1996b. The use of CO_2 flux measurements in models of the global terrestrial carbon budges. *Global Change Biology*, **2**: 287—296.

Running, S. W. 1993. Modeling terrestrial carbon cycles at varying temporal and spatial resolutions. In: The Global Carbon Cycle. NATO ASI Series, Sringer-Verlag, Heidelberg. pp. 201—217.

Running, S. W. and Hunt, E. R. 1993. Generalization of a forest ecosystem process model for other biomes, Biome—BGC, and an application for global—scale models, Scaling processes between leaf and landscape levels. In: Scaling Physiological Processes: Leaf to Globe. Academic Press, San Diego. pp. 141—158.

Sarmiento, J. L. and Sundquist, E. T. 1992. Revised budget for the oceanic uptake of anthropogenic carbon dioxide. *Nature*, **356**: 589—593.

Sarmiento, J. L., Hughes, T. M. C., Stouffer, R. J., et al. 1998. Simulated response of the ocean carbon cycle to anthropogenic climate warming. *Nature*, **393**: 245—249.

Sass, R. L. 1994. Short summary chapter for methane. In: Minami, K., Mosier, A. R., Sass, R. L. (eds.). CH_4 and N_2O: Global emissions and controls from rice fields and other agricultural and industrial sources. NIAES Series 2, Tokyo. pp. 55—77.

Sass, R. L. and Fisher, F. M. 1995. Methane emissions from Texas rice fields: A five-year study. In: Peng, S., Ingram, K. T., Neue, H. U., Ziska, L. H. (eds.). Climate Change and Rice. Springer, Berlin. pp. 46—59.

Sass. R. L., Fisher, F. M., Harcombe, P. A., Turner, F. T. 1990. Methane production and emission in a Texas rice field. *Global Biogeochemistry Cycles*, **4**: 47—68.

Sass, R. L., Fisher, F. M., Turner, F. T., Jund, M. F. 1991. Methane emission from rice fields as influenced by solar radiation, temperature, and straw incorporation. *Global Biogeochemical Cycles*, **5**: 335—350.

Sass, R. L., Fisher, F. M., Wang, Y. B., Turner, F. T., Jund, M. F. 1992. Methane emission from rice fields: the effect of floodwater management. *Global Biogeochemistry Cycles*, **6**: 249—262.

Sass, R. L., Fisher, F. M., Lewis, S. T. Jund, M. F., Turner, F. T. 1994. Methane emission from rice fields: effect of soil properties. *Global Biogeochemical Cycles*, **8**: 135—140.

Sass, R. L., Mosier, A., Zheng, X. H. 2002. Introduction and summary: international workshop on greenhouse gas emissions from rice fields in Asia. *Nutrient Cycling in Agroecosystems*, **63**: 9—15.

Schimel, D. S. 1998. The carbon equation. *Nature*, **393**: 208—209.

Schimel, J. P. and Gulledge, J. 1998. Microbial community structure and global trace gases. *Global Change Biology*, **4**: 745—758.

Schimel, D. Braswell, B., et al. 1994. Climatic, edaphic, and biotic controls over storage and turnover of carbon in soils. *Global Biogeochemical Cycles*, **8**: 279—293.

Schimel, D., Alves, D., Enting, I., Heimann, M., Joos, F., Raynaud, D., Wigley, T. 1996. CO_2 and the carbon cycle. In: Houghton, J. T., Meira Filho, L. G., Callander, B. A., Harris, N., Kattenberg, A. and Maskell, K. (eds.). Climate Change 1995, The Science of Climate Change: Contribution of WGI to the Second Assessment Report of the IPCC. Cambridge University Press, Cambridge. pp. 65—86.

Schimel, D., Grubb, M., Joos, F., Kaufmann, R., Moss, R., Ogana, W., Richels, R., Wigley, T. M. L. 1997. Stabilization of Atmospheric Greenhouse Gases. In: Houghton, J. T., Meira Filho, L. G., Griggs, D. J. and Maskell, K. (eds.). Physical, Biological and Socio-economic Implications —IPCC Technical Paper 3. Intergovernmental Panel on Climate Change, Bracknell, UK. pp. 53.

Schimel, D. S., House, J. I., Hibbard, K. A. 2001. Recent patterns and mechanisms of carbon exchange by terrestrial ecosystems. *Nature*, **414** (8): 169—172.

Schlesinger, W. H. 1977. Carbon balance in terrestrial detritus. *Annual Review of Ecology and Systematics*, **8**: 51—81.

Schlesinger, W. H. and Melack, J. M. 1981. Transport of organic carbon in the world's rivers. *Tellus*, **33**B: 172—187.

Schlentner, R. E. and Van Cleve, K. 1985. Relationships between CO_2 evolution from soil, substrate temperature, and substrate moisture in four forest types in interior Alaska. *Canadian Journal of Forest Research*, **15**: 97—106.

Schütz, H., Seiler, W., Conrad, R. 1989a. Processes involved in formation and emission of methane in rice paddies. *Biogeochemistry*, **7**: 33—53.

Schütz, H., Holzapfel-Pschorn, A., Conrad, R., Rennenberg, H., Seiler, W. l989b. A 3-year continuous record on the influence of daytime, season and fertilizer treatment on methane emission rates from an Italian rice paddy field. *Journal of Geophysical Research*, **94**: 16405—16416.

Schütz, H., Seiler, W., Rennenberg, H. 1990a. Soil and land use related sources and sinks of methane (CH_4) in the context of the global methane budget. In: Bouwman, A. F. (ed.). Soils and the Greenhouse Effect, John Wiley and Sons, Chichester. pp. 269—285.

Schütz, H., Seiler, W., Conrad, R. 1990b. Influence of soil temperature on methane emission from rice paddy fields. *Biogeochemistry*, **11**: 77—95.

Sebacher, D. I., Harriss, R. C., Bartlett, K. B., Sebacher, S. M., Grice, S. S. 1986. Atmospheric methane sources: Alaskan tundra bogs, an alpine fen, and a subarctic boreal marsh. *Tellus*, **38**B: 1—10.

Seiler, W., Holzapfel-Pschorn, A., Conrad, R., Scharffe, D. 1984. Methane emission from rice paddies. *Journal of Atmospheric Chemistry*, **1**: 241—268.

Sharkey, T. D. 1985. Photosynthesis in intact leaves of C_3 plants: physics, physiology and rate limitations. *Botanical Review*, **51**: 507.

Shelp, M. L., Beauchamp, E. G., Thurell, G. W. 2000. Nitrous oxide emissions from soil amended with glucose, alfalfa, or corn residues. *Communication Soil Science Plant Annals*, **31**: 877—892.

Siegenthaler, U. and Sarmiento, J. L. 1993. Atmospheric carbon dioxide and the ocean. *Nature*, **365**: 119—125.

Siegenthaler, U. and Oeschger, H. 1987. Biospheric CO_2 emission during the past 200 years reconstructed by deconvolution of ice core data. *Tellus*, **39**B: 140—154.

Sigren, L. K. 1996. Soil Acetate and Methane Emissions from Irrigated Rice: The Effects of Field Drainage and Cultivar Choice. Ph. D. Thesis, Rice University, Houston, Texas, USA.

Simojoki, A. and Jaakkola, A. 2000. Effect of nitrogen fertilization, cropping and irrigation on soil air composition and nitrous oxide emissions in a loamy clay. *European Journal of Soil Science*, **51** (3): 413—424.

Skiba, U. M., Sheppard, L. J., Macdonald, J., Fowler, D. 1998. Some key environmental variables controlling nitrous oxide emissions from agricultural and semi-natural soils in Scotland. *Atmospheric Environment*, **32**: 3311—3320.

Slemr, F. and Seiler, W. 1984. Field measurement of NO and N_2O emission from fertilized and unfertilized soils. *Journal of Atmosphere Chemistry*, **2**: 1—24.

Smith, K. A., McTaggart, I. P., Dobbie, K. E., Conen, F. 1998. Emissions of N_2O from Scottish agricultural soils, as a function of fertilizer N. *Nutrient Cycling in Agroecosystems*, **5**: 123—130.

Smith, P., Smith, J. U., et al. 1997. A comparison of the performance of nine soil organic matter models using datasets from seven long-term experiments. *Geoderma*, **81**: 153—225.

Stainer, R. Y., Adelberg, E. A., Ingraham, J. I. 1976. General Microbiology (4th edition). The MacMillan Press Ltd., London.

Stauffer, B., Fischer, G., Neftel, A., Oeschger, H. 1985. Increase of atmospheric methane recorded in Antarctic ice core. *Science*, **229**: 1386—1388.

Steele, L. P., Langenfelds, R. L., Lucarelli, M. P., Fraser, P. J., Cooper, L. N., Spenser, D. A., Chea, S., Broadhurst, K. 1996. Atmospheric methane, carbon dioxide, carbon monoxide, hydrogen, and nitrous oxide from Cape Grim air samples analysed by gas chromatography. In: Francey, R. J., Dick, A. L. and Derek, N. (eds.). Baseline Atmospheric Program Australia, 1994—95. pp. 107—110.

Steudler, P. A., Bowden, R. D., et al. 1989. Influence of N fertilization on CH_4 uptake in temperate forest soils. *Nature*, **341**: 314—315.

Stewart, J. M. and Wheatley, R. E. 1990. Estimates of CO_2 production from eroding peat surface. *Soil Biology and Biochemistry*, **22**: 65—68.

Svenson, B. H. 1980. Carbon dioxide and methane fluxes from the ombrotophic parts or a subarctic mire. *Bulletin of the Ecological*, **30**: 235—250.

Svensson, B. H. 1984. Different temperature optima in methane formation when enrichments from acid peat are supplement with acetate or hydrogen. *Applied Environmental Microbiology*, **48**: 389—394.

Takai, Y. and Wada, E. 1990. Methane formation in water logged paddy soils and its controlling factors. In: Scharpenseel, H. W., H. W., Schomaker, M. and Ayoub, A. (eds.). Soils on a Warmer Earth. Developments in Soil Science, Elsevier, Amsterdam. pp. 101—107.

Tans, P. P. and White, J. W. C. 1998. In balance, with a little help from the plants. *Science*, **281**: 183—184.

Tans, P. P., Fung, I. Y., Takahashi, T. 1990. Observational constraints on the global atmospheric CO_2 budget. *Science*, **247**: 1431—1438.

Taylor, J. A., Brasseur, G. P., Zimmerman, P. R., Cicerone, R. J. 1991. A study of the sources and sinks of methane and methyl chloroform using a global three-dimensional Lagrangian tropospheric tracer transport model. *Journal of Geophysical Research*, **96**: 3013—3044.

Teepe, R., Brumme, R., Beese, F. 2000. Nitrous oxide emissions from frozen soils under agricultural, fallow and forest land. *Soil Biology and Biochemistry*, **32**: 1897—1910.

Thornton, F. C. and Valente, R. J. 1996. Soil emissions of nitric oxide and nitrous oxide from no-till corn. *Soil Science Society of America Journal*, **60**: 1127—1133.

Tian, H. Q., Melillo, J. M., Kicklighter, D. W., et al. 1998. Effect of inter annual climate variability on carbon storage in Amazonian ecosystems. *Nature*, **396**: 664—667.

Townsed, A. R., Vitousek, P. M., Holland, E. A. 1992. Tropical soils could dominate the short-term carbon cycle feedbacks to increased global temperatures. *Climatic Change*, **22**: 293—303.

Trolldenier, G. 1995. Methanogenesis during rice growth as related to the water regime between crop seasons. *Biology and Fertility of Soils*, **19**: 84—86.

Trumbore, S. E., Chadwick, O. A., Amundson, R. 1996. Rapid exchange between soil carbon and atmospheric carbon dioxide driven by temperature change. *Science*, **272**: 393—396.

Uchijima, Z. and Seino, H. 1985. Agriclimatic evaluation of net primary productivity of nature vegetation. *The Society of Agricultural Meteorology of Japan*, **40**: 343—352.

Valentini, R., Matteucci, G., Dolman, A. J., et al. 2000. Respiration as the main determinant of carbon balance in European forests. *Nature*, **404**: 861—865.

Van Bochove, E., Jones, H. G., Pelletier, P., Prevost, D. 1996. Emission of N_2O from agricultural soil under snow cover: A significant part of N budget. *Hydrological Processes*, **10**: 1545—1549.

Van Breemen, N. and Feijtel, T. C. J. 1990. Soil processes and properties involved in the production of greenhouse gases, with special relevance to soil taxonomic systems. In: Bouwman, A. F. (ed.). Soil and the Greenhouse Effect. John Wiley and Sons, Chichester. pp. 195—223.

Van Cleemput, O. and Baert, L. 1984. Nitrite: a key compound in N loss processes under acid conditions? *Plant and Soil*, **76**: 233—241.

Van Cleemput, O., Vermoesen, A., De Groot, C. J., Van Ryckeghem, K. 1994. Nitrous oxide emission out of grassland. *Environmental Monitoring and Assessment*, **31**: 145—152.

VEMAP members. 1995. Vegetation/ecosystem modeling and analysis project: Comparing biogeography and biogeochemistry models in a continental-scale study of terrestrial ecosystem responses to climate change and CO_2 doubling. *Global Biogeochemical Cycles*, **9**: 407—437.

Walker, B. H. 1994. Landscape to regional scale responses of terrestrial ecosystems to global change. *AMBIO*, **23**: 67

—73.

Wang, Z. P., DeLaune, R. D., et al. 1993. Soil redox and pH effects on methane production in a flooded rice soil. *Soil Science Society of America Journal*, **57**: 382—385.

Wang, B., Xu, Y., Wang, Z., et al. 1999. Methane emission from rice field as affected by organic amendment, water regime, drop establishment and rice cultivar. *Environmental Monitoring and Assessment*, **57**: 213—228.

Wang, M. X. and Shangguan, X. J. 1996. CH_4 emissions from various rice field in P. R. China. *Theoretical and Applied Climatology*, **55**: 129—138.

Wang, M. X., Dai, A. G., Shen, R. X. 1990. CH_4 emission from a Chinese rice paddy field. *Atca Meteorologica Sinica*, **401**: 265—275.

Wang, Y., Logan J. A., Jacob, D. J. 1998. Global simulation of tropospheric O_3-NO_x-hydrocarbon chemistry. 2. Model evaluation and global ozone budget. *Journal of Geophysical Research*, **103**: 10727—10755.

Waring, R. H. and Running, S. W. 1998. Forest Ecosystem, Analysis at Multiple Scales (2nd edition). Academic Press, San Diego. pp. 286—320.

Warnant, P., Francois, L., Strivay, D., et al. 1994. CARAIB: A global model of terrestrial biological productivity. *Global Biogeochemical Cycles*, **8**: 255—270.

Wassmann, R., Neue, H. U., Lantin, R. S., et al. 1994. Temporal patterns of methane emissions from wetland rice fields treated by different modes of N-application. *Journal of Geophysical Research*, **99**: 16457—16462.

Wassmann, R., Neue, H. U., Bueno, C., Lantin, R. S., Alberto, M. C. R., Buendia, L. V., Bronson, K., Papen, H., Rennenberg, H. 1998. Inherent properties of rice soils determining methane production potentials. *Plant and Soil*, **203**: 227—237.

Wassmann, R., Papen, H., Rennenberg, H., Seiler, W., Wang, M., Shangguan, X. 1993. Adequate fertilizer application as an essential element in intercomparative studies on methane emission from rice fields. Paper for ECE/PRC Workshop on Contribution to global Change, Beijing.

Watanabe, A., Kaijwara, M., et al. 1995. Influence of rice cultivar on methane emission from paddy field. *Plant and Soil*, **176**: 51—56.

Watson, A., Stephen, K. D., Nedwell, D. B., Arah, J. R. M. 1997. Oxidation of methane in peat: kinetics of CH_4 and O_2 removal and the role of plant roots. *Soil Biology and Biochemistry*, **29**: 1257—1267.

Watson, R. T., Merira Filho, L. G., Sanhueza, E., Janetos, A. 1992. Greenhouse gases: sources and sinks. In: Houghton, J. T., Callander, B. A., Varney, S. K. (eds.). Climate Change 1992. The Supplementary Report to the IPCC Scientific Assessment, Cambridge University Press, New York. pp. 25—47.

Whalen, S. C. and Reeburgh, W. S. 1990. Consumption of atmospheric methane by tundra soils. *Nature*, **346**: 160—162.

Whiting, G, J. and Chanton, J. P. 1993. Primary production control of methane emission from wetlands. *Nature*, **364**: 794—795.

Williams, E. J., Parrish, D. D., Fehsenfeld, F. C. 1987. Determination of nitrogen oxide emission from soils: results from a grassland site in Colorado, United States. *Journal of Geophysical Research*, **92**: 23173—23179.

Williams, E. J., Guenther, A., Fehsenfeld, F. C. 1992a. An inventory of nitric oxide emissions from soils in the United States. *Journal of Geophysical Research*, **97** (D7): 7511—7519.

Williams, E. J., Hultchinson, G. L., Fehsenfeld, F. C. 1992b. NO_x and N_2O emissions from soil. *Global Biogeochemical Cycles*, **6**: 351—388.

Wilson, J. O., Crill, P. M., et al. 1989. Seasonal variation of methane emission from a temperate swamp. *Biogeochemistry*, **8**: 55—71.

Winkler, J. P., Cherry, R. S., Schlesinger, W. H. 1996. The Q_{10} relationship of microbial respiration in a temperate forest soil. *Soil Biology and Biochemistry*, **28**: 1067—1072.

Woodward, F. I., Lomas, M. R., Betts, R. A. 1998. Vegetation-climate feedbacks in a greenhouse world. *Philosophical Transactions of the Royal Society of London Series*, **353**: 29—38.

Woodwell, G. M., Hobbie, J. E., et al. 1983. Global deforestation: Contribution to atmospheric carbon dioxide. *Science*, **222**: 1081—1086.

Woodwell, G. D., Mackenzie, F. T., Houghton, R. A., et al. 1998. Biotic feedbacks in the warming of the earth. *Climatic Change*, **40**: 495—518.

Xing, G. X. 1998. N_2O emission from cropland in China. *Nutrient Cycling in Agroecosystems*, **52**: 249—254.

Xing, G. X. and Zhu, Z. L. 1997. Preliminary studies on N_2O emissions fluxes from upland soils and paddy soils in China. *Nutrient Cycling in Agroecosystems*, **49**: 17—22.

Xing, G. X. and Zhu, Z. L. 2000. An assessment of N loss from agricultural fields to the environment in China. *Nutrient Cycling in Agroecosystems*, **57**(1): 67—73.

Yagi, K. and Minami, K. 1989. Effects of organic matter applications on methane emission from Japanese paddy fields. In: Conference. Soils and the Greenhouse Effects. ISRIC. Wageningen, the Netherlands.

Yagi, K. and Minami, K. 1990. Effect of organic matter application on methane emission from Japanese rice fields. *Soil Science and Plant Nutrition*, **36**: 599—610.

Yagi. K., Tsuruta, H., Kanda, K., Minami, K. 1996. Effect of water management on methane emission from a Japanese rice paddy field: Automated methane monitoring. *Global Biogeochemical Cycles*, **10**: 255—267.

Yagi, K. Minami, K., Ogawa, Y. 1998. Effects of water percolation on methane emission from rice paddies: A lysimeter experiment. *Plant and Soil*, **198** (2): 193—200.

Yamulki, S., Goulding, K. W. T., Webster, C. P., Harrison, R. M. 1995. Studies on NO and N_2O fluxes from a wheat field. *Atmospheric Environment*, **29**: 1627—1635.

Yang, X. and Wang, M. X. 2000. Monsoon ecosystems control on atmospheric CO_2 interannual variability: inferred from a significant positive correlation between year-to-year changes in land precipitation and atmospheric CO_2 growth rate. *Geophysical Research Letters*, **27**: 1671—1674.

Yan, X., Shi, S., Du, L., et al. 2000. Pathways of N_2O emission from rice paddy soil. *Soil Biology and Biochemistry*, **32** (3): 437—440.

Yao, H. and Chen, Z. L. 1994a. Effect of chemical fertilizer on methane emission from rice paddies. *Journal of Geophysical Research*, **99** (D8): 16463—16470.

Yao, H. and Chen, Z. L. 1994b. Seasonal variation of methane emission flux from a Chinese rice paddy in a semi arid, temperate region. *Journal of Geophysical Research*, **99** (D8): 16471—16477.

Yao, H., Zhuang, Y. H., Chen, Z. L. 1996. Estimation of methane emission from rice paddies of mainland China. *Global Biogeochemical Cycles*, **10** (4): 641—649.

Yao, H. and Conrad, R. 1999. Thermodynamics of methane production in different rice paddy soils from China, the Philippines, and Italy. *Soil Biology and Biochemistry*, **31**: 463—473.

Yavitt, J. B., Lang, F. E., Wieder, R. K. 1987. Control of carbon mineralization to CH_4 and CO_2 in anaerobic, Sphagnum—derived peat from Big Run Bog, West Virginia. *Biogeochemistry*, **4** (2): 141—157.

Yienger, J. J. and Levy, H. 1995. Empirical model of the global soil-biogenic NO_x emissions. *Journal of Geophysical Research*, **100**: 11447—11464.

Zehnder, A. J. B. and Stumm, W. 1988. Geochemistry and biogeochemistry of anaerobic habitats. In: Zehnder, A. J. B. (ed.). Biology of Anaerobic Microorganisms. John Wiley and Sons, Chichester. pp. 1—38.

Zheng, X. H., Wang, M. X., Wang, Y. S., et al. 1997. N_2O and CH_4 emission from rice paddies in Southeast China. *Chinese Journal of Atmospheric Sciences*, **21** (2): 167—174.

Zheng, X. H., Wang, M. X., Wang, Y. S., et al. 1998. Comparison of manual and automatic methods for measurement of methane emission from rice paddy fields. *Advances in Atmospheric Sciences*, **15**: 569—579.

Zheng, X. H., Wang, M. X., Wang, Y. S., Shen, R. X., Li, J., Heyer, J., Köge, M., Papen, H., Jin, J. S., Li, L. T. 1999. Characters of greenhouse gas (CH_4, N_2O, NO) emissions from croplands of southeast China. *World Resource Review*, **11** (2): 229—246.

Zheng, X. H., Wang, M. X., Wang, Y. S., Shen, R. X., Gou, J., Li, J., Jin, J. S., Li, L. T. 2000. Impacts of soil moisture on nitrous oxide emission from croplands: a case study on the rice-based agro-ecosystem in Southeast China. *Chemosphere-Global Change Science*, **2**: 207—224.

Zheng, X. H., Fu, C. B., Xu, X. K., Yan, X. D., Huang, Y., Han, S. H., Hu, F. and Chen, G. X. 2002. The Asian nitrogen case study. *AMBIO*, **31**: 79—87.

Zheng, X. H., Huang, Y., Wang, Y. S., Wang, M. X. 2003a. Seasonal characteristics of nitric oxide emission from a typical Chinese rice-wheat rotation during the non-waterlogged period. *Global Change Biology*, **9**: 219—227.

Zheng, X. H., Huang, Y., Wang, Y. S., Wang, M. X., Jin, J. S., Li, L. T. 2003b. Effects of soil temperature on nitric oxide emission from a typical Chinese rice-wheat rotation during the non-waterlogged period. *Global Change Biology*, **9**: 601—611.

第三章　测定技术、方法和实验设计

陆地生态系统地-气间碳氮微量气体交换的测定方法主要有微气象法、箱法、超大箱长光程红外光谱法、同位素法和遥感方法等(王明星,2001)。近 20 年来,随着气相色谱仪(GC,Gas Chromatography)分析精度的提高,特别是一些精度更高、响应速度更快的分析仪器,如可调二极管激光痕量气体分析系统(TDLAS)和傅里叶变换红外分析仪(FTIR)的出现,涡度相关法和波文比/能量平衡法等微气象学方法在陆地生态系统微量气体地-气间交换测定中的应用越来越广泛。同时,不同观测方法和仪器间的对比实验在各种典型的陆地生态系统中广泛展开(Ineson 等,1998;Moncrieff 等,1998;Laville,1999;Miyata 等,2000;Winiwarter 等,2001;Griffith 等,2002)。到目前为止,静态箱-气相色谱法仍然被认为是应用最广泛、最经济实用的方法(王跃思等,2003)。国内外学者普遍采用静态箱-气相色谱法对地-气间 CH_4 和 N_2O 排放进行同步监测和分析,用以研究 CH_4 和 N_2O 产生与排放的过程和机理(Sass 等,1991;陈冠雄等,1995;郑循华等,1997;王明星,2001)。CO_2 排放量的测定主要通过碱液吸收、微气象学方法或 CO_2 红外分析仪(Lai,1995;Jensen,1997;蔡祖聪,1999;董云社等,2000)。由于 CO_2 不能由气相色谱仪直接检测,因此对生态系统 CO_2、CH_4 和 N_2O 排放通量原位观测和同步分析较为困难。然而,对这三种温室气体的综合研究是客观估算生态系统综合温室效应和寻求减排措施的基础。自 1999 年以来,我们先后采用了日本岛津公司(Shimadzu)生产的气相色谱仪 GC-14A 和美国惠普公司生产的经中国科学院大气物理所改装的气相色谱仪 Agilent 4890D 对地气系统微量气体(CO_2,CH_4 和 N_2O)排放进行同步检测。应用结果表明该仪器具有灵敏度高、稳定性好、操作简便及准确可靠等优点(王跃思等,2003)。

箱法是测定陆地生态系统碳氮交换的一种最常用、最广泛的方法,应用历史已有 20 多年。箱法包括静态箱法和动态箱法,观测方式有自动连续观测,也有间歇式人工观测。由于观测的生态类型和研究目的不同,所用采样箱也是多种多样,有透明箱、暗箱;大小、形状各异。为了计算排放通量方便,所使用的采样箱一般都为规则形状。各种测定方法都有其一定的优缺点,如微气象学法能在不扰动下垫面的情况下直接测定生态系统的 CO_2 净交换,但却不能区分光合作用和呼吸作用,而且要求有一定面积的均匀下垫面和适宜的气象条件。而静态箱法具有适应性强、结构与操作简单、成本低廉和灵敏度高等优点,适合于典型生态系统微量气体的机理研究及时空多重复试验等。但由于采样时须将被测对象密封,因此对局地小气候和采样箱内的微气候产生影响,从而会在一定程度上影响测定结果的准确性。此外,由于箱法测定面积小,而一些微量气体的空间变异性大,因此单点箱法测量结果往往不足以代表生态系统实际情况,利用箱法测量结果进行区域外推可能会导致较大的误差(王庚辰,1997)。

虽然静态箱法有其固有的缺点,但到目前为止,静态箱法仍然是测量陆地生态系统地一气间微量气体交换的一种应用最广泛的方法,特别是对于土壤和低矮植物微量气体排放的研究,并且箱法在长期的应用过程中也得到了不断改进和发展。目前,静态箱法已发展成自动采样观测系统,应用于陆地生态系统进行全天候连续观测,研究微量气体的交换过程和机理，分析微量气体排放的日变化、季节变化以及年变化特征（王明星等，1990；郑循华，1996）。

许多科学理论的形成与发展源于实验研究。以稻田甲烷研究为例，上世纪 80 年代初美国科学家 Cicerone 和 Shetter(1981)对加利福尼亚州稻田甲烷排放进行了首次系统的观测。在其后的 20 余年中，许多国家的科学家对稻田甲烷产生、氧化和传输过程进行了卓有成效的研究（如：Cicerone 等，1983；Cicerone 和 Oremland，1988；Wang 等，1988；1994；Schütz 等，1989；1990；Yagi 和 Minami，1990；Nouchi 等，1990；Sass 等，1990；1994；Whiting 和 Chanton，1993；Neue 等，1994；Denier van der Gon 和 Neue，1995；陈冠雄等，1995；蔡祖聪等，1998）。过程研究的成果大大推动了模型的建立和发展（Cao 等，1995；Huang 等，1998；Matthew 等，2000；Bodegom 等，2001）。实验观测（包括野外测定和实验室分析测定）为过程/机理研究提供第一手资料，过程研究的成果是建立模型的基础。

在过去的几年里，我们以稻麦轮作系统为研究对象，进行了系统而连续的野外实验，以研究农业管理措施及大气 CO_2 浓度升高对 CO_2、CH_4、N_2O 和 NO 排放的影响。通过室外盆栽实验，研究相同气候和农业管理条件下土壤理化特性对 CH_4 和 N_2O 排放的影响，研究土壤-作物系统 CO_2 排放规律。通过实验室培养实验，研究温度、水分和有机质化学组成对土壤有机碳分解的影响，研究不同碳氮源对土壤 N_2O 排放的影响。

本章主要介绍气相色谱仪的工作原理，静态箱采样系统及微量气体排放通量的计算，野外实验、盆栽实验和培养实验的设计和基本观测项目等。主要内容来自文献：王跃思(1998)，王跃思等(2001；2003)，郑循华等(1997；2002)，黄耀等(1999；2001a、b；2002a、b；2003)，邹建文等(2002；2003a、b)，焦燕等(2002)，刁一伟等(2002)，蒋静艳等(2003)，Huang 等(2001；2002a、b；2003)，Zheng 等(2003a、b)。

3.1 CO_2、CH_4 和 N_2O 的仪器检测

3.1.1 仪器分析原理

3.1.1.1 气路系统

经改装的气相色谱仪 Agilent 4890D 的气路如图 3.1 所示（王跃思等，2003），共由三部分组成，即气源部分（Ⅰ）、自动进样部分（Ⅱ）和分析检测部分（Ⅲ）。气源是气相色谱仪载气和辅助气的来源。通常由气体发生器、空气泵、高压气体钢瓶以及减压阀等组成。气体主要包括载气（高纯氮气）、燃烧气（氢气）、助燃气（空气）。在分析氧化亚氮气路中加入了 5A 分子筛去除机械杂质和颗粒物，脱氧过滤器去除残留氧气。气相色谱配备的 CA-5 气体进样仪是具有中国科学院大气物理研究所知识产权的国家专利产品。其基本原理是通过微机程序发出指令控制电路系统和接收信号，电磁阀通过开关改变管线中气流流量和方向以达到给色谱仪自动进样、分析和清洗的目的。

气源设备由高压钢瓶、气体发生器和过滤器组成。40 L 高压氮气钢瓶供应高纯氮气（纯度为 99.999%）；由 40 L 高压氢气钢瓶供应高纯氢气（纯度 99.99%）；干燥纯净空气则由空气发生器供应。高纯氮气经分子筛过滤除掉微量水分和烃类杂质后（CO）分两路，其

中一路再分成三路，作为自动进样分析部分 CH_4(C_1)、CO_2(C_2)的载气和 N_2O 进样分析系统前置柱(Col3)的反吹气(C_3)；另一路则通过脱氧过滤器(中国科学院大连化学物理研究所产品)使其微量氧气下降到 1 μmol・mol^{-1} 以下，再分成两路，供应给 N_2O 进样分析系统作为 ECD 检测器的清洗气(C_4)和分析气(C_5)。空气发生器产生的压缩空气经硅胶和活性炭除水净化后，再经过一次变色硅胶过滤器(A_0)供应给 FID 做助燃气(A_1)和进样阀汽缸驱动气(A_2)。高纯氢气经活性炭过滤后(Hy0)分成两路，一路(Hy1)供应给镍触媒转化器，作为将 CO_2 转化成 CH_4 的还原剂；另一路(Hy2)则作为 FID 的补充燃烧气直接供应给 FID。所有气源供应的气体初始压力均为 0.5 MPa(约为 5 个大气压)。

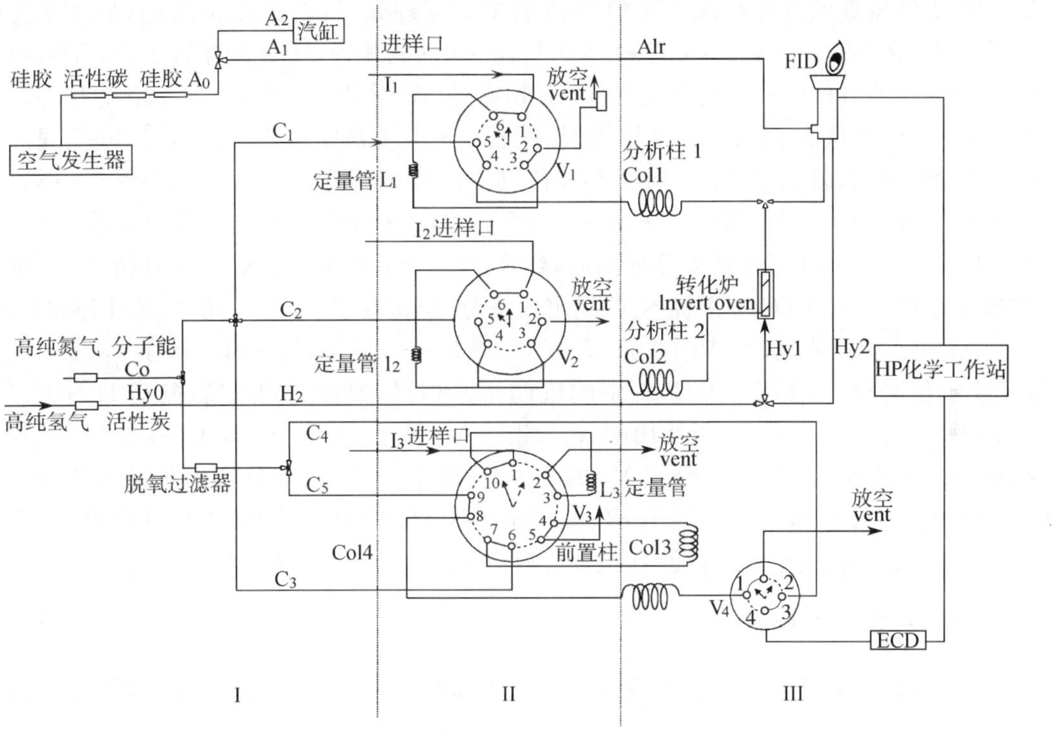

图 3.1　CO_2、CH_4 和 N_2O 分析气路原理图(王跃思等，2003)

分析 CO_2、CH_4 和 N_2O 采用的是相互独立的进样与分离系统，其中 CO_2 和 CH_4 采用的是单阀单柱进样、分离系统，共用同一个 FID 检测器；N_2O 采用的是双阀双柱自动进样、反吹、分离和切换系统，单独使用 ECD 检测器。CO_2、CH_4 和 N_2O 的进样、分离、检测原理分别如下：

(1) CO_2：首先使六通阀 2(V_2)处于装填样品(Load)位置，此时 V_2 的阀孔 2→3、4→5、6→1 两两相通。用注射器将样气从进样口(I_2)推入 V_2，样气经 V_2 阀孔 1→6 充满定量管 L_2 经 V_2 阀孔 3→2，最终经浮子流量计(FL)放空，进样完毕；转动 V_2 使其切换到注射(INJ～Injection)位置，此时 V_2 的阀孔 1→2、3→4、5→6 两两相通。载气 C_2 从 V_2 的 5→6 通过 L2 再经 3→4 将样品扫入色谱柱 2(Col2)。气体样品中的 CO_2 在 Col2 中与其它成分分离后进入镍触媒转化器，经氢气还原成 CH_4 后被 FID 检测。CO_2 进样、分离、检测完毕。

(2) CH_4：气体样品中 CH_4 进样、分离、检测的整个过程与 CO_2 非常相似。I_1、V_1、Col1 组成了 CH_4 分析系统，C_1 为该系统的载气，最终将 CH_4 成分直接带入 FID 检测而无需镍触媒转化。

(3) N_2O：N_2O 分离、检测过程与 CO_2 和 CH_4 区别很大。首先是 FID 对 N_2O 无响应，而只能选用 ECD 检测器；其二是由于水汽和 CO_2 在色谱柱中的积累干扰 N_2O 的分离，须采用反吹气路；第三是空气样品中大量 O_2 对 ECD 有强烈干扰，因此必须外切掉 O_2。CA-5气体样品进样仪应用 N_2O 双阀双柱自动进样、反吹、分离和切换系统并使该系统与 CO_2 和 CH_4 分析系统耦合，形成同一台填充柱气相色谱仪同时测定陆地生态系统 CO_2、CH_4 和 N_2O 排放的进样系统。N_2O 分析的基本原理如下：首先使十通阀(V_3)转至 OFF 位，此时 V_3 的阀孔 2→3、4→5、6→7、8→9、10→1 两两相通，定量进样管 L_3 处于装填样品即取样状态、前置柱(Col3)处在反吹(backflush)位置，分析柱(Col4)处于清洗状态。用注射器将空气样品从 I_3 推入 V_3，样品从 V_3 阀孔 1→10 充满定量管 L_3 后，经 3→2 通向浮子流量计放空，样品装填完毕；V_3 转至 ON 位，此时 V_3 的阀孔 1→2、3→4、5→6、7→8、9→10 两两相通，载气 C_5 从 V_3 阀孔 9→10→L_3，经 V_3 的 3→4 将 L_3 中样气吹扫入前置柱 Col3，样品中的 O_2 和 N_2O 与其它成分分离后，经 V_3 的 7→8 被 C_5 带入 N_2O 分析柱，其余成分(主要是水汽、CO_2、CFC 等干扰 N_2O 测定的成分)仍留在 Col3 中。此时，V_3 回到 OFF 位，载气 3(C_3，亦称反吹气)经 V_3 的 6→7→Col3→4→5→放空，将 Col3 中的水汽、CO_2、CFC 等反吹出色谱柱，C_5 与 C_3 在 Col3 中的流向正好相反。与此同时，C_5 在 Col4 中将 O_2 与 N_2O 彻底分离，O_2 经 Col4 到外切阀 V_4，此时，V_4 处于 OFF 位，阀孔 1→2、3→4 两两相通，样品中分离出来的 O_2 成分经 V_4 的 1→2→放空。当 O_2 被外切出色谱系统后，V_4 从 OFF 位转至 ON 位，此时 V_4 的 1→4、2→3 两两相通，Col4 分离出的 N_2O 成分经 V_4 的 1→4→ECD，从而被电子捕获检测器检测。N_2O 进样、分离、检测完毕。

3.1.1.2　气相色谱分离条件

色谱运行参数的设置一般要遵循以下三个原则：第一是使目标化合物能够很好分离、准确检出。第二是尽量远离色谱仪使用的极限条件。第三则是要结合实验室条件和消耗品供应情况。表 3.1 为用来测量陆地生态系统地一气间碳氮微量气体交换的气相色谱仪的配置和分析条件，特点是一次进样便可以完成三种温室气体(CO_2、CH_4、N_2O)的分离检测，方便快捷。

表 3.1　色谱配置和分析条件(王跃思等，2003)

目标化合物	CH_4	CO_2	N_2O
色谱柱	Col_1：SS—2 m ×2 mm ×13XMS(60/80 目) *	Col_2：SS—2 m×2 mm ×Porapak Q(60/80)	Col_3：SS—1 m ×2 mm×Porapak Q(80/100) Col4：SS—3m×2 mm ×Porapak Q(80/100)
载气/流量(cm^3 min^{-1})	高纯 N_2/30	高纯 N_2/25	高纯 N_2/25
柱箱温度(℃)	55	55	55

续表

目标化合物	CH_4	CO_2	N_2O
转化器及温度(℃)	—	镍触媒，375	—
检测器及温度(℃)	FID，200	FID，200 H_2，30 $cm^3 \cdot min^{-1}$ Air，400 $cm^3 \cdot min^{-1}$	ECD，330
空气及高纯 H_2 流量(cm^3 min^{-1})	空气，400 H_2，30	空气，400 H_2，30	—
出峰保留时间(min)	1.75	1.4	3.5

* 材料—长度×内径×填料商用名(目数)；SS—Stainless Steel，不锈钢

3.1.2　基本性能测试

3.1.2.1　灵敏度和稳定性

在表 3.1 的色谱配置和分析条件下，气体样品中的 CO_2、CH_4 和 N_2O 皆可与空气中其它成分分离，灵敏度和稳定性均很高。特别是 N_2O 在 330℃时较通常采用的 380℃检测温度分离效果更好。仪器灵敏度一般是由仪器对某物质的最低检测限作为量度标准，但由于测定某一物质的最低检测限比较困难，而获取某一种化合物的响应因子比较容易。因而实际工作中响应因子也常用来作为仪器灵敏度大小的量度。响应因子(RF，Response Factor)是指单位峰面积代表的被测目标化合物浓度，响应因子越小，表明仪器系统对该化合物的响应越强烈，即灵敏度越高。测定响应因子的基本方法是：采用高浓度的一级标准气体(国家标准物质研究中心提供)加以稀释，制得不同浓度的样品，即根据浓度先用针筒抽取一定量的标准气体，注入 1000 ml 的密封气袋中，然后用混合空气作为平衡气稀释，注入的标准气体加混合空气的总体积为 1000 ml，配制的不同浓度标气都是现配现用。采用混合空气作为平衡气的主要目的是为了避免由于标气平衡气与实测样气主要成分不同而对峰高和峰面积造成影响，从而导致定量误差。响应因子的测定结果表明，在 356～4020 $\mu mol \cdot mol^{-1}$浓度范围内 14 个不同浓度的 CO_2 响应因子在 0.00047 左右，响应因子的变异系数(*CV*)为3.16%；在 2.02～60.60 $\mu mol \cdot mol^{-1}$浓度范围内 15 个不同浓度的 CH_4 响应因子为0.00032，*CV* 为 3.01%；N_2O 在低浓度范围内 8 个不同浓度的响应因子在 0.069 左右，*CV* 为 7.47%；而高浓度范围内 7 个不同浓度的响应因子在 0.093 左右，*CV* 为 5.32%。3 种气体响应因子及其变异系数都较低。

稳定性也是反映气相色谱仪性能的重要指标。在表 3.1 的条件下，CO_2 在 356～4020 $\mu mol \cdot mol^{-1}$浓度范围内，每组浓度 9 次分析结果的 *CV*(变异系数)在 0.07%～0.40%之间；CH_4 在 2.02～60.60 $\mu mol \cdot mol^{-1}$ 浓度范围内，每组浓度 9 次分析结果的 *CV* 在 0.11%～0.54%之间；N_2O 在 333～9412 $nmol \cdot mol^{-1}$ 浓度范围内，每组浓度 9 次分析结果的 *CV* 在 0.31%～0.97%之间。CO_2、CH_4、N_2O 三种气体的变异系数都小于通常的 1.00%的要求。因此，该仪器的灵敏度和稳定性完全能满足对地一气间碳氮微量气体

（CO_2、CH_4、N_2O）的同步分析。

3.1.2.2　外标工作曲线

由于 CO_2、CH_4 在 356～4020 μmol·mol⁻¹和 2.02～60.60 μmol·mol⁻¹浓度范围内（实际农田样品浓度一般不会超过此浓度范围），响应因子变异程度很低（变异系数分别为 3.16%和 3.01%），从图 3.2、3.3 又可以看出，浓度和响应面积之间都呈极显著的线性相关关系，因而稻田气样中 CO_2 和 CH_4 的浓度可以采用外标工作曲线法计算。对于 N_2O 而言，在低浓度和高浓度范围内的响应因子虽存在差异，但浓度和响应面积之间亦呈极显著的线性相关关系（图 3.4），因此不同浓度范围可采用不同的外标曲线计算气样 N_2O 浓度，从而求得它们的排放通量。

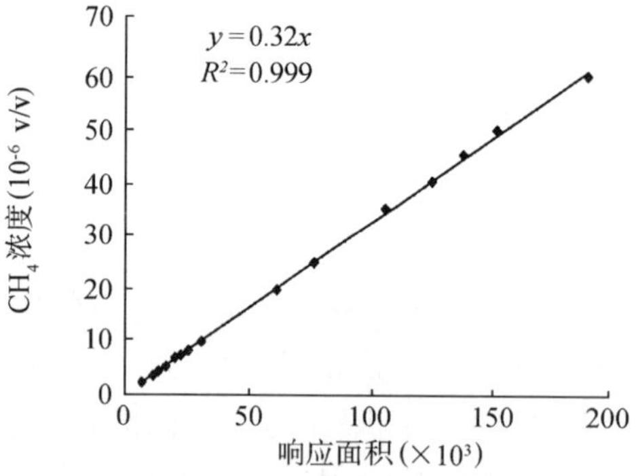

图 3.2　CH_4 标准工作曲线

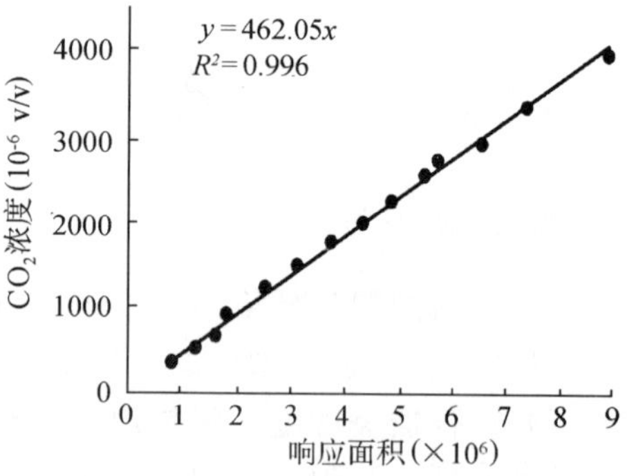

图 3.3　CO_2 标准工作曲线

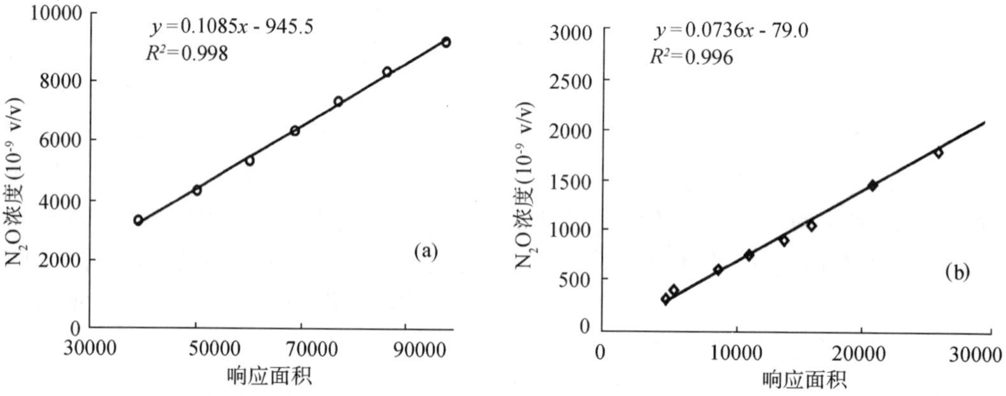

图 3.4　N_2O 标准工作曲线

(a)高浓度范围 3000～10000×10⁻⁹ v/v；(b)低浓度范围 333～2573×10⁻⁹ v/v

3.2　静态箱采样系统及工作原理

静态箱采样测定的基本原理是用已知容积和底面积的密闭无底箱体(由化学性质稳定的材料制成)将要测定的地表罩起来,每隔一段时间抽取箱内气体,用气相色谱仪测定其中目标微量气体的浓度,然后根据气体浓度随时间的变化率,计算被罩表面地一气间微量气体的交换速率。

3.2.1　大田/盆栽试验气样采集

图 3.5 为大田静态箱采样系统示意图。该系统主要包括采样箱、采气管及温度测定装置等。

3.2.1.1　采样箱材料和结构

采样箱用进口 304K 薄不锈钢板,用氩弧焊焊接制造,板厚 1 mm,表面光洁度高,符合气体取样要求容器的化学性质稳定、表面吸附小的技术标准,同时优质不锈钢材料耐腐蚀性好,可长时间保持机械物理性能。采样箱设计成分节组合式标准箱,由顶箱、中段箱和地箱组成。中段箱和顶箱容积相同,几何尺寸 500×500×500 mm^3,可以适应低矮植物生长过程和不同植被类型使用,当部分植物生长较高时可适时加中段箱。

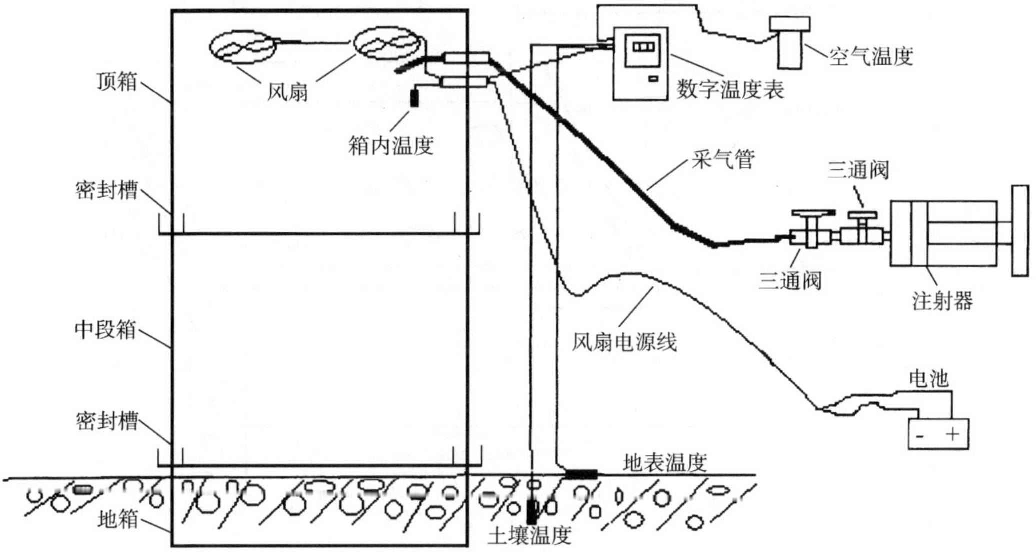

图 3.5　大田静态箱采样系统*

* 王跃思等,《生态系统碳排放/碳固定观测原理与方法》,培训教材,江苏无锡,2002。

(1)顶箱　正五面体，方桶形，在箱顶壁安装有搅拌风扇，箱侧面安装有电源插头、取气体样品接口，配有F46采气管线7 m，采气管线与箱体有过壁接头。F46采气管线的选材和产品的设计按照GC分析的要求生产，管内径1 mm。管线深入箱内10 cm左右。采样时将管线与带有三通阀的采样针筒相连(图3.5)。

(2)中段箱　正四面体，方桶形，上端有密封水槽。顶箱和中段箱外面包有铝箔和海绵，用来反射太阳光及限制采样箱壁温度和箱内空气温度升高。保持取样时段箱内外温度的相对一致，可以提高观测质量。

(3)地箱　四面体，方管形500 mm×500 mm，深度200 mm，上端有密封水槽，箱的四周侧板下四边制成刀口以便于插入土壤中，地箱侧板靠近下半部分开有2排圆孔，其目的是尽量让植物的根系可以穿过。针对不同生态系统类型，地箱深度的尺寸有不同，比如森林中地箱的尺寸短一些。采样箱的尺寸和形状也要根据实际情况而定，在保证密封性的前提下又要适应实际的耕作方式和管理措施，例如稻田的淹水状况和旱地耕作的陇宽及沟深等。为了不同的研究目的，采样箱可以做成特殊的结构和形状。

在南京大田试验点(2002年水稻生长季)采用了测定稻田生态系统CO_2排放速率的双层底箱(图3.6)，用来定量区分稻田系统中水稻植株地上部分的自养呼吸和土壤表观呼吸(包括根呼吸)。图中作物栽插孔用不锈钢管(长15 cm，直径为25 cm)与地箱面板焊接，下端约有3 cm插入土壤以隔绝作物基部的呼吸作用。采样时地箱或中段箱密封水槽内加水，用水作两箱连接间的气路密封，切断箱内外空气的自由交换。

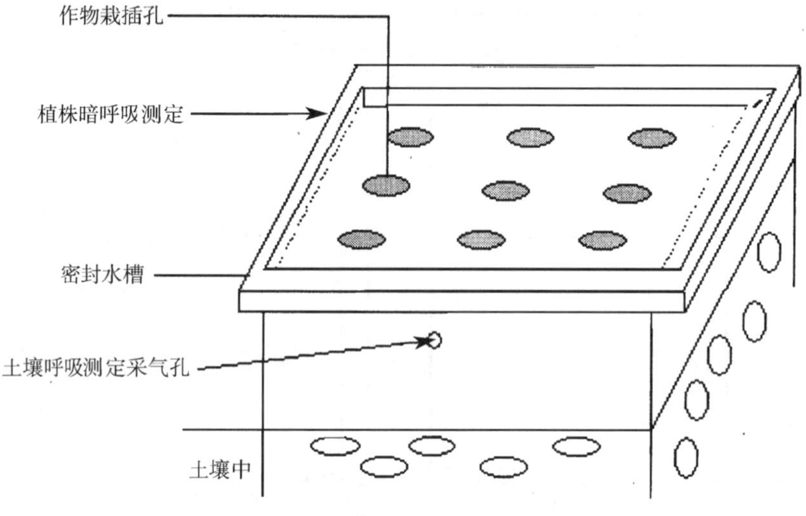

图3.6　测定土壤—作物系统呼吸作用的底箱

3.2.1.2　地箱田间布置

首先按试验方案要求选择试验地。采样点既要在该地区有代表性又要便于采样操作。各采样点设置2～3个重复采样箱，箱位相对距离不宜太远或太近，太远操作不便，太近又相互干扰，平均代表姓差。埋设地箱应以对实验地造成的破坏和扰动最小为原则。把地箱放入土（或水）中至密封水槽底部处，土质较硬时可先用刀形工具按地箱尺寸切口，在水槽内放入用角钢制成的方框，用锤子均匀扎下。在较长的实验周期内地箱不能移动。地箱埋设地点要能代表该生态系统的典型生长状况，注意避免试验中植物生长的边际效应。

测定陆地生态系统微量气体的排放通量时，地箱内是否包括自然生长状态的植物，主要取决于研究目的。如研究生态系统 CO_2、CH_4 和 N_2O 的排放时，植物应包括在内，如只是测定土壤呼吸作用，可以采用特殊地箱（图 3.6）或采用收获法测定含植物根系在内的表观土壤呼吸量。另外，地箱和顶箱的形状和尺寸也可作相应的调整。

原则上实验操作人员在各次实验操作中，对实验地箱周围不应践踏，以减少对土壤的扰动，因此通用的解决办法是架设栈桥。水田必须如此，旱作生态系统有条件时也应如此，两侧栈桥距离约 2 m，操作方便即可。

3.2.1.3　盆栽试验气样采集

如图 3.7 所示，盆栽试验的采样箱为圆筒型，用 PVC 材料制成，高 1 m，箱体直径与试验用盆钵凹型槽直径一致。与大田采样箱相似，外侧先包有一层海绵，然后覆盖一层铝箔以减小采样期间由于太阳辐射引起的箱内温度变化。盆钵用紫砂泥烧制而成，钵高和直径均为 20 cm 左右。盆钵上口有 2 cm 深的凹型槽用以在采样时注水与采样箱密封，盆钵底部有一直径为 2 cm 的孔以渗漏降水（种植水稻时用橡皮塞堵孔）。为使盆钵的温度与大田土壤温度一致并减小盆钵间的温度差异，盆钵的 4/5 高度埋入土壤。气样采集时将圆筒型采样箱套在盆钵凹型槽内，用水注入凹槽加以密封。

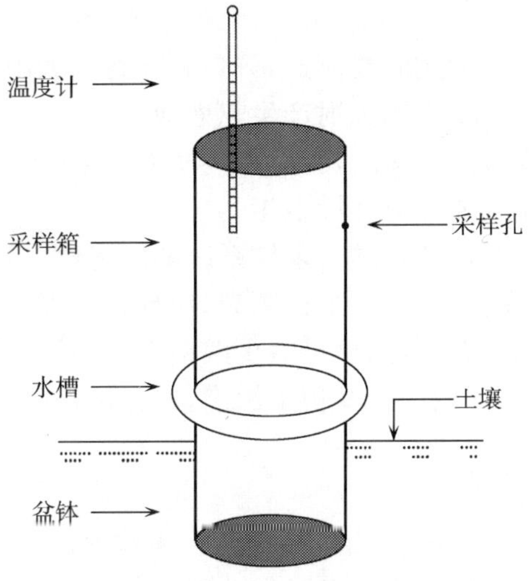

图 3.7　盆栽实验碳氮微量气体样品采集装置

3.2.1.4　气体样品采集容器

采样容器为 60 ml 医用塑料注射器。注射器带三通阀，利用三通阀完成采气及把气样注入分析仪进样器进行分析。1 L 标准气体样品气袋备用。当有必需做的实验，而分析仪器系统又出现故障或遇偶发事件(如停电),可以用气袋暂时储存气样,等仪器恢复正常后进行分析。一般注射器气样放置时间不超过 24 小时,气袋样品放置时间可适当延长。但亦不宜过长。采样过程中或样品放置期间,要防止注射器在烈日下曝晒及雨淋。

3.2.1.5 温度参数的测量

在采集气样的同时记录温度参数,包括土壤温度、地表温度、采样箱内气温和箱外空气温度。采样箱装有温度探头(温度感应器)或普通温度计。箱内外空气温度可以采用普通温度计或温度感应器测量,特定深度的土壤温度用温度感应器(Temp Log)自动记载。

3.2.1.6 采样频率

按照实验设计要求,设计采样程序,确定每个样点的采样时间计划,如无特殊的天气条件致使采样工作无法进行,都应保持设计的采样时间间隔。在植物生长旺季,一般每周 1～2 次,其它季节可视气候变化情况降低采样频率,如冬季土壤呼吸极其微弱,每隔 10 天或半个月采样分析一次即可。夏季作物的气样采集一般在上午 8:00～10:00 进行;越冬作物的气样采集一般在下午 2:00～3:00 进行。遇特殊天气和重要的农业管理措施时,应根据试验要求确定采样频率和采样时间。如稻田烤田期、肥料施用后 1～2 周内或降雨后一周内等应适当增加采样次数。实验一经开始,采样点的工作顺序不应随意变化。如有植物生长的样点和空白地样点,不同施肥方式对比点等,每次采样时先后顺序和时间尽量相同。土壤表面尽量保持原状不要破坏。

3.2.1.7 注意事项

(1)采样箱运达样地准备使用时要侧放,开口方向背向太阳,保持箱内的空气和温度与环境一致,避免箱内表面钢板受太阳辐射产生热效应。

(2)保持采样容器的内表面洁净度,否则影响实验结果。采样箱和采气管线严防污染,特别是油污染,存放采样箱处要注意环境卫生。

(3)采样前检查风扇是否运转正常及采样系统的气密性。如:箱体焊接处是否开裂;注射器与三通阀连接是否可靠;采气管道是否断裂,压环损坏等。

(4)保护采样箱周围的生态环境,尽量减少践踏次数和植物的损伤。

(5)及时记录采样条件,如箱内土壤积水深度,采样过程中的突发事件等。

3.2.2 温室气体排放通量

某一微量气体的排放通量(flux)指单位面积上单位时间内该气体的排放量,排放通量为正值表示向大气净排放,负值则表示净吸收。对于封闭的静态箱采样系统而言,透明箱与暗箱所测定得到的 CO_2 通量表示不同的含义。在透明箱条件下,阳光可直接穿过箱体,此时采样箱内 CO_2 浓度的变化取决于植物光合作用吸收 CO_2 和土壤-植物系统呼吸作用释放 CO_2 的相对量。若光合吸收量大于呼吸释放量,则箱内 CO_2 浓度随时间下降,通量值为负;若呼吸释放量大于光合吸收量,则箱内 CO_2 浓度随时间上升,通量值为正。在暗箱条件下,阳光无法穿过箱体,此时采样箱内的植物不进行光合作用,只有土壤-植物系统的呼吸作用释放出 CO_2,因而箱内的 CO_2 浓度随时间上升。从严格意义上说,此时的测定值并非通量，仅代表单位面积上土壤一植物系统的呼吸速率。由于土壤有吸收 CH_4 和 N_2O 的功能，即使在暗箱条件下亦可观测到这两种气体的浓度随时间增加或减小（王跃思等，2001），因而可称其为通量。

3.2.2.1　温室气体排放通量的计算

若某一微量气体以定常的速度排放或吸收，在一个封闭体系内其浓度则随时间增加或降低。以 CH_4 的排放为例，图 3.8 给出用静态箱/气相色谱方法测定得到的土壤一水稻系统 CH_4 浓度随时间的变化，这个变化可用以下一元线性方程表示：

$$C = kt + C_0 \tag{3.1}$$

式中 C 为 CH_4 浓度（ppmv 或 $\mu L \cdot L^{-1}$），t 为时间（min）。对上述方程求导，得到 $dC/dt = k$。显然，该线性方程的斜率 k 代表了 CH_4 的排放速率（ppmv · min^{-1}）。

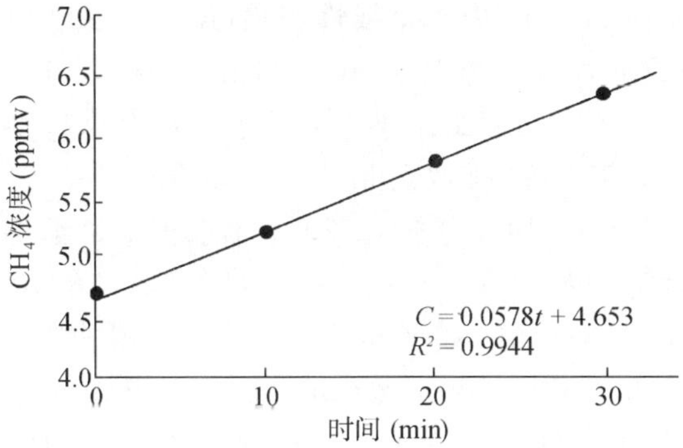

图 3.8　采样箱内 CH_4 浓度随时间的变化

假定采样箱横截面积为 A，有效高度为 H，则箱内空气体积 $V = AH$。对有水层的下垫面（如灌溉稻田），采样箱的有效高度为水面至箱顶的高度，旱地则为地表至箱顶的高度。CH_4 的排放通量 F 为：

$$F = \rho V \frac{dC}{dt}\frac{1}{A} = \frac{mP}{R(273+T)}\frac{V}{A}\frac{dC}{dt} = H\frac{mP}{R(273+T)}\frac{dC}{dt} \tag{3.2}$$

式中 ρ 为 CH_4 气体的密度（$g \cdot L^{-1}$），m 为 CH_4 的摩尔质量（$g \cdot mol^{-1}$），R 为普适气体常数（8.314 $J \cdot mol^{-1} \cdot K^{-1}$），$T$ 为采样时箱内平均气温（℃）。P 为采样点大气压力，通常视为标准大气压，即 $P = 1.013 \times 10^5$ Pa。由于气压随海拔高度而变，因此对于高海拔区需将实际气压代入上式。把有关常数代入式（3.2）中，经整理可得到 CH_4 的排放通量 F 的计算式为：

$$F = 60H\frac{16 \times 1.013}{8.314 \times (273+T)}\frac{dC}{dt} \tag{3.3}$$

式(3.3)中,F 为 CH_4 的排放通量(mg · m^{-2} · h^{-1}),dC/dt 为 CH_4 排放速率(μL · L^{-1} · min^{-1}或 ppmv · min^{-1})。若排放速率 dC/dt 的单位为 nL · L^{-1} · min^{-1}或 ppbv · min^{-1},则排放通量的单位为 μg · m^{-2} · h^{-1}。常数 60 为时间换算,从分转换为小时。H 为采样箱的有效高度(cm),T 为采样时箱内平均气温(℃),常数 16 为 CH_4 的摩尔质量(g · mol^{-1})。对于其它气体如 CO_2 和 N_2O,只需将相应气体的摩尔质量替换为 CH_4 的摩尔质量即可。

3.2.2.2 田间采样观测实例

经改装的气相色谱(Agilent 4890D)对南京市江宁区秣陵镇金村农场 2001 年稻田 CO_2、CH_4 和 N_2O 排放通量进行了同步分析。图 3.9 给出了烤田期 3 种温室气体排放通量的逐日变化曲线。从图中可以看出烤田期 CH_4 和 N_2O 相互消长的变化规律,CH_4 排放通量在烤田初期增加后急剧下降,而 N_2O 排放通量则明显上升。图 3.10 为该生长季 9 月 20 日稻田气体样品在 GC-14A 和 Agilent 4890D 上的对比分析结果,从图中可以看出,气样中 CH_4 和 N_2O 的浓度在 20 min 内都呈线性积累($R^2>0.980$)。在 GC-14A 和 Agilent 4890D 上分析的 CH_4 排放通量分别为 1.46 和 1.41 mg · m^{-2} · h^{-1};N_2O 排放通量分别为 459.94 和 431.94 μg · m^{-2} · h^{-1},两组结果十分接近。从全生育期排放量来看,农业管理措施基本相同的田块 2001 年 CH_4 排放总量为 41.69 kg · hm^{-2}(Agilent 4890D 分析),2000 年为 30.40 kg · hm^{-2}(GC-14A 分析)。2001 年水稻生长季稻田土壤(不包括水稻植株)的 CO_2 平均排放通量为 198.35 mg · m^{-2} · h^{-1}(27.55～781.04 mg · m^{-2} · h^{-1})。这一结果与国内外一些报道基本一致。如 Khalil(1990)等测得我国水稻田土壤 CO_2 平均排放通量为 295 mg · m^{-2} · h^{-1}(70～630 mg · m^{-2} · h^{-1});Scala(2000)等用碱液吸收测得裸土的 CO_2 平均排放通量为 231.26 mg · m^{-2} · h^{-1}(36.43～918.72 mg · m^{-2} · h^{-1})。因此,该方法测得的 CO_2 排放通量与相似生态系统的测定结果具有可比性。

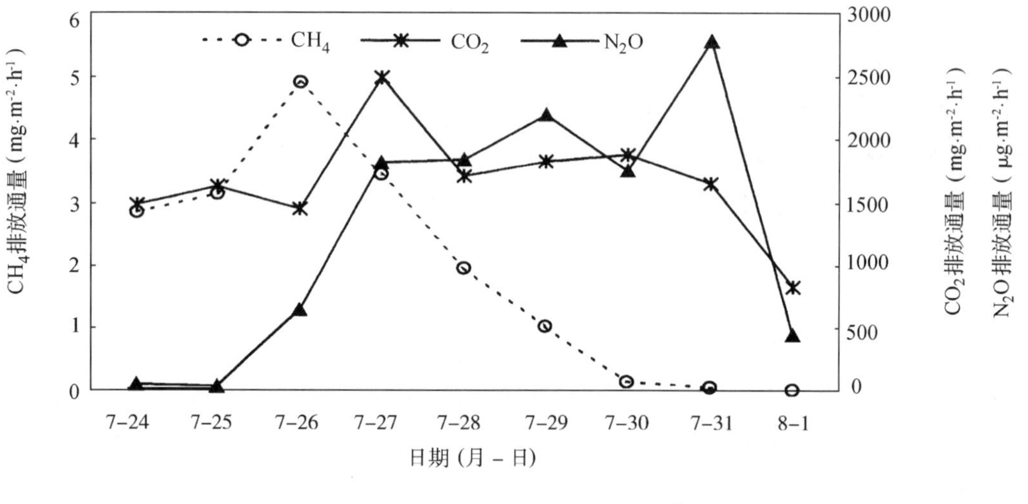

图 3.9 水稻烤田期 CO_2、CH_4、N_2O 排放速率的逐日变化(邹建文等,2002)

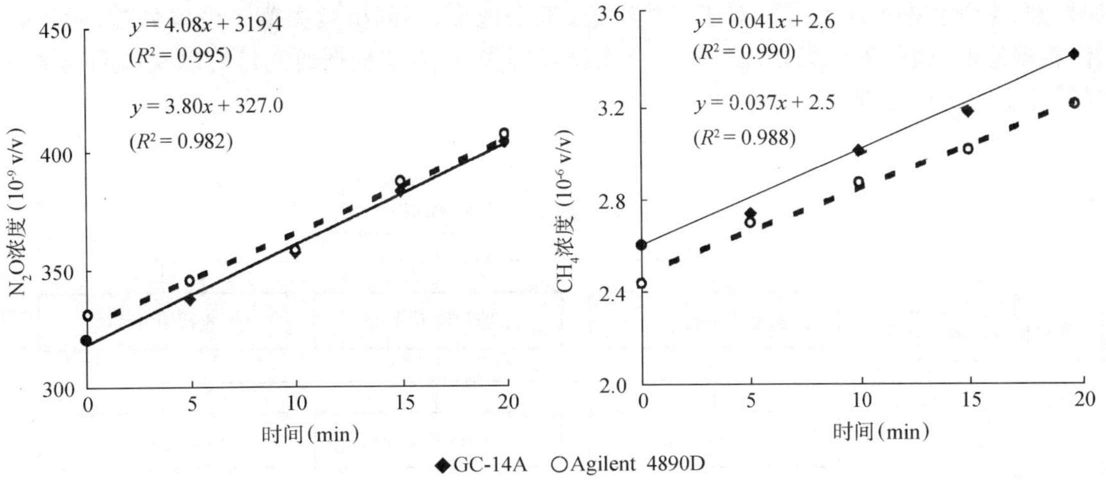

图 3.10　气样中 N_2O、CH_4 浓度在 GC-14A 和 Agilent 4890D 上的对比分析(邹建文等,2002)

3.3　大田试验设计

3.3.1　大田试验设计的一般原则*

大田试验是获得地一气间碳氮交换实际观测数据的最直接有效的方法。通过大田试验可定量地研究不同生态系统或土地利用方式(轮作类型等)在一个生长季节或一个完整轮作(连作)周期内不同处理(水、肥、作物品种、生态类别、土地利用类型、放牧强度等)下的地一气间碳氮微量气体(CO_2、CH_4、N_2O、NO)的交换过程。图 3.11 表示为此目的而设计田间试验观测的一般性原则。这些一般性原则可以简要地分为类型划分原则、处理设定原则、重复设定原则和观测要素原则,下面分别予以说明。

3.3.1.1　生态类型划分原则

为了使观测数据对观测区域有足够的代表性,一般要求观测试验应设置在代表区域的主要生态系统类型或主要土地利用类型中。如自然生态系统主要包括森林、草原、天然湿地、内陆水体等;对于农田生态系统,应包括当地大面积作物的主要轮(连)作制度和当家品种;对于新垦区农田,还应包括按不同开垦时间划分的类型。究竟哪些类型应作为当地主要类型考虑在观测之列或研究对象,应查阅当地记载资料或向有关专家咨询。

3.3.1.2　田间处理设定原则

对于每一个类型,根据研究目的按当地常规管理方式或土地利用方式或生态要素差异设置不同的田间处理。如农田生态系统田间处理的设置,一般包括水分管理方式、肥料施

* 主要内容引自王跃思等,《生态系统碳排放/碳固定观测原理与方法》,培训教材,江苏无锡,2002。

用(类型、方式、时间、施用量)、种植制度(作物类型、种植方式等)、其它常规农业管理措施如耕翻、化学药剂的施用等。对于天然湿地,根据地形、不同植被类型等设置处理;对于森林,根据地形、树龄等设置处理。究竟应当设置哪些处理,应根据研究目的以及熟悉当地情况的专家共同讨论确定。

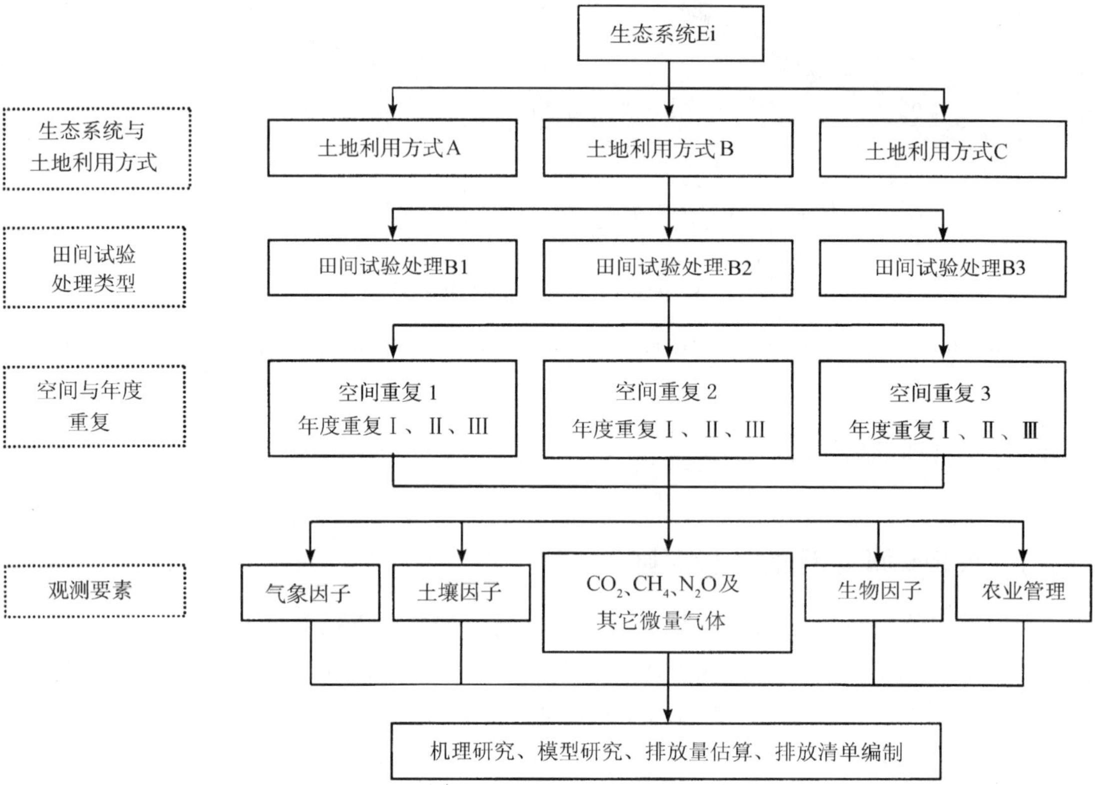

图 3.11　田间观测试验设计的一般性原则示意图

3.3.1.3　重复设定原则

观测一年或一个轮作周期的地气系统碳氮微量气体交换量时,通常需要了解该结果的置信度范围,这就要求同时给出以标准偏差(SD)或标准误差(SE)表示的不确定范围,即要求得到 A±SD 或 A±SE(A 为由多重复观测确定的平均值)。一个不能给出不确定范围的观测值是令人难以信服的。同时由于土壤本身的不均匀性,客观上要求通过设定重复来减少试验中由于土壤等因数所带来的误差。指示不确定范围的标准偏差(SD,standard deviation)或标准误差(SE,standard error)是由统计分析公式(3.4)和(3.5)给出的。式(3.4)和(3.5)中,n 为一个田间处理的重复数,x_i 为一个田间处理第 i 个重复的年或轮作周期净排放总量。公式(3.4)表明,n 显然不能为 1,即一个田间处理不能不设置重复。要获得有效的 SD 或 SE 的值,n 应当至少为 3,即每个处理至少设置三个能代表空间变异性和年际变异性的重复,及每个田间处理在平面空间上设置三个重复,每个重复连续重复观测三周年或三个完整的轮作周期。但由于试验条件及工作量的限制,根据所测定微量气体的对象不同，实际工作中有时也会设定重复 2 次。

$$SD = \sqrt{\frac{\sum_{i=1}^{n}(x_i - \frac{1}{n}\sum_{i=1}^{n}x_i)^2}{n-1}} \quad (3.4)$$

$$SE = SD/\sqrt{n} \quad (3.5)$$

为了清楚地了解微量气体年际间的变化或者估算生物群落的净生产力，则需要较大时间尺度和多年的重复测定资料。假设三个重复年度的观测结果分别为 $A_1 \pm SD_1$ 或 $A_1 \pm SE_1$、$A_2 \pm SD_2$ 或 $A_2 \pm SE_2$、$A_3 \pm SD_3$ 或 $A_3 \pm SE_3$，三年度平均结果为 $A \pm SD$ 或 $A \pm SE$，则：

$$A = (A_1 + A_2 + A_3)/3 \quad (3.6)$$

3.3.1.4　观测要素设定原则

客观地反映一个生态系统通过温室气体净交换而对大气产生的影响或对大气反馈效应的响应，需要尽可能地同时观测多种温室气体（CO_2、N_2O、CH_4 为直接温室气体，NO 和 NO_2 等为间接温室气体）的净排放。在一个典型观测点上观测这些气体的年净排放量，是为了最终能够通过点上的观测结果合理地推而广之以得到区域的年净排放总量。为了能够达到此目的，在观测各种气体排放以获得年净排放总量的同时，还必须同步观测其他相关因子。这些相关因子包括土壤因素（含水量、温度、容重、质地、pH、全 N、全 P、有机质含量、速效养分含量、CEC 等）、气象因素（气温、太阳总辐射、光合有效辐射、日照时数、云量、降雨量、风速、空气湿度、蒸发量等）、植物因素（品种、主要生育期、生物量、根冠比等）、田间管理因素（水分管理、肥料类型和施肥量及施肥时间和方式、化学药剂施用、耕作时间和耕作深度等）、前茬作物（品种、种植方式、主要管理措施等）、历史资料（土地利用方式、施肥方式、灌溉方式、作物品种、轮作方式、植物群落等）。

3.3.1.5　观测方式设定原则

严格地讲，为了准确地获得年或轮作周期的净交换量，需进行逐日观测，将逐日观测值累加，可求得年或轮作周期的累积量。要准确地获得每天的净排放量，尚需进行日变化观测。但是，以人工观测为主的野外试验往往难以做到这一点，主要是由于样品采集与分析的工作量均特别大，而且对观测点的人为扰动也太大。在实际观测中，考虑到采集的气体样品须当天测定完毕（CO_2、N_2O、CH_4）或在 2 小时内测定完毕（NO）的前提下，在仪器分析容量容许和不影响观测点植物正常生长的条件下，应尽可能保证足够高的观测频率，在有旱地降雨或灌溉、水田排水、施肥、耕作等事件发生时，应当连续 1～2 周进行逐日观测，其它情况下则应保证每周 1～2 次观测。为了尽可能减少气体排放本身的日变化对不同观测点观测结果的可比性的影响，同一天观测的所有观测点的采样工作需在 2 小时内完成，而且每次观测应安排在同一时段内。对于日变化观测，需选取温度日较差大（>10℃）的晴天，可从清晨到傍晚这段时间进行，大约每 2 小时观测一次，观测时间的安排应保证在该时段的最高气温和最低气温时有气体排放观测数据。

3.3.2 大田试验(南京点)

1999～2002年在南京进行连续4年共3个稻麦轮作周期的田间试验,主要研究农业管理措施(水分运筹、肥料管理及播种密度)和气象条件(温度、降水)对微量气体(CO_2、N_2O和CH_4)排放的影响。

试验区设在南京市郊江宁县秣陵镇(31°52′N,118°50′E)。土壤为潴育型水稻土,耕层土壤为粘壤质,粘粒含量为49%。土壤pH值、有机碳、全氮(N)、全磷(P_2O_5)和速效钾(K_2O)的含量分别为6.7、19.4 g·kg^{-1}、1.9 g·kg^{-1}、1.3 g·kg^{-1}和102 mg·kg^{-1}。

3.3.2.1 1999/2000稻麦轮作周期

水稻播种期为5月14日,移栽期为6月21日,收获期为10月20日。大田生长季设置持续淹水(自移栽后田间始终保持一定深度水层,直至收获前落干)和常规灌溉(移栽一分蘖期保持5～8 cm深水层,至分蘖高峰期烤田10天,其后浅水灌溉至抽穗开花期,灌浆成熟期干湿交替)两个水分管理方式,各水分管理方式下设置自然残茬留田及50%小麦秸秆还田。冬小麦播种期为11月15日,出苗期为11月27日。供试品种为扬麦158,播种量分别为0、90、180和270 kg·hm^{-2},其中180 kg·hm^{-2}为当地的常规播种量。表3.2为主要生育期和农业管理措施。

表3.2 生育期和农业管理措施(1999/2000稻麦轮作周期)

水稻生长季		小麦生长季	
日期(月/日)	生育期及农业管理	日期(月/日)	生育期及农业管理
05/14	播种。品种:# 9516	11/15	播种。品种:扬麦158,基肥52 kgN·hm^{-2}
06/21	移栽。基肥166.8 kgN·hm^{-2},40 kgP_2O_5·hm^{-2},40 kgK_2O·hm^{-2}	11/24	出苗
07/20	烤田开始	2000/01/14	越冬肥69 kgN·hm^{-2}
		02/29	返青肥62kgN·hm^{-2} 10 kgP_2O_5·hm^{-2},9 kgK_2O·hm^{-2}
07/30	复水		
08/05	促花保花肥86.2 kgN·hm^{-2}	03/16	促花保花肥62 kgN·hm^{-2} 10 kgP_2O_5·hm^{-2},9 kgK_2O·hm^{-2}
08/20	穗肥51.8 kgN·hm^{-2}	03/25	拔节
09/05	抽穗	04/29	抽穗
10/20	成熟	06/05	成熟

3.3.2.2 2000/2001稻麦轮作周期

主要目的是探讨稻—麦轮作系统中水稻生长季不同水分管理方式下有机质施用对稻田CH_4和N_2O排放以及后季麦田N_2O排放的影响。表3.3为该轮作周期水稻生长季的二因素裂区设计与处理方案,主处理为稻田水分管理方式,分持续淹水和常规灌溉两水平,分别记为F和D,常规灌溉处理的烤田时间为7月29日至8月8日;副处理为小麦秸秆施用(于水稻栽插时填埋于土壤耕作层10 cm左右),施用量分别为0、225和450 g·m^{-2}三个水平，依次记为 0、1、2，各施用水平重复 2 次。其中施用量为 0 表示仅留约 10 cm 高的前茬作物残茬。小麦秸秆的有机碳和氮含量分别为 394 $g \cdot kg^{-1}$ 和 4.99 $g \cdot kg^{-1}$。田间试验共计 6 个处理，12 个小区。各小区其它田间管理措施与当地大面积生产一致（表 3.4）。

表 3.3　水稻生长季田间试验设计与处理

水分管理方式	小麦秸秆施用($g \cdot m^{-2}$)	代　码
	0	D0
常规灌溉	225	D1
	450	D2
	0	F0
持续淹水	225	F1
	450	F2

表 3.4　生育期和农业管理措施(2000/2001 稻麦轮作周期)

水稻生长季		小麦生长季	
日期(月/日)	生育期及农业管理	日期(月/日)	生育期及农业管理
05/30	播种。品种：# 9516	11/11	播种。品种：扬麦 158。基肥 52 $kgN \cdot hm^{-2}$，18 $kgP_2O_5 \cdot hm^{-2}$，20 $kgK_2O \cdot hm^{-2}$
06/29	移栽。基肥为 120 $kgN \cdot hm^{-2}$，37 $kgP_2O_5 \cdot hm^{-2}$，37 $kgK_2O \cdot hm^{-2}$	11/28	出苗
07/14	分蘖肥 70$kgN \cdot hm^{-2}$	12/20	分蘖
07/29	烤田开始	2001/02/22	返青肥 69 $kgN \cdot hm^{-2}$
08/03	促花肥 50 $kgN \cdot hm^{-2}$	03/05	返青
08/08	复水	03/08	促花保花肥 35 $kgN \cdot hm^{-2}$
08/10	保花肥 35 $kgN \cdot hm^{-2}$	03/20	拔节
09/03	抽穗	04/05	厩肥 8×10^3 $kg \cdot hm^{-2}$
10/15	持续淹水区落干	04/20	抽穗
10/22	成熟	05/29	成熟

3.3.2.3　2001/2002 稻麦轮作周期

选用生产上常用的几种有机肥，同时考虑有机肥的碳氮含量，探讨外源碳氮输入对稻麦轮作生态系统 CO_2、CH_4 和 N_2O 排放的综合影响。稻麦作物生育期与前两个轮作周期（表 3.2、表 3.4）相仿。

试验设置 5 个肥料处理，分别为常规化肥（化肥处理）、菜饼＋常规化肥（菜饼处理）、小麦秸秆＋常规化肥（秸秆处理）、猪厩肥＋常规化肥（猪厩肥处理）、牛厩肥＋常规化肥（牛厩肥处理）。其中常规化肥施用总量为 333 $kgN \cdot hm^{-2}$，分三次施用，分别为 6 月 20 日施碳铵和复合肥（$N : P_2O_5 : K_2O = 8 : 8 : 9$）各为 750 $kg \cdot hm^{-2}$；6 月 28 日施尿素 150 $kg \cdot hm^{-2}$；7 月 18 日施尿素 150 $kg \cdot hm^{-2}$。风干的菜饼、小麦秸秆、猪厩肥、牛厩肥于水稻栽插前等施用量 2.25 t·hm^{-2}填埋于土壤耕作层 5～10 cm 处作基肥施用。各有机肥料的碳、全氮含量分别为：小麦秸秆 50.5%、0.8%；菜饼 51.8%、6.5%；牛厩肥（干基）34.9%、1.3%；猪厩肥（干基）43.6%、2.2%。

供试水稻品种为＃ 9516，5 月 19 日播种，6 月 21 日移栽，36 穴·m^{-2}，每穴 5 本，10 月 15 日收割。田间水分管理为：7 月 24 日～8 月 2 日烤田；9 月 10 日～10 月 5 日干湿交替，10 月 5 日以后落干。其余时间处于淹水状态。病虫草害防治与当地大面积生产相一致。供试冬小麦品种为扬麦 158，2001 年 11 月 5 日播种，2002 年 5 月 24 日收获。基肥用量为 450 kg·hm^{-2}复合肥（N：P_2O_5：K_2O=8：8：9），追肥为 375 kg·hm^{-2}尿素。

3.3.2.4　观测与分析项目

(1) 微量气体

用静态箱法采集气体样品，对同一气体样品用气相色谱仪测定 CO_2、CH_4 和 N_2O 浓度。

(2) 气象要素

与气样采集时间一致，观测记录采样箱内气温。常规气象要素（气温、降水、日照时数等）通过当地气象站获得。

(3) 土壤要素

与气样采集时间一致，用便携式 TDR 测定土壤水分含量（小麦生长季）和土壤氧化还原电位（水稻生长季）。整个生长季用预埋于土壤约 10 cm 深的 Temp Log 温度传感器自动连续记录土壤温度。每年测定一次土壤容重、土壤质地、pH 值、有机碳含量、全氮、磷、钾含量。

(4) 生物要素

生育期：水稻生育期观测包括播种期、出苗期、移栽期、拔节孕穗期、抽穗期和成熟期；小麦生育期观测包括播种期、出苗期、越冬期、返青期、拔节孕穗期、抽穗期和成熟期。

群体动态：水稻生长季自移栽后每隔 10 天左右采样 1 次，每个处理取 5 穴考苗；小麦生长季按主要生育期采样，每个处理 3 个重复。测定项目包括茎蘖数、地上部分生物量（烘干称重法，105℃杀青，70℃烘干至恒重）、株高（自作物基部至最长叶片顶端的长度）和叶面积指数。同时用作物冠层分析仪（LI－COR 2000）测定群体叶面积指数。

植株氮含量：用凯氏定氮法测定每次考苗的植株样品的氮含量。

考种与记产：收获时，对各处理田块分别进行常规考种，统计经济产量（理论产量、实际产量）及地上部分生物量。收获时，测定采样箱内的作物产量、谷草比等。

(5) 田间管理

肥料类型、施肥量、施肥时间；农药类型、施用量、施用时间；灌溉方式（连续灌溉、烤田、间歇灌溉、干干湿湿等）及持续时间。

3.3.3　大田试验（无锡 FACE 试验点）*

自 2001 年起，在无锡 FACE 试验点进行野外观测研究，该点实施的稻一麦轮作方式

* 主要内容引自王跃思等，《生态系统碳排放/碳固定观测原理与方法》，培训教材，江苏无锡，2002。

代表了太湖地区的主要耕作制度。该区一般 6 至 10 月种植一季水稻，11 月至次年 5 月底/6 月初种植一季冬小麦，收割冬小麦后到开始种植下一个轮作周期的水稻之前，土地大约休闲半个月左右。主要目的是通过同步观测 CO_2、N_2O、CH_4、NO 和 NO_2 五种气体的地一气间交换量，研究大气 CO_2 浓度增加对这些气体交换的影响。

3.3.3.1 试验处理

(1) 常规施肥

肥料类型、施肥量、施肥方式(撒施或深施)、施肥次数、各施肥时间和肥料用量、水分管理方式(灌溉深度、灌溉时间、排水烤田时间等)、品种、耕作方式、播种/移栽时间、秸秆处理方式等均按当地常规方式设定。轮作周期的化学 N 肥($N:P_2O_5:K_2O=15\%:15\%:15\%$的复合肥和尿素)用量为 500 $kgN \cdot hm^{-2}$，150 $kgP_2O_5 \cdot hm^{-2}$(复合肥)和 150 $kgK_2O \cdot hm^{-2}$(复合肥)，其中水稻和小麦各 250 $kgN \cdot hm^{-2}$，75 $kgP_2O_5 \cdot hm^{-2}$，75 $kgK_2O \cdot hm^{-2}$，磷、钾肥以复合肥分两次在水稻返青期和拔节期撒施到农田，田间水分管理与试验田周围的大田相同。水稻品种为粳稻 9915，5 月 13 日播种，6 月 7 日灌水泡田，6 月 14 日插秧，10 月 20 日收割。小麦品种为宁麦 9 号，11 月 10 日播种，次年 6 月 1 日收割。

(2) 低氮施肥

氮肥用量仅为“常规施肥处理”的 1/2，即轮作周期的化学 N 肥(尿素和复合肥)用量为 300 $kgN \cdot hm^{-2}$，水稻和小麦生长季各施 150 $kgN \cdot hm^{-2}$。其它田间管理措施与常规施肥处理完全相同。

(3) 无氮对照

在轮作周期内不施用氮肥，施用过磷酸钙和氯化钾作为磷、钾肥。其它田间管理措施与“常规施肥处理”相同。考虑到化学氮肥的有效期主要是在当季作物，无肥处理只是针对单季作物，即小麦和水稻生长季的无肥处理设在不同的地块，以保证当季作物无氮肥对照处理和施氮肥处理的可比性。

3.3.3.2 田间布置

常规施肥处理和低氮施肥处理设置 5 个重复，每个重复随机地设置一个独立的试验小区，一个小区内设一个观测点。对于其它处理，每个处理设一个 300～600 m^2 的小区，并在其中设置 3 个重复观测点，按“品字形”排列。每个观测点在一种作物生长季内位置固定不变。确定每个观测点时，必须注意确保观测点周围有 1 m 以上的土壤保护带和 0.5 m 以上的植物保护行，观测活动不直接扰动保护带内土壤和保护行的植物。各处理每个重复的观测设计为连续 3 个轮作周期。

3.3.3.3 观测与分析项目

(1) 微量气体

采样箱密闭期间每隔 6 分钟共 4 次用注射器抽取 100 ml 箱内气体样品用于分析 CO_2、N_2O、CH_4 浓度及确定相应气体的排放通量。对同一气体样品分别通过气相色谱仪(Agilent 4890D)的 ECD 通道分析 N_2O，FID 通道分析 CO_2 和 CH_4。

对于 NO 和 NO_2 分析，在盖箱后抽取分析 CO_2、N_2O、CH_4 的气体样品之前，以及抽完所有四个样品之后，分别用 12VDC 驱动的真空采样泵抽取密闭箱内气体 3 L，抽取每个气体样品的时间大约 1～1.5 分钟，气体样品存于 5 L 专用气袋内。采样后 1 小时内，用化学发光法 NO_x 分析仪分析。

(2) 表观土壤呼吸

表观土壤呼吸主要包括土壤原有有机质分解、根系分泌物分解和植物根系呼吸作用释放的 CO_2 总和。分别在水稻和小麦生长季的分蘖期、拔节期、抽穗开花期和成熟期各观测一次，每次 3 个重复。具体方法是：在水稻插秧前和小麦播种前，分别在常规施肥处理田块确定观测位置，并将采样箱底座埋入土壤。观测时，首先用暗箱法观测土壤一植物系统的 CO_2 排放通量，然后沿地面剪下地上部分植株，驱除地面沉积的 CO_2 气体，用同样的暗箱方法观测土壤(含根系及根系分泌物在内)的 CO_2 排放通量。植株地上部分生物量用烘干称重法测定。

(3) 土壤 CO_2 气体浓度廓线

在土壤不同深度安装采样器，用 5 ml 注射器取气体样品，分析其 CO_2 和 N_2O 浓度。采样器由 3 部分组成(图 3.12)：集气管、导气管和密封塞。集气管是 1 个圆柱形的聚四氟乙烯(Teflon)管，长 10 cm，外径 1.25 cm，内径 0.87 cm，管端有橡胶塞，以免土壤颗粒堵塞集气管和导气管，管壁水平两侧各有 2 排直径为 0.5 mm 左右的通气孔均匀分布，以便于管内外土壤气体和水的交换。集气管水平置于土壤内一定深度，其一端连接外径 1.6 mm、内径 1.2 mm 的不锈钢导气管。导气管一端穿过橡胶塞伸到集气管中央，另一端垂直伸出地面约 10 cm，顶端装有橡胶密封塞(岛津气相色谱仪专用密封塞)，以完全阻止管内气体与地面大气的交换。采样器所用的均是化学惰性材料。

采样器分别埋设在常规施肥处理和无作物处理观测点近旁大约 20 cm 处的土壤中，埋设深度分别为：3、6、9、12、15、18、21、24、27 和 30 cm(图 3.13)。10 个采样器分为两组，同一组中每个采样器之间的垂直间距 6 cm，水平间距 10～15 cm，两组之间的水平间距 40 cm，以尽量避免采样过程中各土层之间的气体发生严重的相互扰动。设定时间采样时，直接用注射器穿过橡胶密封塞依次从各深度采样器中抽取气体样品，同时用注射器抽取土壤表面的气体，代表深度为 0 cm 的气体。然后用注射器刺入密封塞，依次从各深度的采样器中各抽取 3 ml 气体。每抽取 1 个气体样品，立即用橡胶垫密封注射器针尖。气体样品采集完成后用气相色谱仪分析 CO_2 浓度。

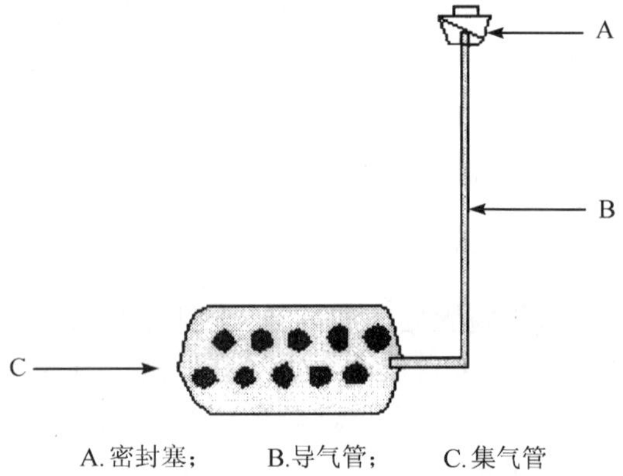

图 3.12 气体采样器(刁一伟等，2002)

(4) 气象要素

自动气象站观测逐时大气温度、太阳总辐射、光合有效辐射、降雨量、空气湿度、风速、风向和气压。在气体样品采集的同时用安装在采样箱上的温度计观测箱内气温。

(5) 土壤要素

试验开始时测定土壤质地、容重、pH值、有机碳含量、全氮、全磷、全钾和CEC等。用便携式TDR与气体观测同步地测定旱地耕层土壤大约8 cm深度的土壤体积含水量；用环刀法观测不同阶段（10月底、12月、2月、3月、5月）旱地的容重、饱和体积含水量（亦即土壤总空隙度）和（以体积含水量表示的）田间持水量；记录水稻生长阶段的淹水深度动态以及土壤水分管理变更（水田排水、灌水、旱地灌水等）日期。

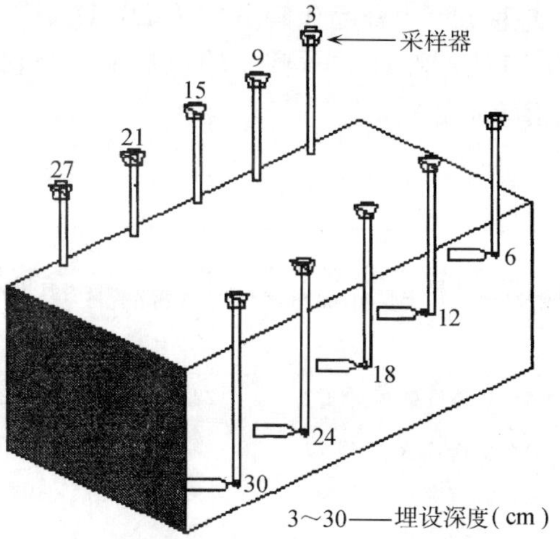

图3.13　土壤剖面中埋设采样器的示意图（刁一伟等，2002）

(6) 生物要素

生物量与根冠比：每周进行一次地上生物量测定，每次测定在常规施肥处理小区随机地取3个重复样方，样方面积与观测点箱内面积相同，贴近地面剪下样方内小麦或水稻植株地上部分。每2～3周测定一次根冠比，根系生物量测定与地上生物量测定同步进行，直接将3个重复样方内剪去地上部分植株的作物根系连土挖出，仔细清洗去土。收割时测定每个观测点箱内作物的地上生物量。植物样品在105℃下杀青，70℃烘干至恒重。

经济系数：随机抽取5个样方，测定每个样方的作物地上生物量和籽粒产量，进而求得经济系数。

植物含N量：用凯氏定氮法测定每次考苗的植株样品的氮含量。对于已经抽穗的植株，分别测定穗和茎叶的含氮量。

(7) 田间管理

观测与分析项目与南京试验点一致。

3.4　盆栽试验设计

2000至2002年在南京农业大学校园网室进行盆栽试验，主要目的是研究相同气候和农业管理条件下土壤理化特性对CH_4和N_2O排放的影响以及作物氮素含量对土壤－作物系统呼吸作用的影响。各试验每盆装供试土壤4 kg（风干土）左右，设置3个重复。气体采样系统见本章相关内容。

3.4.1　土壤理化特性与CH_4、N_2O排放

3.4.1.1　2000/2001年稻麦轮作周期

18个供试土壤分别于1999年冬天采自江苏省境内的水稻土耕作层。其中宜兴市（苏南地区）3个，土壤样品代码分别为A1、A2和A3；江宁区（南京郊区）3个，样品代码分别为B1、B2和B3；宝应县（苏北地区）5个，样品代码分别为C1、C2、C3、C4和C5；仪征市（苏

中地区)4 个，样品代码分别为 D1、D2、D3 和 D4；及六合县(苏中地区)3 个，样品代码分别为 E1、E2 和 E3。这些土壤包括了 5 个水稻土亚类，即渗育型、潜育型、潴育型、淹育型和脱潜型(表 3.5)。

表 3.5 供试土壤理化特性

土壤样品代码	水稻土亚类	粘粒 <0.002mm (%)	砂粒 >0.05 mm (%)	pH	有机碳 ($g \cdot kg^{-1}$)	总氮 ($g \cdot kg^{-1}$)	速效氮 ($mg \cdot kg^{-1}$)	铵态氮 ($mg \cdot kg^{-1}$)	总磷 ($g \cdot kg^{-1}$)	速效钾 ($mg \cdot kg^{-1}$)
A1	渗育型	46.6	22.3	7.5	19.2	1.7	16.8	5.9	1.28	162
A2	潜育型	37.1	9.2	7.5	15.5	1.6	4.0	2.5	1.46	96
A3	潴育型	49.1	9.5	6.7	19.4	1.9	114.0	63.3	1.30	103
B1	潴育型	4.3	53.9	5.9	16.1	1.6	17.9	8.1	1.36	49
B2	渗育型	12.4	6.1	7.0	9.8	1.1	8.9	4.6	1.46	36
B3	脱潜型	37.5	7.4	6.4	17.9	2.0	43.3	29.7	1.16	119
C1	渗育型	37.1	32.7	8.6	9.9	1.2	55.8	10.9	1.78	125
C2	潴育型	56.6	6.3	8.3	18.2	1.8	19.2	12.3	2.51	131
C3	脱潜型	59.8	3.5	8.0	27.1	2.9	136.0	51.0	2.34	141
C4	脱潜型	27.6	22.3	5.6	39.4	3.4	91.9	63.0	1.50	126
C5	潜育型	32.1	28.9	7.5	18.0	2.0	110.5	32.8	1.84	148
D1	淹育型	43.1	21.0	7.1	8.6	1.1	10.2	6.0	1.58	283
D2	渗育型	31.7	13.6	7.9	10.5	1.0	8.0	5.3	1.48	26
D3	潴育型	5.5	70.3	6.7	11.4	1.0	4.6	2.0	1.16	56
D4	渗育型	26.2	37.9	7.4	5.2	0.7	6.1	2.2	1.17	131
E1	潜育型	36.0	10.9	7.7	10.8	1.3	7.3	3.1	0.86	119
E2	潴育型	60.6	10.8	7.6	16.3	1.6	4.7	2.9	1.08	119
E3	潴育型	25.7	38.9	7.1	18.1	1.7	3.5	1.3	1.75	70
最小值		4.3	3.5	5.6	5.2	0.7	3.5	1.3	0.86	26
最大值		60.6	70.3	8.6	39.4	3.4	136.0	63.3	2.51	283
平均值		34.9	22.5	7.3	16.2	1.6	36.8	17.1	1.50	113

按照中国土壤学会出版的土壤农业化学分析方法分别测定土壤质地、pH 值、有机碳、全氮、速效氮、铵态氮、总磷、速效钾、有效硫和全量硫、有效铁和全量铁、有效铜和全量铜、交换态锰和全量锰、交换态镁和全量镁。土壤主要理化参数的测定结果见表 3.5，可以看出，各参数的测定值均在一个较大的范围内变化，说明供试土壤具有较广泛的代表性。

供试水稻品种为粳稻＃9516，播种期为 2000 年 5 月 30 日，出苗期为 6 月 5 日，移栽期为 6 月 29 日，每盆移栽 8 株。水稻的抽穗期和收获期分别为 9 月 3 日和 10 月 18 日。在整个生长期内，盆内保持约 5 cm 的水层，直到收获前一星期落干。整个生育期施肥 3 次，基肥于移栽前施入，每盆施尿素 1.29 g、KH_2PO_4 0.76 g、K_2SO_4 0.89 g，N ∶ P_2O_5 ∶ K_2O 为

1.5∶1.0∶1.5,两次追肥分别在7月17日和8月10日,施肥量为基肥的25%。

供试小麦品种为扬麦158,播种期为2000年11月8日,出苗期为11月18日,抽穗期和成熟期分别为2001年4月15日和5月20日。每盆基肥施用量为:尿素1.29 g,KH_2PO_4 0.76 g,K_2SO_4 0.89 g;越冬肥(2000年11月22日):尿素0.32 g,KH_2PO_4 0.19 g,K_2SO_4 0.22 g;返青肥(2001年1月22日)和拔节肥(2001年3月20日)的施用量与越冬肥相同。

3.4.1.2 2001/2002年稻麦轮作周期

基于2000～2001年稻麦轮作期的研究结果,从其18个供试土壤中选取10个于2001～2002年稻麦轮作期继续进行室外盆栽试验。考虑土壤类型及区域分布,10个供试土壤中宜兴市(苏南地区)2个,样品代码分别为A1和A3;江宁区(南京郊区)2个,代码分别为B1和B3;宝应县(苏北地区)2个,代码分别为C3、C5;仪征市(苏中地区)2个,代码分别为D2、D3;及六合县(苏中地区)2个,代码分别为E2和E3。这些土壤包括了渗育型、潜育型、潴育型、淹育型和脱潜型5个水稻土亚类。试验设化肥(对照)、化肥+有机肥(小麦秸秆)两处理,每个处理重复两次。

供试水稻品种为粳稻#9516,移栽期为2001年6月21日,每盆移栽8株。抽穗期和收获期分别为9月1日和10月20日。抽穗前水分管理为连续灌溉,自抽穗到收获实施干湿交替。全生育期施肥3次,基肥与秸秆于移栽前施入,每盆施秸秆10 g,尿素1.29 g、KH_2PO_4 0.76 g、K_2SO_4 0.89 g,N∶P_2O_5∶K_2O为1.5∶1.0∶1.5,两次追肥分别在7月21日和8月19日,施肥量为基肥的25%。水层NH_4^+-N每周取样一次,分别在气样采集的前一天中午将盆钵内水加满,在第二天采气样之前取每盆钵水样并用常规方法进行分析测定。在水稻分蘖盛期(7月15日),孕穗期(8月12日)和灌浆期(9月11日)分别取盆钵鲜土样,用岛津TOC仪分析测定土壤水溶性碳(DOC)。在水稻移栽前和收获后取盆钵鲜土样,按照中国土壤学会出版的土壤农业化学分析方法测定土壤有效态铜含量。冬小麦栽培与肥料运筹等与2000/2001年相同。

3.4.2 土壤-作物系统CO_2排放

为研究作物氮素含量对土壤-作物系统呼吸作用的影响,盆栽试验于2001/2002年冬小麦生长季和2002年水稻生长季在南京农业大学校园网室进行。盆钵材料、尺寸和布置方式同2000/2001年稻麦轮作周期。供试小麦品种为扬麦158,播种期和出苗期分别为2001年11月5日和11月17日,返青期为2002年2月23日,抽穗期和成熟期分别为4月15日和5月28日。水稻盆栽试验分3期播种,供试品种为武育粳7号。播种期分别为2002年5月10日、6月1日和6月21日,相应的移栽期分别为6月5日、6月21日和7月11日。同时,为了与大田试验结果进行比较,2002年水稻生长季在江苏省农业科学院水稻试验田中采用同样的采样方法和步骤测定土壤-作物系统CO_2排放。大田水稻的生育期与第二期盆栽试验相一致。肥水管理与当地大面积生产相同。

静态箱(黑箱)法测得的土壤-作物系统呼吸作用包括两部分:作物暗呼吸和土壤呼吸。测定步骤为:首先测定包括作物在内的土壤-作物系统呼吸速率(RE),然后剪去作物地上部分,测定土壤表观呼吸速率(RS),$RE-RS$即为作物的呼吸速率(RD)。同时测定未种作物的土壤呼吸速率,即无作物参与的土壤异养呼吸(RH)。采用逐步收获法研究作物生物量对暗呼吸的影响进而确定暗呼吸系数与植株氮含量的关系，其操作步骤为：首先测定土壤-作物系统的呼吸作用，然后沿土壤表面依次剪除地上部分植株总数的 1/3 左右，测定土壤-剩余作物系统的呼吸速率，直至将作物地上部分全部剪除。因此，对每一盆或每一个采样微区（大田）可测得 4 个生物量 $W_{3/3}$、$W_{2/3}$、$W_{1/3}$ 和 W_0 以及相应的呼吸速率 $R_{3/3}$、$R_{2/3}$、$R_{1/3}$ 和 R_0。这里 $R_{3/3}$ 和 R_0 即是土壤一作物系统呼吸速率 RE 和土壤表观呼吸速率 RS。盆栽采样选择 3 盆作为重复，大田采样选择 2 个微区作为重复。小麦生长季自 2002 年 2 月 28 日至 5 月 9 日每隔两星期采样一次，共测定 6 次；水稻生长季共测定 4 次，测定时间为 2002 年 7 月 25 日、8 月 29 日、9 月 24 日、10 月 13 日。大田水稻生长季测定 4 次，测定时间分别为分蘖盛期（2002 年 7 月 12 日）、孕穗期（8 月 9 日）、灌浆期（9 月 6 日）和黄熟期（10 月 6 日）。每次气样采集完毕后，将收获的作物地上部分及根（盆栽试验）洗净，测定其干重和全氮含量，方法同 3.3.2.4 节。

3.5 培养实验设计

采用呼吸瓶-碱液吸收法培养测定 CO_2-C 的释放量。呼吸瓶为相通的一大一小的锥形瓶，容积为 650 ml。大锥形瓶口接有存放干燥剂（$CaCl_2$ 和 NaOH）的 U 型管，主要用于在通气时吸收空气中的水和 CO_2，同时瓶口用蜡密封。小锥形瓶存放 NaOH 溶液，每次用针筒注入标定溶液 10 ml，用橡胶塞封口，经培养一段时间后用针筒将 NaOH 溶液取出，根据 NaOH 溶液浓度的变化，计算出该培养时段内 CO_2-C 的释放量（周立祥，1995；黄耀等，2002a）。

3.5.1 环境因子与农业土壤有机碳分解

小麦和水稻秸秆及其根与土壤混合，置于呼吸瓶中，在不同温度、水分及土壤质地下进行培养实验，以研究环境因子对外源有机碳在农业土壤中分解的影响。供试有机物料的基本特性见表 3.6。供试土壤取自江苏宜兴市长期水旱轮作的水稻土，风干过 20 目筛，其基本理化性状见表 3.7。其中取自于红塔的土壤用于不同温度和水分处理下有机碳分解的实验研究，其余土壤用于研究质地对有机碳分解的影响。整个实验采用密闭培养方式，土壤用量为 100 g 风干土。供试有机物料剪至 3～6 mm 长，在 70℃下烘干备用，用量为 1 g。实验过程中定期补充氧气，并保持水分的恒定。

实验处理包括温度、水分及土壤质地三因素。温度水平分别为 12℃、18℃、24℃、30℃和 36℃，在温度水平 12℃、24℃ 和 36℃ 下设置 4 个土壤水分含量 200 $g \cdot kg^{-1}$、300 $g \cdot kg^{-1}$、500 $g \cdot kg^{-1}$（以烘干土计）及淹水条件，前三个水分含量大致相当于田间持水量的 50%～60%、70%～80%和饱和持水量。在各水分处理下分别加入小麦秸秆、小麦根、水稻秸秆和水稻根，每个温度处理培养三个月。为进一步定量分析水分条件对土壤有机碳分解的影响，设置 9 个不同土壤水分条件（100 $g \cdot kg^{-1}$、160 $g \cdot kg^{-1}$、220 $g \cdot kg^{-1}$、280 $g \cdot kg^{-1}$、340 $g \cdot kg^{-1}$、400 $g \cdot kg^{-1}$、460 $g \cdot kg^{-1}$、520 $g \cdot kg^{-1}$、650 $g \cdot kg^{-1}$）对小麦秸秆（加入量为 10 $g \cdot kg^{-1}$ 土，30℃）进行为期 49 天的培养测定。土壤质地对有机碳分解影响的实验在 36℃及－0.033 MPa 的水分条件下进行，供试物料为小麦秸秆。所有处理设置空白对照，各处理均设两个重复。

表 3.6 供试有机物料及其性质

有机物料	C(g·kg⁻¹)	N(g·kg⁻¹)	C/N	木质素(g·kg⁻¹)
小麦秸秆	394	4.99	79.0	171
小麦根	413	6.65	62.1	203
水稻秸秆	344	7.58	45.4	135
水稻根	419	11.18	37.5	165

表 3.7 供试土壤及其理化性状

采样地	pH(H_2O)	C(g·kg⁻¹)	N(g·kg⁻¹)	C/N	粘粒含量<0.005 mm(%)
宜兴红塔	5.52	17.52	1.72	10.2	35.9
大浦杨渭	5.83	9.69	1.30	7.5	16.5
洋溪新渎	6.15	8.24	1.13	7.3	20.8
茗岭溍里	5.76	10.73	1.36	7.9	31.3
新庄唐角	6.20	14.50	1.51	9.6	41.3
分水红湖	6.36	8.29	1.04	8.0	46.3
邮堂李渎	5.18	15.20	1.67	9.1	58.1

3.5.2 植物残体化学组分与有机碳分解

研究植物残体在土壤中的分解对于定量描述地—气系统 C 交换过程及其对气候变化的影响具有重要意义。除了土壤类型(黄东迈等,1998;Parshotam 等,2000)、水热条件(Lloyd 和 Taylor,1994;Reichstein 和 Bednorz,2000;Chambers 等,2000)、CO_2 浓度增加(Sowerby 等,2000)和肥料施用(Kwabiah 等,1999;Ågren 等,2001)等影响土壤中植物残体的分解外,植物残体的分解与其本身的化学组分有关。有研究表明植物残体的木质素和 N 含量影响其分解速率(Rutigliano 等,1996)。然而,尚缺乏关于植物残体化学组分对其分解过程影响的定量描述。

3.5.2.1 供试材料与测定项目

19 种残体取自 13 种植物的不同器官,包括豆科植物(大豆 *Glycine max*,豇豆 *Vigna sesquipedalis*)、薯蓣科植物(甘薯 *Dioscorea esculenta*)、葫芦科植物(丝瓜 *Luffa cylindrica*)、禾本科植物(水稻 *Oryza sativa*,玉米 *Zea mays*,小麦 *Triticum aestivum*,甘蔗 *Saccharum officinarum*、高羊茅 *F. arundinacea*)、天南星科植物(菖蒲 *Acorus calamus*)、菱科植物(菱角 *Trapa quadrispinosa*)、海桐科植物(海桐 *Pittosporum tobira*)、梧桐科植物(法国梧桐 *Firmiana simplex*)。各供试材料采回后洗净,90℃杀青,70℃烘干至恒重备用。化学组分的测定包括总 C、全 N 及木质素含量。测定结果见表 3.8,可以看出,各组分的测定值均在一个较大的范围内变化,说明供试材料具有较广泛的代表性。

表 3.8　植物残体的化学性质

植物类型	植物	残体	C(g. kg^{-1})	N(g. kg^{-1})	木质素(g. kg^{-1})
豆科植物	大豆 *Glycine max*	叶片	437.4	35.2	245.8
		茎	417.6	22.1	195.4
	豇豆 *Vigna sesquipedalis*	茎	453.0	19.9	192.7
薯蓣科植物	甘薯 *Dioscorea esculenta*	叶片	443.3	23.5	221.0
		茎	404.1	11.0	157.7
葫芦科植物	丝瓜 *Luffa cylindrica*	叶片	353.1	30.9	193.8
禾本科植物	玉米 *Zea mays*	叶片	394.2	6.9	176.6
		茎	434.7	5.0	171.9
		根	398.9	5.3	195.4
	水稻 *Oryza sativa*	秸秆	384.3	11.9	189.5
		根	459.5	9.5	214.0
	小麦 *Triticum aestivum*	根	441.2	8.7	232.8
	甘蔗 *Saccharum officinarum*	茎	472.0	4.0	201.1
	高羊茅 *F. arundinacea*	叶片	430.3	24.9	186.1
天南星科植物	菖蒲 *Acorus calamus*	叶片	449.5	21.4	220.0
菱科植物	菱角 *Trapa quadrispinosa*	茎	352.7	23.4	223.7
海桐科植物	海桐 *Pittosporum tobira*	叶片	431.8	15.4	173.1
		叶柄	426.5	7.4	182.4
梧桐科植物	法国梧桐 *Firmiana simplex*	叶片	483.9	17.8	254.0

3.5.2.2　实验室培养及田间填埋试验

Vestergaard 等(2001)研究指出，破碎植物残体并不促进其分解。为了使残体样品具有均一性，供试材料经破碎，选取 10～20 目之间的样品 1.0 g 与 100 g 风干土样充分混合并加 40 g 去离子水，置于呼吸瓶中在 25℃下遮光密闭培养。供试土壤选取有机 C 含量很低的薄层小粉白土，总 C 和全 N 含量分别为 5.2 g • kg^{-1}和 0.74 g • kg^{-1}，pH 值为 7.4，<0.002 mm 粘粒含量为 262 g • kg^{-1}。

每种植物残体设置两个重复，另设空白对照。培养过程中定期通气以补充氧气，第 1 周每天一次，其后 2 到 3 天一次，最后 3 周每 5 到 6 天一次，每次 30 分钟。前期的培养实验研究(黄耀等，2002a)表明，不同有机物料在培养前期(0～30 天左右)的分解速率最快，此后便逐步下降，在培养 30 天以后，分解速率变慢且随培养时间的变化幅度减小，同时，不同有机物料间 C 分解速率的差异也不甚明显。因而本研究设定的培养时间为 9 周。

为比较培养实验结果与野外田间状况的一致性，采用网袋填埋法(刘世梁等，2001)研究不同植物残体的分解率。填埋试验设在江苏省南京市江宁县秣陵镇稻麦轮作区，试验区土壤的基本性状见 3.3.2 节。各供试植物残体剪断至 3～5 cm 长，称重 10 g 装入 280 目尼龙网袋中密封，使其在分解过程中水分和气体可以自由运动，但未分解的有机物料却不能逸出，而且土壤粘粒亦不可侵入。采用完全随机分布方式，将装有不同植物残体的网袋于 2000 年 12 月 21 日填埋于耕作层，各植物残体设置 3 个重复。23 周后将样品取出，洗去外部泥土，70℃烘干至恒重，并称重，然后计算出植物残体的重量损失。填埋期土壤平均温度为12.2℃，平均湿度为 95%WFPS。

3.5.3 外源碳氮施用与 N_2O 排放

大气中 N_2O 的 70%～90%来自于地表生物源(Bouwman,1990;Delgado,1999)。其中,通过硝化反硝化作用从土壤排放的 N_2O 约占总人为排放源的 45%(Mosier 和 Kroeze,1999)。影响农业土壤 N_2O 排放的因素主要包括土壤理化特性、气候条件和农业管理措施等。作物残体还田是土壤培肥的重要措施之一。据估计,通过作物残体还田导致农田土壤氮的增加量约为 25～100 Tg · a^{-1},然而,转化为 N_2O 的量很难确定(Mosier 和 Kroeze,1998)。有机残体分解影响土壤中氮的迁移转化和 N_2O 的形成(Flessa 和 Beese,1995;Cochran 等,1997;Lemke 等,1999)。许多研究表明土壤 N_2O 排放跟有机物料的碳氮比有关(Eichner,1990;Aulakh 等,1991;Németh 等,1996)。此外,作物残体在土壤中分解引起土壤有效态碳(如水溶性有机碳)的变化,而 N_2O 的产生与排放可能与土壤有效态碳的变化有关。在化肥和有机肥混施的条件下,化肥氮转化为 N_2O 的量也可能受到有机肥降解特性的影响。

本实验的主要目的是研究外源碳氮的输入对 N_2O 排放的影响,供试无机氮源为尿素,有机碳氮源为不同植物残体。供试植物残体分别是菜饼、马铃薯茎、玉米叶、小麦秸秆和甘蔗渣,各植物残体的碳氮含量见表 3.9。新鲜的土壤样品采自南京市江宁区稻麦轮作试验田,土壤基本理化性状见 3.3.2 节。室内晾置两天的鲜土样品和 70℃烘干至恒重的植物残体均过 2 mm 筛备用。

称取 80 g 鲜土样品置于 580 ml 的玻璃培养瓶中,用蒸馏水调节土壤水分至 60% WFPS,于 20℃下预培养一周。然后根据试验设置分别均匀混入 160 mg 作物残体和 26 mg 尿素。试验处理设置如下:(1)土壤+化肥+作物残体(土壤+化肥为对照),(2)土壤+作物残体(无作物残体施用的土壤为对照)。继续在 20℃下培养,整个培养期内保持土壤水分含量不变。各处理重复 4 次,其中 2 瓶用于 N_2O 释放速率的测定,另 2 瓶用作培养前后土壤微生物碳氮含量的测定。培养前后测定土壤 NH_4^+-N,NO_3^--N,DOC 等含量。

表 3.9 植物残体的碳氮含量

植物残体	C(g · kg^{-1})	N(g · kg^{-1})	C/N
菜饼	518	65	8
马铃薯茎	404	11	37
玉米叶	394	7	57
小麦秸秆	505	8	63
甘蔗渣	472	4	118

培养试验共进行了 21 天。在前 12 天的培养期内每天采集气样 2 次,其后每天 1 次。每次先用电泵通空气 15 分钟,充分排除培养瓶内残留的 N_2O,并用胶塞封口,培养 2 小时后用注射器从培养瓶上部空间抽取气样。抽完之后移掉瓶塞,重新置于培养箱内敞口培养,直至下一次测定(侯爱新和陈冠雄,1998)。

参考文献

蔡祖聪. 1999. 水分类型对土壤排放的温室气体组成和综合温室效应的影响. 土壤学报，**36** (4)：484～490.

蔡祖聪，沈光裕，颜晓元等. 1998. 土壤质地、温度和 Eh 对稻田甲烷排放的影响. 土壤学报，**35** (2)：145～153.

陈冠雄，黄国宏，黄斌等. 1995. 稻田 CH_4 和 N_2O 排放以及养萍和施肥的影响. 应用生态学报，**6** (4)：378～382.

刁一伟，郑循华，王跃思，徐仲均，韩圣慧，朱建国. 2002. 开放式空气 CO_2 增高条件下旱地土壤气体 CO_2 浓度廓线测定. 应用生态学报，**13** (10)：1249～1252.

董云社，章申，齐玉春，陈佐忠，耿远波. 2000. 内蒙古典型草地 CO_2，N_2O，CH_4 通量的同时观测及其日变化. 科学通报，**45** (3)：318～322.

侯爱新，陈冠雄. 1998. 不同种类氮肥对土壤释放 N_2O 的影响. 应用生态学报，**9** (2)：176～180.

黄东迈，朱培立，王志明. 1998. 旱地和水田有机碳分解速率的探讨和质疑. 土壤学报，**35**：482～492.

黄耀，Sass，R. L.，Fisher，F. M. 1999. 水稻物质生产对稻田甲烷排放的影响. 农业环境保护，**18** (4)：150～154.

黄耀，蒋静艳，宗良纲，周权锁，Sass，R. L.，Fisher，F. M. 2001a. 种植密度和降水对冬小麦田 N_2O 排放的影响. 环境科学，**22** (6)：20～23.

黄耀，刘世梁，沈其荣，宗良纲. 2001b. 农田土壤有机碳动态模拟模型的建立. 中国农业科学，**34** (5)：532～536.

黄耀，刘世梁，沈其荣，宗良纲. 2002a. 环境因子对农业土壤有机碳分解的影响. 应用生态学报，**13** (6)：709～714.

黄耀，焦燕，宗良纲，周权锁，Sass，R. L.，Fisher，F. M. 2002b. 土壤理化特性对麦田 N_2O 排放影响的研究. 环境科学学报，**22** (5)：598～602.

黄耀，沈雨，周密，马瑞升. 2003. 木质素和氮含量对植物残体分解的影响. 植物生态学报，**27** (2)：183～188.

焦燕，黄耀，宗良纲，周权锁，Sass，R. L.，Fisher，F. M. 2002. 土壤理化特性对稻田 CH_4 排放的影响. 环境科学，**23** (5)：1～7.

蒋静艳，黄耀，宗良纲. 2003. 水分管理与秸秆施用对稻田 CH_4 和 N_2O 排放的影响，中国环境科学，**23** (5)：552～556.

刘世梁，黄耀，沈其荣等. 2001. 农田土壤有机碳动态模拟模型的检验与应用. 中国农业科学，**34**：644～648.

王庚辰. 1997. 陆地生态系统温室气体排放(吸收)测量方法简评. 气候与环境研究，**2** (3)：251～263.

王明星主编. 1990. 全球气候变暖. 山东：山东科学技术出版社，18～22.

王明星. 2001. 中国稻田甲烷排放. 北京：科学出版社，19～31.

王跃思. 1998. 大气中痕量化学成分的分析方法研究及实际应用. [博士学位论文]. 北京：中国科学院大气物理研究所.

王跃思，纪宝明，黄耀，胡玉琼，王艳芬. 2001. 农垦与放牧对内蒙古草原 N_2O、CO_2 排放和 CH_4 吸收的影响. 环境科学，**22** (6)：7～13.

王跃思，刘广仁，王迎红，徐仲均，薛敏. 2003. 一台气相色谱仪同时测定陆地生态系统 CO_2、CH_4 和 N_2O 排放. 环境污染治理与设备. (刊印中)

周立祥. 1995. 城市污泥在林地中分解动态及其对林地生态体系的影响. [博士学位论文]. 南京：南京农业大学.

郑循华. 1996. 农田 N_2O 产生与排放过程研究. [博士学位论文]. 北京，中国科学院大气物理所.

郑循华，徐仲均，王跃思，韩圣慧，黄耀，蔡祖聪，朱建国. 2002. 开放式空气 CO_2 增高影响稻田一大气净交换的静态暗箱法观测研究. 应用生态学报，**13** (10)：1240～1244.

邹建文，焦燕，王跃思，黄耀. 2002. 稻田 CO_2、CH_4 和 N_2O 排放通量测定方法研究. 南京农业大学学报，**25** (4)：45～48.

邹建文，黄耀，宗良纲，王跃思，Sass，R. L. 2003a. 不同种类有机肥施用对稻田 CH_4 和 N_2O 排放的综合影响. 环境科学. **24**(4)：7～12.

邹建文，黄耀，宗良纲，蒋静艳，郑循华，王跃思. 2003b. 稻田灌溉和秸秆施用对后季麦田 N_2O 排放的影响. 中国农业科学，**36**(4)：409～414.

Ågren，G. I.，Bosatta，E. and Magill，A. H. 2001. Combining theory and experiment to understand effects of inorganic nitrogen on litter decomposition. *Oecologia*，**128**：94－98.

Aulakh，M. S.，Doran，J. W.，Walter，D. T.，et al. 1991. Crop residue type and placement effects on denitrification and mineralization. *Soil Science Society of America Journal*，**55**：1020－1025.

Bodegom，P. M.，van Wassmann，R.，Metra－Corton，T. M. 2001. A process－based model for methane emission predictions from flooded rice paddies. *Global Biogeochemical Cycles*, **15**: 247—263.

Bouwman, A. F. 1990. Exchange of greenhouse gases between terrestrial ecosystems and the atmosphere. In: Bouwman, A. F. (ed.). Soils and Greenhouse Effect, Wiley, New York, pp. 61—127.

Cao, M., Dent, J. B. and Heal, O. W. 1995. Modeling methane emission from rice paddies. *Global Biogeochemical Cycles*, **9**: 183—195.

Chambers, J. Q., Higuchi, N., Schimel, J. P., Ferreira, L. V. and Melack, J. M. 2000. Decomposition and carbon cycling of dead trees in tropical forests of the central Amazon. *Oecologia*, **122**: 380—388.

Cicerone, R. J. and Oremland, R. S. 1988. Biogeochemical aspects of atmospheric methane. *Global Biogeochemical Cycles*, **2**: 299—327.

Cicerone, R. J. and Shetter, J. D. 1981. Sources of atmospheric methane: Measurements in rice paddies and a discussion. *Journal of Geophysical Research*, **86**: 7203—7209.

Cicerone, R. J., Shetter, J. D. and Delwiche, C. C. 1983. Seasonal variation of methane flux from a California rice paddy. *Journal of Geophysical Research*, **88**: 11022—11024.

Cochran, V. L., Sparrow, E. B., Schlentner, S. F., Knight, C. W. 1997. Long-term tillage and crop residue management in the subarctic: fluxes of methane and nitrous oxide. *Canadian Journal Soil Science*, **77**: 565—570.

Delgado, J. A., Mosier, A. R. 1999. Mitigation alternatives to decrease nitrous oxide emissions and urea-nitrogen loss and their effect on methane flux. *Journal of Environmental Quality*, **25** (6): 1105—1111.

Denier van der Gon, H. A. C. and Neue, H. U. 1995. Influence of organic matter incorporation on methane emission from a wetland rice field. *Global Biogeochemical Cycles*, **9**: 11—22.

Eichner, M. J. 1990. Nitrous oxide emissions from fertilized soils: summary of available data. *Journal of Environmental Quality*, **19**: 272—280.

Eswaran, H. E. van den Berg and Reich, P. 1993. Organic carbon in soils of the world. *Soil Science Society of America Journal*, **57**: 192—194.

Flessa, H. and Beese, F. 1995. Effect of sugarbeet residues on soil redox potential and nitrous oxide emission. *Soil Science Society of America Journal*, **59**: 1044—1051.

Griffith, D. W. T., Lenning, R., Oenmead, O. T., Jamie, I. M. 2002. Air-land exchanges of CO_2, CH_4 and N_2O measured by FTIR spectrometry and micrometeorological techniques. *Atmospheric Environment*, **36**: 1833—1842.

Huang, Y., Sass, R. L. and Fisher, F. M. 1998. A semi-empirical model of methane emission from flooded rice paddy soils. *Global Change Biology*, **4**: 247—268.

Huang, Y., Jiang, J. Y., Zong, L. G., Sass, R. L. and Fisher, F. M. 2001. Comparison of field measurements of CH_4 emission from rice cultivation in Nanjing, China and in Texas, USA. *Advances in Atmospheric Sciences*, **18** (6): 1121—1130.

Huang, Y., Jiao, Y., Zong, L. G., Zheng, X. H., Sass, R. L. and Fisher, F. M. 2002a. Quantitative dependence of methane emission on soil properties. *Nutrient Cycling in Agroecosystems*, **64** (1—2): 157—167.

Huang, Y., Jiao, Y., Zong, L. G., Wang, Y. S. and Sass, R. L. 2002b. Nitrous oxide emissions from the wheat-growing season in eighteen Chinese paddy soils: an outdoor pot experiment. *Biology and Fertility of Soils*, **36**: 411—417.

Huang, Y., Zou, J. W., Zheng, X. H., Wang, Y. S. and Xu, X. K. 2003. Nitrous oxide emissions as influenced by amendment of plant residues with different C: N ratios. *Soil Biology and Biochemistry*, (revised).

Ineson, P., Coward, P. A., Benham, D. G., Robertson, S. M. C. 1998. Coniferous forests as "secondary agricultural" sources of nitrous oxide. *Atmospheric.Environment*, **32** (19): 3321—3330.

Jensen, L. S., Mueller, T., Tate, K. R., et al. 1997. Soil surface CO_2 flux as an index of soil respiration in situ: a comparison of two chamber methods. *Soil Biology and Biochemistry*, **28**: 1297—1306.

Kahalil, M. A. K. 1990. Emission of trace gases from Chinese rice fields and biogas generation: CH_4、N_2O、CO_2, chorocarbons, and hydrocarbons. *Chemosphere*, **20**: 207—213.

Kirschbaum, M. U. F. 1995. The temperature dependence of soil organic matter decomposition, and the effect of global warming on soil organic C storage. *Soil Biology and Biochemistry*, **27**: 753—760.

Kwabiah, A. B., Voroney, R. P., Palm, C. A. and Stoskopf, N. C. 1999. Inorganic fertilizer enrichment of soil: effect on decomposition of plant litter under subhumid tropical conditions. *Biology and Fertility of Soils*, **30**: 224—231.

Lai, R., John, K., Elissa, L., et al. 1995. Soils and Global Change. New York: CRC press, Inc., pp. 209—217.

Laville, P., Jambert, C., Cellier, P. 1999. Nitrous oxide fluxes from a fertilized maize crop using micrometeorological and chamber methods. *Agricultural and Forest Meteorology*, **96**: 19—38.

Lemake, R. L., Izaurralde, R. C., Nyborg, M., Solberg, E. D. 1999. Tillage and N source influence soil-emitted nitrous oxide in the Alberta Parkland region. *Canadian Journal Soil Science*, **79**: 15—24.

Lloyd, J. and Taylor, J. A. 1994. On the temperature dependence of soil respiration. *Functional Ecology*, **8**: 315—323.

Matthew, R. B., Wassmann, R., Arah, J. 2000. Using a crop/soil simulation model and GIS techniques to assess methane emission from rice fields in Asia. I. Model development. *Nutrient Cycling in Agroecosystems*, **58**: 141—159.

Miyata, A., Leuning, R., Denmead, O. T., Kim, J., Harazono, Y. 2000. Carbon dioxide and methane fluxes from an intermittently flooded paddy field. *Agricultural and Forest Meteorology*, **102**: 287—303.

Moncrieff, J. B., Beverland, I. J., Óneill, D. H., Cropley, F. D. 1998. Controls on trace gas exchange observed by a conditional sampling method. *Atmospheric Environment*, **32** (19): 3265—3274.

Mosier, A. R., Kroeze, C. 1998. A new approach to estimate emissions of nitrous oxide from agriculture and its implications for the global N_2O budget. IGBP Newsletter, 34, pp. 8—13. http://www.igbp.kva.se/cgi—bin/php/frameset.php.

Mosier, A. R. and Kroeze, C. 1999. Contribution of agroecosystems to the global atmospheric N_2O budget. Proceedings of International Workshop on Reducing N_2O Emission from Agroecosystems, Banff, Cadada. March 1999.

Németh, T., Abd El-Galil, A., Radimszky, L., Baczó, G. Y. 1996. Effect of plant residues on ammonium and nitrate content of soils during incubation. In: Van Cleemput, O., Hofman, G., Vermoesen, A. (eds.). Progress in Nitrogen Cycling Studies. Kluwer, London, pp. 109—114.

Neue, H. U., Latin, R. S. and Wassmann, R., et al. 1994. Methane emission from rice soils of the Philippines. In: Minami, K., Mosier, A. and Sass, R. (eds.). CH_4 and N_2O: Global Emissions and Controls from Rice Fields and Other Agricultural and Industrial Sources, YOKENDO Publishers, Tokyo, pp. 55—63.

Nouchi, I., Mariko, S., Aoki, K. 1990. Mechanism of methane transport from the rhizosphere to the atmosphere through rice plants. *Plant Physiology*, **94**: 59—66.

Parshotam, A., Saggar, S., Searle, P. L., et al. 2000. Carbon residence times obtained from labelled ryegrass decomposition in soils under contrasting environmental conditions. *Soil Biology and Biochemistry*, **32** : 75—83.

Parton, W. J., Schimel, D. S., Cole, C. V. and Ojima, D. S. 1987. Analysis of factors controlling soil organic matter levels in Great Plains grasslands. *Soil Science Society of America Journal*, **51**: 1173—1179.

Reichstein, M. and Bednorz, F. 2000. Temperature dependence of carbon mineralisation: conclusions from a long—term incubation of subalpine soil sample. *Soil Biology and Biochemistry*, **32**: 947—958.

Rutigliano, F. A., De Santo, A. V., Berg, B., Alfanil, A. and Fioretto, A. 1996. Lignin decomposition in decaying leaves of *Fagus Sylvatica L.* and needles of Abies Alba mill. *Soil Biology and Biochemistry*, **28**: 101—106.

Sass, R. L., Fisher, F. M. and Harcombe, P. A. 1990. Methane production and emission in a Texas rice field. *Global Biogeochemical Cycles*, **4**: 47—68.

Sass, R. L., Fisher, F. M., Lewis, S. T., Jund, M. F. and Turner, F. T. 1994. Methane emission from rice fields: effect of soil properties. *Global Biogeochemical Cycles*, **8**: 135—140.

Sass, R. L., Fisher, F. M., Turner, F. T., Jund, M. F. 1991. Methane emission from rice fields as influenced by solar radiation, temperature, and straw incorporation. *Global Biogeochemical Cycles*, **5**: 335—350.

Scala, N. L., Marques, J., Pereira, G. T., et al. 2000. Carbon dioxide emission related to chemical properties of a tropical bare soil. *Soil Biology and Biochemistry*, **32**: 1469—1473.

Schütz, H., Seiler, W., Conrad, R. 1989. Processes involved in formation and emission of methane in rice paddies. *Bio-*

geochemistry, **7**: 33—53.

Schütz, H., Seiler, W. and Conrad, R. 1990. Influence of soil temperature on methane emission from rice paddy fields. *Biogeochemistry*, **11**: 77—95.

Sowerby, A., Blum, H., Gray, T. R. G. and Ball, A. S. 2000. The decomposition of Lolium perenne in soils exposed to elevated CO_2: comparisons of mass loss of litter with soil respiration and soil microbial biomass. *Soil Biology and Biochemistry*, **32**: 1359—1366.

Vestergaard, P., Rønn, R. and Christensen, S. 2001. Reduced particle size of plant material does not stimulate decomposition, but affects the microbivorous microfauna. *Soil Biology and Biochemistry*, **33**: 1805—1810.

Wang, M., Dai, A., Shangguan, X., et al. 1994. Sources of methane in China. In: Minami, K., Mosier, A. and Sass, R. (eds.). CH_4 and N_2O: Global Emissions and Controls from Rice Fields and Other Agricultural and Industrial Sources. YOKENDO Publishers, Tokyo, pp. 9—26.

Wang, M., Khalil, M. A. K., Rasmussen, R. A. 1988. CH_4 flux from biogas generators and rice paddies, *Chinese Science Bulletin*, **33**: 942—947.

Whiting, G. J. and Chanton, J. P. 1993. Primary production control of methane emission from wetlands. *Nature*, **364**: 794—795.

Yagi, K. and Minami, K. 1990. Effects of organic matter applications on emission from some Japanese paddy fields. *Soil Science and Plant Nutrition*, **36**: 599—610.

Zheng, X. H., Huang, Y., Wang, Y. S., Wang, M. X. 2003a. Seasonal characteristics of nitric oxide emission from a typical Chinese rice-wheat rotation during the non-waterlogged period. *Global Change Biology*, **9**: 219—227.

Zheng, X. H., Huang, Y., Wang, Y. S., Wang, M. X., Jin, J. S., Li, L. T. 2003b. Effects of soil temperature on nitric oxide emission from a typical Chinese rice-wheat rotation during the non-waterlogged period. *Global Change Biology*, **9**: 601—611.

第四章　稻田 CH_4 排放

甲烷(CH_4)是仅次于二氧化碳(CO_2)的重要温室气体之一，其对温室效应的贡献可达15%(Rodhe，1990)。稻田是大气 CH_4 的重要排放源，来源于稻田的 CH_4 占大气 CH_4 总来源的12%左右(IPCC，1992)。根据最新资料估计(王明星，2001；Sass 等，2002)，全球稻田 CH_4 年总排放量为 20～40 Tg(1 Tg=10^{12} g)。我国是水稻种植大国，水稻总产量占全球的34%，排世界首位，种植面积占全球的22%(Wang，1996)。国际水稻所(IRRI，1989)预测，到2020年，全球水稻产量必须从1990年的 473×10^6 吨增加到 781×10^6 吨方可满足不断增长的人口的需要。而水稻播种面积与产量的增加很可能导致全球稻田甲烷释放的增加(Bouwman，1991)。

稻田 CH_4 排放是其产生、氧化和传输共同作用的结果(王明星，2001)。水稻植株对稻田甲烷的产生、氧化及排放起着决定性的作用(Schütz 等，1991)。一方面，水稻生长期间，其根系分泌物为甲烷菌提供基质，促进根区甲烷的产生和排放(Holzapfel-Pschorn 等，1986；Kludze 等，1995)，同时，水稻植株向土壤输送 O_2 促使 CH_4 的氧化(Conrad 和 Rothfuss，1991；Gerard 和 Chanton，1993)；另一方面，水稻植株体为甲烷排放提供通道(Cicerone 和 Shetter，1981；Holzapfel-Pschorn 等，1986；Schütz 等，1989a)。在稻田甲烷的总排放量中，有50%～90%被认为是通过水稻植株排放的(Schütz 等，1989a)。

在水稻生长期内稻田 CH_4 排放一般表现出很强的时间变化规律，烤田会大大抑制 CH_4 的产生与排放(Sass 等，1992；Yagi 等，1996)，有机肥施用则大大促进 CH_4 的产生与排放(Schütz 等，1989a；Cicerone 等，1992)。许多研究表明稻田 CH_4 排放通量随温度的升高而增加(Schütz 等，1990b；Sass 等，1991；上官行健和王明星，1993；Khalil 等，1998；Wassmann 等，1998)。然而，也有许多研究认为虽然 CH_4 排放的日变化与温度相关，但其季节性变化并不能完全归咎于温度的变化(陈德章和王明星，1993；Cicerone 等，1983；Sass 等，1990；1992；Schütz 等，1990a；Nugroho 等，1996；Yagi 等，1996)。Huang 等(1998)在比较了中国杭州和美国德克萨斯州水稻生长季月平均气温的变化和稻田 CH_4 排放的季节性变化趋势后推测，在持续淹水和无有机肥施用的前提下，气温季节性变幅大的地区其 CH_4 排放的季节性变化可能受温度的控制，但缺乏直接的证据。

土壤理化特性是影响 CH_4 排放的重要因数。政府间气候变化专门委员会的工作报告(IPCC，2000)指出，为了提高编制稻田 CH_4 排放清单的准确性，需要考虑有关的土壤特性。目前区域性稻田 CH_4 排放的估算大多以有限点的观测资料为基础，稻田土壤类型丰富，分布广泛，若要对不同类型的土壤进行排放通量的观测，是人力物力所难以实现的。因此，定量研究土壤理化特性对 CH_4 排放的影响对于提高编制稻田 CH_4 排放清单的准确性具有十分重要的意义。

我国稻田的基肥施用以有机、无机配施为特征；稻田水分管理以淹水和烤田相结合的间隙灌溉为主。虽然不同有机肥料对稻田 CH_4 排放影响的研究结果不尽相同(Cicerone 等，1992；Schütz 等，1989a；Yagi 和 Minami，1990；Xing 和 Zhu，1997)，但一般认为，新鲜的有机肥料施用会向稻田提供更多的 CH_4 前体，使土壤中有更多的 CH_4 产生，从而增加排放，经过发酵的沼气渣施用对稻田 CH_4 排放的增加无明显的影响。而未经发酵的干有机肥料，如未经堆腐的猪厩肥和牛厩肥以及生产实践上常用的秸秆和饼肥施用对稻田 CH_4 排放的影响尚不完全清楚。

大气 CO_2 浓度增加对稻田生态系统影响的研究始于 20 世纪 60 年代（Murata，1962）。早期的研究主要集中在 CO_2 浓度增加对水稻生理的影响，涉及到水稻光合作用，生物量以及粮食产量（Baker 和 Allen，1993；Imai 和 Murata，1978）。直到最近十年，才有研究涉及到 CO_2 浓度增加对稻田生态系统微量气体排放的影响。以往研究 CO_2 浓度增加对农田 CH_4 排放的影响主要是在开顶箱（OTC，open-top-chamber）中进行的。由于 OTC 技术和设备简单，运行经济，曾得到较广泛的应用。但 OTC 的箱壁效应使在此基础上得出的结论不一定能反映自然状态下的 CO_2 增加效应。关于自由大气 CO_2 增加（FACE，Free-air carbon dioxide enrichment）对稻田 CH_4 排放的影响的研究，国内外仅有王大力（1999）、Ziska 等（1998）的开顶箱研究以及 Ambus 和 Robertson（1999）和徐仲均等（2002）的水稻 FACE 研究等为数不多的报道。

本章主要介绍水稻物质生产、土壤温度和理化特性、农业管理措施以及大气 CO_2 浓度升高对 CH_4 排放的影响。主要内容来自文献：黄耀等（1999；2002），焦燕等（2002；2003），徐仲均等（2002），邹建文等（2003），蒋静艳等（2003），Huang 等（2001；2002）。

4.1　水稻物质生产与 CH_4 排放

试验于 1994～1995 年在美国德克萨斯州进行。大田试验区设在德州农工大学农业试验与推广中心（1994～1995 年），盆栽试验设在莱斯大学（Rice University）校园内（1995 年），两地相距约 120km。供试土壤砂粒含量为 23%～28%。在水稻生长季内（4 月～9 月），日平均气温为 25.5℃，日平均太阳辐射量为 40 Ei · m^{-2}，降水总量为 800 mm 左右。大田试验供试品种为 Mars、Lemont、Labelle（1994），Mars、Della、Lemont、Cypress（1995）。每个小区面积为 70 m^2。盆栽试验供试品种为 Mars、Della、Lemont、Labelle。盆钵高度为 22 cm，上口与底部直径分别为 25 与 18 cm。盆内土层厚度为 13～15 cm，该土取自于 1995 年大田试验区。据 1993 年不同品种下甲烷排放量的研究（Sass 和 Fisher，1995），品种 Mars、Della、Cypress 表现出较强的甲烷排放能力，而品种 Lemont 及 Labelle 的甲烷排放量明显低于上述三个品种。

五个供试品种的生育期大体相仿。4 月上、中旬用机械直播，10 天左右出苗，7 月上、中旬抽穗，8 月中旬成熟。播种后 6 周开始，持续淹水至成熟前 10 天左右落干，田间水深保持在 8～12 cm。氮肥以尿素为主，施用量为 165～190 kgN · hm^{-2}，无有机肥施加。

大田水稻植株采样每周一次，仅取地上部分。每次在各小区内随机选取 2～3 个点，共取 20 株（包括三叶以上的大分蘖）左右。回实验室洗净，并分成三部分：绿色茎叶、枯黄叶片及穗部。盆栽试验每个品种每次取两盆作为重复，每周一次。除地上部分与大田采样相同外，同时收集根系生物量。所有植株样品均在 90℃下烘干 48 小时并称重。将所采植株的单株干重乘以甲烷采样箱内植株数，可估算出该箱内水稻植株的生物量。

4.1.1　水稻群体物质生产水平与 CH_4 季节性排放总量

表 4.1 给出三个试验不同品种的水稻生物量及甲烷排放总量。这三个试验代表了不

同的水稻生产力水平：低生产力（1995 年大田）、中等生产力（1994 年大田）及高生产力（1995 年盆栽）。其相应的地上部分生物量分别为 611±41 g·m^{-2}，996±63 g·m^{-2} 及 1591±86 g·m^{-2}。与此相一致，甲烷排放量分别为 9.6±2.5 g·m^{-2}，20.9±9.1 g·m^{-2} 及 31.6±7.1 g·m^{-2}。除此以外，品种 Mars、Della 及 Cypress 显示出较高的甲烷排放能力，这与 Sass 和 Fisher(1995)的研究结果相一致。

表 4.1 不同生产力水平下水稻物质生产与甲烷排放量（美国德克萨斯，1994～1995）

品种	地上部分干重 (g·m^{-2})			根系干重 (g·m^{-2})	甲烷排放量 (g·m^{-2})		
	1994—F[a)]	1995—F	1995—P[b)]	1995—P	1994—F	1995—F	1995—P
Mars	916	671	1724	536	33.68	12.06	40.80
Lemont	1071	620	1558	534	15.69	8.60	23.26
Labelle	1002		1487	464	13.43		26.21
Della		558	1596	522		6.08	36.00
Cypress		596				11.74	
平均值	996	611	1591	514	20.9	9.6	31.6
标准差	63	41	86	29	9.1	2.5	7.1
变异系数(%)	6.4	6.7	5.4	5.7	43.3	25.5	22.5

a) F：大田试验；b)P：盆栽试验

由表 4.1 给出的数据，可得到甲烷排放量与水稻地上部分生物量的关系（图 4.1）。图 4.1 中 VI 是一个无量纲的品种指数，它用来表征不同品种间甲烷排放量的差异（Huang 等，1997）。这里，品种 Mars、Della 及 Cypress 的 VI 值为 1.5，其余两个品种为 1.0（Huang 等，1997）。从表 4.1 与图 4.1 可以看出，在类似的气候、土壤及栽培管理条件下，给定品种的甲烷排放量随水稻生产力的提高而增加。

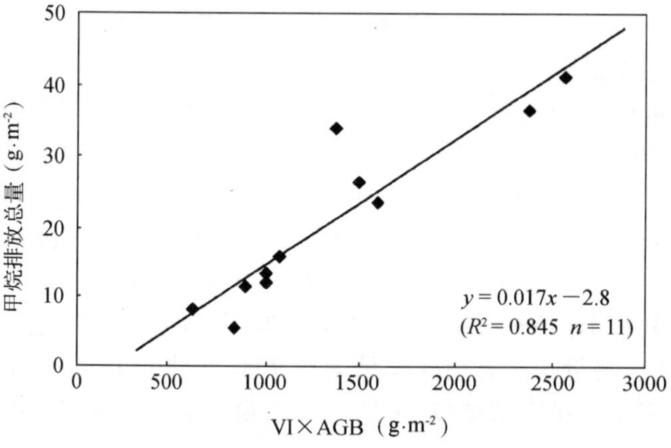

图 4.1 CH_4 季节排放总量与水稻地上部生物量(AGB)的关系（1994～1995，美国德克萨斯）

根据 Yoshida 的划分，水稻幼穗分化前为营养生长期；幼穗分化至抽穗为生殖生长期；抽穗至成熟为灌浆成熟期。图 4.2 给出这三个生育期内水稻物质生产占全生育期物质生产的百分数以及同期内甲烷排放量占季节总量的百分数。由图 4.2 可以看出，约 78%的甲烷是在水稻生殖生长阶段与灌浆成熟阶段内排放的。与此相比，同期内水稻物质生产仅占全生育期的 51%。从这个意义上讲，水稻生长中、后期的物质生产对甲烷的贡献要大于生长前期。因而，控制持续淹水稻田甲烷排放的适宜阶段应是在水稻幼穗分化以后。

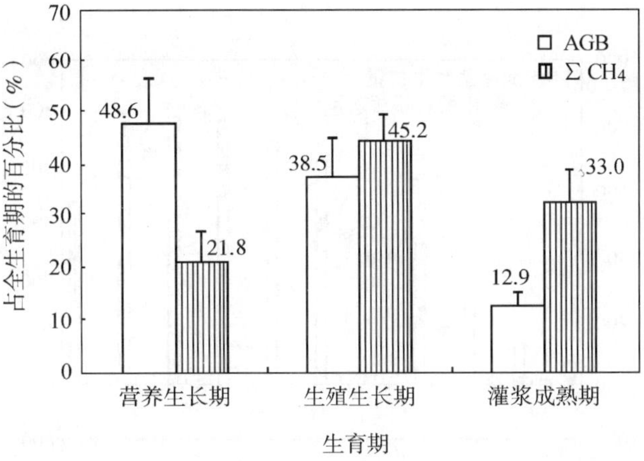

图 4.2　不同生育期内水稻物质生产与 CH_4 排放量（1994～1995，美国德克萨斯）

4.1.2　水稻干物质积累与 CH_4 日排放通量

图 4.3 给出三个试验同一水稻品种（Lemont）的干物质积累与甲烷日排放通量的季节性变化。在灌水初期，甲烷日排放量较低。其主要原因是土壤的氧化还原电位较高，抑制了土壤中甲烷的产生（Wang 等，1993）。大约灌水后三个星期，甲烷日排放量逐渐增加，到抽穗后开始下降（图 4.3a）或略有增加（图 4.3b），或基本保持不变（图 4.3c）。意大利（Schütz 等，1990b）、印度（Parashar 等，1994）等地的田间测定也有类似的趋势。由图 4.3 还可以看出，抽穗后甲烷排放的趋势与水稻营养器官的干物质积累趋势相类似。Nouchi（1994）的实验指出，水稻叶鞘的微孔是甲烷排放的主要通道。抽穗后，水稻植株不再有新叶抽出，甲烷排放或许受到这些通道的限制。另一方面，土壤及水土界面中甲烷氧化量的增加，也可能导致抽穗后甲烷排放的减少（Schütz，1989a）。

Whiting 与 Chanton（1993）的研究指出，在湿地生态系统中，甲烷的排放率与植物的光合作用呈正相关。本研究的观测结果表明，水稻田甲烷的日排放量与植株生物量的累积呈正相关。图 4.4 给出两组水稻品种营养器官生物量与甲烷日排放量的相关关系。图 4.4a 中资料来自于种植品种 Lemont 与 Labelle 的大田小区及盆钵，图 4.4b 中资料来自于种植品种 Mars、Della 及 Cypress 的大田小区与盆钵。由图 4.4b 可以看到，当甲烷日排放量达到 1100 $mg \cdot m^{-2}$ 左右时，其排放通量不再随植株生物量的增加而增加。

必须注意到，甲烷日排放通量为 1100 $mg \cdot m^{-2}$ 左右的资料均来自于 1995 年的盆栽试验。一种可能的解释是：在这种特定的品种、土壤及栽培条件下，土壤中的甲烷菌或许是限制甲烷产生/释放的因子，而不是受基质的限制。

考虑品种间甲烷排放能力的差异，仍以品种指数(VI)为 1.5 及 1.0 来表征这两组品种的甲烷排放差异，可得到三个试验所有供试品种营养器官生物量与甲烷日排放量的线性关系(图 4.5a)。其线性决定系数 r^2 为 0.887(n=93)。Sass 等(1990)曾报道，土壤中甲烷的产生量随植物根系生物量增加而增加。采用图 4.5a 类似的方法，可从 1995 年盆栽试验资料得到甲烷日排放量与水稻根系生物量之间的线性关系(图 4.5b)。其决定系数 r^2 为 0.816(n=33)。

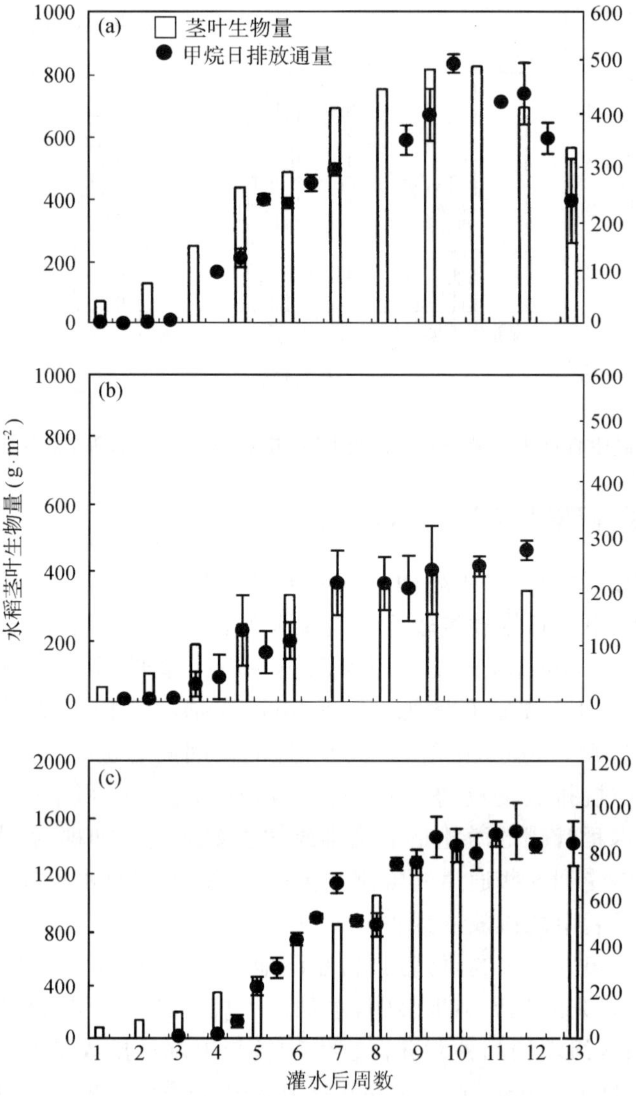

图 4.3　水稻群体干物质积累与甲烷日排放通量的季节变化

(a)、(b)、(c)分别为 1994，1995 年大田试验及 1995 年盆栽试验(供试品种为 Lemont，美国德克萨斯)

图 4.4 与图 4.5 的结果表明：水稻田甲烷排放量与群体光合生产有关。当群体较小时，光合积累较少，通过根系分泌的有机物较少，因而甲烷的产生和排放量较小。随着水稻群体的扩展，光合积累增加，用于产生甲烷的基质增加，因而甲烷的排放量增加。Minoda 等（1996）曾用 ^{13}C 同位素示踪技术对水稻光合作用与甲烷的排放作过研究，结果表明，由水稻叶片光合作用同化的 ^{13}C 在 3～11 小时内便可通过根系释放到根区，并转化成甲烷排放到大气中。本研究结果支持 Minoda 等（1996）的同位素实验结论。

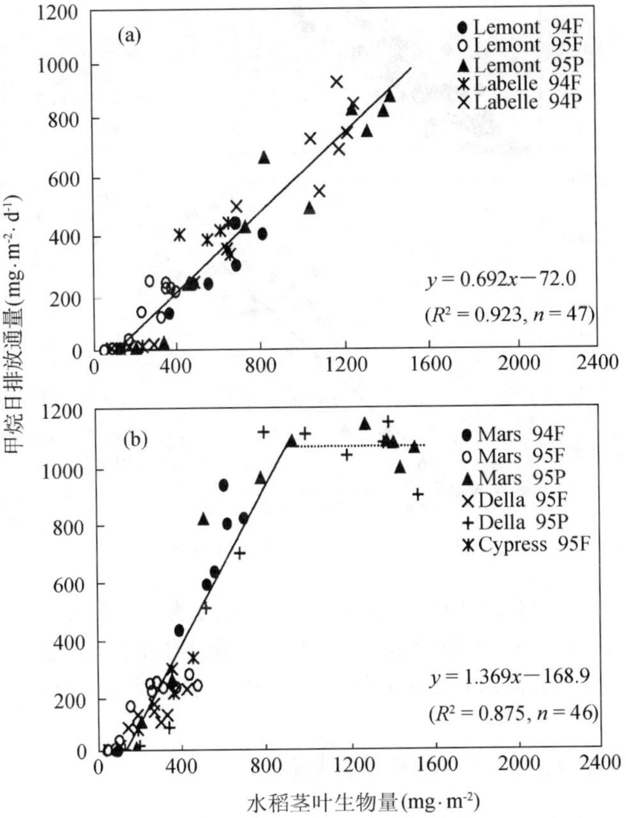

图 4.4　CH_4 日排放通量与水稻营养器官生物量的关系（1994～1995，美国德克萨斯）

4.2　土壤温度与 CH_4 排放

研究田间条件下温度对 CH_4 排放季节性变化的影响需摒弃其它相关因子的作用。如前所述，烤田和有机肥施用会大大影响 CH_4 的产生与排放（Schütz 等，1989a；Cicerone 等，1992；Sass 等，1992；Yagi 等，1996）。在持续淹水和无有机肥施用的条件下，我们分别于 1997 年和 1999 年在美国德克萨斯州农工大学农业试验与推广中心和中国南京进行了稻田 CH_4 排放的观测研究，同时观测土壤温度及水稻生长动态。土壤温度用预埋于土壤的 Temp Log 温度传感器每小时自动记录一次，水稻地上部分生物量约每 10 天（南京点）和每两周(德克萨斯州点)测定一次。

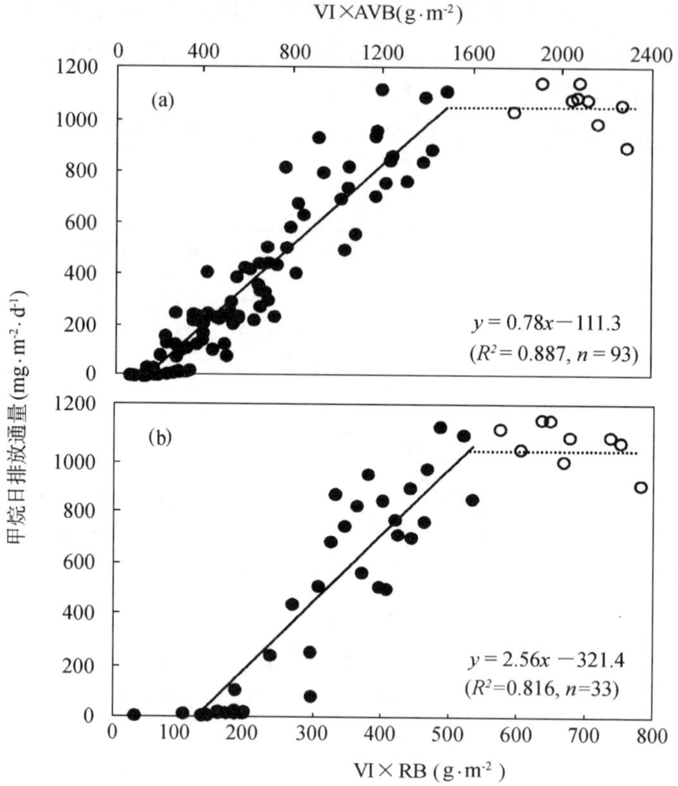

图 4.5　CH_4 日排放通量与水稻生物量的关系
AVB 与 RB 分别表示地上部分营养器官与根系生物量
VI 为无量纲的品种指数(1994～1995,美国德克萨斯)

4.2.1　南京和德克萨斯州(美国)观测试验

表 4.2 为南京和和美国德克萨斯州试验点的气候条件、土壤、作物的主要生育期及肥料运筹的概况。可以看出,两地在观测期内的降水及日照条件比较相似,但气温有较大的差异。虽然德克萨斯州试验点的平均气温比南京点高 2.7℃,但其月平均气温的变化幅度(4.3℃)远远小于南京点的变化幅度(11.1℃)。

4.2.2　土壤温度与稻田 CH_4 排放的季节性变化

表 4.3 为两个试验点的 CH_4 排放量、土壤温度及水稻生物量比较。南京点季节性 CH_4 排放平均通量低于德克萨斯州试验点,主要原因可能是南京的土壤温度比德克萨斯州的低(表 4.3)且土壤质地较粘(表 4.2),砂性土壤的 CH_4 排放一般高于粘性土壤(Sass 等,1994)。与气温的季节变化相似,南京点土壤温度的变化幅度远远大于德克萨斯州试验点的变化幅度。由于南京点水稻生育期较长(表 4.2),因而水稻的生物量和产量较德克萨斯州试验点要高。

表 4.2　南京和德克萨斯试验点气候条件、土壤、作物生育期及肥料施用比较

项目	试验点	
	南京	德克萨斯
纬度,经度	31°52′N,118°50′E	29°57′N,94°30′W
观测期	6 月～10 月	5 月～8 月
观测期气候条件		
平均气温(℃)	24.0	26.7
月平均气温变幅(℃)	16.9～28.0	24.0～28.3
总降雨量(mm)	606	581
平均太阳辐射(Einstein · m^{-2} · d^{-1})	36.8	40.4
土壤		
有机碳含量(g · kg^{-1})	17.5	11.1
砂粒含量 (%)(平均值±SD)	4.2±0.8	23.8±1.0
粉粒含量(%)(平均值±SD)	45.1±0.8	41.8±1.0
粘粒含量 (%)(平均值±SD)	50.7±1.9	34.5±0.7
水稻主要生育期(月/日/年)		
播种期	05/14/1999	04/18/1997
出苗期	05/17/1999	04/28/1997
抽穗期	09/05/1999	07/17/1997
成熟期	10/20/1999	08/20/1997
施肥(kg · hm^{-2})		
N	300	190
P_2O_5	40	56
K_2O	40	56

表 4.3　南京和德克萨斯稻田 CH_4 排放量、土壤温度和水稻生物量比较

项目	试验点	
	南京	德克萨斯
CH_4排放量		
季节平均排放通量(mg · m^{-2} · h^{-1})	4.1	10.3
通量变化范围(mg · m^{-2} · h^{-1})	0.18～10.57	0～21.90
季节排放总量(g · m^{-2})	12.11	18.75
土壤温度(℃)		
观测期平均	24.5	26.7
变化范围	13.6～28.9	25.2～28.1
水稻生长		
抽穗期株高(cm)	103±16	105±3
抽穗期总茎蘖数(m^{-2})	343±20	332±37
籽粒产量(g · m^{-2})	648.5±138.7	583.1±27.1
地上部生物量(g · m^{-2})	1593.2±37.8	1302.1±59.1

图 4.6 为德克萨斯点和南京点稻田 CH_4 排放通量、土壤温度和地上部分生物量季节动态的比较。从图中可以看出，两地区的 CH_4 排放通量和土壤温度的季节变化明显不同。在德克萨斯点（图 4.6a），由于水稻生长期内土壤温度变化很小（2.9℃），且处于适宜的范围（表 4.3），因而并不成为 CH_4 产生与排放的限制因子。水稻生长过程中产生的根系分泌物和凋落物为 CH_4 的产生提供了基质。当土壤温度处于适宜的范围内，甲烷菌基质成了 CH_4 产生和排放的主要影响因数。在无外源有机碳施用条件下，水稻的光合生产能力决定了甲烷菌基质的多寡进而影响 CH_4 的产生和排放（图 4.1、图 4.3、图 4.6a）。与德克萨斯点相比，南京试验点在观测期间土壤温度的变化幅度达 15.3℃（表 4.3），此时土壤温度决定了 CH_4 排放的季节性变化（图 4.6b），而由水稻根系分泌物和凋落物提供的甲烷菌基质可能并不起着主导作用。

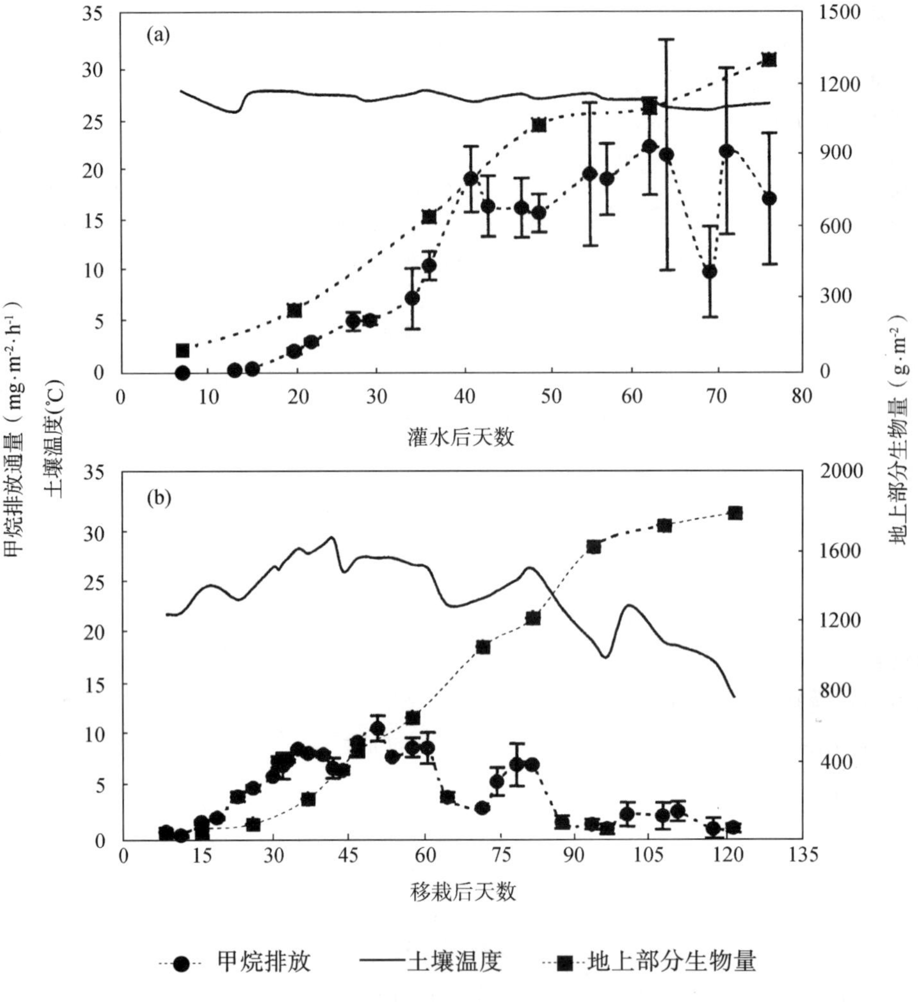

图 4.6 稻田 CH_4 排放通量、土壤温度和水稻生物量的季节变化

(a)美国德克萨斯州，1997；(b)南京，1999

假定南京点土壤温度对稻田 CH_4 排放的影响可通过由温度系数(Q_{10})确定的方程(4.1)描述：

$$F_T = F_{10} \times Q_{10}^{(T-10)/10} \tag{4.1}$$

式中 F_T 和 F_{10} 分别代表土壤温度为 T 和 10℃的 CH_4 排放通量($mg \cdot m^{-2} \cdot h^{-1}$)。我们通过 CH_4 排放通量和同期测定的土壤温度求得 F_{10} 为 0.345 $mg \cdot m^{-2} \cdot h^{-1}$，$Q_{10}$ 为 6.0。图 4.7 为 CH_4 排放通量与土壤温度的相关关系($R^2=0.741, n=33, p<0.001$)。

虽然国内外对 CH_4 排放通量与温度的相关性有过不少的报道，但温度系数(Q_{10})之间存在很大差异。本研究中南京地区稻田 CH_4 排放的 Q_{10} 的值与 Khalil 等(1991)，Schütz 等(1989b)以及 Zheng 等(1998)的研究报道亦不尽一致。Khalil 等(1991)通过对我国四川省稻田 CH_4 排放的研究得出 Q_{10} 为 2 左右；Schütz 等(1989b)对意大利 Vercelli 稻田 CH_4 排放的研究得出 Q_{10} 为 4；Zheng 等(1998)对我国苏州郊区间隙灌溉(淹水和烤田相结合)稻田 CH_4 排放的研究指出，Q_{10} 可能会高达 15。导致不同报道中 Q_{10} 巨大差异的原因可能是由于其它相关因子(如水分管理和有机肥施用)的干扰或不同区域产甲烷菌对温度变化的响应不同。

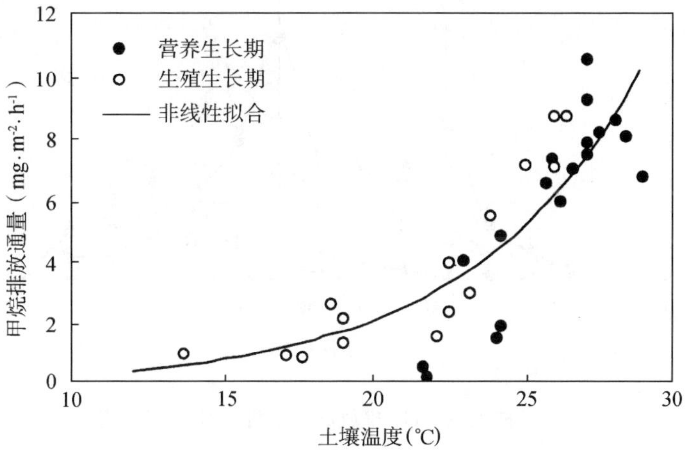

图 4.7　CH_4 排放通量与土壤温度的相关关系(1999，南京)

4.3　土壤理化特性与 CH_4 排放

为研究相同气候和农业管理条件下土壤理化特性对稻田 CH_4 排放的影响，于 2000 年和 2001 年在南京农业大学校园网室进行了盆栽试验。2000 年供试土壤为 18 个，水分管理方式为持续淹水至收获前一周落干，无外源有机质施用。基于 2000 年的试验结果，2001 年从上年 18 个供试土壤中选取 10 个继续进行试验。设置化肥(对照)、化肥+有机肥(小麦秸秆)两处理。水分管理方式为抽穗前持续淹水，抽穗后至收获期实施干湿交替。

土壤理化特性和实验设计见第三章相关内容。

4.3.1　不同土壤的 CH_4 排放

图 4.8 是 2000 年 3 种不同土壤 CH_4 排放的季节性变化趋势，它们分别代表 CH_4 排放通量大、中、小 3 个水平。在 18 种供试土壤中，采自于江宁区秣陵镇的(A3)CH_4 排放量最小，采自于六合县城西乡的(E3)最大，采自于宜兴市大浦乡的(B2)排放量介于中间。从图 4.8 的结果同时可以看出：在水稻生长期内，B2 土壤和 E3 土壤 CH_4 排放的季节性变化趋势非常一致，高峰出现在穗分化前后和抽穗期；A3 土壤的 CH_4 排放从移栽到收获一直很小，未出现明显的排放高峰。这说明在相同的气候条件和农业管理方式下，CH_4 排放的季节变化趋势与土壤特性有关。在无外源有机质施用的情况下，水稻生长前期的 CH_4 排放趋势决定了整个生长期的排放量，前期排放较低的土壤在整个生长季内的排放都低(如 A3 土壤)；反之，前期排放较高的土壤在整个生长季内的排放都高(如 E3 土壤)。

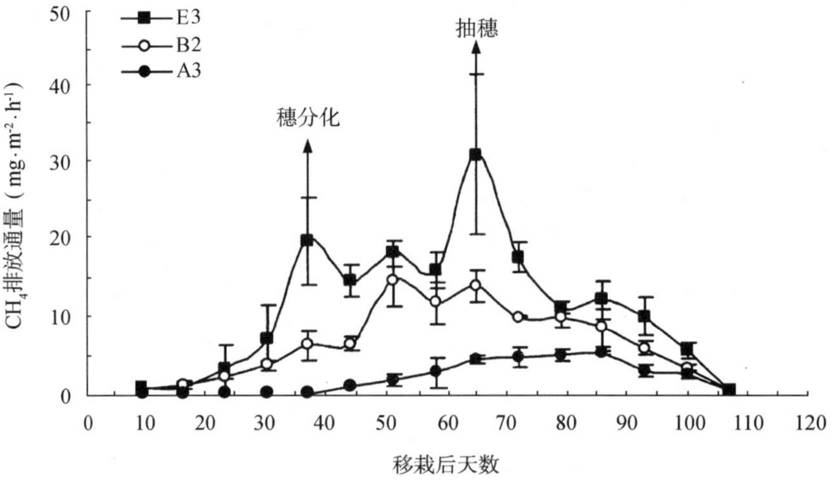

图 4.8　三种土壤 CH_4 排放的季节性变化(2000，南京)

图 4.9 给出 2000 年各供试土壤 CH_4 排放的季节性平均通量，不同供试土壤的 CH_4 排放具有明显的差异。所有供试土壤的季节性 CH_4 排放平均通量为 6.42±2.70 mg・m^{-2}・h^{-1}，最低和最高排放量分别为 1.96 mg・m^{-2}・h^{-1}(A3 土壤)和 11.06 mg・m^{-2}・h^{-1}(E3 土壤)，两者相差约 5.6 倍。方差分析表明，供试土壤间 CH_4 排放的季节性平均通量差异极显著(F=42.12，p=0.0000)。方差分析的结果同时表明，水稻收获期的地上部分生物量(秸秆和穗)在各供试土壤间具有显著的差异(F=3.72，p=0.0004)。然而，这种差异与 CH_4 的排放无显著相关(r=0.2681，p=0.2819)，这说明本研究中水稻生长的差异并不是影响 CH_4 排放的主要因素。

图 4.10 为 2001 年 3 种不同土壤 CH_4 排放的季节性变化趋势。与对照(图 4.10a)相比，小麦秸秆施用不仅改变了季节性排放模式，而且大大促进了 CH_4 的排放(图 4.10b)。CH_4 排放高的土壤(图 4.10a)施用小麦秸秆后仍然保持较高的排放态势(图 4.10b)。这

进一步说明在相同的气候条件下，无论施加有机物料与否，CH_4 的排放均与土壤特性有关。

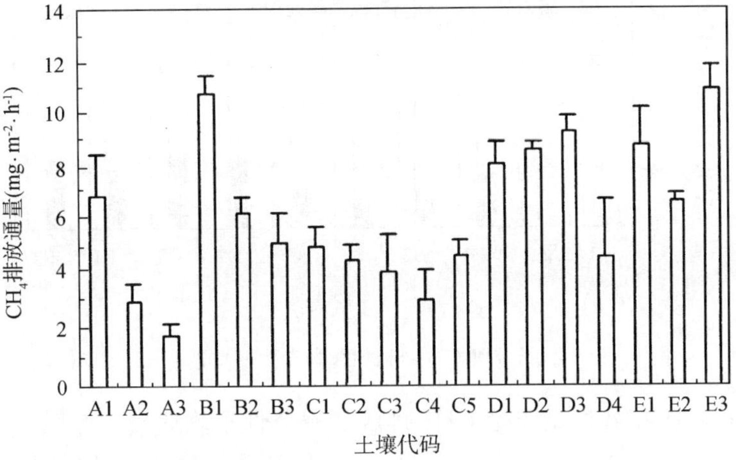

图 4.9　不同土壤 CH_4 排放的季节性平均通量(2000，南京)

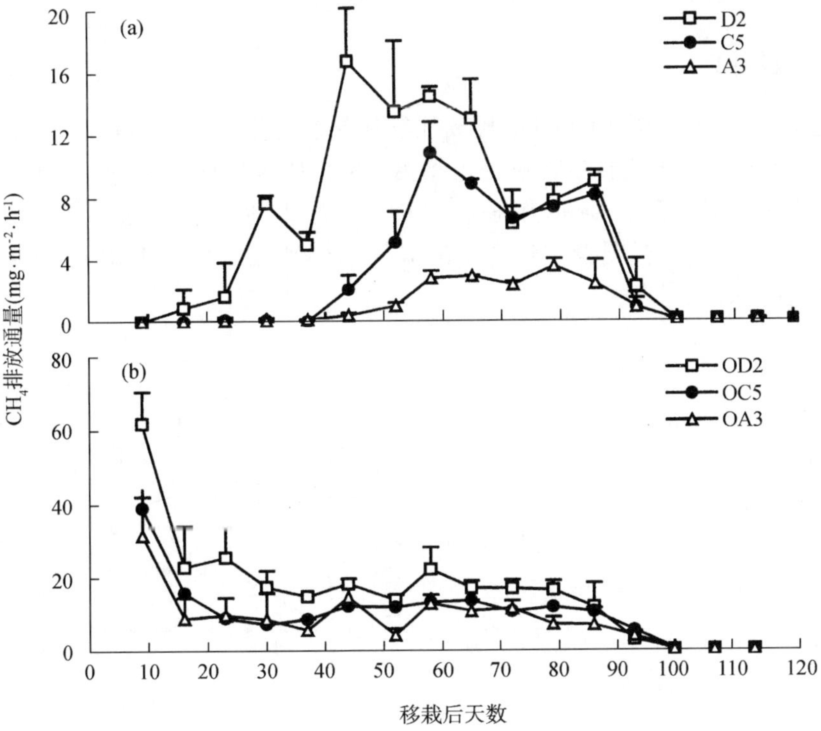

图 4.10　三种土壤 CH_4 排放的季节性变化(2001，南京)

(a)常规化肥；(b)化肥＋小麦秸秆。

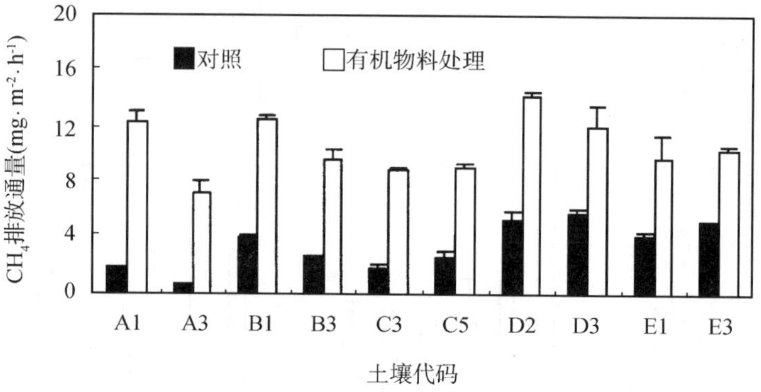

图 4.11　不同土壤 CH_4 排放的季节性平均通量(2001,南京)

图 4.11 为 2001 年各供试土壤 CH_4 排放的季节性平均通量。对照土壤的季节性 CH_4 排放平均通量为 3.56±1.68 mg·m^{-2}·h^{-1},最低和最高排放通量分别为 0.89 mg·m^{-2}·h^{-1}(A3 土壤)和 5.92 mg·m^{-2}·h^{-1}(D3 土壤),两者相差约 7 倍。施入小麦秸秆后季节性 CH_4 排放平均通量为 10.78±2.10 mg·m^{-2}·h^{-1},最低和最高排放通量分别为 7.4 mg·m^{-2}·h^{-1}(A3 土壤)和 14.36 mg·m^{-2}·h^{-1}(D2 土壤)。

4.3.2　影响 CH_4 排放的土壤因子

4.3.2.1　土壤质地

有研究指出,砂性水稻土的 CH_4 排放往往比粘性土壤高(Sass 等,1994)。本研究结果表明,CH_4 排放通量与土壤砂粒含量呈正相关(图 4.12),与粘粒含量呈负相关(图 4.13),这与以往的报道比较一致。Neue 和 Roger(1993) 对 29 种不同土壤的培养测定结果分析后发现,产甲烷微生物的数量及甲烷产生潜势与土壤砂粒含量呈正相关,这可能是砂性土壤 CH_4 排放较高的原因之一。

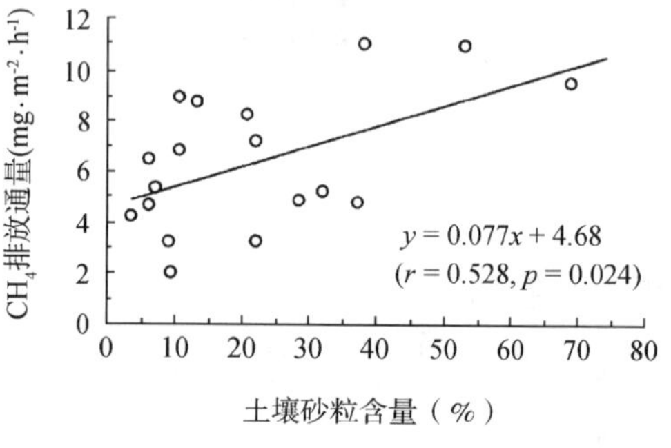

图 4.12　CH_4 排放通量与土壤砂粒含量的相关关系(2000,南京)

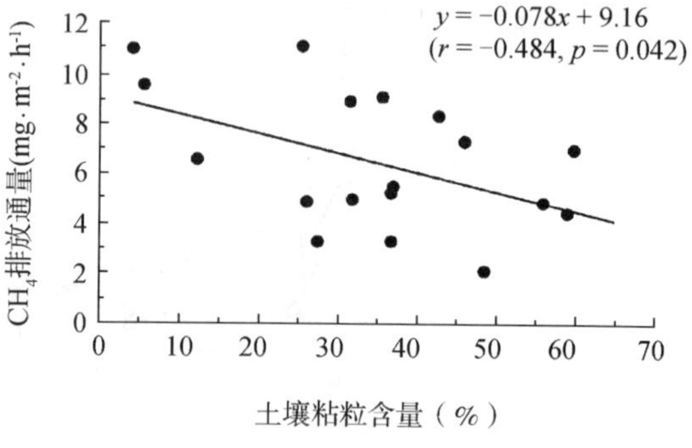

图 4.13　CH_4 排放通量与土壤粘粒含量的相关关系(2000,南京)

4.3.2.2　土壤碳素

以往的实验室培养研究指出（Wassmann 等，1998；Yao 等，1999），CH_4 的产生量与土壤有机碳含量有显著的正相关关系，也有研究者把土壤有机碳作为关键参数评估稻田 CH_4 排放的潜力（Cao 等，1995），但本研究并未发现 CH_4 排放量与土壤有机碳含量有显著的正相关关系（图 4.14）。更值得注意的是，图 4.14 中两个有机碳含量最高的土壤其 CH_4 排放反而较低。一般认为，产甲烷微生物的营养基质主要来自三个方面，即水稻根系分泌物，外源有机碳的加入及土壤原有有机碳。在实验室培养研究中，供试土壤不栽种水稻植物，并且亦无外源有机碳加入，因而产甲烷微生物的营养基质主要来自于土壤原有有机碳的矿化。显然，在实验室条件下有机碳含量高的土壤其 CH_4 的产生量亦高。然而，极其重要的一点是水稻植株本身在稻田 CH_4 排放过程中起着关键的作用，与根系分泌物为产甲烷微生物提供的营养基质相比，来源于土壤原有有机碳的营养基质可能是微不足道的。

一般认为，土壤水溶性有机碳易被微生物所利用。2001 年盆栽试验期间，我们在水稻的三个主要生育期（分蘖高峰期、拔节孕穗期和灌浆期）分别测定了各供试土壤的水溶性有机碳（DOC）含量，取这三次测定的平均值粗略代表各供试土壤的 DOC 状况。分析结果表明，不同土壤间的 DOC 含量具有明显的差异（图 4.15），但对照和有机物料处理之间的差异不显著（$p=0.369$）。由此可以推测，在水稻生长季内土壤 DOC 主要来自作物的生长。

DOC 含量高的土壤在对照条件下 CH_4 排放量高，两者呈显著线性正相关（$R^2=0.815$），但施加小麦秸秆后两者之间并未表现出明显的相关关系（图 4.16）。其原因在于小麦秸秆的加入为产 CH_4 微生物提供了充足的碳源，大大促进了 CH_4 的产生与排放（图 4.10），而小麦秸秆的加入并不增加土壤的 DOC 含量（图 4.15）。综合图 4.14 和图 4.16 的结果可以得出结论，在无外源有机碳施入的条件下，CH_4 的排放取决于土壤水溶性有机碳的水平，而不是土壤有机碳含量。土壤水溶性有机碳含量与土壤特性（图 4.15）和作物生长（Lu 等，2000）有关。

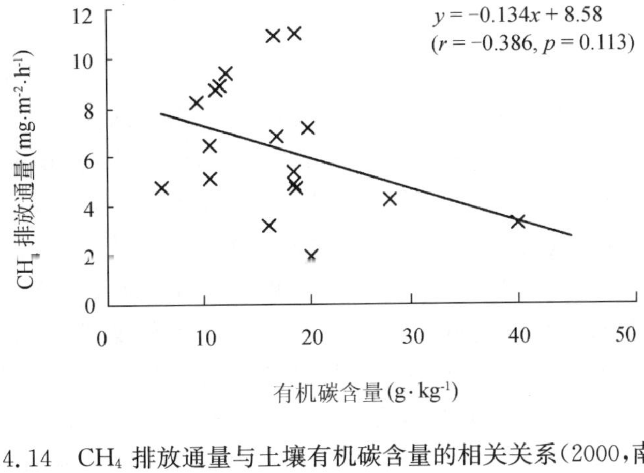

图 4.14　CH_4 排放通量与土壤有机碳含量的相关关系（2000，南京）

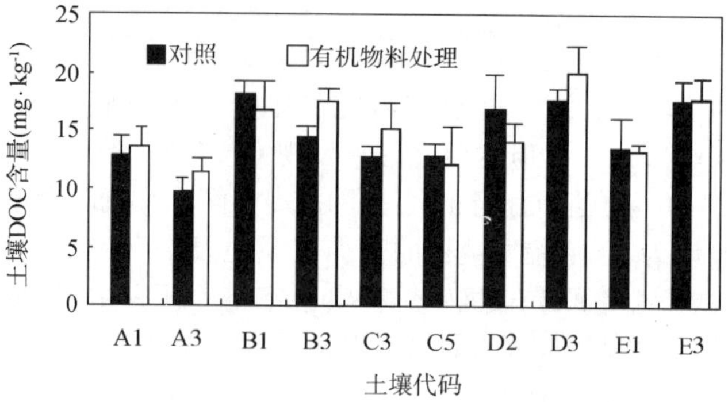

图 4.15 供试土壤 DOC 含量(2001,南京)

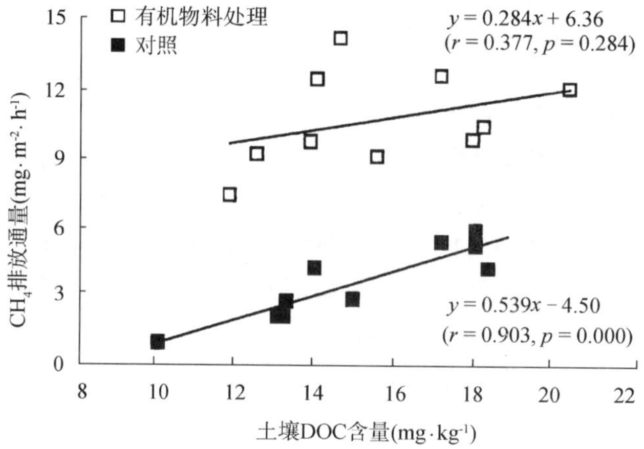

图 4.16 CH_4 排放通量与土壤 DOC 含量(2001,南京)

4.3.2.3 土壤氮素

土壤氮素是作物生长的重要营养元素,同时氮肥施用可改变土壤作为大气 CH_4 源和汇的强度,从而影响大气 CH_4 的平衡。Wassmann 等(1998)和 Yao 等(1999)的培养试验表明 CH_4 的产生和土壤全氮含量呈正相关。2000 年盆栽试验结果表明,CH_4 排放量与土壤全氮含量之间表现为弱负相关(图 4.17),与速效氮和铵态氮含量之间表现为显著的负相关,相关系数分别为 0.611(图 4.18)和 0.649(图 4.19)。从图 4.18 和图 4.19 也可看出一个明显的趋势,即当土壤速效氮低于 30 mg·kg^{-1}或铵态氮低于 15 mg·kg^{-1}时,土壤氮素对 CH_4 排放的影响具有很大的不确定性;当大于此含量时,CH_4 排放随氮素含量的增加而线性递减。一些研究者解释土壤铵态氮对 CH_4 排放的影响在于铵态氮控制稻田水土界面的 CH_4 氧化(Xu 等,2000)。这也可能是图 4.14 中两个有机碳含量最高的土壤其 CH_4 排放反而较低的原因,因为它们的铵态氮含量较高,分别达 51 和 63 mg·kg^{-1}。

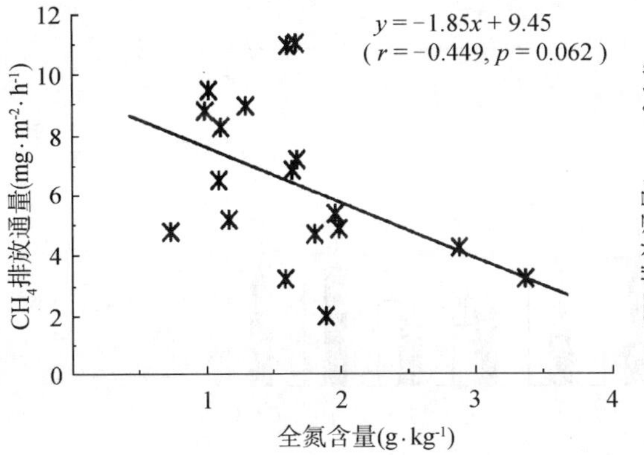

图 4.17　CH_4 排放通量与土壤全氮含量的相关系(2000,南京)

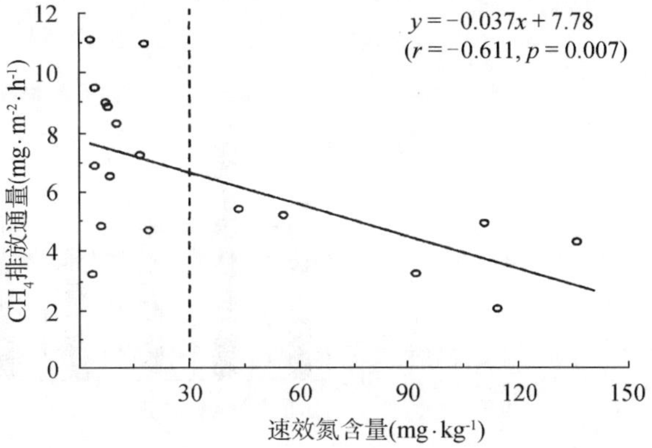

图 4.18　CH_4 排放通量与土壤速效氮含量的相关关系(2000,南京)

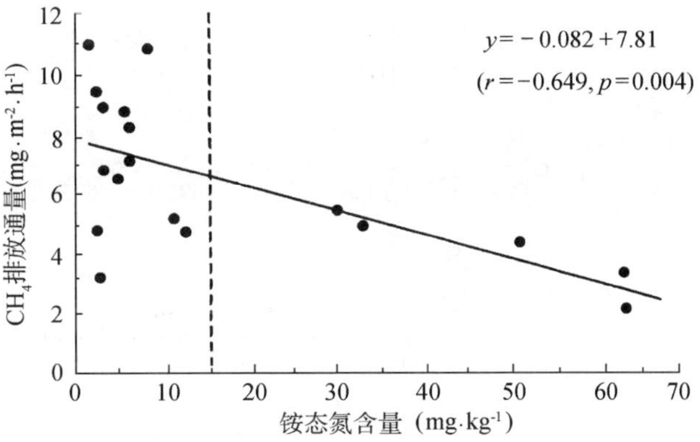

图 4.19　CH_4 排放通量与土壤 NH_4^+-N 含量的相关关系(2000,南京)

由于 N 肥的施用、作物的生长利用和其它环境因素的变化,土壤铵态氮在水稻生长期内并非一个常数。为此,2001 年的盆栽试验对 CH_4 排放和土壤氮素的关系作了进一步的研究(试验设计见第三章相关内容)。图 4.20 是对照与有机物料处理下土壤水溶液中铵态氮含量(铵态氮含量为水稻移栽到抽穗期每周测定一次的平均值),无论有机物料施入与否,供试土壤间铵态氮含量具有明显差异。对照条件下不同土壤的铵态氮含量为 0.4~1.8 mg·kg^{-1},与土壤 DOC 类似,施加小麦秸秆并不显著影响铵态氮含量(p=0.133)。

相关性分析结果表明,对照条件下 CH_4 的排放随铵态氮浓度增加而减少(R^2=0.484,p<0.02),但施加小麦秸秆后两者之间并未表现出明显的相关关系(图 4.21),这与图 4.16 的结果非常类似。Xu 等(2000)曾报道稻田系统中 CH_4 排放量与土壤水层 NH_4^+ 含量与呈显著负对数关系,CH_4 氧化潜势可随水层 NH_4^+ 浓度增加而增大。

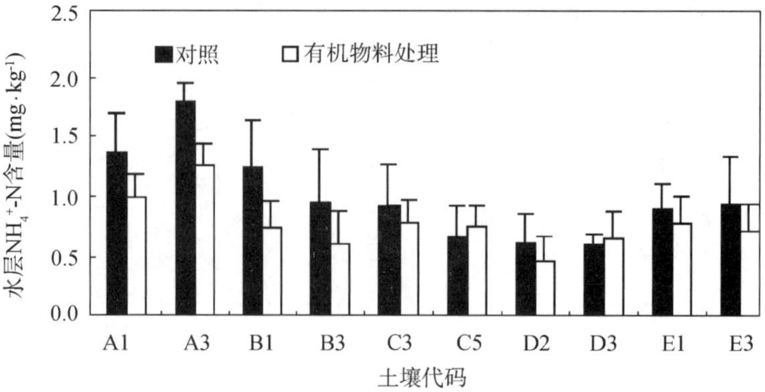

图 4.20　供试土壤铵态氮含量(2001,南京)

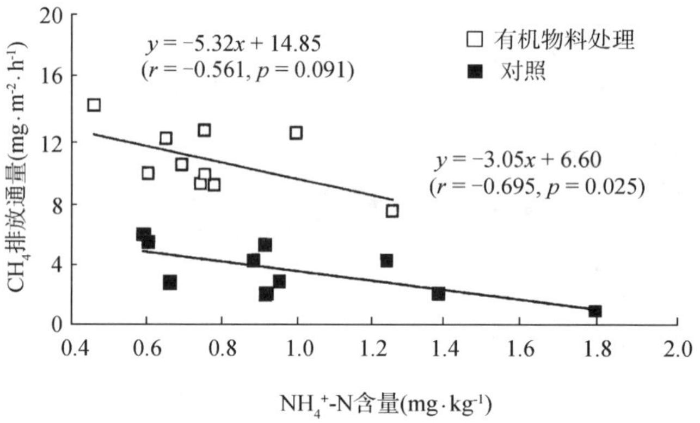

图 4.21　CH_4 排放通量与水层 NH_4^+-N 含量关系(2001,南京)

4.3.2.4　土壤微量元素

表 4.4 为 2000 年水稻移栽前测定的土壤常微量元素含量。土壤代码表示采自于不同的地方,具体采样点及土壤类型见第三章相关内容。

(1)土壤铜与 CH_4 排放

图 4.22a 和图 4.22b 分别为 2000 年不同土壤 CH_4 排放的季节性平均通量与有效态铜和全铜量的相关关系。可以看出,CH_4 排放随土壤铜含量的增加线性减少。一个可能的解释是土壤溶液中的铜元素大部分以络合物形态存在,其对稻田 CH_4 排放的影响主要与土壤微生物学过程有关。一方面,铜元素可能对产 CH_4 菌有毒害作用,降低了产 CH_4 菌的活性;另一方面,土壤中 Cu^{2+} 与有机碳络合,减少了产 CH_4 菌的能源基质,因而抑制了土壤中 CH_4 的产生。

表 4.4 各供试土壤常微量元素含量

土壤代码	S 有效态 ($mg \cdot kg^{-1}$)	S 全量 ($g \cdot kg^{-1}$)	Fe 有效态 ($mg \cdot kg^{-1}$)	Fe 全量 ($g \cdot kg^{-1}$)	Cu 有效态 ($mg \cdot kg^{-1}$)	Cu 全量 ($g \cdot kg^{-1}$)	Mn 交换态 ($mg \cdot kg^{-1}$)	Mn 全量 ($g \cdot kg^{-1}$)	Mg 交换态 ($mg \cdot kg^{-1}$)	Mg 全量 ($g \cdot kg^{-1}$)
A1	22.3	0.435	30.0	32	2.8	0.050	3.1	0.496	807.1	2.3
A2	14.7	0.334	55.8	28	5.3	0.043	16.8	0.413	652.6	2.2
A3	14.3	0.393	20.4	30	5.3	0.070	29.1	0.424	649.2	3.0
B1	14.1	0.479	57.9	16	1.9	0.025	11.1	0.135	43.1	1.3
B2	24.6	0.402	46.1	18	2.0	0.023	46.4	0.455	233.0	2.0
B3	11.1	0.358	24.7	27	2.3	0.033	44.3	0.345	533.3	2.2
C1	138.1	0.424	25.8	23	1.5	0.024	30.7	0.510	298.0	12.0
C2	92.5	0.372	29.9	31	2.5	0.037	8.6	0.729	423.4	11.0
C3	101.2	0.766	54.7	32	3.4	0.035	3.6	0.711	600.4	9.4
C4	121.0	1.203	23.9	25	3.7	0.031	25.1	0.271	746.8	4.3
C5	26.5	0.450	52.6	27	3.1	0.034	15.9	0.496	765.1	4.5
D1	9.5	0.389	235.0	27	4.6	0.035	44.6	0.649	565.8	4.0
D2	3.0	0.404	79.4	19	1.5	0.020	16.0	0.479	325.8	3.6
D3	6.3	0.389	49.4	22	1.0	0.026	50.6	0.486	340.1	3.4
D4	8.5	0.896	125.5	28	3.9	0.034	26.6	0.670	767.8	4.3
E1	16.0	0.310	50.4	24	2.9	0.030	17.1	0.350	724.4	2.8
E2	24.6	0.304	44.0	35	3.0	0.050	8.3	0.350	988.8	4.2
E3	43.1	0.489	632.0	30	2.4	0.024	48.8	0.611	696.6	4.6
最小值	3.0	0.304	20.4	16	1.0	0.020	3.1	0.135	43.1	1.3
最大值	138.1	1.203	632.0	35	5.3	0.070	50.6	0.729	988.8	12.0
平均值	38.4	0.489	91.0	26	3.0	0.035	24.8	0.477	564.5	4.5

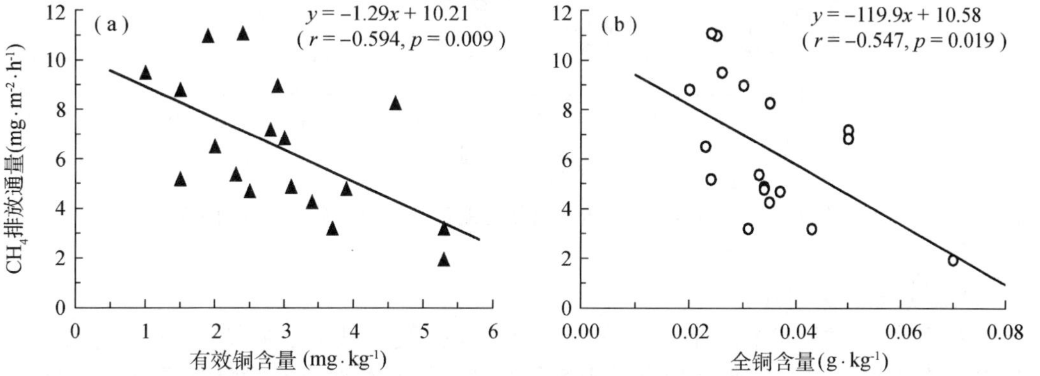

图 4.22 CH_4 排放通量与土壤有效态 Cu 含量(a)、全 Cu 含量(b)的相关关系(2000,南京)

在 2000 年盆栽试验结果的基础上,2001 继续进行重复试验,同时对土壤 DOC 进行测定(图 4.15)。试验结果表明,无论是对照还是有机物料处理,CH_4 排放的季节性平均通量对有效态铜的依赖关系与 2000 年的结果相一致(图 4.23)。

进一步分析发现,对照土壤 DOC 含量随有效态铜含量的增加而降低(图 4.24)。这个结果从机理上进一步推断有效态铜对 CH_4 抑制的一个重要原因可能是与土壤水溶性有机碳发生络合,减少了产 CH_4 基质。但对于施用小麦秸秆的土壤,其 DOC 含量与有效态铜含量无明显的相关关系(图 4.24),尽管此时 CH_4 的排放随有效态铜含量的增加而降低(图 4.23)。

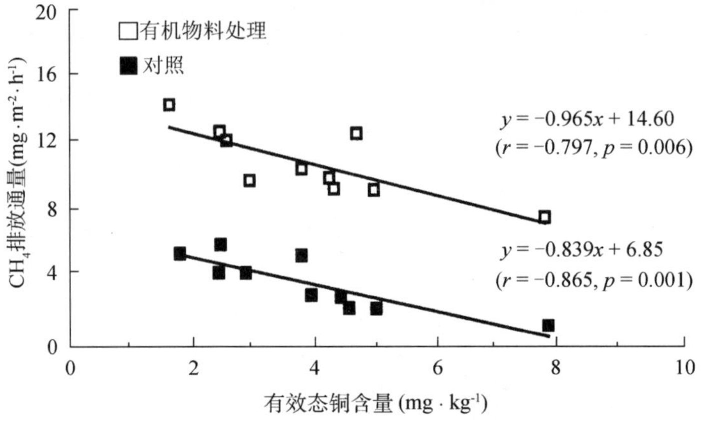

图 4.23 CH_4 排放通量与土壤有效态铜含量相关关系(2001,南京)

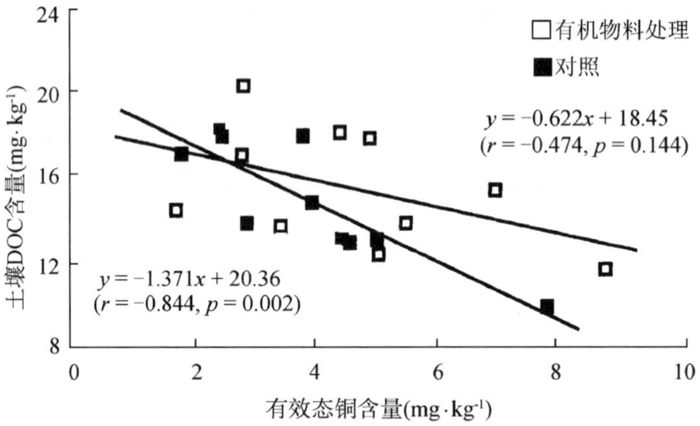

图 4.24 土壤 DOC 含量与有效态铜含量相关关系(2001,南京)

(2)土壤铁锰与 CH_4 排放

从 CH_4 产生过程的机理而言(Ferry,1993),有效态铁或交换态锰含量高的土壤,其 CH_4 产生潜力低。尽管本研究中供试土壤的有效态铁和交换态锰含量都具有很大的变化范围(表 4.4),但未观测到 CH_4 排放与这两个元素之间有明显的单相关关系(图 4.25 和图 4.26)。虽然 CH_4 排放与有效态铁含量间的线性关系在 0.036 的概率水平下显著,但这一关系主要由两个有效铁含量大于 200 $mg \cdot kg^{-1}$ 的土壤所决定(图 4.25)。此外,从图 4.26 可以看到,当交换态锰含量低于 30 $mg \cdot kg^{-1}$ 时,CH_4 排放趋势是随锰含量增加而减少;当大于此值时,CH_4 排放随锰含量增加而增加。一个可能的原因是由于其它土壤参数(如土壤质地和氮素含量)在数值上的极大差异(见表 4.4)掩盖了铁、锰元素对 CH_4 排放的影响。因此,尽可能地将其它土壤参数控制在相对接近的范围以研究这两个元素对 CH_4 排放的影响是必须的。

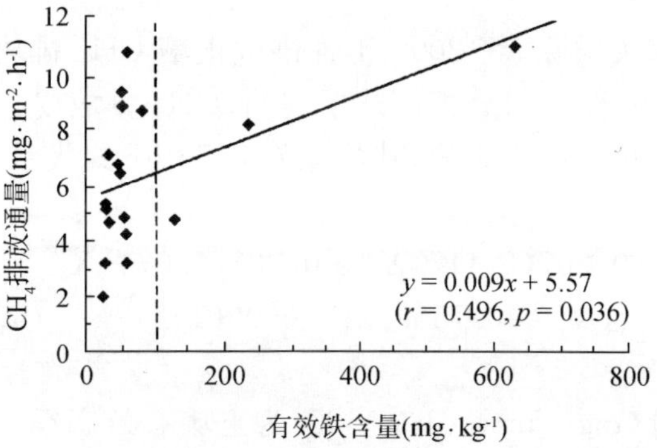

图 4.25　CH_4 排放通量与土壤有效态 Fe 含量的相关关系(2000,南京)

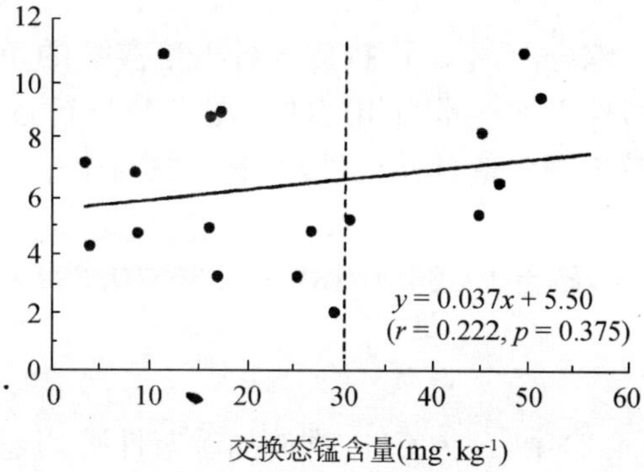

图 4.26　CH_4 排放通量与土壤交换态 Mn 含量的相关关系(2000,南京)

此外,研究中并未发现其它土壤参数(如 pH、全 P、速效 K、S 、Mg 等)与 CH_4 排放之间有明显的单相关关系(表 4.5)。同时,分别统计了各水稻土亚类的平均 CH_4 排放量,未发现它们与水稻土成土母质类型有关。

表 4.5　CH_4 排放与土壤理化特性的相关分析(2000,南京)

土壤理化特性	相关系数(r)
有机碳	−0.3863
总氮	−0.4488§
碳氮比	0.1086
速效氮	−0.6112**
铵态氮	−0.6486**
总磷	−0.2536
速效钾	−0.2434
pH	−0.1030
粘粒含量	−0.4837*
砂粒含量	0.5276*
有效硫	−0.3750
全硫	−0.3245
有效铁	0.4958*
全铁	−0.4026§
有效铜	−0.5939**
全铜	−0.5472*
交换态锰	0.2224
全锰	−0.1430
交换态镁	−0.3276
全镁	−0.2861

§,*,**分别表示在 10%、5%和 1%的概率水平下显著

4.3.2.5 土壤理化特性对 CH_4 排放的综合影响

综合上述 CH_4 排放与各土壤参数的单相关关系，将 2000 年各供试土壤 CH_4 排放的季节性平均通量与相应的土壤参数进行逐步线性回归分析。结果表明，CH_4 排放受土壤有效态铜含量、镁（全量）及有效铁与全量铁之比的综合影响，其数量关系可用下式表示：

$$E = 10.86(1.18) - 1.363(0.29)X_1 - 0.307(0.117)X_2 + 0.283(0.074)X_3$$
$$(R^2 = 0.7558, p = 0.0001) \qquad (4.2)$$

式(4.2)中：E 为 CH_4 排放的季节性平均通量（$mg \cdot m^{-2} \cdot h^{-1}$），$X_1$ 为土壤有效态铜含量（$mg \cdot kg^{-1}$），X_2 为镁（全量）含量（$g \cdot kg^{-1}$），X_3 为有效铁含量（$mg \cdot kg^{-1}$）与全量铁（$g \cdot kg^{-1}$）之比。括号内的数值为相应系数的标准误差。决定系数（R^2）的数值说明本研究观测到的不同土壤间 CH_4 排放的变异性有 75.5%可由上述 3 个参数所构成的线性方程得以解释。需要指出的是，CH_4 排放的多少受若干土壤参数的综合影响，单因子相关分析中对其无明显影响的参数（如全量镁，见表 4.5）并不意味着该参数不重要。在很多情况下，某参数的重要性往往被其他参数所掩盖，而逐步回归分析则从统计上考虑了若干主要参数的综合影响。

4.4 农业管理措施对 CH_4 排放的影响

4.4.1 不同水分管理方式下秸秆施用对 CH_4 排放的影响

有机肥施用为产 CH_4 微生物提供基质，促进 CH_4 的产生与排放（Schütz 等，1989a；Cicerone等，1992），而烤田改善了土壤的通气状况，抑制 CH_4 的产生与排放（Sass 等，1992；Yagi等，1996），稻田水分状况亦影响有机肥的分解动态。因此，不同水分管理方式下有机肥施用对稻田 CH_4 排放的影响和贡献不同。本研究于 2000 年在持续淹水(F)和间隙灌溉(D)的水分管理方式下，施用不同量（0、225、450 $g \cdot m^{-2}$，记为 0、1、2）的小麦秸秆，以研究不同水分管理方式下秸秆施用对 CH_4 排放的影响。试验设计见第三章相关内容。

图 4.27 和图 4.28 分别为持续淹水和间隙灌溉下稻田 CH_4 排放的季节变化。持续淹水条件下 CH_4 的排放通量始终处于较高的水平，且排放通量随秸秆施用量的增加而增加；烤田或干湿交替不仅大大降低了 CH_4 的排放，而且大大抑制了秸秆施用对 CH_4 排放的促进作用。烤田 10 天后即使浅水灌溉，CH_4 排放仍处于较低的水平（图 4.28）。

假定施加小麦秸秆增加的 CH_4 累积排放量为 ΔCH_4（$\Delta CH_{4-F1} = CH_{4-F1} - CH_{4-F0}$；$\Delta CH_{4-F2} = CH_{4-F2} - CH_{4-F0}$；$\Delta CH_{4-D1} = CH_{4-D1} - CH_{4-D0}$；$\Delta CH_{4-D2} = CH_{4-D2} - CH_{4-D0}$），我们计算了 2000 年水稻生长季不同秸秆水平处理的 CH_4 排放增加量（表 4.6）。可以看出，间隙灌溉降低了秸秆碳的转换率（ΔCH_4-C/施入秸秆的碳量×100），平均降低 3.8%（表 4.6）。

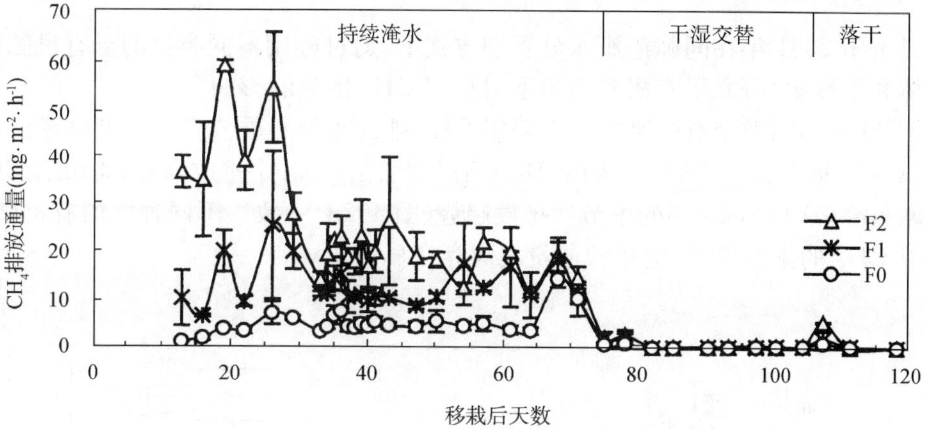

图 4.27　持续淹水下稻田 CH_4 排放的季节变化(2000,南京)

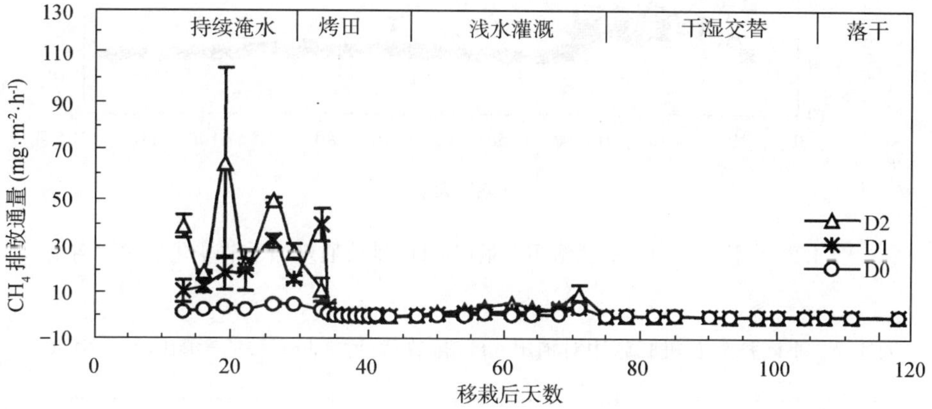

图 4.28　间隙灌溉下稻田 CH_4 排放的季节变化(2000,南京)

表 4.6　各处理 CH_4 排放量及秸秆碳的转换(2000,南京)

处理	CH_4-C ($kg \cdot hm^{-2}$)	ΔCH_4-C($kg \cdot hm^{-2}$)	外源碳转化率 (%)
F0	63.58		
F1	164.69	101.12	11.4
F2	326.26	262.68	14.8
D0	22.80		
D1	105.22	82.42	9.3
D2	189.68	166.88	9.4

4.4.2 有机肥料类型对 CH_4 排放的影响

项目组于 2001 年在间隙灌溉水分管理方式下，通过施用不同类型的干有机肥料（包括作物残体和干厩肥）研究了有机肥料类型对稻田 CH_4 排放的影响。

图 4.29 为不同类型有机肥施用下稻田 CH_4 排放通量的季节变化。可以看出，各处理 CH_4 排放主要集中在移栽后 35 天内，移栽两星期后出现 CH_4 排放高峰，烤田后 CH_4 排放通量急剧下降，这与 2000 年的季节性排放趋势（图 4.28）一致。不同种类的有机肥料施用并不影响 CH_4 的排放模式，但排放通量之间存在显著差异。

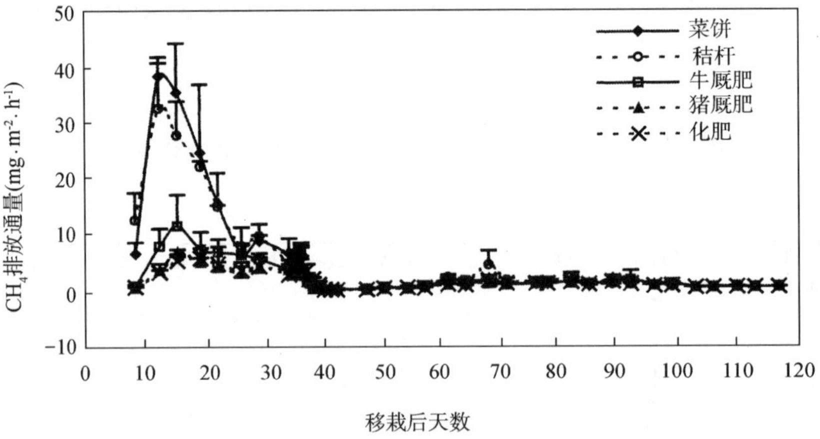

图 4.29 不同类型有机肥施用下稻田 CH_4 排放通量的季节变化（2001，南京）

表 4.7 不同种类有机肥施用对稻田 CH_4 排放量（kg · hm^{-2}）的影响（2001，南京）

肥料处理	烤田前		烤田后		全生育期	
	排放总量	增减率(%)*	排放总量	增减率(%)	排放总量	增减率(%)
化肥	26.71		12.31		39.02	
菜饼	123.70	363	13.72	11	137.42	252
秸秆	110.08	312	26.36	114	136.44	250
牛厩肥	43.24	62	13.39	9	56.63	45
猪厩肥	26.83	0.4	10.48	−15	37.31	−4

* 增减率为有机肥料处理与化肥处理相比同期排放总量增加或减少的百分数。

表 4.7 为不同类型有机肥施用下稻田 CH_4 排放的季节性总量。可以看出，菜饼处理和秸秆处理的 CH_4 季节排放总量分别为 137.42 kg · hm^{-2}和 136.44 kg · hm^{-2}，较化肥处理 39.02 kg · hm^{-2}分别增加了 252%和 250%，方差分析达极显著水平。与菜饼和秸秆相比，牛厩肥对 CH_4 排放的影响相对较小，其 CH_4 季节排放总量为 56.63 kg · hm^{-2}，较化肥处理

增加了45%。而猪厩肥处理与化肥处理几乎无差异。这可能是由于本研究所采用的猪厩肥为未经堆腐的干物料，碳大部分以大分子复杂有机物存在，前期分解的中间产物和小分子有机物较少，因而可利用的产 CH_4 前体较少。水稻移栽后持续淹水的一个月内，干的猪厩肥和牛厩肥施用引起稻田 CH_4 排放量的增加并不显著。而稻田中后期烤田使得土壤环境又限制了厩肥分解的部分中间产物和小分子化合物向 CH_4 转化。同样，牛厩肥对 CH_4 排放的影响相对较小的原因除了其自身有机碳含量较低外，未完全腐熟的干物料中间产物和小分子简单化合物含量低也可能是一个重要原因。因此，就常规烤田的稻田有机肥料施用而言，除了施用经过发酵的沼气渣外，施用未经堆腐的干厩肥同样可以满足在促进作物生长的同时而不显著增加稻田 CH_4 的排放。

4.5 大气 CO_2 浓度升高对 CH_4 排放的影响

2001年水稻生长季在无锡FACE试验点进行野外观测研究，该试验共设3个肥料水平，即：常规施肥，施用量为250 kgN · hm^{-2}，75 kgP_2O_5 · hm^{-2}，75 kgK_2O · hm^{-2}，磷、钾肥以复合肥分两次在返青期和拔节期撒施到农田。低氮施肥，氮肥用量为常规施肥处理的1/2，磷、钾肥施用量与常规施肥相同。无氮区，在生长季内不施用氮肥，磷、钾肥施用量与常规施肥相同。试验设计见第三章相关内容。

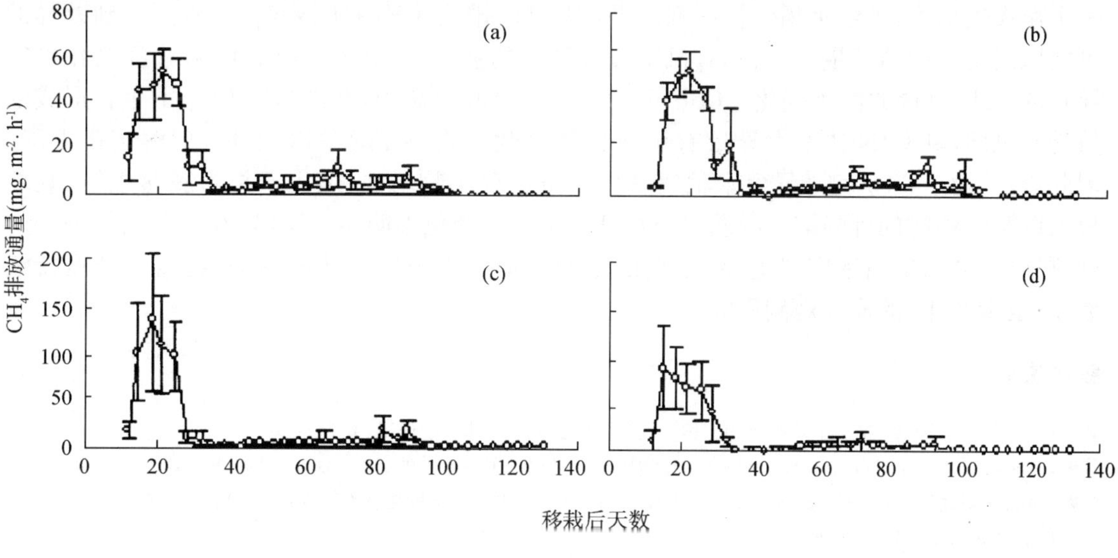

图 4.30 FACE和常规(对照)稻田 CH_4 排放的季节变化

(a)对照，低N；(b) FACE，低N；(c) 对照，高N；(d) FACE，高N(徐仲均等，2002)

观测结果表明(图4.30)，无论低氮还是高氮处理，FACE及对照稻田的 CH_4 排放通量从时间上可分为差异明显的两个阶段，第一阶段为水稻移栽后35天以内，第二阶段从插秧后35天左右到水稻收割(图4.30)。这与南京2000年和2001年的试验结果(图4.28，图4.29)相一致。但无论哪一阶段，各处理间的差异均不具有统计显著性(t-检验 p=0.12～

0.97)。前一阶段 CH_4 排放显著偏高，主要是由于大量新鲜有机质-小麦秸秆还田，同时，淹水后温度适宜，充足的有机质分解产物为产 CH_4 过程提供了丰富的反应底物，从而产生并排放出更多 CH_4。通常秸秆还田后快速分解持续大约一个月，因而施用秸秆稻田插秧后一月内通常产生一个 CH_4 强排放高峰。另外，插秧后 35 天左右开始第一次排水烤田，CH_4 的强排放因烤田而迅速受到抑制。之后虽有所回升，但排放强度远不如烤田前，这是还田秸秆的易分解有机质逐渐减少的结果（王明星，2001）。对于整个水稻生长期，两个氮肥水平下 FACE 和对照稻田的 CH_4 排放均无显著性差异（t 检验，低氮 $p=0.65$，高氮 $p=0.18$）。

在多数 OTC 研究都认为增加 CO_2 浓度会促进稻田 CH_4 排放（Megonigal 和 Schlesingdr，1997；王大力，1999；Wang，1999），原因是 CO_2 增加导致水稻根系生长和根系分泌功能增强，根系生物量和分泌物在土壤中积累，使水稻根际产 CH_4 菌的有效底物也相应增加，从而促进了产甲烷菌的代谢活性，增加了 CH_4 产量（王大力，1999）。Ziska 等（1998）也认为，高浓度 CO_2 可刺激水稻根的生长，从而促进 CH_4 排放。Ineson 等（1998）在草地上开展的黑麦草（*Lolium perenne*）FACE 研究认为，长期的高浓度 CO_2 抑制了 CH_4 在土壤传输过程中的氧化，因而会减弱土壤对大气 CH_4 的吸收。Inubushi 等（2000）在日本稻田的 FACE 研究表明，1998 年，分蘖期之前的 FACE 处理 CH_4 排放低于对照，而在分蘖期之后高于对照；1999 年，整个稻季的 FACE 稻田 CH_4 排放比对照增加了 14.8%，但两者的差异并未达到统计显著水平。在我们实施大气 CO_2 浓度升高 200 $\mu mol \cdot mol^{-1}$ 的第一个作物生长季，虽然水稻生长得到促进，但 CH_4 排放并没有明显变化。检测不到差异的可能原因是还田秸秆量大，新鲜有机质分解导致的强 CH_4 排放掩盖了 CO_2 浓度变化可能导致的 CH_4 排放的微小变化。Cotrufo 等（1996，1998）认为，在高浓度 CO_2 下生长形成的植物有机质，其 C/N 比增大导致有机质分解时微生物 N 营养相对不足，分解速率下降。因此，虽然由于 CO_2 增加导致水稻根系生物量和分泌物增加，但由于根系脱落组织、衰老根系以及分泌物的可降解性减弱，导致 CH_4 排放的变化不明显。当然，本研究只是一年的观测结果，欲了解高浓度 CO_2 的长期累积效应对稻田 CH_4 排放的影响，还需要开展持续数年（至少 3 年）的连续观测研究。

参考文献

陈德章，王明星. 1993. 稻田甲烷排放和土壤大气条件的关系. 地球科学进展，**8**（5）：37～46.

黄耀，Sass，R. L.，Fisher，F. M. 1999. 水稻物质生产对稻田甲烷排放的影响. 农业环境保护，**18**（4）：150～154.

黄耀，焦燕，宗良纲，周权锁，Sass，R. L.，Fisher，F. M. 2002. 土壤理化特性对麦田 N_2O 排放影响的研究. 环境科学学报，**22**（5）：598～602.

蒋静艳，黄耀，宗良纲. 2003. 环境因素和作物生长对稻田 CH_4 和 N_2O 排放的影响. 农业环境保护学报，**22**（6）：711～714.

焦燕，黄耀，宗良纲，周权锁，Sass，R. L.，Fisher，F. M. 2002. 土壤理化特性对稻田 CH_4 排放的影响. 环境科学，**23**（5）：1～7.

焦燕，黄耀，宗良纲，周权锁，Sass，R. L. 2003. 有机肥施用、土壤有效铜和氮素对稻田甲烷排放的影响. 农业环境保护学报，**22**（5）：565～569.

上官行健，王明星. 1993. 稻田 CH_4 排放的控制措施. 地球科学进展，**8**（5）：56～62.

王大力，朱立民. 1999. CO_2 倍增对稻田 CH_4 排放的影响. 植物生态学报，**23**（5）：451～457.

王明星. 2001. 中国稻田甲烷排放. 北京：科学出版社，pp：19～31.

徐仲均，郑循华，王跃思，韩圣慧，黄耀，朱建国. 2002. 开放式空气 CO_2 增高对稻田 CH_4 和 N_2O 排放的影响. 应用生态学报，**13**(10)：1245～1248.

邹建文，黄耀，宗良纲，王跃思，Sass，R. L. 2003. 不同种类有机肥施用对稻田 CH_4 和 N_2O 排放的综合影响. 环境科学，**24**(4)：7～12.

Ambus，P. and Robertson，G. P. 1999. Fluxes of CH_4 and N_2O in aspen stands grown under ambient and twice-ambient CO_2. *Plant and Soil*，**209**(1)：1—8.

Baker，J. T. and Allen，L. H. 1993. Contrasting crop species response to CO_2 and temperature：Rice，soybean and citrus. *Vegetatio*，**104/105**：239—260.

Bouwman，A. F. 1991. Agronomic aspects of wetland rice cultivation and associated methane emissions. *Biogeochemistry*，**15**：65—88.

Cao，M.，Dent，J. B.，Heal，O. W. 1995. Modeling methane emission from rice paddies. *Global Biogeochemical Cycles*，**9**：183—195.

Cicerone，R. J. and Shetter，J. D. 1981. Sources of atmospheric methane：measurements in rice paddies and a discussion. *Journal of Geophysical Research*，**86**：7203—7209.

Cicerone，R. J.，Shetter，J. D.，Delwiche，C. C. 1983. Seasonal variation of methane flux from a California rice paddy. *Journal of Geophysical Research*，**88**：11022—11024.

Cicerone，R. J.，Delwiche，C. C.，Tyler，S. C.，et al. 1992. Methane emission from California rice paddies with varied treatments. *Global Biogeochemical Cycles*，**6**：233—248.

Conrad，R. and Rothfuss，F. 1991. Methane oxidation in the soil surface layer of a flooded rice field and the effect of ammonium. *Biology and Fertility of soils*，**12**：28—32.

Cotrufo，M. F.，Ineson，P. 1996. Elevated CO_2 reduces field decomposition rates of Betula pendula (Roth) leaf litter. *Oecologia*，**106**(4)：525—530.

Cotrufo，M. F.，Briones，M. J. I.，Ineson，P. 1998. Elevated CO_2 affects field decomposition rate and palatability of tree leaf litter：Importance of changes in substrate quality. *Soil Biology Biochemistry*，**30**(12)：1565—1571.

Ferry，J. 1993. G. Fermentation of acetate. In：Ferry，J. G. (ed.). Methanogenesis. New York：Chapman & Hall，pp. 305—324.

Gerard，G. and Chanton，J. 1993. Quantification of methane oxidation in the rhizosphere of emergent aquatic macrophytes：defining upper limits. *Biogeochemistry*，**23**：79—97.

Holzapfel-Pschorn，A. and Seiler，W. 1986. Methane emission during a cultivation period from an Italian rice paddy. *Journal of Geophysical Research*，**91**：11803—11814.

Huang，Y.，Sass，R. L. and Fisher，F. M. 1997. Methane emission from Texas rice paddy soils. 1. Quantitative multi-year dependence of CH_4 emission on soil，cultivar，and grain yield. *Global Change Biology*，**3**：479—489.

Huang，Y.，Sass，R. L.，Fisher，F. M. 1998. A semi-empirical model of methane emission from flooded rice paddy soils. *Global Change Biology*，**4**：247—268.

Huang，Y.，Jiang，J. Y.，Zong，L. G.，Sass，R. L.，Fisher，F. M. 2001. Comparison of field measurements of CH_4 emission from rice cultivation in Nanjing，China and in Texas，USA. *Advances in Atmospheric Sciences*，**18**(7)：1121—1130.

Huang，Y.，Jiao，Y.，Zong，L. G.，Zheng，X. H.，Sass，R. L. and Fisher，F. M.，2002. Quantitative dependence of methane emission on soil properties. *Nutrient Cycling in Agroecosystems*，**64**(1—2)：157—167.

Imai，K. and Murata，Y. 1978. Effect of carbon dioxide concentration on growth and dry matter production of crop plants. V. After-effects of carbon dioxide-treatment on apparent photosynthesis. *Japanese Journal Crop Science*，**47**：587—595.

Ineson，P.，Coward，P. A.，Hartwig，U. A. 1998. Soil gas fluxes of N_2O，CH_4 and CO_2 beneath Lolium perenne under elevated CO_2：The Swiss free air carbon dioxide enrichment experiment. *Plant and Soil*，**198**(1)：89—95.

International Rice Research Institute (IRRI). IRRI Toward 2000 and Beyond，IRRI，Manila，Philippines. 1989.

Inubushi，K.，Cheng，W.，Aonuma，S.，et al. 2000. Effects of elevated CO_2 on CH_4 and N_2O emissions from paddy field at the rice FACE. Proceeding of FACE 2000. Tsukuba International Congress Center, EPOCHAL Tsukuba, Japan. 2000.

IPCC, 1992. Climate Change: The supplementary Report to the IPCC Scientific Assessment, Houghton, J. T., Callender, B. A. and Varney, S. K. (eds.). Cambridge University Press, New York. pp. 25—47.

IPCC. 2000. Good Practice Guidance and Uncertainty Management in National Greenhouse Gas Inventories, Tokyo: IGES, pp. 4.53—4.83.

Khalil, M. A. K., Rasmussen, R. A., Wang, M. X., Ren, L. X. 1991. Methane emission from rice fields in China. *Environmental Science and Technology*, **25**: 979—981.

Khalil, M. A. K., Rasmussen, R. A., Shearer, M. J. 1998. Factors affecting methane emission from rice fields. *Journal of Geophysical Research*, **103**: 25219—25231.

Kludze, H. K., Neue, H. U., Lienarsas, D. and Lantin, R. Rice root exudation and its impact on methane producation. Paper presented at the Planning Meting of Meghane Emission from Rice Fields, Chonburi, Thailand. November 1995.

Megonigal, J. P. and Schlesinger, W. H. 1997. Enhanced CH_4 emissions from a wetland soil exposed to elevated CO_2. *Biogeochemistry*, **37** (1): 77—88.

Minoda, T., Kimura, M. and Wada, E. 1996. Photosynthates as dominant source of CH_4 and CO_2 in soil water and CH_4 emitted to the atmosphere from paddy fields. *Journal of Geophysical Research*, **101**: 21091—21097.

Murata, Y. 1962. Atmospheric CO_2 concentration and crop growth. *Nogyo Oyobi Engei*, **37**: 5—10.

Neue, H. U. and Roger, P. A. 1993. Rice agriculture: factors controlling emissions. In: Khalil, M. A. K. (ed.). Atmospheric Methane Sources, Sinks, and Role in Global Change. Springer-Verlag, New York, pp. 254—298.

Nouchi, I. 1994. Mechanisms of methane transport through rice plants. In: Minami, K., Mosier, A. and Sass, R. L. (eds.). CH_4 and N_2O: Global Emissions and Controls from Rice Fields and other Agricultural and Industrial Sources. YOKENDO Publishers, Tokyo, pp. 87—104.

Nugroho, S. G., Lumbanraja, H., Suprapto, H., et al. 1996. Three-year measurement of methane emission from an Indonesian paddy field. *Plant and Soil*, **181**: 287—293.

Parashar, D. C., Mitra, A. P. and Sinha, S. K. et al. 1994. Methane budget from Indian paddy fields. In: Minami, K., Mosier, A. and Sass, R. L. (eds.). CH_4 and N_2O: Global Emissions and Controls from Rice Fields and other Agricultural and Industrial Sources. YOKENDO Publishers, Tokyo, pp. 27—39.

Rodhe, H. 1990. A comparison of the contribution of various gases to the greenhouse effect. *Science*, **248**: 1217—1219.

Sass, R. L., Fisher, F. M. and Harcombe, P. A. 1990. Methane production and emission in a Texas rice field. *Global Biogeochemical Cycles*, **4**: 47—68.

Sass, R. L., Fisher, F. M., Turner, F., Jund, M. F. 1991. Methane emission from rice fields as influenced by solar radiation, temperature, and straw incorporation. *Global Biogeochemical Cycles*, **5**: 335—350.

Sass, R. L., Fisher, F. M., Wang, Y. B., Turner, F. T., Jund, M. F. 1992. Methane emission from rice paddies: The effect of floodwater management. *Global Biogeochemical Cycles*, **6**: 249—262.

Sass, R. L., Fisher, F. M., Lewis, S. T., et al. 1994. Methane emission from rice fields: effect of soil properties. *Global Biogeochemical Cycles*, **8**: 135—140.

Sass, R. L. and Fisher, F. M. 1995. Methane emission from Texas rice fields: a five-year study. In: Peng, S., Ingram, K. T., Neue, H. U. and Ziska, L. H. (eds.). *Climate Change and Rice*. Springer, New York, pp. 46—59.

Sass, R. L., Mosier, A. and Zheng, X. H. 2002. Introduction and summary: international workshop on greenhouse gas emissions from rice fields in Asia. *Nutrient Cycling in Agroecosystems*, **63**: 9—15.

Schütz, H., Holzapfel—Pschorn, A., Conrad, R., Rennenberg, H., Seiler, W. A. 1989a. A 3-year continuous record on the influence of daytime, season, and fertilizer treatment on methane emission rates from an Italian rice paddy. *Journal of Geophysical Research*, **94**: 16405—16416.

Schütz, H., Seiler, W. and Conrad, R. 1989b. Processes involved in formation and emission of methane in rice paddies. *Biogeochemistry*, **7**: 33—53.

Schütz, H., Seiler, W., Rennenberg, H. 1990a. Soil and land use related sources and sinks of methane (CH_4) in the context of the global methane budget. In: Bouwman, A. F. (ed.). Soils and the Greenhouse Effect. John Wiley & Sons, Chichester, pp. 268—285.

Schütz, H., Seiler, W., Conrad, R. 1990b. Influence of soil temperature on methane emission from rice paddy fields. *Biogeochemistry*, **11**: 77—95.

Schütz, H., Schroder, P. and Rennenberg, H. 1991. Role of plants in regulating the methane flux to the atmosphere, In: Sharkey, T. D., Holland, E. A. and Mooney, H. A. (eds.). Trace Gas Emissions by Plants. Academic Press. Inc., NY, pp. 29—63.

Wang, D. L. 1999. Effect of elevated CO_2 on CH_4 emission. *Chinese Science Bulletin*, **44** (13): 1153—1157.

Wang, M. X. and Shangguan, X. J. 1996. CH_4 emission from various rice fields in P. R. China. *Theoreticaland Applied Climatology*, **55**: 129—138.

Wang, Z. P., Delaune, R. D., Masschelyn, P. H. and Patrick, W. H. 1993. Soil redox and pH effects on methane production in a flooded rice soil. *Soil Science Society of America Journal*, **57** (2): 382—385.

Wassmann, R., Neue, H. U., Bueno, C., et al. 1998. Methane production capacities of different rice soils derived from inherent and exogenous substrates. *Plant and Soil*, **203**: 227—237.

Whiting, G. J. and Chanton, J. P. 1993. Primary production control of methane emission from wetlands. *Nature*, **364**: 794—795.

Xing, G. X. and Zhu, Z. L. 1997. Preliminary studies on N_2O emissions fluxes from upland soils and paddy soils in China. *Nutrient Cycling in Agroecosystems*, **49**: 17—22.

Xu, X., Wang, Y., Zheng, X., et al. 2000. Methane emission from a simulated rice field ecosystem as influenced by hydroquinone and dicyandiamide. *The Science of the Total Environment*, **263**: 243—253.

Yagi, K. and Minami, K. 1990. Effects of organic matter applications on emission from Japanese paddy fields. *Soil Science and Plant Nutrition*. **36**: 599—610.

Yagi, K., Tsuruta, H., Kanda, K., Minami, K. 1996. Effect of water management on methane emission from a Japanese rice paddy field: Automated methane monitoring. *Global Biogeochemical Cycles*, **10**: 255—267.

Yao, H., Conrad, R., Wassmann, R., Neue, H. U. 1999. Effect of soil characteristics on sequential reduction and methane production in sixteen rice paddy soils from China, the Philippines, and Italy. *Biogeochemistry*, **47** (3): 267—293.

Zheng, X. H., Wang, M. X., Wang, Y. S., Shen, R. X., Li, J., Heyer, J., Kögge, M., Li, L. T., Jin, J. S. 1998. Comparison of manual and automatic methods for measurement of methane emission from rice paddy fields. *Advances in Atmospheric Sciences*, **15** (4): 569—579.

Ziska, L. H., Moya, T. B., Wassmann, R., et al. 1998. Long-term growth at elevated carbon dioxide stimulates methane emission in tropical paddy rice. *Global Change Biology*, **4** (6): 657—665.

第五章 农田 N_2O 排放

氧化亚氮(N_2O)是仅次于二氧化碳(CO_2)和甲烷(CH_4)的重要温室气体之一。Rodhe(1990)的研究指出,一摩尔 N_2O 的增温效应是 CO_2 的 150～200 倍。此外,N_2O 在大气中具有较长的滞留时间并参与大气中许多光化学反应,破坏大气 O_3 层(Delgado 和 Mosier,1999)。全球 N_2O 的主要排放源包括化石燃料燃烧、生物质燃烧和土壤硝化反硝化过程等。一般认为,土壤硝化反硝化过程释放的 N_2O 是全球 N_2O 的主要源,约占生物圈释放到大气中 N_2O 总量的 70%～90%(Bouwman,1990)。硝化作用是指土壤中硝化微生物将铵盐转化为硝酸盐,该过程经历两个连续而又不同的阶段,其中释放部分 N_2O;反硝化作用是指在通气不良条件下,由土壤微生物将硝酸盐或硝态氮还原成 N_2 或 NO、N_2O 等中间产物的过程(朱兆良和文启孝,1992)。

农田土壤 N_2O 的产生与排放主要受土壤理化特性、水热条件和农业管理措施的综合影响。稻麦轮作是我国的主要耕作制度,稻田施肥以有机-无机配施为特征,且有机肥料一般作为基肥施用,稻田水分管理以淹水和烤田相结合的间隙灌溉较为普遍。近十余年来,国内外大量研究集中在化肥施用(Bouwman,1996;李楠和陈冠雄,1993;Xing 和 Zhu,1997)、温度(Goodroad 和 Keeney,1984;Zheng 等,1999)、土壤 pH 值(Nagele 和 Conrad,1990;Daum 和 Schenk,1998)和水分条件(郑循华等,1996;Dobbie 等,1999)等对农田土壤 N_2O 排放的影响。然而,关于土壤理化特性对 N_2O 排放的影响、水稻生长季水分管理和有机肥施用(包括有机肥类型和施用量)对后季麦田 N_2O 排放的影响以及硝化抑制剂施用对 N_2O 排放的抑制作用的研究尚不多见。此外,虽然近半个世纪来人们对大气 CO_2 浓度增加影响稻田生态系统的研究一直没有间断(Imai 和 Murata,1978;Baker 和 Allen,1993;Moya 等,1998),但关于 CO_2 浓度升高对稻田 N_2O 排放影响的研究仅有很少报道(Ambus 和Robertson,1999;徐仲均等,2002)。

本章主要介绍水热条件、土壤理化特性、外源碳氮施用、稻田灌溉方式和有机肥施用、种植密度、酶抑制剂施用以及大气 CO_2 浓度升高对 N_2O 排放影响的研究成果。主要内容来自文献:黄耀等(2001;2002),徐仲均等(2002),蒋静艳等(2003),邹建文等(2003),Xu 等(2000;2001;2002a、b、c),Huang 等(2002;2003),Zou 等(2003)。

5.1 水热条件与麦田 N_2O 排放

土壤水分状况和土壤温度是影响 N_2O 排放的两大环境因数。土壤中产生 N_2O 的硝化和反硝化过程受到土壤含水量的影响。旱作农田 N_2O 产生途径主要取决于土壤水分的控制和调节。除了灌溉以外,导致冬小麦田土壤水分状况变化的因数主要是降水事件。温度会影响土壤中产生 N_2O 的硝化和反硝化细菌等微生物的活性,在适宜的土壤湿度条件下,农田 N_2O 排放往往会受到土壤温度的调节。本研究通过对 1999/2000 和 2000/2001 年的麦田 N_2O 排放通量的监测,分析麦田 N_2O 排放与降水及土壤温湿度的关系。1999/2000 年麦田试验用来分析降水与麦田 N_2O 排放的关系;土壤温、湿度对麦田 N_2O 排放的影响研究于 2000/2001 年小麦生长季进行。试验设计见第三章相关内容。

5.1.1　降水对麦田 N_2O 排放的影响

图 5.1 为 1999/2000 冬小麦生长季内(1999 年 11 月～2000 年 5 月)气温、降水和 N_2O 排放的季节性变化，其中 N_2O 排放通量为四个播种量(0、90、180、270 kg · hm^{-2})下的平均值。由图 5.1 可以看出：观测期内气温的变化趋势十分明显，播种出苗后逐步降低直到 1 月底 2 月初开始回升，而降水则无季节性变化规律。另一方面，N_2O 排放虽不随气温表现出季节性变化特征，但总的趋势是播种～越冬阶段(1999 年 11 月～2000 年 2 月)的排放高于返青～成熟(2000 年 3 月～2000 年 5 月)阶段。

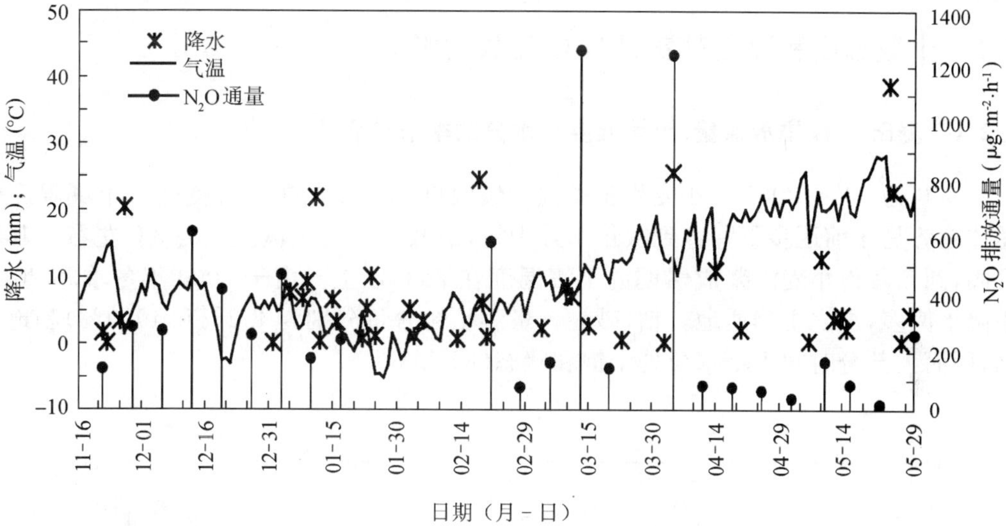

图 5.1　气温、降水和 N_2O 排放的季节性变化(1999/2000，南京)

郑循华等(1996)的研究指出，在土壤水分含量小于 41.5%时，农田 N_2O 的排放随水分含量的增加而增加。一般而言，旱作土壤的水分状况主要取决于降水量和农田的蒸发及作物的蒸腾。假定各次独立观测前某一时段内的降水量影响 N_2O 的排放，且距观测日越近的降水对 N_2O 排放的影响越大，我们以观测日前 6 天的日降水量为基础，通过赋以不同的权重来反映该时段内降水对 N_2O 排放的影响。运用非线性技术和试错法，求得观测日前 6 天逐日降水量对 N_2O 排放影响的权重系数依次为 0.25、0.25、0.25、0.15、0.05 和 0.05。根据此权重系数，求出该时段内逐日降水的加权平均值。图 5.2 为返青～成熟阶段各处理 N_2O 排放通量的平均值与加权平均日降水量的相关图，可以看出，N_2O 排放通量随降水量呈指数增加。这与以往 N_2O 排放通量与土壤湿度关系的研究(郑循华等，1996；黄国宏等，1999)是一致的。图中箭头所指的数值明显偏离拟合曲线，其可能原因是化肥施用与降水共同作用的结果。因为在此观测日前 13 天施用了化肥，且在观测前 2～3 天有一次总量为 15.6 mm 的降水过程。

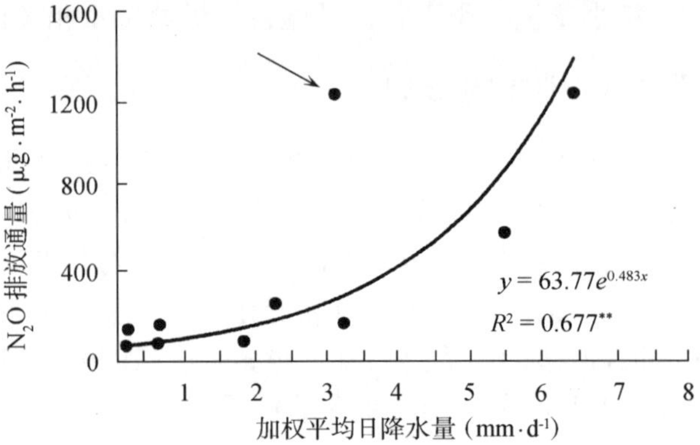

图 5.2 N_2O 排放通量与加权平均日降水量的关系(1999/2000,南京)

5.1.2 土壤温度和湿度对麦田 N_2O 排放的影响

5.1.2.1 麦田 N_2O 排放通量、土壤温度和水分的季节性变化

图 5.3 为 2000/2001 冬小麦生长季内土壤温度和湿度的季节性变化。土壤温度变化的总体趋势是冬前逐步下降直到次年 1 月中旬,最低日平均土壤温度为 3℃左右。其后逐步升高,到 5 月份小麦灌浆成熟期的土壤温度在 20℃以上。由于 2000 年冬季和 2001 年春季降水偏多,加之土壤质地较粘(砂粒含量和粘粒含量分别为 4.2%和 49.0%)和地下水位高,因而大部分时间土壤水分处于饱和状态(图 5.3)。

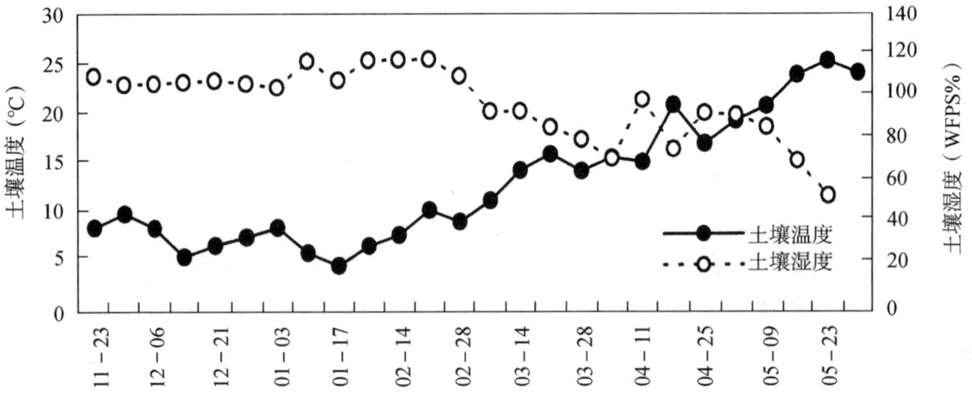

图 5.3 土壤温、湿度的季节变化(2000/2001,南京)

图 5.4 为 2000/2001 冬小麦生长季 N_2O 排放通量的季节性变化。前茬栽培作物为水稻,灌溉方式分为持续淹水(F)和间隙灌溉(D),在这两种灌溉方式下分别于水稻移栽期施用不同量的小麦秸秆(见第四章相关内容)。方差分析表明,水稻生长季持续淹水方式下不同秸秆施用水平(0、225 g · m^{-2}和 450 g · m^{-2},分别记为 F_0、F_1 和 F_2)对麦田 N_2O 排放无明显影响(p=0.172);间隙灌溉方式下秸秆施用 225 g · m^{-2}和 450 g · m^{-2}(分别记为

D_1 和 D_2)间的 N_2O 平均排放通量亦无显著差异($p=0.827$),且它们在全生育期的各次独立观测值之间亦无显著差异。因此,用 F_0、F_1、F_2 处理的平均值(F)代表持续淹水处理的 N_2O 排放通量;用 D_1 和 D_2 处理的平均值($D_{1,2}$)代表间隙灌溉下秸秆施用的 N_2O 排放通量;间隙灌溉下无秸秆施用的 N_2O 排放通量用 D_0 表示(图 5.4)。可以看出,麦田 N_2O 排放通量各处理间具有相同的季节变化模式,呈现出同步变化规律。这种季节变化与小麦生长季的肥料运筹和作物对 N 素利用有关(李楠和陈冠雄,1993)。图 5.4 中 N_2O 脉冲释放(虚线右侧)是由于适宜的土壤温度和湿度条件下拔节孕穗肥和穗肥的施用所致。在小麦生长前期,基肥用量较大而排放通量较小的原因是土壤温度较低(<10℃),土壤湿度过大(105%~118%,WFPS,water-filled pore space,图 5.3)不利于 N_2O 的生成与排放(图 5.4)。虽然处理间 N_2O 排放具相同的季节变化模式,但肥料施用引起的 N_2O 脉冲值各处理间存在较大差异,持续淹水处理大于间隙灌溉处理。这可能与不同处理间土壤微生物对 N 素的争夺利用有关。

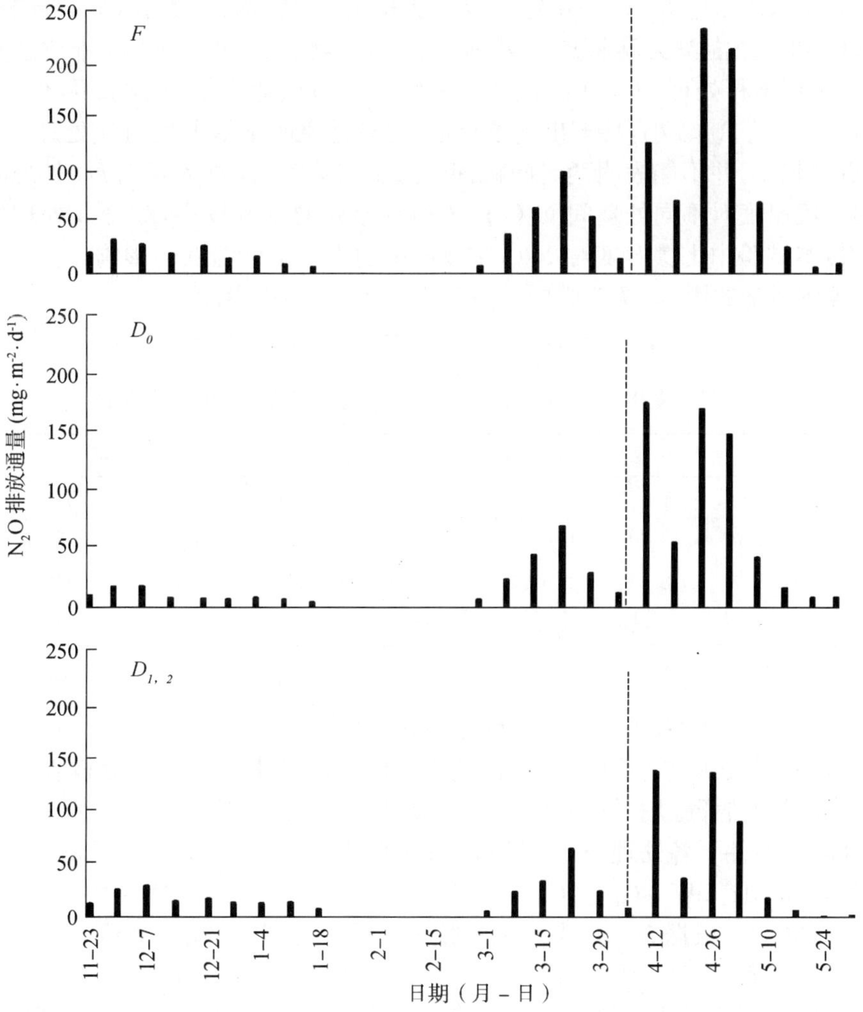

图 5.4　各处理 N_2O 排放通量的季节变化(2000/2001,南京)

5.1.2.2　麦田 N_2O 排放通量与土壤温度、土壤湿度的关系

以往的研究表明，N_2O 排放一般有一个适宜的土壤湿度范围（郑循华等，1996），湿度过大或过小都不利于 N_2O 的排放，两者间呈抛物线关系，用一元二次方程能较好地拟合。而在土壤湿度适宜的一定温度范围内，N_2O 排放通量与温度呈正相关（郑循华等，1997b）。从图 5.3 和图 5.4 可以看出，随着土壤温度的增加，N_2O 排放通量呈总体上升趋势。整个生育期麦田 N_2O 排放亦受土壤湿度调节。小麦生长前期，土壤湿度成了 N_2O 排放的主要限制因素。在小麦生长中后期的 N_2O 脉冲释放过程中，土壤湿度的变化导致 N_2O 排放通量在峰谷间起伏波动。在剔除肥料施用引起的 3 个 N_2O 脉冲释放峰值的基础上，方程(5.1)可用来描述土壤温、湿度对各处理 N_2O 排放通量的影响。

$$Y = A_0 + A_1 T + A_2 W + A_3 W^2 \qquad (n = 23) \tag{5.1}$$

式中 Y 表示 N_2O 排放通量（$mg \cdot m^{-2} \cdot d^{-1}$）；$T$ 表示土壤温度（℃）；W 表示土壤湿度（WFPS %）；A_0、A_1、A_2 和 A_3 为待定系数。从表 5.1 可以看出，方程(5.1)能较好地拟合持续淹水(F)和间隙灌溉无秸秆施用处理（D_0）的土壤温、湿度与 N_2O 排放通量的关系。而间隙灌溉施用秸秆处理（$D_{1,2}$）的拟合方程统计上虽然达到了显著水平，但相关系数不高。特别是 $D_{1,2}$ 的 A_1 较小，甚至出现了负值，这只是说明土壤温度对该处理 N_2O 排放通量影响的贡献较小，并不能表明两者间机理上的负相关关系，同时 F 与 D_0 处理间 A_1 相差不大，说明土壤温度对不同处理间 N_2O 排放通量差异的影响较小，综合 3 处理的方程(5.1)参数来看，本试验中土壤湿度对 N_2O 排放的影响大于土壤温度的影响，若仅考虑土壤湿度对 N_2O 排放通量的影响，两者间的关系可用方程(5.2)来表示。

$$Y = C_0 + C_1 W + C_2 W^2 \qquad (n = 23) \tag{5.2}$$

表 5.1　麦田 N_2O 排放通量与土壤温湿度相关方程的拟合参数

处理	$Y = A_0 + A_1 T + A_2 W + A_3 W^2$					$Y = C_0 + C_1 W + C_2 W^2$			
	A_0	A_1	A_2	A_3	R^2	C_0	C_1	C_2	R^2
F	−541	1.077	13.500	−0.0787	0.6938***	−509	13.534	−0.0814	0.6815***
D_0	−347	1.101	8.670	−0.0509	0.7452***	−314	8.704	−0.0535	0.7190***
$D_{1,2}$	−230	−0.518	6.450	−0.0389	0.4159***	−245	6.434	−0.0379	0.4074**

** $p<0.01$，*** $p<0.001$

Y、W 意义同方程(5.1)，C_0、C_1 和 C_2 为待定系数。从表 5.1 可以看出，方程(5.2)只选择土壤湿度来拟合的相关性与方程(5.1)相比基本在同一统计水平。方差分析表明，水稻生长季水分管理方式和秸秆施用对小麦生长季土壤湿度无任何影响（$p=0.425$；$p=0.987$），但相同土壤湿度条件下各处理间 N_2O 排放通量明显不同（图 5.4）。对方程 5.2 求一阶导数并令其为零，即 $dY/dW = C_1 + 2C_2 W = 0$，可得到最大 N_2O 排放通量的土壤水分含量为 $W_{opt} = -C_1/(2C_2)$。根据表 5.1 中相关参数可求得各处理的 W_{opt}（WFPS）为 80%～85%（F、D_0 和 $D_{1,2}$ 分别为 83.2%、81.3%和 84.8%），这与郑循华（1996）和 Simojoki 和 Jaakkola(2000)的报道结果较接近。利用表 5.1 给出的参数，将 W_{opt} 代入方程(5.2)，可求得适宜土壤湿度条件下 F、D_0 和 $D_{1,2}$ 处理的 N_2O 排放通量。结果表明，持续淹水处理

N_2O 排放通量较间隙灌溉处理高；间隙灌溉施用秸秆两处理 N_2O 排放通量明显低于无秸秆施用处理。土壤湿度过高(>100%)时，间隙灌溉施用秸秆两处理 N_2O 排放通量略高于无秸秆施用处理；这可能也是小麦生长前期间隙灌溉施用秸秆处理 N_2O 排放通量略高于无秸秆施用处理，而后期则低于无秸秆施用处理的重要原因。

5.2　土壤理化特性与麦田 N_2O 排放

为研究相同气候和农业管理条件下土壤理化特性对麦田 N_2O 排放的影响，在 2000 年盆栽试验收获水稻以后，于当年 11 月至次年 5 月进行冬小麦盆栽试验，土壤理化特性和试验设计见第三章相关内容。表 5.2 为小麦的主要生育期与肥料管理。

表 5.2　小麦主要生育期与肥料管理

日期(年/月/日)	生育期与肥料管理
2000/11/08	播种，每盆基肥施用量为：尿素 1.29 g，KH_2PO_4 0.76 g，K_2SO_4 0.89 g
2000/11/18	出苗
2000/11/22	越冬肥：尿素 0.32 g，KH_2PO_4 0.19 g，K_2SO_4 0.22 g
2001/02/22	返青肥：施用量与 2000/11/22 相同
2001/03/20	拔节肥：施用量与 2000/11/22 相同
2001/04/15	抽穗
2001/05/20	收获

5.2.1　不同土壤的 N_2O 排放

图 5.5 为两种不同土壤 N_2O 排放的季节性变化，B2 与 C4 土壤分别取自江苏宜兴与宝应。可以看出，尽管不同土壤的 N_2O 排放具有明显的差异，但季节变化趋势一致。较高的 N_2O 排放出现在小麦生长的冬前苗期，可能原因是在该生育阶段内作物群体小，生长缓慢，吸收氮肥的能力较弱，因而 N_2O 排放较高。

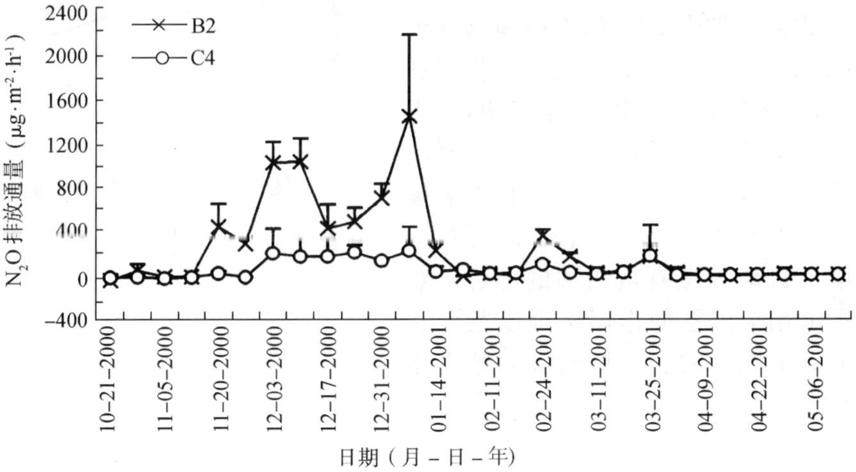

图 5.5　两种不同土壤 N_2O 排放的季节性变化(2000/2001，南京)

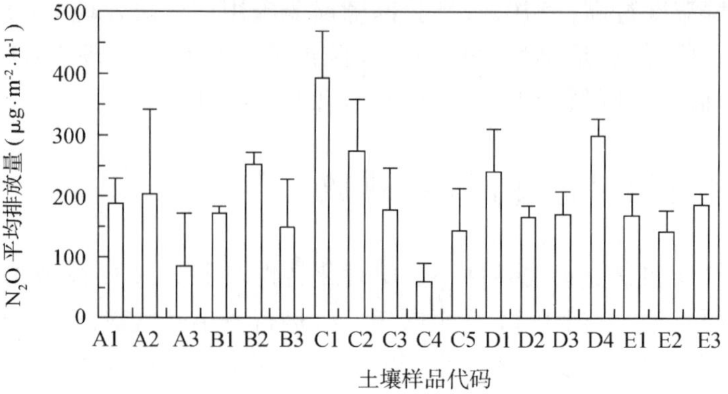

图 5.6　不同土壤 N_2O 季节性平均排放通量(2000/2001,南京)

图 5.6 给出各供试土壤 N_2O 的季节性平均排放通量,18 个供试土壤的平均排放通量为 194.8±80.1 $\mu g \cdot m^{-2} \cdot h^{-1}$,最低和最高通量分别为 61.0 $\mu g \cdot m^{-2} \cdot h^{-1}$和 393.6 $\mu g \cdot m^{-2} \cdot h^{-1}$,两者相差约 6.5 倍。方差分析表明,供试土壤间 N_2O 的季节性平均排放通量差异显著($F=5.1$, $p=0.0000$)。

5.2.2　影响 N_2O 排放的土壤因子

5.2.2.1　土壤有机碳

图 5.7 为 N_2O 平均排放通量与土壤有机碳含量的相关关系。可以看出,N_2O 的排放随土壤有机碳含量的增加而减少,有机碳含量低的土壤 N_2O 排放较高。Teepe 等(2000)在相同的季节里测定了德国农田、休闲地和森林土壤 N_2O 的排放,这三种土壤的有机碳含量分别为 1.1%、1.5%和8.1%。测定结果表明,农田 N_2O 的排放最高(2.0 $kgN_2O\text{-}N \cdot hm^{-2}$),其次为休闲地(1.6 $kgN_2O\text{-}N \cdot hm^{-2}$),森林土壤排放最低(0.7 $kgN_2O\text{-}N \cdot hm^{-2}$),这亦说明 N_2O 排放与土壤有机碳含量有负相关的趋势。对于图 5.7 所示相关关系的作用机理以及该相关关系在旱地土壤上的表现形式等问题需作进一步深入的研究。

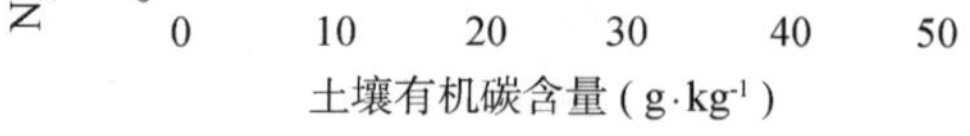

图 5.7　N_2O 排放通量与土壤有机碳含量的相关关系(2000/2001,南京)

5.2.2.2　土壤氮素

由图 5.8 可以看出：全氮含量低的土壤 N_2O 排放通量较高，而全氮含量高的土壤 N_2O 排放通量较低，其相关关系与图 5.7 所示非常类似。一般而言，有机碳含量高的土壤全氮含量亦高。将表 3.5 中的全氮含量与有机碳含量作线性相关分析，结果表明，两者之间存在极显著的相关关系。这个关系可用 $TN = 0.084TOC + 0.291$（$R^2 = 0.947, n = 18, p = 0.0000$）表示，式中 TN 和 TOC 分别代表全氮含量和有机碳含量。因而，N_2O 排放与全氮含量的关系（图 5.8）和 N_2O 排放与有机碳含量的关系（图 5.7）非常类似。

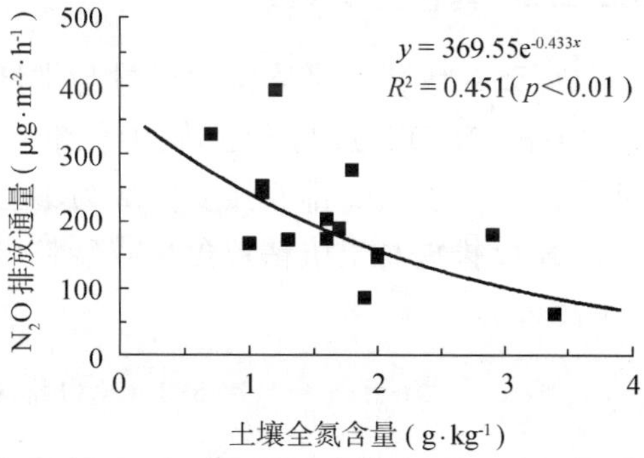

图 5.8　N_2O 排放通量与土壤全氮含量的相关关系（2000/2001，南京）

5.2.2.3　C/N 比

土壤微生物活动适宜的 C/N 比为 25∶1～30∶1。Stevenson 概括植物残体的C/N和矿质 N 释放的关系为：C/N＜20，净释放矿质 N；C/N比为 25～30，不吸收也不释放；C/N＞30，微生物净吸收NH_4^+和NO_3^-（陈文新，1990）。NH_4^+和NO_3^-作为 N_2O 产生的前体物质，由于微生物的吸收必然会导致 N_2O 的产生与排放减少。因而，在土壤 C/N＜20 的情况下，C/N 越低，N_2O 的排放应该越高；C/N 越接近 20，N_2O 的排放则应越低。图 5.9 给出的 N_2O 平均排放通量与土壤 C/N 比的相关关系与上述推测是一致的：在 C/N 为 7 到 12 范围内，N_2O 的排放随 C/N 比的增加而减少。

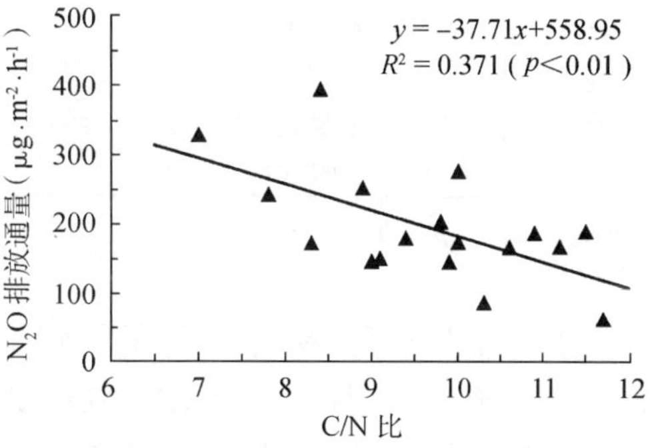

图 5.9　N_2O 排放通量与土壤 C/N 比的相关关系（2000/2001，南京）

5.2.2.4　pH 值

一般认为，硝化作用与反硝化作用的最适土壤 pH 值为 7～9。Sahrawat（1982）的研究表明，在 pH 3.4～8.6 范围内硝化作用与土壤 pH 值呈正相关。朱兆良和文启孝（1992）分析了土壤硝化率与 pH 值的相关性，发现在 pH 5.8～8.0范围内硝化率随土壤 pH 增加而增加，两者呈极显著正相关。本研究结果亦表明，在pH5.6～8.6范围内N_2O排放与土壤

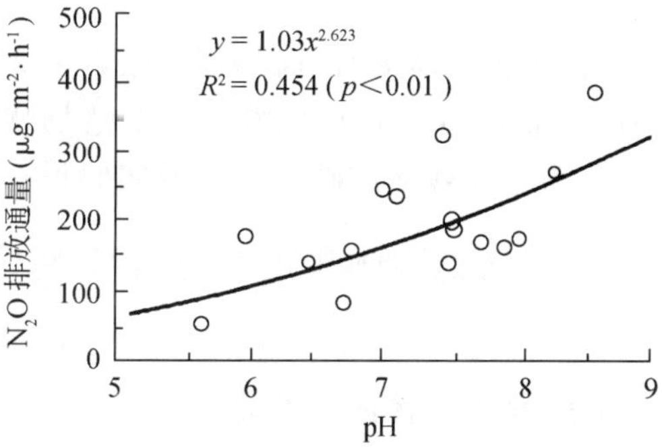

图 5.10　N_2O 排放通量与土壤 pH 的相关关系（2000/2001，南京）

pH 呈显著正相关(图 5.10),pH≥8.0 土壤排放的 N_2O 平均比 pH<6.5 的高 2.2 倍。

5.2.2.5 其它土壤参数

表 5.3 为 N_2O 平均排放通量与供试土壤理化特性(表 3.5)的 Pearson 线性相关系数。可以看出,N_2O 排放与土壤磷、钾含量间无明显的相关关系。有研究表明小麦和棉花田不同质地土壤的 N_2O 排放强度依次为壤土>砂土>粘土(徐华等,2000),然而本研究并未观测到 N_2O 排放与土壤粘粒含量或砂粒含量间有明显的相关,但与铵态氮含量成显著负相关(表 5.3)。

表 5.3 N_2O 排放与土壤理化特性的相关分析

土壤理化特性	相关系数
有机碳	−0.630**
总氮	−0.578*
C/N 比	−0.609**
速效氮	−0.347
铵态氮	−0.541*
总磷	0.260
速效钾	0.150
pH	0.606**
粘粒含量	−0.022
砂粒含量	0.108

* $p<0.05$, ** $p<0.01$

上述分析结果表明,在相同的气候条件和农业管理措施下,不同土壤间 N_2O 排放具有很大的差异。季节性 N_2O 平均排放通量分别与土壤有机碳含量、全氮含量、铵态氮含量及 C/N 比成显著负相关;与 pH 成正相关;与土壤质地及磷、钾含量无明显相关。方差分析结果还表明,小麦收获期的地上部分生物量(秸秆和穗)在各供试土壤间具有显著的差异($F=4.67$, $p=0.0001$),但这种差异与 N_2O 的排放无显著相关。

5.3 外源碳氮施用与土壤 N_2O 排放

以植物残体为有机碳氮源,尿素为无机氮源,采用实验室培养的方法研究外源碳氮施用对土壤 N_2O 排放的影响。供试植物残体分别是菜饼、马铃薯茎、玉米叶、小麦秸秆和甘蔗渣,各植物残体的碳氮含量及实验设计见第三章相关内容。

5.3.1 植物残体和尿素施用对 N_2O 排放的影响

图 5.11a 和 5.11b 分别为 21 天培养期内 N_2O 和 CO_2 排放量的累积动态。从图中可以看出,植物残体或尿素的施用极大地促进了 N_2O 和 CO_2 排放,这与 Aulakh 等(1991)、Flessa 和 Beese(1995)的结论相一致。表 5.4 为不同处理条件下 N_2O 和 CO_2 的累积排放量。与无植物残体施用处理相比,甘蔗渣和菜饼施用导致 N_2O 排放量分别增加 1.7 和3.0

倍，相应的 CO_2 排放量增加了 58%和 171%。另一方面，与尿素施用处理相比，植物残体和尿素混施导致 N_2O 和 CO_2 分别增加了 12%～285%和 47%～175%。值得注意的是，甘蔗渣和尿素混施较甘蔗渣施用处理的 N_2O 排放量反而下降了 40%左右(表 5.4)。与施用的化肥氮(169 μg · g^{-1}土)相比，甘蔗渣所含的有机氮微不足道(9 μg · g^{-1})。化肥氮的施用可能被固定，从而导致产生 N_2O 的底物(NH_4^+和NO_3^-)浓度降低。土壤中微生物需要从有机物分解中获得能量和基质，N_2O 的产生主要来自硝化和反硝化的微生物过程，因此，土壤中 N_2O 产生与有机碳分解过程紧密相连。Aulakh 等(1991)和 Rice 等(1988)认为当有机物料混施入土壤中而非表层施用时，土壤 CO_2 的产生率可以用作反映土壤反硝化速率的一个重要指标。本研究也表明土壤 N_2O 的产生与有机碳的矿化显著相关(图 5.12)。

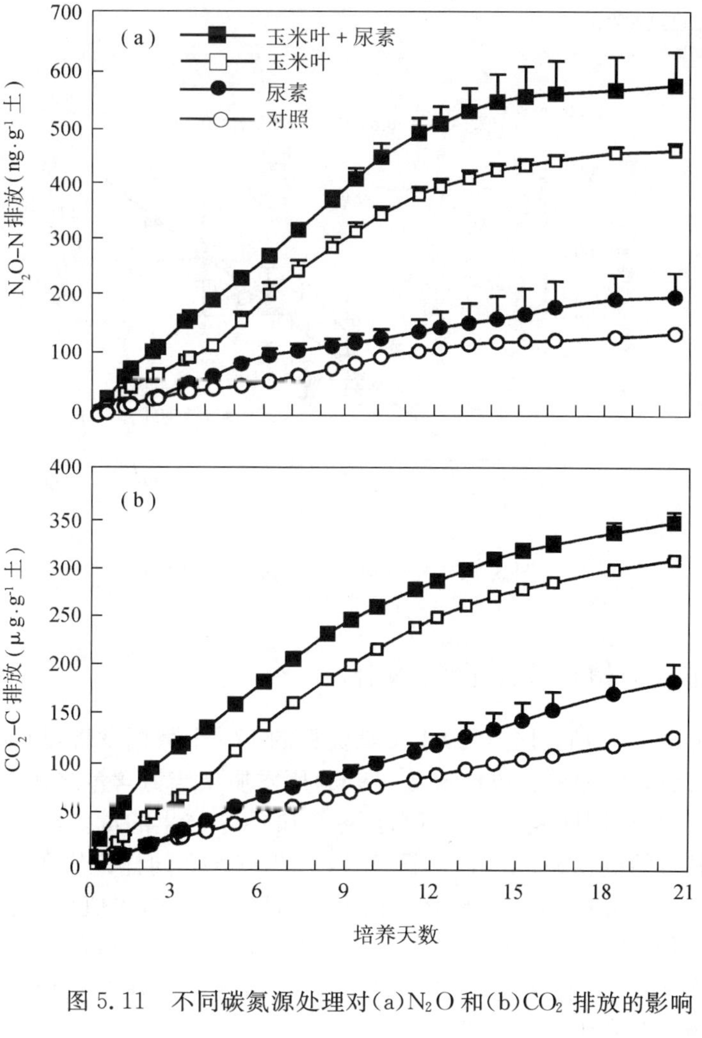

图 5.11　不同碳氮源处理对(a)N_2O 和(b)CO_2 排放的影响

表 5.4　N_2O 和 CO_2 的累积排放量

植物残体	无尿素施用		尿素施用	
	N_2O-N (ng·g^{-1}土)	CO_2-C (μg·g^{-1}土)	N_2O-N (ng·g^{-1}土)	CO_2-C[a] (μg·g^{-1}土)
对照	141.5	128.6	204.0	122.8
菜饼	568.4	349.0	786.5	337.6
马铃薯茎	475.9	322.4	674.8	335.6
玉米叶	456.4	307.9	569.1	280.8
小麦秸秆	393.1	266.8	479.4	218.2
甘蔗渣	384.3	203.1	229.3	180.1

[a] 尿素水解释放的 CO_2 已经扣除。

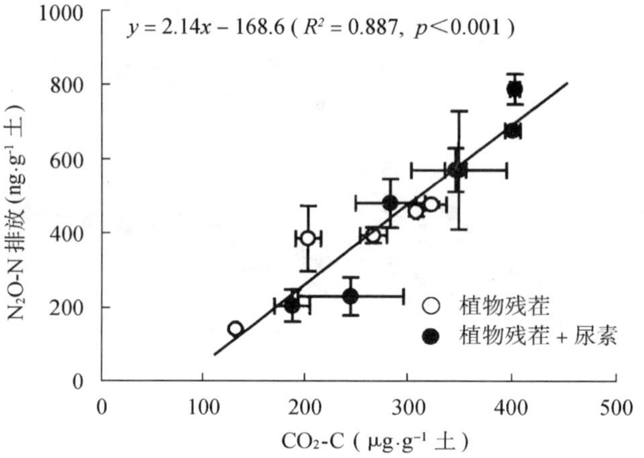

图 5.12　N_2O 和 CO_2 排放量的相关关系

5.3.2　N_2O 排放与植物残体的 C/N 比

Silver 和 Miya(2001)通过分析源于文献资料的 175 个数据发现，植物根的腐解速率与根的 C/N 比呈极显著负相关。Parton 等(1993)用木质素与氮含量之比来模拟土壤中有机物的分解。我们的结果同样表明 C/N 比是 N_2O 和 CO_2 产生的重要指标，两者与植物残茬的 C/N 比呈极显著的负相关(图 5.13，图 5.14)。图 5.13 同样证实了我们冬小麦盆栽实验中 N_2O 排放量与土壤 C/N 比呈显著负相关的结果(图 5.9)。值得注意的是，图 5.14 中两个线性方程的斜率(−1.37 和−1.59)十分接近，该方程的斜率表示 C/N 比每增加一个单位 CO_2-C 的增加量。由此可见，无论是单施植物残茬还是尿素与植物残茬混施均不改变 C/N 比对植物残茬矿化作用的贡献。

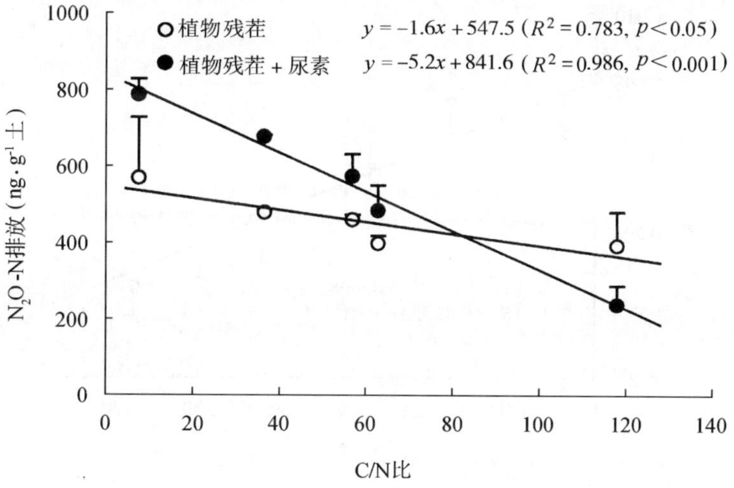

图 5.13　植物残体 C/N 比对 N_2O 排放的影响

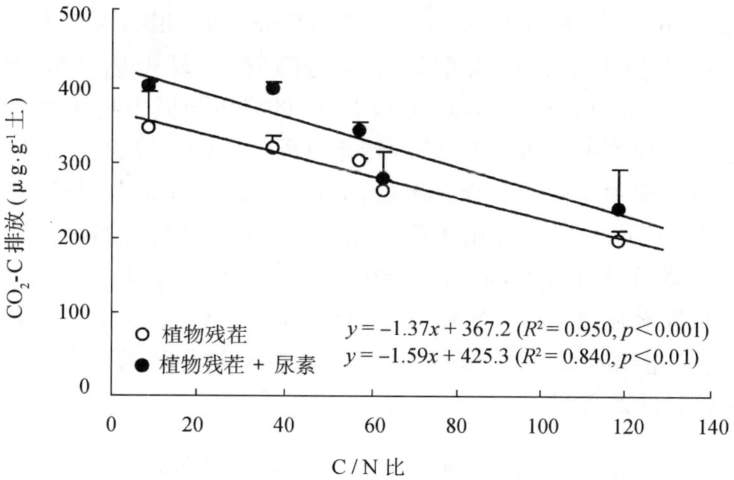

图 5.14　植物残体 C/N 比对 CO_2 排放的影响

Bremner 和 Blackmer(1981)用不同 C/N 比(C/N:5.7～35.0)的植物残体施入土壤样品，在水分含量为田间持水量的 50%和 30℃条件下进行为期 13 天的培养实验。实验结果表明，好氧土壤中 N_2O/NO_3^- 比和 N_2O 排放量皆随有机物料 C/N 比的降低而增加。我们在 21 天的培养实验后测定了土壤样品的 NO_3^--N 含量，并用培养期间累积 N_2O-N 排放计算了 N_2O-N/NO_3^--N 比。结果表明，尿素和植物残体混施的 N_2O-N/NO_3^--N 比与植物残体的 C/N 比亦呈显著负相关关系(图 5.15)，但无尿素施用处理中两者无明显的相关性。

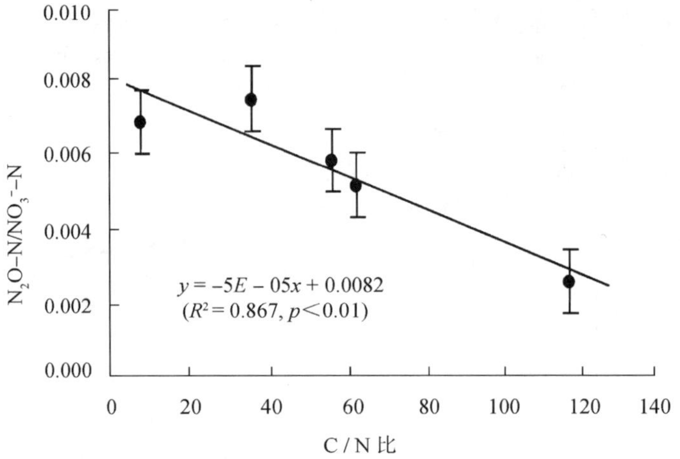

图 5.15　植物残体 C/N 比对 N_2O-N/NO_3^--N 比的影响(尿素和植物残体混施)

5.3.3　N_2O 排放与土壤 DOC 含量及植物残体 C/N 比

土壤中可溶性有机碳(DOC，dissolved organic carbon)对微生物的重要性在以往许多研究中得到证实(Obenhuber 和 Lowrance，1991；Starr 和 Gillham，1993；Boyer 和 Groffman，1996)。DOC 作为土壤有机碳中最活跃的部分，极易被微生物所利用(Boyer 和 Groffman，1996；Yano 等，1998)。因此，土壤 DOC 的多少与微生物活性密切相关，DOC 含量的变化一定程度上反映了土壤中 C、N 的转化过程。Patten 等(1980)认为好氧条件下反硝化潜力与土壤有机碳中易被微生物分解的部分有关。本研究中，与培养前土壤 DOC 含量(8.4 $\mu g \cdot g^{-1}$土)相比，植物残体施用后土壤 DOC 含量普遍增加，而植物残体和尿素混施处理的则有所下降，且植物残体施用处理在培养前后土壤 DOC 含量变化范围较大(7.2～12.7 $\mu g \cdot g^{-1}$)，尿素和植物残体混施处理土壤 DOC 变化较小(表 5.5)。培养结束时土壤的 DOC 含量与植物残体 C/N 比呈负相关(图 5.16)，这意味着 C/N 比影响有机碳的分解，最终导致 N_2O 排放的差异。

表 5.5　土壤 DOC 含量和 N_2O 累积排放量的变化

植物残体	无尿素施用			尿素施用		
	DOC ($\mu g \cdot g^{-1}$)	△DOC−1[a] ($\mu g \cdot g^{-1}$)	△N_2O−1[a] (ngN $\cdot g^{-1}$土)	DOC ($\mu g \cdot g^{-1}$)	△DOC−2[b] ($\mu g \cdot g^{-1}$)	△N_2O−2[b] (ngN $\cdot g^{-1}$土)
对照	7.3			15.0		
菜饼	12.7	5.4	426.9	7.8	−4.9	218.1
马铃薯茎	10.8	3.5	334.4	7.4	−3.4	198.9
玉米叶	8.6	1.3	314.9	7.6	−1.0	112.7
小麦秸秆	8.2	0.9	251.6	6.6	−1.6	86.4
甘蔗渣	7.2	−0.1	242.8	6.6	−0.6	−155.0

[a]△＝植物残体施用测定值－无植物残体施用测定值；[b]△＝植物残体尿素混施测定值－植物残体施用测定值

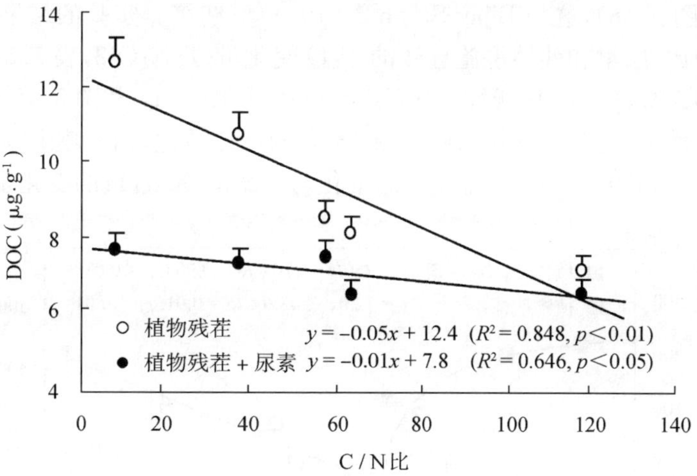

图 5.16　土壤 DOC 含量与残体 C/N 比的相互关系

为进一步阐明 N_2O 排放、土壤 DOC 含量与植物残体 C/N 比的关系，我们分别计算了植物残体施用与无植物残体施用条件下土壤 DOC 含量及 N_2O 排放的差值，以及植物残体尿素混施与单施植物残体条件下土壤 DOC 含量及 N_2O 排放的差值(表 5.5)。分析结果表明，单施植物残体使得土壤 DOC 含量呈增加趋势，增加幅度与残体的 C/N 比有关，低 C/N 比残体施用后导致土壤 DOC 值增加较大(图 5.17)，这与图 5.16 的结果相一致。但植物残体尿素混施使得土壤 DOC 含量减小，减小幅度亦与残体的 C/N 比有关，低 C/N 比残体施用后导致土壤 DOC 大幅度减小(图 5.17)。

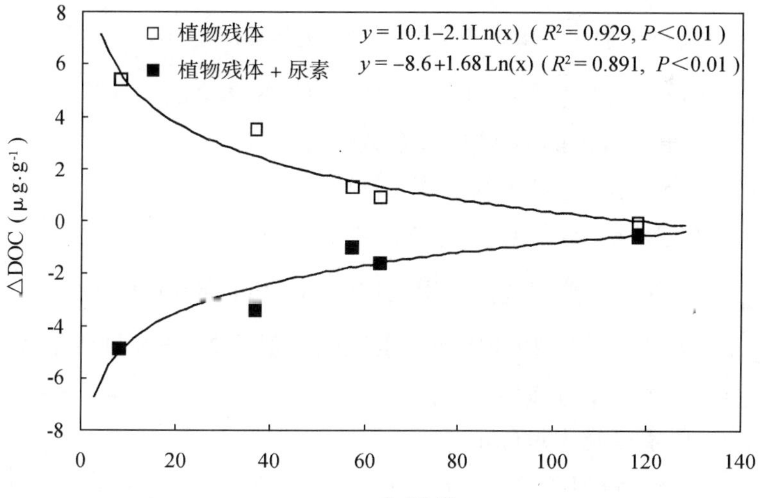

图 5.17　植物残体 C/N 比对土壤 DOC 含量的影响

植物残体施用导致的 N_2O 增加量（△N_2O-1，表 5.5）与土壤 DOC 的增加量（△DOC-1，表 5.5）成比例（图 5.18），这与 Bijay-Singh 等（1988）早期培养实验的结果相类似。然而，与单施植物残体相比，尿素和残体混施导致的 N_2O 变化量（△N_2O-2，表 5.5）并不与土壤 DOC 的减小量（△DOC-2，表 5.5）呈线性变化（图 5.18）。从图 5.17 和图 5.18 可以看出，在有机-无机肥混施的条件下，化肥氮施用影响土壤 DOC 的迁移转化，而土壤 DOC 的迁移转化则由有机残体的 C/N 比决定，且 N_2O 排放量的变化与土壤 DOC 含量的变化密切相关。

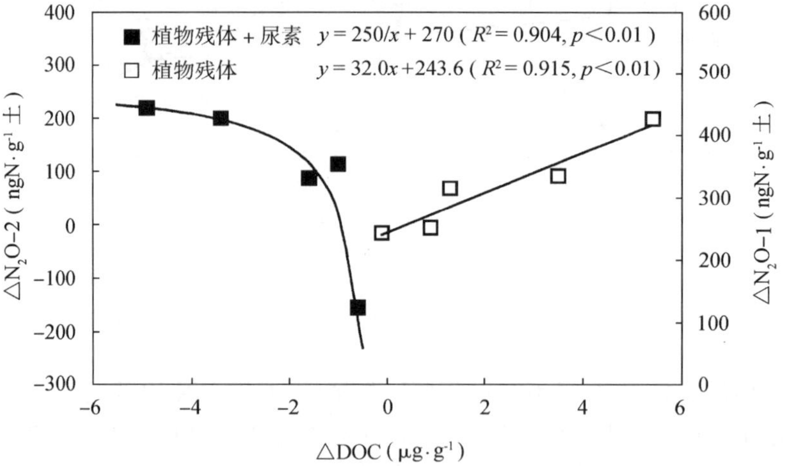

图 5.18　N_2O 排放量的变化与土壤 DOC 变化之间的相互关系

5.3.4　N_2O 排放系数与植物残体 C/N 比

类似于 IPCC（2000）推荐的计算方法，我们分别计算了施用的植物残体和尿素的 N_2O 排放系数（EF，emission factor，指单位 N 施用引起的 N_2O-N 排放量），计算公式如下：

$$EF_R = [(\sum N_2O\_N_R - \sum N_2O\_N_B)/N_R] \times 100\% \tag{5.3}$$

$$EF_U = [(\sum N_2O\_N_{RU} - \sum N_2O\_N_R)/N_U] \times 100\% \tag{5.4}$$

式中：　EF_R = 植物残体的 N_2O 排放系数（%）

EF_U = 尿素的 N_2O 排放系数（%）

$\sum N_2O\_N_B$ = 空白土壤 N_2O-N 排放量（μg）

$\sum N_2O\_N_R$ = 植物残体施用处理的 N_2O-N 排放量（μg）

$\sum N_2O\_N_{RU}$ = 植物残体和尿素混施处理的 N_2O-N 排放量（μg）

N_R = 植物残体氮施用量（μg）

N_U = 尿素氮施用量（μg）

计算结果表明，N_2O 排放系数（EF_R 和 EF_U）并不是一个常数，而与残体的 C/N 比有关。图 5.19 表明植物残体的 N_2O 排放系数与残体的 C/N 比呈正相关，而化肥氮的 N_2O 排放系数却与 C/N 比呈负相关，这说明有机残体的性质不仅影响其本身的 N_2O 排放系数，而且还影响有机一无机肥混施下化肥氮的 N_2O 排放系数。基于 Bouwman（1996）的研究，IPCC 推荐的 N_2O 排放系数为 1.25±1%，用此值估计施用到农田土壤中的化肥或作物残体的 N_2O 排放量。本研究表明植物残茬的 C/N 比是影响农田 N_2O 排放系数的一个重要参数，该结果是否适用于大田条件还需作进一步的证实。

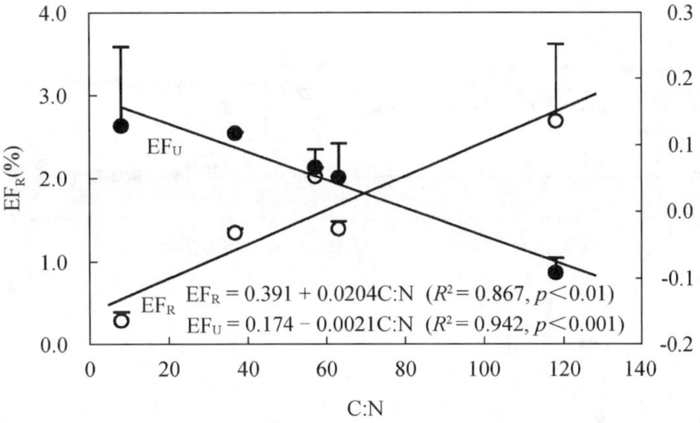

图 5.19 植物残体 C/N 比对 N_2O 排放系数的影响

5.4 农业管理措施对 N_2O 排放的影响

影响农业土壤 N_2O 排放的主要因素包括气候条件（于克伟等，1995；郑循华，1997b；Dobbie 等，1999）、土壤特性（Moiser 等，1996；徐华等，2000；黄耀等，2002）和农业管理措施（李楠和陈冠雄，1993；候爱新和陈冠雄，1998）等。在这些因素中，选择合理的农业技术措施是保证作物产量和减少土壤 N_2O 排放的主要途径，从而实现经济效益和环境效益的统一、协调发展。

5.4.1 稻田灌溉方式和有机肥施用对稻麦轮作系统 N_2O 排放的影响

农田土壤 N_2O 排放是微生物参与的硝化—反硝化作用的结果，它受到土壤通气状况、土壤中碳氮供应水平等各种因数的影响。稻田不同的灌溉方式影响土壤的水分状况和通气性；影响土壤中碳氮累积、分解动态和迁移转化方式，进而会引起稻田 N_2O 排放量的较大差异。此外，不同灌溉方式引起的碳氮转化的动态差异会进一步影响轮作系统中后季麦田 N_2O 排放。

5.4.1.1 灌溉方式和秸秆还田对稻田 N_2O 排放的影响

图 5.20 为 2000 年稻田 N_2O 和 CH_4 排放的季节性变化，水稻移栽期施用前茬小麦秸秆 225 g · m^{-2}。持续灌溉条件下 CH_4 排放维持在一个较高的水平，但几乎无 N_2O 排放（图5.20a）。烤田使得 CH_4 排放急剧下降，即使复水后 CH_4 排放仍处于较低的水平；但烤田期 N_2O 排放剧增，复水后则维持在极低的水平（图 5.20b）。

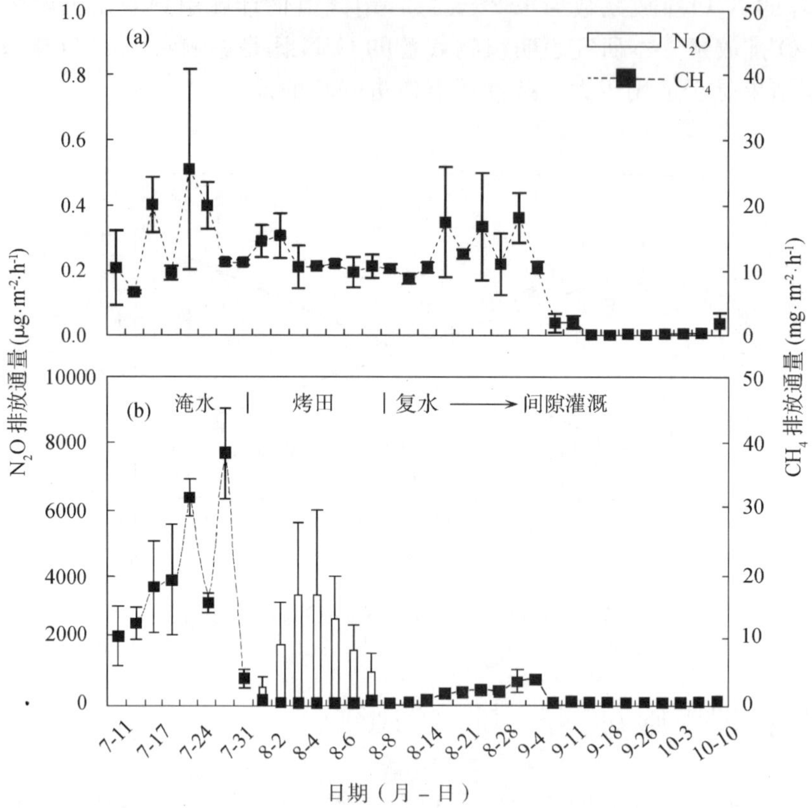

图 5.20　两种水分管理方式下稻田 N_2O 和 CH_4 排放(a)持续淹水,(b)间隙灌溉(2000,南京)

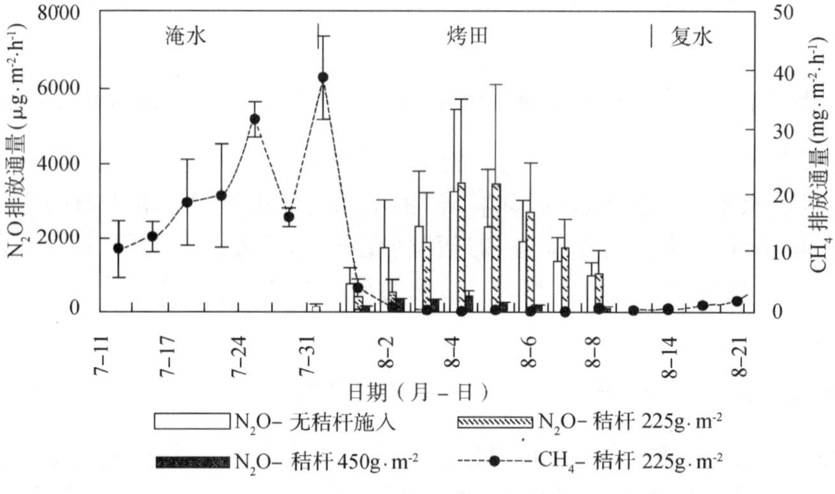

图 5.21　不同秸秆施用量对烤田期稻田 N_2O 排放的影响(2000,南京)

一般而言,O_2 分压是控制 N_2O 产生的主要限制条件。O_2 供应过于充足,则硝化的最终产物是NO_3^-,同样 O_2 供应过低,严格的厌氧环境则使反硝化作用被进一步还原成 N_2

(Parton 等,1996)。如果排水晒田时,适宜的土壤湿度导致了同时适宜硝化和反硝化过程的 O_2 供给状况,就会引起显著的 N_2O 排放(郑循华等,1996)。

烤田抑制 CH_4 排放的同时促进 N_2O 的排放,但 N_2O 的排放受秸秆施用量的影响,施用量为 450 g·m^{-2}时的 N_2O 排放远远低于不施秸秆或施用 225 g·m^{-2}时的排放量(图 5.21)。可能的原因是由于较大数量秸秆的施入为微生物活动提供了充足的 C 源,但 N 源相对不足,土壤中一部分 N 素被微生物所固定,因而减少了 N_2O 的排放。

5.4.1.2 灌溉方式和秸秆还田对后季麦田 N_2O 排放的影响

2000 年水稻生长季不同灌溉方式影响了后季麦田 N_2O 的排放(图 5.22)。对各处理 N_2O 平均排放通量的比较可以看出,水稻生长季间隙灌溉(D)与持续淹水(F)处理对小麦播种—返青期的 N_2O 平均排放通量无显著影响。然而,在冬小麦返青—成熟阶段,D 处理的 N_2O 平均排放通量明显低于 F 处理。在秸秆施用 0、225 和 450 g·m^{-2}水平(分别记为 0、1、2)下,前者比后者分别低 15.3%、45.7%和 39.5%。就全生育期而言,前者的平均排放通量分别比后者低 19.7%、40.6%和 33.9%,方差分析达极显著水平 (p=0.003)。其可能原因是水稻生长季的持续淹水导致了影响 N_2O 产生的土壤 C、N 源的积累较多,因而使得后茬旱作系统的 N_2O 排放通量较高。

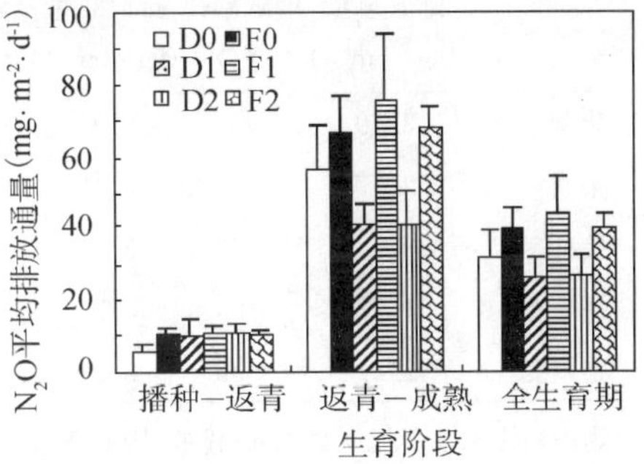

图 5.22　各处理 N_2O 平均排放通量(2000/2001,南京)

由图 5.22 可以看出:水稻生长季施用秸秆对后季麦田 N_2O 的排放亦有一定的影响。在水稻生长季间隙灌溉方式下,225 g·m^{-2}和 450 g·m^{-2}施用水平间 N_2O 平均排放通量在小麦返青前、返青后和全生育期都无明显差异,但与无秸秆施用处理相比,全生育期 N_2O 平均排放通量分别减少了 17.5%和 16.6%,施用秸秆显著减少了后季麦田 N_2O 的排放(p=0.045),其减少量主要体现在小麦生长的中后期(返青后),分别减少 27.4%和 27.2%;而在小麦生长的前期(返青前),3 处理 N_2O 排放通量都较小,秸秆施用两处理略高于无秸秆施用处理。而持续淹水方式下,施用秸秆 225 g·m^{-2}、450 g·m^{-2}处理与无秸秆施用处理 N_2O 排放通量在返青前、返青后和全生育期都无显著差异,秸秆施用并不减少 N_2O 排放。不同水分管理方式下秸秆施用对麦田 N_2O 排放的影响不同,其主要原因是水分管理方式影响秸秆的分解过程,间隙灌溉条件下秸秆分解速度快、分解量大,而持续淹水不利于秸秆分解。

5.4.1.3 有机肥类型对稻田和后季麦田 N_2O 排放的影响

2001 年水稻移栽期试验设置 5 个肥料处理(常规化肥、菜饼+常规化肥、小麦秸秆+常规化肥、猪厩肥+常规化肥、牛厩肥+常规化肥),以研究有机肥类型对当季(水稻)和后季(冬小麦)农田地气碳氮交换的影响。试验设计和观测项目见第三章相关内容。

水稻生长季不同种类有机肥处理下 N_2O 排放的季节变化基本一致，总体趋势与 2000 年（图 5.20b）相同。当田间处于淹水状态时，各处理几乎无 N_2O 排放。N_2O 高峰排放主要集中在烤田期，以后干湿交替及落干期也有部分 N_2O 排放。但不同有机肥的施用会引起 N_2O 排放的极大差异。

表 5.6　有机肥施用对稻麦轮作系统 N_2O 排放量的影响

处理	水稻生长季						小麦生长季		全轮作周期	
	烤田期		烤田后		全生育期[1]					
	排放总量 ($kg \cdot hm^{-2}$)	增减率[2] (%)	排放总量 ($kg \cdot hm^{-2}$)	增减率 (%)	排放总量 ($kg \cdot hm^{-2}$)	增减率 (%)	排放总量 ($kg \cdot hm^{-2}$)	增减率 (%)	排放总量 ($kg \cdot hm^{-2}$)	增减率 (%)
化肥	2.79		3.71		6.50		19.89		26.39	
菜饼	3.77	+35	4.17	+12	7.94	+22	19.92	0	27.86	+6
秸秆	2.16	−23	3.19	−14	5.35	−18	16.95	−15	22.30	−15
牛厩肥	1.98	−29	3.14	−15	5.12	−21	25.69	+29	30.81	+17
猪厩肥	1.81	−35	3.50	−6	5.31	−18	23.05	+16	28.36	+7

1) 烤田前淹水阶段无明显 N_2O 排放，因此 N_2O 排放总量：全生育期＝烤田期＋烤田后。

2) 增减率为有机肥料处理与化肥处理相比同期排放总量增加或减少的百分数。

如表 5.6 所示，本试验的各肥料处理间以菜饼处理 N_2O 排放量最大，全生育期排放总量为 7.94 $kg \cdot hm^{-2}$，较化肥处理 6.50 $kg \cdot hm^{-2}$ 增加了 22%。尤其在烤田期增加幅度更明显，增加了 35%；烤田后增加幅度有所下降，为 12%。这是因为菜饼的氮含量较高，且 C/N 比窄，在土壤中分解速度快，菜饼施用初期产生 N_2O 的氮源积累多，随着分解时间的延长和作物对 N 素的利用，N 源积累量逐步下降，因此，其 N_2O 排放的增加幅度也随之降低。其它有机肥料施用，主要是通过向土壤中提供 C 素，影响土壤微生物对化肥 N 的分解来影响 N_2O 排放。由于小麦秸秆的 C/N 比较宽，微生物在分解秸秆的同时要利用土壤中的 N 素来构成自身的体细胞，因此微生物对 N 素的争夺利用导致 N_2O 排放量的下降，全生育期秸秆处理 N_2O 排放总量为 5.35 $kg \cdot hm^{-2}$ 较化肥处理减少了 18%。烤田期下降幅度（23%）大于烤田后（14%）。这也说明了秸秆分解初期微生物对 N 素争夺利用强于后期。而牛粪和猪粪两处理的 N_2O 季节排放总量分别为 5.12 $kg \cdot hm^{-2}$ 和 5.31 $kg \cdot hm^{-2}$，较化肥处理分别减少了 21%和 18%。其原因可能是未经堆腐的牛粪和猪粪，施入土壤中需要经过养分的有效化过程，即矿质化过程。在此过程中微生物首先对有机碳进行分解，然后才能产生碱解氮和铵态氮等速效氮（胡霭堂，1995）。在有机碳的分解过程中微生物需要利用土壤中的氮素，因而会引起 N_2O 排放量的减少。本试验表现为水稻生长前期主要进行养分的有效化过程，导致烤田期 N_2O 排放量下降幅度较大，分别下降了 29%和 35%，以后随着有机物料的逐步分解，可利用的 N 源渐渐积累，下降幅度降低，分别为 15%和 6%。从以上分析可以看出，有机肥料的腐熟程度是影响 N_2O 排放的重要因素之一。

由于不同种类有机肥在土壤中的分解动态不同，因此水稻生长季施用不同种类有机肥料对后季麦田 N_2O 排放的影响亦不尽相同。如菜饼在土壤中的快速分解导致其对 N_2O 排放的影响主要集中在水稻生长季，对后季麦田 N_2O 排放几乎无影响（表 5.6）。而填埋于土壤中的高 C/N 比的小麦秸秆的缓慢分解在减少水稻生长季 N_2O 排放量的同时，也引起了后季麦田 N_2O 排放量的下降，且两生长季减少的比例基本接近，分别为 18%和 15%。本试验中施用有机厩肥的干物料在水稻生长前期分解较慢，水稻生长后期和小麦生长季的逐步分解导致了后季麦田 N_2O 排放量的增加。就整个稻麦轮作周期而言，菜饼、猪厩肥、牛厩肥的施用导致 N_2O 排放量分别增加了 6%、17%和 7%。施用小麦秸秆处理 N_2O 排放量减少了 15%。因此，N_2O 排放总量的变化与施用的有机肥料在土壤中的分解动态紧密相连。值得注意的是，本研究中有机肥料填埋于土壤耕作层，在土壤中呈斑块状分布，其分解动态与其它施用方式可能有所差异，这会造成对 N_2O 排放的不同影响。

农田 N_2O 排放受土壤通气状况和反应底物浓度的制约。有机肥料的施用向土壤提供了外源 C、N，其分解过程提供反硝化作用所需能量，加入的有机碳影响土壤微生物的活性，进而影响硝化反硝化作用(Bremner 和 Blackmer，1981)。从本试验结果可以看出，有机肥料施用对稻田 N_2O 排放的影响呈现复杂性。N_2O 排放量与有机肥料的 C、N 含量之间并不能用简单的回归方程来描述，稻田 N_2O 排放不仅受到外源 C、N 供应水平的影响，而且跟有机肥料的类型和腐熟程度有关。有研究认为有机肥料的颗粒大小和粉碎程度、不同施用方式都会引起 N_2O 排放量的差异(Chadwick 等，2000；Mosier 等，1998；Angers 和 Recous，1997；Aulakh 等，1991)。本研究是等重量的有机肥料的施用，因此，N_2O 排放受不同有机肥料 C、N 含量的综合影响。Chadwick 等(2000)用等 C 量和等 N 量的试验设计来研究有机肥料对土壤 N_2O 排放的影响。结果表明，当有机肥料等 C 量施用时，N_2O 的排放主要受外源 N 素供应水平的制约；而当有机肥料等 N 量施用时，N_2O 排放主要受外源 C 供应水平的制约。由于不同研究所采用的有机肥料和试验设计及方法的不同，会导致研究结果的差异，甚至得出截然相反的结论。总体来说，稻田施用有机肥料引起当季和后季麦田 N_2O 排放量的差异，应该受外源 C、N 供应水平、土壤供 N 水平、微生物对有机碳的分解及对 N 的争夺利用、作物对 N 素利用等因素制约。因此，有关有机肥料施用对土壤 N_2O 排放影响的机理尚需进一步深入研究。

5.4.2　种植密度对麦田 N_2O 排放的影响

田间观测试验于 1999/2000 冬小麦生长季在南京江宁金村农场实施，设置四个播种量(0、90、180、270 $kg \cdot hm^{-2}$)，试验设计及观测项目见第三章相关内容。

5.4.2.1　N_2O 排放的方差分析

根据大田实际测定时间，将小麦全生育期分为 2 个阶段，即播种～越冬(1999 年 11 月 15 日～2000 年 1 月 18 日)及返青～成熟(2000 年 2 月 18 日～2000 年 5 月 31 日)。以播种量(D)和各次独立观测(T)对 N_2O 排放差异作 2 因子方差分析，结果表明(表 5.7)：在播种～越冬阶段，播种量对 N_2O 排放没有显著的影响($p=0.2590$)而各次独立观测之间差异明显($p=0.0000$)；在返青～成熟阶段，不同播种量之间及各次独立观测之间 N_2O 的排放均有显著差异($p=0.0007$，$p=0.0000$)。对采样箱内小麦群体密度的 3 次测定(1999 年 12 月 13 日、2000 年 3 月 27 日和 4 月 18 日)表明，无论是在苗期还是在返青拔节期，不同播量下的群体密度差异极其明显。播种量为 90、180 和 270 $kg \cdot hm^{-2}$ 下群体密度的 3 次测定值依次为 78±25、180±17 和 330±42 m^{-2}；78±48、206±25 和 330±14 m^{-2}；

70±42、176±17 和 300±57 m^{-2}。这说明在小麦幼苗期，植物本身对 N_2O 的排放并不起重要的作用。而随着植株的生长发育，植物对 N_2O 排放的贡献增加。在整个生育阶段，环境因子的变化使得各次独立观测之间 N_2O 的排放表现出显著的差异。

表 5.7 种植密度和观测时间对 N_2O 排放影响的方差分析

生育阶段	方差来源	平方和	自由度	均方差	F	p
播种一越冬	D	75733.4	3	25244.5	1.41	0.2590
	T	1379758.0	8	172469.7	9.62	0.0000
	D×T	710145.5	24	29589.4	1.65	0.0940
	误差	555718.3	31	17926.4		
返青一成熟	D	1.8E+06	3	584941	6.94	0.0007
	T	1.7E+07	12	1408350	16.72	0.0000
	D×T	7.2E+06	36	200263	2.38	0.0035
	误差	3.6E+06	43	84249		

5.4.2.2 种植密度对 N_2O 排放的影响

图 5.23 给出不同播种量下的群体密度和 N_2O 的平均排放通量，其中群体密度为三次观测的平均值。由图 5.23 可以看出：群体密度随播种量的增加而线性增加。一元线性回归分析表明，群体密度（Y，m^{-2}）与播种量（X，kg · hm^{-2}）之间的关系可用 $Y=1.12X$（$R^2=0.980$，$n=4$）表示，亦就是说每增加 1 kg · hm^{-2}播种量，群体密度将增加 1.12 m^{-2}左右。在播种～越冬阶段，各播种量下 N_2O 的平均排放通量为 305～381 μg · m^{-2} · h^{-1}。在返青～成熟阶段，N_2O的排放随播种量增加而增加，平均排放通量为 199～585 μg · m^{-2} · h^{-1}，但裸地土壤（播种量为 0）和低播种量（90 kg · hm^{-2}）处理之间的差异不甚明显（图 5.23），其平均排放通量分别为 257±174 和 199±145 μg · m^{-2} · h^{-1}。因此，在相同的气象条件和田间管理下，播种～越冬阶段的 N_2O 排放不受播种量的影响，返青～成熟阶段的 N_2O 排放通量与播种量成正比，裸地条件下的 N_2O 排放与低播量下的排放无明显差异。

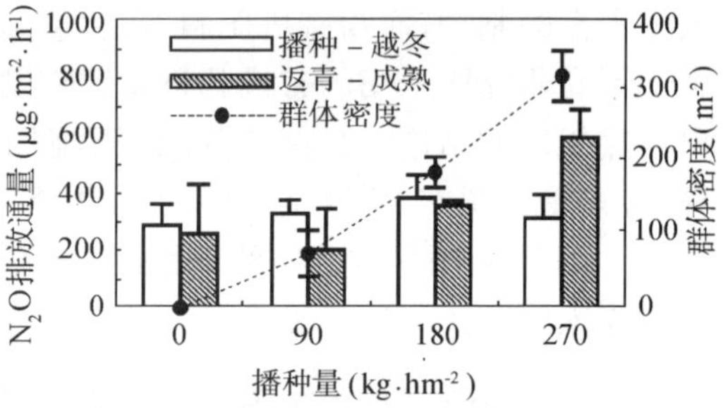

图 5.23 不同播种量下的群体密度和 N_2O 排放通量（1999/2000，南京）

以当地常规播种量（180 kg · hm^{-2}）下各次独立的 N_2O 排放通量为参比数值，将低播种量（90 kg · hm^{-2}）和高播种量（270 kg · hm^{-2}）下相应的 N_2O 排放通量与之进行比较，结果表明，处理间 N_2O 排放通量与播种量成正比。图 5.24a 和图 5.24b 分别为返青～成熟阶段低播量和高播量下的 N_2O 排放通量与常规播种量下的关系，$F1$、$F2$ 和 $F3$ 分别表示播量为 90 kg · hm^{-2}、180 kg · hm^{-2}和 270 kg · hm^{-2}下的 N_2O 排放通量。考虑到 N_2O

排放通量两两相比的生物学意义，设置其线性关系的截距为零。由图 5.24 给出的线性关系可以看出：平均而言，播量为 90 kg・hm^{-2} 和 270 kg・hm^{-2} 下的 N_2O 排放通量分别为常规播量下的 0.54 和 1.60 倍，而相应的播种量之比分别为 0.50 和 1.50，播种量间的比例关系与 N_2O 排放通量间的比例关系非常接近。

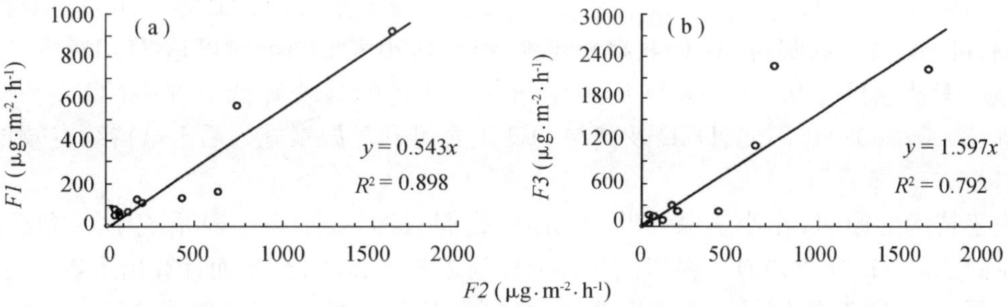

图 5.24　不同播种量下 N_2O 排放通量的相互比较（1999/2000，南京）

a）播种量为 90 kg・hm^{-2} 时 N_2O 的排放通量（$F1$）与 180 kg・hm^{-2} 时排放通量（$F2$）的线性关系
b）播种量为 270 kg・hm^{-2} 时 N_2O 的排放通量（$F3$）与 180 kg・hm^{-2} 时排放通量（$F2$）的线性关系

图 5.25 为各播种量下的籽粒产量，低播量及高播量下的产量分别为常规播量下的 68% 和 101%。从这个意义上说，确定一个能维持稳定的产量并减少冬小麦田 N_2O 排放的播种量在生产实践上是可能的。相对于高播量而言，常规播量在保证作物产量的同时能减少 N_2O 排放。

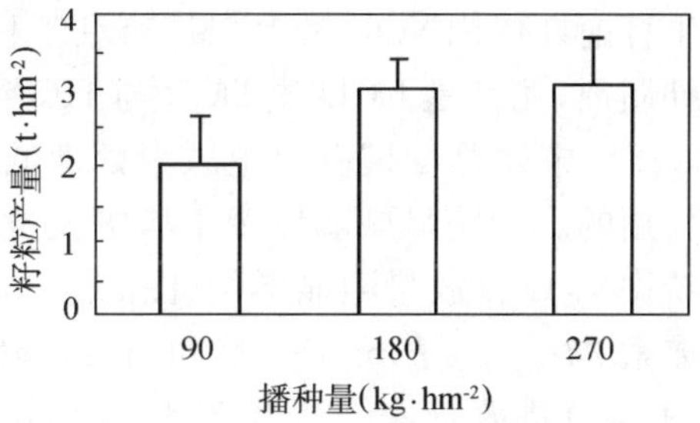

图 5.25　不同播种量下的产量（1999/2000，南京）

5.4.3　酶抑制剂施用与土壤-植物系统中 N_2O 排放

配施硝化抑制剂，可使铵态或酰胺态氮肥施入后土壤中交换态和非交换态 NH_4^+-N 量在一段时间内大幅度增加（Giri 等，1982；Vilsmeier，1991；Xu 等，2000；2001），同时降低 NO_3^--N（Giri 等，1982）和 NO_2^--N（Magalhaes 和 Chalk，1987）含量。当土壤含水量较低，导致 N_2O 主要由硝化作用产生时，一些硝化抑制剂如 AM、ST、ASU、DCS、DCD 和 ECC 等均可降低 N_2O 排放量（Minami 等，1990；Skiba 等，1992；Xu 等，2000），不过应视抑制剂种类和剂量而变。Magalhaes 和 Chalk（1987）研究显示，硝化抑制剂 N-serve 不仅抑制土壤中 N_2 与 N_2O 释放，而且还减少土壤 $KMnO_4$-N 与 CH_3ONO 生成量。当然，抑制剂与肥料氮迁移性是否同步取决于抑制剂本身的降解、吸附与挥发及土壤环境条件。合理施用硝化抑制剂仍可减轻土壤中氮素淋失和氮氧化合物排放量，如结合适宜的施氮量和田间水分管理，效果会更佳（Timmons，1984；Walter 和 Malzer，1990）。

5.4.3.1　酶抑制剂对土壤中氮形态分布、转化以及 N_2O 排放的影响

运用示踪尿素，以壤质草甸棕壤和春小麦分别作供试土壤和作物进行盆栽试验。结果表明，在试验结束时，植株和土壤对尿素氮的回收率及其损失分别占所施氮量 17.7%～23.7%，43.7%～56.3%和 20.0%～36.8%。脲酶抑制剂氢醌（HQ）和硝化抑制剂双氰胺（DCD）组合施用可使土壤、植株尿素氮回收率最高，损失量最低（Xu 等，2000）。配施抑制剂时，有机 ^{15}N 占土壤肥料 ^{15}N 回收率相当大的比例，小麦成熟期时可达 34.3%～50.6%，而单施尿素处理只有 9.9%；DCD 及其与 HQ 组合还能显著降低土壤中 NO_3^--^{15}N 含量（Xu 等，2000；2001）。因此，DCD 及其与 HQ 组合可利于尿素施入后土壤持续有效地保持肥料氮量。

由于技术的原因，在小麦整个生育期内，我们只监测土壤-小麦系统中 N_2O，而不是 $^{15}N_2O$ 排放量（Xu 等，2000）。根据试验各处理与未施尿素相比，从而计算出土壤-小麦系统中源于尿素 N_2O-N 损失量。施肥后 3 天，各试验处理土壤-小麦系统中 N_2O 排放量均出现一个较小的峰值，尤其是单施尿素和尿素＋HQ 处理（图 5.26）。这与土壤中尿素水解后铵快速氧化有关。之后，到了 5 月 30 日，小麦正处于拔节期，该系统中 N_2O 排放量出现一个较大的峰值，尤其是单施尿素和尿素＋HQ 处理。这可能与小麦植株体内不合理的氮代谢所致 N_2O 释放有关。在我们的水稻盆栽试验中，单施尿素或尿素＋HQ 可显著增加水稻生育前期体内 NO_3^--N 含量，有利于稻株释放 N_2O（Xu 等，2002a、b）。在小麦拔节前配施抑制剂，尤其是 DCD 或 DCD 与 HQ 组合均可明显降低土壤-小麦系统中 N_2O 排放量（图 5.26），排放总量只占单施尿素处理的 20%～40%（表 5.8）。随后，由于 DCD 降解对硝化作用的影响明显减弱以及土壤中大量 NH_4^+ 存在，DCD，尤其与 HQ 组合可使土壤-小麦系统中 N_2O 排放量明显增加（图 5.26），致使小麦拔节期后该系统中 N_2O 排放总量高于单施尿素 2～3 倍（表 5.8）。然而，在试验结束时，与单施尿素相比，上述两处理土壤-小麦系统中 N_2O 排放总量仍降低 20%～30%（表 5.8）。McTaggart 等（1994）曾报道，Nitrapyrin 和 DCD 均能使施尿素或硫酸铵的微区中 N_2O 排放量降低 45%～64%。

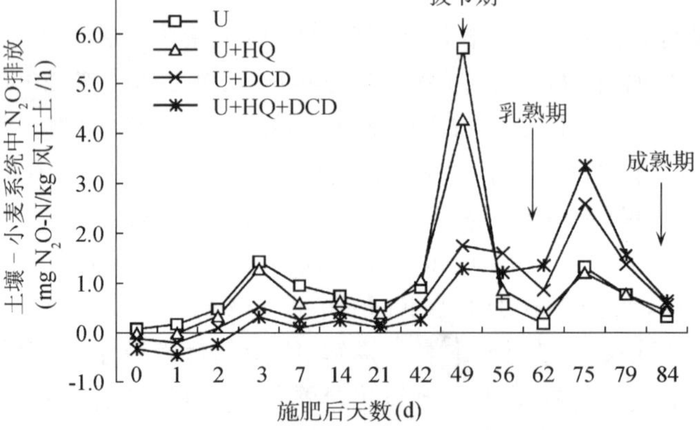

图 5.26　尿素施加后土壤-小麦系统中 N_2O 排放量动态变化

表 5.8　尿素施加后各实验处理土壤-小麦系统 N_2O-N 总排放量*

处 理	拔节期前	拔节期后	全生育期
	(mgN_2O-N · kg^{-1}风干土)		
^{15}N-U	1.74c	0.37a	2.11b
^{15}N-U+HQ	1.44c	0.43a	1.87b
^{15}N-U+DCD	0.70b	0.94b	1.64a
^{15}N-U+HQ+DCD	0.39a	1.19b	1.58a

*施加尿素处理 N_2O-N 总排放量 － 未施尿素处理 N_2O-N 总排放量(拔节期前为 0.13mgN_2O-N · kg^{-1}风干土;拔节期后为 0.08 mgN_2O-N · kg^{-1}风干土)。同栏中跟不同字母的数值差异达显著水平($p<0.05$),^{15}N-U 为标记尿素处理。

在本次实验条件下,氮素损失总量中 N_2O 只占较小的比例,主要部分为其它气态氮损失。DCD,尤其与 HQ 组合可延迟尿素施入后土壤一小麦系统中 N_2O 排放高峰的出现,并降低小麦整个生育期内该系统中 N_2O 排放总量和其它气态氮损失,后者的降低量更明显(表 5.9)。

表 5.9　小麦成熟期尿素氮气态损失及其组成(占所施尿素氮量%)*

处 理	尿素 N 气态总损失	N_2O 总排放量	其它气态 N 损失
	占所施尿素 N 量(%)		
^{15}N-U	36.8b	1.37b	35.43b
^{15}N-U+HQ	36.7b	1.22b	35.48b
^{15}N-U+DCD	32.5b	1.07a	31.43b
^{15}N-U+HQ+DCD	20.0a	1.03a	18.97a

*表中值为 3 次重复平均数,同栏中跟不同字母的数值差异达显著水平($p<0.05$),^{15}N-U 为标记尿素处理。

许多研究表明,施用脲酶抑制剂 PPD(Hendrickson 等,1987)、NBPT(Cai 等,1992)、NBPTO(Freney 等,1994)、CHPT(Freney 等,1994)和 HQ(Zhao 等,1993)可明显降低土壤中尿素水解后 NH_3 挥发损失,或抑制水解后硝化一反硝化作用所引起的氮素损失(Bremner 等,1986;Wang 等,1991a)。Wang 等(1991b)研究发现,脲酶抑制剂能使土壤中尿素氮固持量增加 5%～30%,NBPT 比 HQ、PPD 更有效。有机物料施用,往往降低抑制剂对肥料氮固持效果(Hendrickson 等,1987;Wang 等,1991b)。在我们的实验条件下,HQ 和 DCD 组合施用能使土壤对尿素氮固持量增加,并延缓新固持的有机氮再矿化(Xu 等,2000;2001)。当然,气候、土壤性质和农业施肥措施等均影响这些脲酶抑制剂对土壤中尿素氮行为。硝化抑制剂通过较长时间维持土壤中 NH_4^+-N 的较高水平来促进微生物对肥料氮的固持(Juma 和 Pual,1983;Sahrawat,1989;Francis 等,1993),加速肥料氮向非交换态铵形式转化。DCD 能使肥料氮的 50%进入非交换态氮,而无 DCD 的土壤中只有 39%(Vilsmeier,1991)。

5.4.3.2　酶抑制剂施用对作物氮吸收以及体内运移的影响

多数情况下，配施硝化抑制剂可使土壤中NH_4^+-N水平增加，一定程度上降低作物体内NO_3^--N含量(Kallio等，1982；Gorelik等，1992)，利于籽实中蛋白质氮和植株体内氮吸收总量提高。不过，有时抑制剂的效应受环境影响比较大。脲酶抑制剂可促进作物根系对肥料氮吸收利用(Wang等，1995)，但是其效果随环境条件而变化。Bronson等(1990)三年田间试验显示：脲酶抑制剂NBPT对作物籽粒、叶片含氮量以及产量影响不稳定，视环境条件而变。在我们的试验条件下，HQ，尤其与DCD组合能明显提高小麦植株吸氮量和籽粒中含氮量(Xu等，2000)。

由表5.10可见，成熟期小麦吸收的肥料氮量占施入氮量17.7%～23.7%。此值较低，这与供试土壤含有较高的速效氮(126.6 mg kg^{-1})以及供试作物小麦生育期较短(94天)有关。植株体内吸收的氮大部分分布在谷物和茎秆中，只有4.6%～6.8%富集在根系。与单施尿素相比，HQ和DCD组合可显著提高谷物、茎秆以及根系中肥料氮的吸收率，促使整株肥料氮利用率增加6.0%；同时谷物^{15}N/茎秆^{15}N比值最大，从而利于茎秆里的氮向籽实转移(表5.10)。因此，HQ和DCD组合不仅显著提高作物肥料氮利用率，而且改善其品质。

表5.10　小麦成熟期植株^{15}N利用率以及在各部分中分配*

处　理	植株^{15}N利用率(占所施^{15}N含量%)				植株各部分^{15}N分配(占植株^{15}N利用率%)			
	籽实	秸秆	根系	植株	籽实	秸秆	根系	籽实/秸秆
^{15}N-U	9.0(0.3)a	7.9(0.3)a	0.8(0.0)a	17.7(0.7)a	50.8a	44.6b	4.6a	1.1a
^{15}N-U+HQ	10.4(0.8)a	8.3(0.7)a	0.9(0.1)a	19.6(1.0)a	53.1a	42.3b	4.6a	1.3a
^{15}N-U+DCD	9.7(0.4)a	7.9(0.4)a	1.1(0.1)a	18.7(0.4)a	51.9a	42.2b	5.9ab	1.2a
^{15}N-U+HQ+DCD	14.7(0.5)b	7.4(0.6)a	1.6(0.2)b	23.7(1.2)b	62.0b	31.2a	6.8b	2.0b

* 表中值为3次重复平均数(标准差)，同栏中跟不同字母的数值差异达显著水平($p<0.05$)，^{15}N-U为标记尿素处理。

未施麦秸粉时，配施抑制剂，尤其是DCD及其与HQ组合，可显著降低水稻植株地上部分NO_3^--N含量；在整个试验期内，各处理稻株NO_3^--N含量随时间逐渐降低(图5.27)。这与Grylls(1988)研究结果相一致。他认为，通常情况下，配施硝化抑制剂可作为降低作物叶片中硝酸盐含量的一项措施。Kallio等(1982)研究显示：硝化抑制剂N-Serve可降低红色甜菜各部分NO_3^--N含量。回归分析表明，稻株地上部分NO_3^--N含量分别与土壤-水稻系统中N_2O排放量

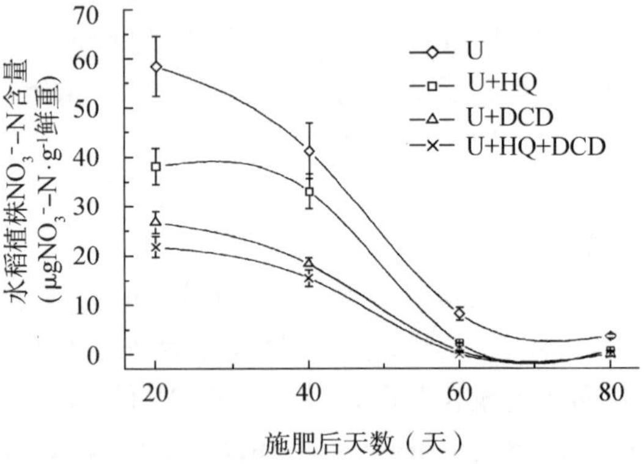

图5.27　水稻地上部分NO_3^--N含量动态变化

(Xu 等,2002b、c)和稻株 N_2O 排放量呈显著正相关(Xu 等,2002a)。这些现象表明植株体内NO_3^--N 累积可利于 N_2O 释放。配施抑制剂,可协调尿素施入后土壤中NH_4^+/NO_3^-的比例,改善植株体内NO_3^--N 状况,从而减少稻株释放 N_2O。

5.4.3.3　酶抑制剂施用对作物根际土壤氮行为的影响

钦绳武和刘芷宇(1984)采用集束平面根与标记土块接触培养试验,发现近根表面土中$(^{15}NH_4)_2SO_4$ 肥料氮含量减少 30%～75%;水稻根际存在NH_4^+-N 亏缺,与非根际土相比,相差达 1.5～5.5 倍(李良谟等,1984)。我们的研究结果显示:在施入尿素短期内,种稻根际土壤NH_4^+出现富集;随后,出现明显亏缺现象。水稻拔节期时各处理均达显著水平,尤其是脲酶抑制剂氢醌(HQ)与硝化抑制剂双氰胺(DCD)组合施用(徐星凯等,2001)。目前,对水稻根际NO_3^--N 分布研究不多。水稻根际微环境势必影响土壤源于硝化-反硝化作用的氮素损失。已发现未种稻土壤肥料氮总损失往往高于种稻土壤(Mosier 等,1990;李良谟等,1984)。在旱作条件下作物根系对氮素反硝化作用具有促进作用(Beck 等,1987;Artiola 和 Pepper,1992);李振高等(1993)用 2.4-D 和乙炔抑制法却发现根际土壤的还原酶活性并未大于根外土壤。因此,在不同生境下作物根际无机氮分布会存在明显差异,有必要深入探讨酶抑制剂施用对不同作物(如水稻、小麦)根际氮行为(包括微生物氮)的影响,尤其是在原位测定作物根际硝化一反硝化作用。

5.4.3.4　酶抑制剂施用对植稻土壤 N_2O 排放的影响

表 5.11 未施有机物料时未种稻土壤和土壤一水稻系统中 N_2O 排放总量以及占所施尿素氮量%[a]

处　理	未植稻土壤系统		土壤一水稻系统	
	N_2O 排放总量 (mgN_2O-N·盆$^{-1}$)	占所施尿素氮量[b] (%)	N_2O 排放总量 (mgN_2O-N·盆$^{-1}$)	占所施尿素氮量[b] (%)
U	12.90(1.28)a	1.05(0.15)a	17.25(2.07)b	1.44(0.23)b
U+HQ	13.01(1.73)a	1.06(0.11)a	13.20(1.13)b	1.01(0.23)b
U+DCD	18.83(1.26)b	1.70(0.21)b	9.14(0.76)a	0.56(0.15)a
U+HQ+DCD	21.06(2.58)b	1.94(0.28)b	6.51(0.63)a	0.28(0.11)a

a:表中值为 3 次重复平均数(标准差),同栏中跟不同字母的数值差异达显著水平($p<0.05$)

b:未施尿素土壤和土壤一水稻系统中 N_2O 排放总量分别为 3.26 和 4.01 mgN_2O-N·盆$^{-1}$;U 为单施尿素处理。

未施麦秸粉时,施肥后 20 天内配施抑制剂,尤其是 DCD 与 HQ 组合,可显著降低土壤一水稻系统的 N_2O 排放量(图 5.28),但对于未种水稻的土壤系统,前期抑制 N_2O 排放,随后却显著增加了排放(图 5.29),致使试验结束时该系统中 N_2O 排放总量显著高于单施尿素处理(表 5.11)。因此,配施抑制剂,尤其是 DCD 及其与 HQ 组合可显著降低土壤一水稻系统中 N_2O 排放总量,但两者间没有显著差异(表 5.11)。施肥后 20 天内,DCD 及其与 HQ 组合可明显抑制土壤中尿素水解后NH_4^+氧化,致使土壤NO_3^--N 显著降低。这无疑会削弱土壤源于硝化一反硝化作用所致的 N_2O 排放。随后,在配施 DCD 未种水稻盆钵中,水层大

量藻类生长所释放 O_2 可能促进水一土界面土壤 NH_4^+ 氧化以及 NO_3^--N 形成，这可利于土壤系统中 N_2O 释放。种植水稻时，配施抑制剂可显著促进稻株地上部分生长（Xu 等，2002a、b），利于根系对 NH_4^+ 和 NO_3^- 吸收，从而减少土壤矿质氮量，同时显著降低稻株地上部分 NO_3^--N 含量（图 5.27）。这些均利于降低土壤一水稻系统 N_2O 释放量。

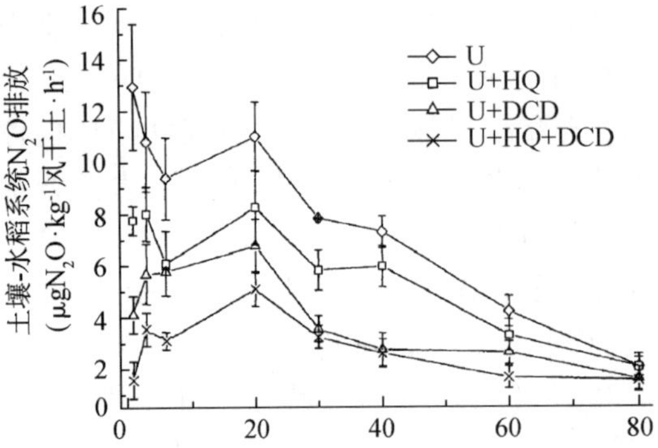

图 5.28　不同处理下土壤-水稻系统中 N_2O 排放动态变化（未施麦秸粉）

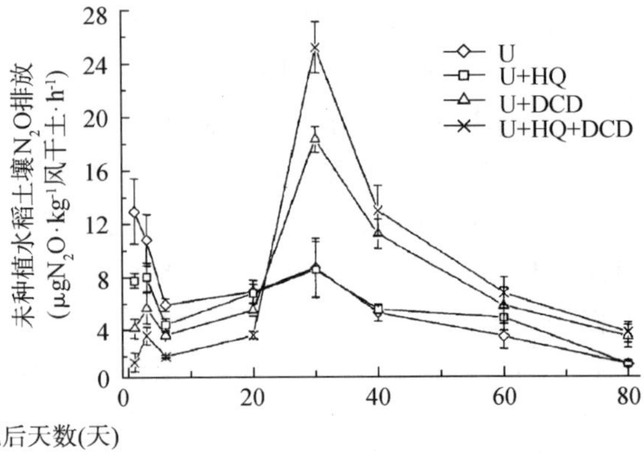

图 5.29　不同处理下未种水稻土壤 N_2O 排放动态变化（未施麦秸粉）

表 5.12 表施有机物料时未种稻土壤系统和土壤一水稻系统中 N_2O 排放量动态变化（$\mu gN_2O\cdot kg^{-1}$ 风干土 · h^{-1}）*

处　理	施肥后天数					
	6	14	30	50	70	90
未种稻土壤系统						
CK	2.35(0.25)a	2.82(0.21)a	3.08(0.23)ab	3.60(0.37)a	痕量	痕量
U	5.55(0.32)c	6.40(0.92)b	3.43(0.32)b	16.39(1.72)c	痕量	痕量
U＋HQ＋DCD	4.24(0.35)b	3.19(0.25)a	2.59(0.27)a	6.91(0.75)b	痕量	痕量
土壤一水稻系统						
CK	4.90(0.46)a	4.77(0.45)a	4.40(0.42)a	4.44(0.46)a	痕量	痕量
U	12.60(1.35)c	10.52(1.15)b	7.00(0.75)b	21.58(2.25)c	痕量	痕量
U＋HQ＋DCD	7.81(0.68)b	6.14(0.56)a	4.86(0.52)a	8.72(0.92)b	痕量	痕量

* 表中值为 3 次重复平均数（标准差），同栏中跟不同字母的数值差异达显著水平（$p<0.05$），CK 为未施尿素处理、U 为单施尿素处理。

表施麦秸粉时，DCD＋HQ 可使土壤和土壤-水稻系统中 N_2O 排放量显著低于单施尿素处理（表 5.12，表 5.13）。在施肥后 50 天，两系统中各处理的 N_2O 排放量均出现高峰，这与施肥后 30 天水层 NH_4^+ 含量达最高有关（Xu 等，2002b）。表 5.13 的结果表明，配施 HQ＋DCD 处理大大降低土壤和土壤-水稻系统中 N_2O 的排放。尽管如此，与未施麦秸粉相比（表 5.11），单施尿素处理土壤和土壤-水稻系统中 N_2O 排放总量显著增加，尤其是后者，配施 DCD＋HQ 也使得土壤一水稻系统中 N_2O 排放总量显著增加（表 5.13）。因此，C/N 高的有机物料表面施用将不利于降低稻田系统中 N_2O 排放量。回归分析表明：土一水界面土壤中

NO_3^--N 的反硝化作用可能是稻田系统中 N_2O 排放的重要来源，尤其在表施有机物料时(Xu 等，2002b、c)。

表 5.13 表施有机物料时土壤和土壤一水稻系统中 N_2O 排放总量以及占所施尿素氮量*

处　理	未种稻土壤系统		土壤一水稻系统	
	N_2O 排放总量(mgN_2O-N·盆$^{-1}$)	占所施尿素氮量(%)	N_2O 排放总量(mgN_2O-N·盆$^{-1}$)	占所施尿素氮量(%)
CK	8.19(0.78)a		11.75(1.07)a	
U	23.45(2.43)c	1.66(0.31)a	35.26(4.13)c	2.55(0.49)a
U+HQ+DCD	11.52(1.38)b	0.36(0.18)b	17.61(1.63)b	0.63(0.26)b

* 表中值为 3 次重复平均数(标准差)，同栏中跟不同字母的数值差异达显著水平(p，< 0.05)，CK 为未施尿素处理、U 为单施尿素处理。

5.5　大气 CO_2 浓度升高对稻田 N_2O 排放的影响

2001 年水稻生长季在无锡 FACE 试验点进行的野外试验观测了自由大气(对照)和大气 CO_2 浓度升高(FACE，比周围大气 CO_2 浓度升高 200±40 μmol·mol^{-1})下稻田 N_2O 的排放通量与水稻生物量。该试验共设 3 个肥料水平，试验设计见第三章相关内容。

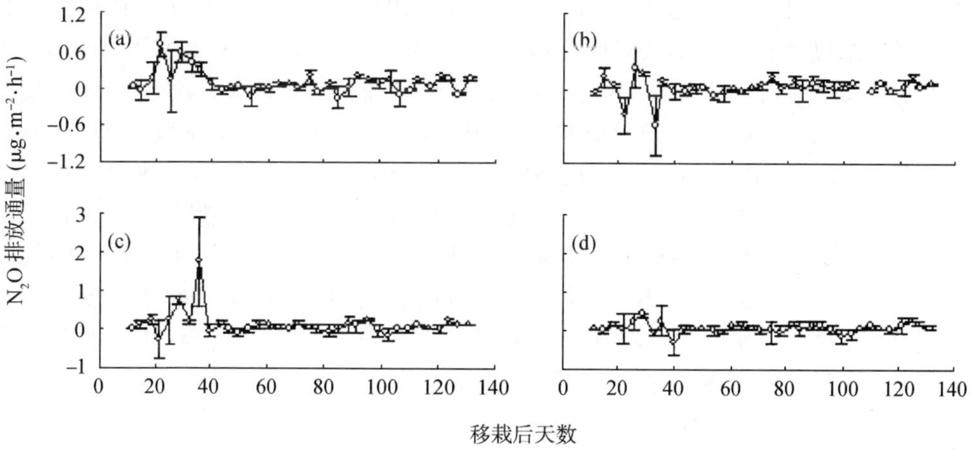

图 5.30　FACE 和常规稻田 N_2O 排放的季节变化(徐仲均等，2002)
(a)对照，低 N；(b)FACE，低 N；(c)对照，高 N；(d)FACE，高 N.

图 5.30 是 2001 年 FACE 和常规稻田 N_2O 排放的季节变化。从图中可以看出，稻田 N_2O 排放通量通常较小，有时甚至表现为弱吸收(排放通量呈负值)。稻田施用氮肥后 N_2O 的排放通量基本没有多大变化，亦未出现如旱地使用氮肥后短期内表现出的 N_2O 排放高峰(Ineson 等，1998)，这可能是因为(1)田间淹水时期施肥有利于水及土壤中反硝化作用的彻底进行，施入的肥料 N 转化成 N_2，而不生成 N_2O(郑循华等，1997a)；(2)该田块中 C/N 比较高的秸秆(C/N≈60)还田量大，促进了肥料 N 向微生物 N 的转移，从而部分

地抑制了肥料 N 立即参与硝化和反硝化过程，也就抑制了 N_2O 的产生和释放；(3)稻田中大量新鲜有机质分解消耗了土壤中的 O_2，形成缺 O_2 土壤环境，不利于肥料 N 在反硝化过程中生成 N_2O(沈善敏，1998)。

作物生长发育与农田 N_2O 排放密切相关(Ambus 等，1999)。虽然在 150 和 250 kgN · hm^{-2}两种氮肥水平下大气 CO_2 浓度升高 200 μmol · mol^{-1}均明显促进了水稻生长和生物量积累(图 5.31)，但是在整个水稻生长季，两种氮肥水平下大气 CO_2 浓度升高对稻田 N_2O 排放均没有明显影响(t－检验：低氮 $p = 0.23$；高氮 $p = 0.12$)。

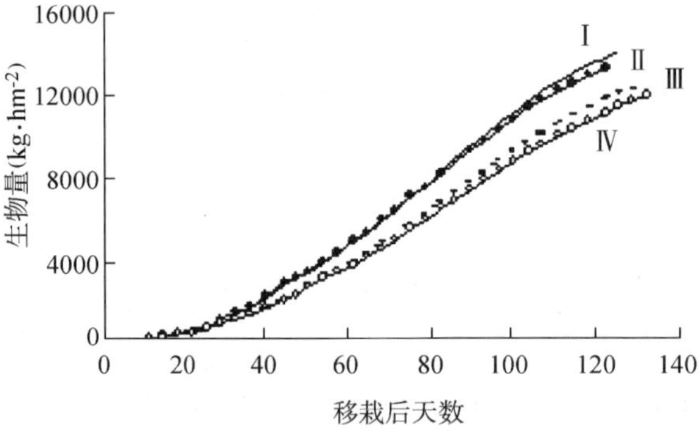

图 5.31　水稻地上部分生物量的季节动态(徐仲均等，2002)
Ⅰ. FACE，高 N；Ⅱ. FACE，低 N；Ⅲ. 对照，高 N；Ⅳ. 对照，低 N

Ambus 等(1999)认为，稻田 N_2O 排放主要受田间水分状况的影响，稻田排干的情况下，升高 CO_2 浓度才会导致 N_2O 排放的增加。Ottman 等(2001)的 FACE 研究表明，高粱地土壤水分充足时，高浓度 CO_2 不会影响土壤 N_2O 排放，田间水分出现亏缺的情况下高浓度 CO_2 才会引起土壤 N_2O 排放的增加。很显然，尽管农田生态系统类型不同，CO_2 浓度升高不影响淹水稻田 N_2O 排放的观测结果与 Ottman 等(2001)的旱地研究结果有共同之处。但是 CO_2 浓度升高会促进作物生长，植株特别是根系生物量积累增加(Kim 等，2001)有助于土壤微生物从根获得更多的碳源作为反硝化所需能量，从而有可能促进 N_2O 的排放(Ineson 等，1998)。Ambus 等(1999)则认为这种反硝化作用增强的现象只出现在试验初期，随后便会很快消失。在无锡 FACE 试验中，CO_2 浓度升高促进了水稻生长和生物量积累，由此而对稻田 N_2O 排放产生的影响很可能在下一茬作物(冬小麦)生长季会表现出来，还有待于进一步的实验观测来证实。

参考文献

陈文新主编. 1990. 土壤和环境微生物学. 北京：北京农业大学出版社，pp. 125～149.

侯爱新，陈冠雄. 1998. 不同种类氮肥对土壤释放 N_2O 的影响. 应用生态学报，**9** (2)：176～180.

胡霭堂. 1995. 植物营养学 (下册). 北京：北京农业大学出版社，pp. 170～172.

黄国宏，陈冠雄，韩冰. 1999. 土壤含水量与 N_2O 产生途径研究. 应用生态学报，**10** (1)：53～56.

黄耀，蒋静艳，宗良纲，周权锁，Sass，R. L.，Fisher，F. M. 2001. 种植密度和降水对冬小麦田 N_2O 排放的影响. 环境科学，**22** (6)：20～23.

黄耀，焦燕，宗良纲，周权锁，Sass，R. L.，Fisher，F. M. 2002. 土壤理化特性对麦田 N_2O 排放影响的研究. 环境科学学报，**22** (5)：598～602.

蒋静艳，黄耀，宗良纲. 2003. 水分管理与秸秆施用对稻田 CH_4 和 N_2O 排放的影响，中国环境科学，**23**(5)：552～556.

李良谟、臧双、周秀如等. 1984. 水稻根系对氮素损失的影响. 土壤，**16**：5～10.

李楠，陈冠雄. 1993. 植物释放 N_2O 速率及施肥的影响. 应用生态学报，**4** (3)：295～298.

李振高、潘映华、李良谟等. 1993. 不同基因型小麦根际细菌及酶活性的动态研究. 土壤学报，**30** (1)：1～8.

钦绳武、刘芷宇. 1984. 土壤一根系微区养分状况的研究 III. 水稻根际氮素的变化. 土壤学报，**21** (3)：238～245.

沈善敏（主编）. 中国土壤肥力. 北京：中国农业出版社，1998.

徐华，邢光熹，蔡祖聪等. 2000. 土壤质地对小麦和棉花田 N_2O 排放的影响. 农业环境保护，**19** (1)：1～3.

徐仲均，郑循华，王跃思，韩圣慧，黄耀，朱建国. 2002. 开放式空气 CO_2 增高对稻田 CH_4 和 N_2O 排放的影响. 应用生态学报，**13** (10)：1245～1248.

徐星凯，周礼恺，Oswald Van Cleemput，2001. 脲酶抑制剂/硝化抑制剂对植稻土壤中尿素 N 行为的影响. 生态学报，**21** (10)：1682～1686.

于克伟，陈冠雄，杨思河. 1995. 几种旱地农作物在农田 N_2O 释放中的作用及环境因素的影响. 应用生态学报，**6** (4)：387～391.

郑循华，王明星，王跃思，金继生，李老土. 1996. 稻麦轮作生态系统中土壤湿度对 N_2O 产生与排放的影响. 应用生态学报，**7** (3)：273～279.

郑循华，王明星，王跃思，沈壬兴，龚宴邦，张文，骆冬梅，金继生，李老土. 1997a. 华东稻麦轮作生态系统 N_2O 排放过程研究. 应用生态学报，**8** (5)：495～499.

郑循华，王明星，王跃思，金继生，李老土. 1997b. 温度对农田 N_2O 产生与排放的影响. 环境科学，**18** (5)：1～5.

朱兆良、文启孝主编. 中国土壤氮素. 南京：江苏科学技术出版社，1992. 97～160.

邹建文，黄耀，宗良纲，蒋静艳，郑循华，王跃思. 2003. 稻田灌溉和秸秆施用对后季麦田 N_2O 排放的影响. 中国农业科学，**36** (4)：409－414.

Ambus，P. Robertson，G. P. 1999. Fluxes of CH_4 and N_2O in aspen stands grown under ambient and twice－ambient-CO_2. *Plant and Soil*，**209** (1)：1－8.

Angers，A. and Recous，S. 1997. Decomposition of wheat and rye residue as affected by particle size. *Plant and Soil*，**189**：197－203.

Artiola，J. F. and Pepper，I. L. 1992. Denitrification acitivity in the root zone of a sludge － amended desert soil. *Biology* and *Fertility of Soils*，**13** (4)：200－205.

Aulakh，M. S.，Doran，J. W.，Walter，D. T.，Mosier，A. R.，Francis，D. D. 1991. Crop residue type and placement effects on denitrification and mineralization. *Soil Science Society of America Journal*，**55**：1020－1025.

Baker，J. T. and Allen，L. H. 1993. Contrasting crop species response to CO_2 and temperature：rice，soybean and citrus. *Vegetatio*，**104/105**：239－260.

Beck，H. and Christensen，S. 1987. The effect of grass maturing and root decay on N_2O production in soil. *Plant and Soil*，**103** (2)：269－273.

Bremner，J. M.，Mccarty，G. W. and Yeomans，J. C.，et al. 1986. Effects of phosphoroamides on trification，denitrification and mineralization of organic nitrogen in soil. *Communications in Soil Science and Plant Analysis*，**17**(4)：360－381.

Bronson，K. F.，Touchton，J. T. and Cummins，C. G.，et al. 1990. Use of the urease inhibitor N-（n-butyl）thiophosphoric triamide in corn production on a loamy sand. *Journal of Fertilizer Issues*，**7** (2)：31－34.

Bijay－Singh，Ryden，J. C. and Whitehead，D. D. 1988. Some relationships between denitrification potential and frac－tions of organic carbon in air－dried and field moist soils. *Soil Biology and Biochemistry*，**20**：737－741.

Bouwman，A. F. 1990. Exchange of greenhouse gases between terrestrial ecosystems and the atmosphere. In：Bouwman，A. F.（ed.）. Soils and Greenhouse Effect，Wiley，New York，pp. 61－127.

Bouwman，A. F. 1996. Direct emissions of nitrous oxide from agricultural soils. *Nutrient Cycling in Agroecosystems*，**46**：53－70.

Boyer，J. N.，Groffman，P. M.，1996. Bioavailability of water extractable organic carbon fractions in forest and agricu

—ltural soil profiles. *Soil Biology and Biochemistry*, **28**: 783—790.

Bremner, J. M. and Blackmer, A. M. 1981. Terrestrial nitrification as a source of atmospheric nitrous oxide. In: Delwiche, C. C. (ed.). Denitrification, Nitrification and Atmospheric N_2O. John Wiley & Sons Ltd., Chichester, pp. 151—170.

Cai, G. X., Xang, N. C. and Lu, W. F., et al. 1992. Gaseous loss of nitrogen from fertilizers applied to a paddy soil in southeastern China. *Pedosphere*, **2** (3): 209—217.

Chadwick, D. R., Pain, B. F. and Brookman, S. K. 2000. Nitrous oxide and methane emissions following application of animal manures to grassland. *Journal of Environmental Quality*, **29**: 277—287.

Daum, D. and Schenk, M. K. 1998. Influence of nutrient solution pH on N_2O and N_2 emissions from a soilless culture system. *Plant and Soil*, **203**: 279—287.

Delgado, J. A. and Mosier, A. R. 1999. Mitigation alternatives to decrease nitrous oxides emissions and urea—nitrogen loss and their effect on methane flux. *Journal of Environmental Quality*, **25** (6): 1105—1111.

Dobbie, K. E., McTaggart, I. P., Smith, K. A. 1999. Nitrous oxide emissions from intensive agricultural systems: Variations between crops and seasons, key driving variables, and mean emission factors. *Journal of Geophysical Research*, **104** (D21): 26891—26899.

Flessa, H. and Beese, F. 1995. Effect of sugarbeet residues on soil redox potential and nitrous oxide emission. *Soil Science Society of America Journal*, **59**: 1044—1051.

Francis, D. D., Doran, J. W. and Lohry, R. D. 1993. Immobilization and uptake of nitrogen applied to corn as starter fertilizer. *Soil Science Society of America Journal*, **65**: 235—263.

Freney, J. R., Keerthisinghe, D. G. and Phongpan, S., et al. 1994. Effect of urease, nitrification and algal inhibitors on ammonia loss and grain yield of flooded rice in Thailand. *Fertilizer Research*, **40** (3): 225—233.

Giri, T., Saha, D. and Mukhopadhyay, A. K. 1982. Effect of nitrification inhibitors, N—serve on NH_4^+ fixation in soil. *Indian Agriculturist*, **26** (2): 111—114.

Gorelik, L. A., Yanishevskii, F. V. and Podkolzina, G. V., et al. 1992. Efficiency of the nitrification inhibitor dicyandiamide in field experiments of the NIUIF geo—network. *Agrokhimiya*, **9**: 14—33.

Grylls, J. P. 1988. Effect of nitrogen fertilizer type and nitrification inhibitor on the nitrate content of glasshouse lettuce. *Acta Herticulturae*, **222**: 189—191.

Goodroad, L. L. and Keeney, D. R. 1984. Nitrous oxide production in aerobic soils under varying pH, temperature and water content. *Soil Biology and Biochemistry*, **16**: 39—43.

Hendrickson, L. L., Omholt, T. E. and O'Connor, M. J. 1987. Effect of phenylphosphorodiamidate on immobilization and ammonia volatilization. *Soil Science Society of America Journal*, **51** (4): 1067—1071.

Huang, Y., Jiao, Y., Zong, L. G., Wang, Y., Sass, R. L. 2002. Nitrous oxide emissions from the wheat—growing season in eighteen Chinese paddy soils: an outdoor pot experiment. *Biology and Fertility of Soils*, **36**: 411—417.

Huang, Y., Zou, J. W., Zheng, X. H., Wang, Y. S. and Xu, X. K. 2003. Nitrous oxide emissions as influenced by amendment of plant residues with different C:N ratios, *Soil Biology and Biochemistry* (revised).

Imai, K. and Murata, Y. 1978. Effect of carbon dioxide concentration on growth and dry matter production of crop plants. V. After-effects of carbon dioxide-treatment on apparent photosynthesis. *Japanese Journal Crop Science*, **47**: 587—595.

Ineson, P., Coward, P. A., Hartwig, U. A. 1998. Soil gas fluxes of N_2O, CH_4 and CO_2 beneath Lolium perenne under elevated CO_2: The Swiss free air carbon dioxide enrichment experiment. *Plant and Soil*, **198** (1): 89—95.

IPCC. 2000. IPCC Good Practice Guidance and Uncertainty Management in National Greenhouse Gas Inventories. IGES, Tokyo, pp. 4.53—4.76.

Juma, N. G. and Paul, E. A. 1983. Effect of a nitrification inhibitor on N immobilization and release of ^{15}N from nonexchangeable ammonium and microbial biomass. *Canadian Journal of Soil Science*, **63**: 167—175.

Kallio, H., Kyyro, M. and Evers, A. M., et al. 1982. Distribution of nitrate in red beet roots and leaves fertilized with urea on ammonium nitrate. *Annales Agriculturae Fenniae*, **21** (3): 131—136.

Kim, H. Y., Lieffering, M., Miura, S., et al. 2001. Growth and nitrogen uptake of CO_2—enriched rice under field conditions. *New Phytologist*, **150**: 223—229.

Magalhaes, A. M. T. and Chalk, P. M. 1987. Nitrogen transformations during hydrolysis and nitrification of urea. 2. Effect of fertilizer concentration and nitrification inhibitors. *Fertilizer Research*, **11** (2): 173—184.

Minami, K., Shibuya, T. and Ogawa, Y., et al. 1990. Effect of nitrification inhibitors on emission of nitrous oxide from soils. In: Transactions 14th International Congress Soil Science. Kyoto, Japan. August 1990, pp. 267—272.

Mosier, A. R., Mohanty, S. K. and Bhadrachalam, A., et al. 1990. Influence of rice plants on the evolution of N_2 and N_2O from the soil to atmosphere. In: Proceedings of International Workshop on Denitrification, Soil, Rhizosphere and Aquifers. Giessen, FRG. March 1990, pp. 17—19.

Moiser, A. R., Duxbury, J. M., Freney, J. K., et al. 1996. Nitrous oxide emissions from agricultural fields: assessment, measurement and mitigation. *Plant and Soil*, **181**: 95—108.

Mosier, A., Kroeze, C., Nevison, C., et al. 1998. Closing the global atmospheric N_2O budget: Nitrous oxide emissions through the agricultural nitrogen cycle. *Nutrient Cycling in Agroecosystems*, **52**: 225—248.

Moya, T. B., Ziska, L. H., Namuco, O. S., et al. 1998. Growth dynamics and genotypic variation in tropical, field—grown paddy rice (*Oryza sativa L.*) in response to increasing carbon dioxide and temperature. *Global Change Biology*, **4**: 645—656.

Nagele, W. and Conrad, R. 1990. Influence of soil pH on the nitrate—reducing microbial populations and their potential to reduce nitrate to NO and N_2O. *FEMS Microbiology Ecology*, **74**: 49—58.

Obenhuber, D. C. and Lowrance, R. 1991. Reduction of nitrate in aquifer microcosms by carbon additions. *Journal of Environmental Quality*, **20**: 255—258.

Ottman, M. J., Kimball, B. A., Pinter Jr., P. J., et al. 2001. Elevated CO_2 effects on sorghum growth and yield at high and low soil water content. *New Phytologist*, **150**: 261—273.

Patten, D. K., Bremner, J. M., and Blackmer, A. M. 1980. Effects of drying and air-dry storage of soils on their capacity for denitrification of nitrate. *Soil Science Society of America Journal*, **44**: 67—70.

Parton, W. J., Scurlock, J. M. O., Ojima, D. S., et al. 1993. Observations and modelling of biomass and soil organic matter dynamics for the glassland biome worldwide. *Global Biogeochemical Cycles*, **7**: 785—809.

Parton, W. J., Mosier, A. R., Ojima, D. S., et al. 1996. Generalized model for N_2 and N_2O production from nitrification and denitrification. *Global Biogeochemical Cycles*, **10** (3): 401—412.

Rice, C. W., Sierzega, P. E., Tiedje, J. M. and Jacobs, L. W. 1988. Stimulated denitrification in the microenvironment of a biodegradable organic waste injected into soil. *Soil Science Society of America Journal*, **52**:101—108.

Rodhe, H. 1990. A comparison of the contribution of various gases to the greenhouse effect. *Science*, **248**: 1217—1219.

Sahrawat, K. L. 1982. Nitrification in some tropic soils. *Plant and Soil*, **65**: 281—286.

Sahrawat, K. L. 1989. Effects of nitrification inhibitors on nitrogen transformations, other than nitrification, in soils. *Advances in Agronomy*, **42**: 279—309.

Silver, W. L. and Miya, R. K. 2001. Global patterns in root decomposition: comparisons of climate and litter quality effects. *Oecologia*, **129**: 407—419.

Simojoki, A. and Jaakkola, A. 2000. Effect of nitrogen fertilization, cropping and irrigation on soil air composition and nitrous oxide emissions in a loamy clay. *European Journal of Soil Science*, **51** (3): 413—424.

Skiba, U., Hargreaves, K. J., Fowler, D., Smith, K. A. 1992. Fluxes of nitric and nitrous oxides from agricultural soils in a cool temperate climate. *Atmospheric Environment*, **26**A: 2477—2488.

Starr, R. C. and Gillham, R. W. 1993. Denitrification and organic carbon availability in two aquifers. *Ground Water*, **31**: 934—947.

Teepe, R., Brumme, R., Beese, F. 2000. Nitrous oxide emissions from frozen soils under agricultural, fallow and forest land. *Soil Biology and Biochemistry*, **32**: 1897—1810.

Timmons, D. R. 1984. Nitrate leaching as influenced by water application level and nitrification inhibitors. *Journal of Environmental Quality*, **13** (2): 305—309.

Vilsmeier, K. 1991. Turnover of[15] N ammonium sulfate with dicyandiamide under aerobic and anaerobic soil conditions. *Fertilizer Research*, **29** (3): 191—196.

Walter, D. T. and Malzer, G. L. 1990. Nitrogen management and nitrification inhibitor effects on nitrogen—15 urea: II Nitrogen leaching and balance. *Soil Science Society of America Journal*, **54** (1): 122—130.

Wang, X. B., Xin, J. F. and Grant, C. A., et al. 1995. Effects of placement of urea with a urease inhibitor on seeding emergence, N uptake and dry matter yield of wheat. *Canadian Journal of* Plant Science, **75** (2): 449—452.

Wang, Z. P., Li, L. T. and Van Cleemput, O., et al. 1991a. Effect of urease inhibitors on denitrification in soil. *Soil Use and Management*, **7** (4): 230—233.

Wang, Z. P., Van Cleemput, O. and Li, L. T., et al. 1991b. Effect of organic matter and urease inhibitors on urea hydrolysis and immobilization of urea nitrogen in an alkaline soil. *Biology and Fertility of Soils*, **11**: 101—104.

Xing, G. X. and Zhu, Z. L. 1997. Preliminary studies on N_2O emissions fluxes from upland soils and paddy soils in China. *Nutrient Cycling in Agroecosystems*, **49**: 17—22.

Xu, X. K., Zhou, L. K, Van Cleemput, O. and Wang, Z. J. 2000. Fate of urea-^{15}N in a soil-wheat system as influenced by urease inhibitor hydroquinone and nitrification inhibitor dicyandiamide. *Plant and Soil*, **220** (1—2): 261—270.

Xu, X. K., Huang, Y., Zhou, L. K., Huang, G. H. and Van Cleemput, O. 2001. Effect of urease/nitrification inhibitors on the transformations of urea-nitrogen-15 in soil cropped to wheat. *Biology and Fertility of Soils*, **34**: 286—290.

Xu, X. K., Boeckx, P., Wang, Y. S., Huang, Y., Zheng, X. H., Hu, F. and Van Cleemput, O. 2002a. Nitrous oxide and methane emissions during rice growth and through rice plants: effect of dicyandiamide and hydroquinone. *Biology and Fertility of Soils*, **36**: 53—58.

Xu, X. K., Boeckx, P., Van Cleemput, O. and Zhou, L. K. 2002b. Urease and nitrification inhibitors to reduce emissions of CH_4 and N_2O in rice production. *Nutrient Cycling in Agroecosystems*, **64**: 203—211.

Xu, X. K., Boeckx, P., Zhou, L. K. and Van Cleemput, O. 2002c. Inhibition experiments on nitrous oxide emission from paddy soils. *Global Biogeochemical Cycles*, **16** (3): 171—179.

Yano, Y., McoDowell, W. H., and Kinner, N. E. 1998. Quantification of biodegradable dissolved organic carbon in soil solution with flow-through bioreactors. *Soil Science Society of America Journal*, 62: 1556—1564.

Zhao, X. Y., Li, S. D. and Zhou, L. K., et al. 1993. Fate of [^{14}C] hydroquinone and [^{15}N]urea in a soil—rice system: a pot trial. *Soil Biology and Biochemistry*, **25** (1): 143—146.

Zheng, X. H., Wang, M. X., Wang, Y. S., Shen, R. X., Li, J., Heyer, J., Köge, M., Papen, H., Jin, J. S., Li, L. T. 1999. Characters of greenhouse gas (CH_4, N_2O, NO) emissions from croplands of southeast China. *World Resource Review*, **11**: 229—245.

Zou, J. W., Huang, Y., Zong, L. G., Jiang, J. Y., Zheng, X. H., Wang, Y. S. 2003. Effect of water regime and straw application in paddy rice season on N_2O emission from following wheat growing season. *Agricultural Sciences in China*, **2** (1): 68—74.

第六章　农田-大气 NO_x 交换

大气中气态氮氧化物(NO_x,即 NO 和 NO_2 之总称)浓度增加不仅直接或间接地引起全球变暖,而且在酸雨形成过程中扮演着重要角色(Hutchinson 和 Brams,1992)。NO_x 排放源主要包括化石燃料燃烧、生物质燃烧、土壤微生物过程、闪电过程、平流层光化学反应(即 N_2O 光解)、大气中 NH_3 的氧化等。国际上关于陆地生态系统 NO 排放的研究始于 20 世纪 70 年代末(Galbally 和 Roy,1978),但囿于当时的技术条件,取得的数据极其有限。IPCC(1992)估计土壤每年净释放的 NO_x 约为 5～20 TgN,Davidson 和 Kingerlee(1997)估计全球土壤 NO 的年排放量为 21 TgN。

土壤硝化和反硝化过程释放的 NO_x 中有 90%是 NO(Conrad,1990;Williams 等,1992b),但 NO 在空气中会很快被氧化成为 NO_2,因此陆地生态系统中需要同时测定 NO 和 NO_2 的净交换通量,两者相加方为 NO_x 的净交换通量。农业土壤是大气 NO 的重要生物排放源之一(IPCC,2001),主要来自化肥和有机肥(包括作物秸秆)的施用。气候条件、土壤特性和农业管理措施等都可能影响土壤的 NO 排放。大气 CO_2 浓度升高促进植物生长,导致输入土壤的植物残落物和根系分泌物等新鲜有机质增加(Cao 和 Woodward,1998),这些变化是否会影响土壤 NO 和 NO_2 的净排放迄今尚不清楚。

本章主要介绍利用静态箱/化学发光法观测系统(郑循华等,1998;宋涛等,2002;Zheng 等,2003a)对中国太湖地区稻麦轮作系统 NO 排放的观测结果,分析土壤温度、水分和 N 肥施用对 NO 排放的影响以及大气 CO_2 浓度升高(FACE)对麦田 NO_x 排放的影响。主要内容来自文献:郑循华等(1998),宋涛等(2002),Zheng 等(1999;2003a、b)。

6.1　稻麦轮作系统的 NO 排放

利用静态箱/化学发光法观测系统(郑循华等,1998;Zheng 等,2003a),于 1996～1997 年对位于太湖地区的江苏省吴县(31°16′N,120°38′E)稻麦轮作生态系统的小麦生长季(1996 年 11 月 1 日至 1997 年 5 月 28 日)和随后的休闲阶段(5 月 29 日至 6 月 17 日)NO 排放进行了连续观测研究。整个观测期共获得 8647 个通量数据,其中有效数据为 6374 个(高于仪器检测限的为有效数据),其余的作为无效数据被剔除。76%的无效数据分布在冬季 1～2 月,这一时期 NO 排放对整个观测时期排放总量的贡献小于 1%。

6.1.1　NO 排放的日变化

整个观测时段内的 NO 排放呈现三种典型的日变化模态,分别是日间极大值型、夜间极大值型和随机型(图 6.1)。日间极大值型 NO 排放的峰值出现在正午前后(图 6.1a);夜间极大值型 NO 排放的峰值出现在傍晚到午夜前后这一时段,而最低排放出现在正午前后(图 6.1b);随机型 NO 排放峰值出现的时间不确定(图 6.1c)。

日间极大值型通常出现在晴天,这种模态在小麦苗期(11 月 1 日～12 月 31 日)、成熟期(5 月 9 日～5 月 27 日)和麦收后休闲时期(5 月 28 日～6 月 17 日)出现的总频率为

89%。当田间生长的作物比较稀疏时(例如地上小麦生物量比正常情况低70%的情形),在整个观测阶段均可以观测到典型的日间极大值型NO排放,而通常观测不到夜间极大值型(Zheng等,2003b)。3月初到小麦扬花期末(4月15日)的生长旺盛期,夜间极大值型NO排放出现频率为100%。小麦扬花期末(4月15日)到成熟初期(5月8日前后)(下文将此阶段称为小麦生长状况过渡阶段),NO排放出现随机型日变化,午后到午夜间偶然出现一个排放高峰,或者有时在正午和午夜前后出现两个排放高峰。对于正常密度的小麦田,在除小麦生长旺盛期以外的其它时期,阴雨天气情况下也会出现随机型NO排放日变化(Zheng等,2003b)。

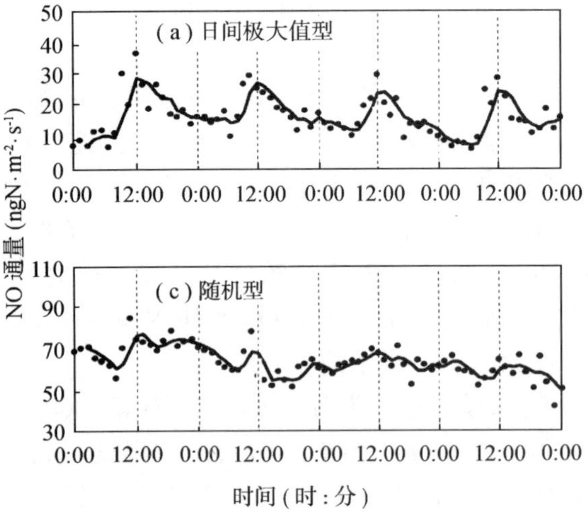

图6.1 三种典型的NO排放日变化形式(Zheng等,2003b)。黑圆点为实测通量,粗线为三点移动平均值(a)1996年11月19～22日观测结果,(b)1997年4月8～11日观测结果,(c)1997年5月4～7日观测结果。

具有典型日变化模态的时期可以用归一化的小麦生长发育阶段(d*s*)来表示。d*s*定义为小麦播种后天数与小麦全生育期天数之比。日间极大值型主要出现的时期为$0 \leq ds \leq 0.50$或$ds > 0.87$;夜间极大值型为$0.50 < ds \leq 0.77$;小麦生长状况过渡阶段的随机型为$0.77 < ds \leq 0.87$(Zheng等,2003b)。

Aneja等(1995)在美国东南部农田也曾观测到日间极大值型的NO排放日变化,在伦敦附近麦田进行的一次观测也发现与土壤温度(2 cm深处)日变化相一致的NO排放日变化模态(Yamulki等,1995)。但我们的观测结果表明,NO排放日变化与土壤温度日变化是否相一致通常取决于作物生长状况(Zheng等,2003b)。植物生长影响NO排放日变化模态的原因可能是以下三个方面单独或者共同作用的结果:(1)植物根系和与NO产生有关的细菌对土壤有效N的竞争;(2)植物冠层对土壤释放NO的吸收(Jacob和Bakwin,1991;Johansson,1989;Lovett和Lindberg,1993);(3)作物对可交换态N的吸收使产生NO的土层向深层迁移(Zheng等,2003b)。

铵态N或硝态N一旦被作物吸收就几乎没有机会进行硝化或反硝化,从而产生和释放的NO就较少,然而留在土壤中的可交换态N有很多机会进行硝化和反硝化作用,并产生NO(Williams等,1992b)。土壤温度和水分适宜时,土壤中分别作为硝化和反硝化细菌底物的铵态N和硝态N的有效性就可能成为控制NO排放的关键因子,因此植物根系对可交换态N的强烈吸收就会导致NO排放通量相对较低(Zheng等,2003b)。这种竞争机制可以部分解释小麦生长发育旺盛时期经常观测到夜间极大值型 NO 排放日变化的原因，图 6.2 显示的NH_4^+吸收速率、NO 通量、土壤温度和 PAR 日变化可以支持这一理论解释（Zheng 等，2003b）。小麦旺盛生长时期，植物吸收NH_4^+和/或NO_3^-的影响可能超过了其它的 NO 排放控制因素（如土壤温度）的影响，这一阶段每天都能观测到夜间极大值型日变化的事实支持这一推断（Zheng 等，2003b）。在植物生长不旺盛的时期或地表裸露时，土壤温度在晴天条件下对 NO 排放日变化的影响可能超过了其它控制因素（如植物对NH_4^+和/或NO_3^-的吸收），从而导致日间极大值型的 NO 排放仅在晴天出现，并与表层土壤温度日变化非常一致（Zheng 等，2003b）。

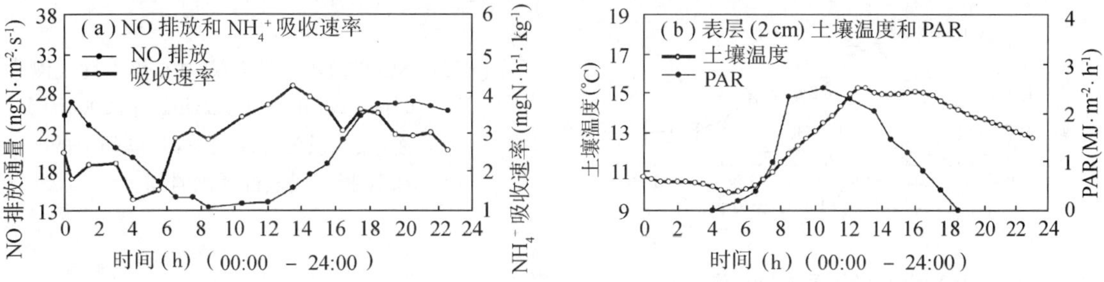

图 6.2　NO 排放、NH_4^+吸收、土壤温度（2 cm）和光合有效辐射（PAR）的日变化（Zheng 等，2003b）。

如果采样箱封闭期间测得的 NO 浓度相对较低，所得到的 NO 通量通常也较低。与裸地阶段或作物生长不旺盛的田块相比，旺盛生长的小麦冠层上方的 NO 浓度可能会由于冠层吸收而较低（Jacob 和 Bakwin，1991）。此外，冠层对 NO 的吸收可能会由于正午前后相对较高的气温和/或旺盛的光合作用而被加强。因此，小麦生长旺盛时，NO 排放表现出夜间极大值型日变化，一天中的最低排放通量出现在正午前后（Zheng 等，2003b）。

小麦旺盛生长时期，90%以上的根系分布于地表 10 cm 土层中（郑循华等，未发表数据），强烈的根系吸收使得该区域中可供产生 NO 的底物浓度可能很低，因此，这一时期释放的 NO 可能大部分来源于较深土层（Zheng 等，2003b）。支持这一解释的观测结果是：这一时期的 NO 排放日变化峰相对于 2 cm 处土壤温度日变化峰滞后约 7 小时（Zheng 等，2003b），而与较深土层的土壤温度日变化峰值出现时间（郑循华等，1997）基本一致。

由于 NO 排放固有的日变化特性，如果在不具有代表性的时间里进行一天一次或几天一次的观测，根据其结果估算的日排放量或更长时段内的排放总量往往会显著偏低或偏高（Zheng 等，2003b）。为此，我们根据 NO 排放日变化的连续观测数据确定一天中的代表性观测时间，并为不具有代表性的观测时间里取得的观测结果确定修正因了。我们将修正因子定义为一日内多次观测结果的平均排放通量值与一天中特定时刻的观测通量值之比，并将修正因子与 1.0 没有显著差异的相应时段定义为代表性观测时间，此时段内观测到的 NO 排放通量值对日平均值具有最好的代表性，观测结果无需修正（Zheng 等，2003b）。相反，对于修正因子与 1.0 存在显著差异的时段，其观测结果应当进行修正（Zheng 等，2003b）。图 6.3 给出上述三种日变化模态修正因子在一昼夜内的变化。图中，用开口朝下的大括号与 R_t 组合在一起表示代表性观测时间。在分析图 6.3 结果的基础上，我们推荐在与太湖地区相似的稻麦轮作旱地阶段进行间断性观测的代表性时间为 17:00 前后

(Zheng 等,2003b)。当发生作物生长状况过渡阶段的随机型日变化时,在推荐的代表性时间进行间断性观测可能引起约+10%的偏差。图 6.3 表明,如果不在代表性时间进行间断性观测,又不对观测结果进行修正,则可能产生±40%的偏差(Zheng 等,2003b)。

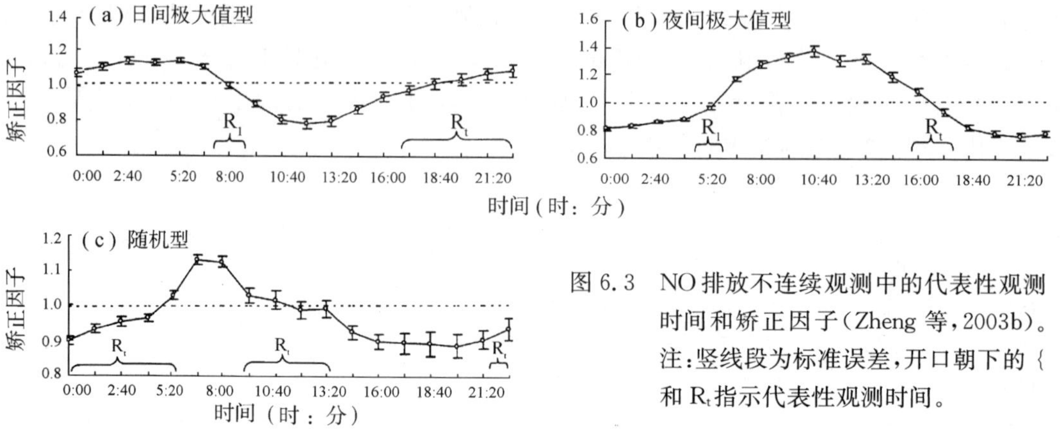

图 6.3　NO 排放不连续观测中的代表性观测时间和矫正因子(Zheng 等,2003b)。注:竖线段为标准误差,开口朝下的 { 和 R_t 指示代表性观测时间。

6.1.2　NO 排放的季节变化

图 6.4 给出各处理区 NO 排放的季节动态和观测箱内 2 cm 深土壤的日平均温度,表 6.1给出各处理区 NO 排放观测值。图 6.4 表明,所有处理的 NO 排放均呈现相似的季节变化趋势,这一趋势基本与表层土壤温度的变化趋势一致。季节变化的特征是,11~12 月

表 6.1　NO 季节排放总量、平均排放通量和排放因子(Zheng 等,2003a)

田间小区	无肥+旋耕	堆肥+化肥+旋耕	化肥+旋耕	化肥+深耕[g]
11~12 月平均通量(ngN·m⁻²·s⁻¹)	4.0±1.9	9.9±3.4	8.7±3.2	9.5±3.6
1~2 月平均通量(ngN·m⁻²·s⁻¹)	−1.6~1.6[e]	−1.6~1.6[e]	−1.6~1.6[e]	−1.6~2.1
3~6 月平均通量(ngN·m⁻²·s⁻¹)	6.5±4.3	38.6±12.6	54.6±16.0	41.2±9.7
3~6 月和 11~12 月排放通量之比	1.6	3.9	6.3	4.4
11~12 月排放量(kgN·hm⁻²)	0.22±0.10	0.53±0.18	0.47±0.17	0.50±0.19
1~2 月排放量(kgN·hm⁻²)	−0.08~0.08[f]	−0.08~0.08[f]	−0.08~0.08[f]	−0.08~0.11
3~6 月排放量(kgN·hm⁻²)	0.62±0.52	3.64±2.85	5.14±3.04	3.88±0.91
季节排放总量(kgN·hm⁻²)	0.87±0.53	4.21±1.37	5.64±1.70	4.43±1.12
季节平均排放通量(gN·hm⁻²·d⁻¹)	3.80±2.30	18.38±5.99	24.63±7.44	19.35±4.89
3~6 月排放对总观测期的贡献(%)[d]	71	87	91	87
各处理与无肥处理的比值	1.0	4.8	6.5	5.1
肥料引起的排放(kgNO-N·hm⁻²)	—	3.34	4.77	3.56
肥料 N 的排放因子(%)	—	1.75	2.50	1.87

注:d 春季排放 NO 占整个观测期总量的百分比。e 1.6 ngN·m^{-2}·s^{-1}为自动监测仪器的检测限。f 用 1.6 ngN·m^{-2}·s^{-1}检测限的计算结果。g 一个微区小麦植株生长不正常,生物产量比正常微区低约 70%。不正常微区的观测数据不能代表化肥+深耕处理区的实际情况,因此,仅用正常微区的观测数据来计算此区的 NO 季节排放总量和平均通量。

间 NO 排放较低，1～2 月间几乎没有观测到排放，3 月份起到观测期末排放一直较高(Zheng 等，2003a)。明显地，3～6 月 NO 排放比 11～12 月的排放更强烈，施肥区的差别比不施肥区更大。3～6 月间施肥区的季节平均通量为 38.6～54.6 ngN·m^{-2}·s^{-1}，11～12 月间为 8.7～9.9 ngN·m^{-2}·s^{-1}，平均相差 4.9 倍(相差范围 3.9～6.3 倍)。3～6 月间不施肥区的季节平均通量为 6.5 ngN·m^{-2}·s^{-1}，11～12 月间为 4.0 ngN·m^{-2}·s^{-1}，相差 1.6 倍(Zheng 等，2003a)。1～2 月间 NO 排放通量非常低，通常低于观测系统的检测限。在缺乏有效观测数据的情况下，我们对这一时期平均通量的估计值为观测系统的平均检测限(−1.6～1.6 ngN·m^{-2}·s^{-1})。在整个观测期内，大约 84%的 NO 排放(范围从 71%到 91%)出现在 3～6 月间，14%在 11～12 月间(Zheng 等，2003a)。

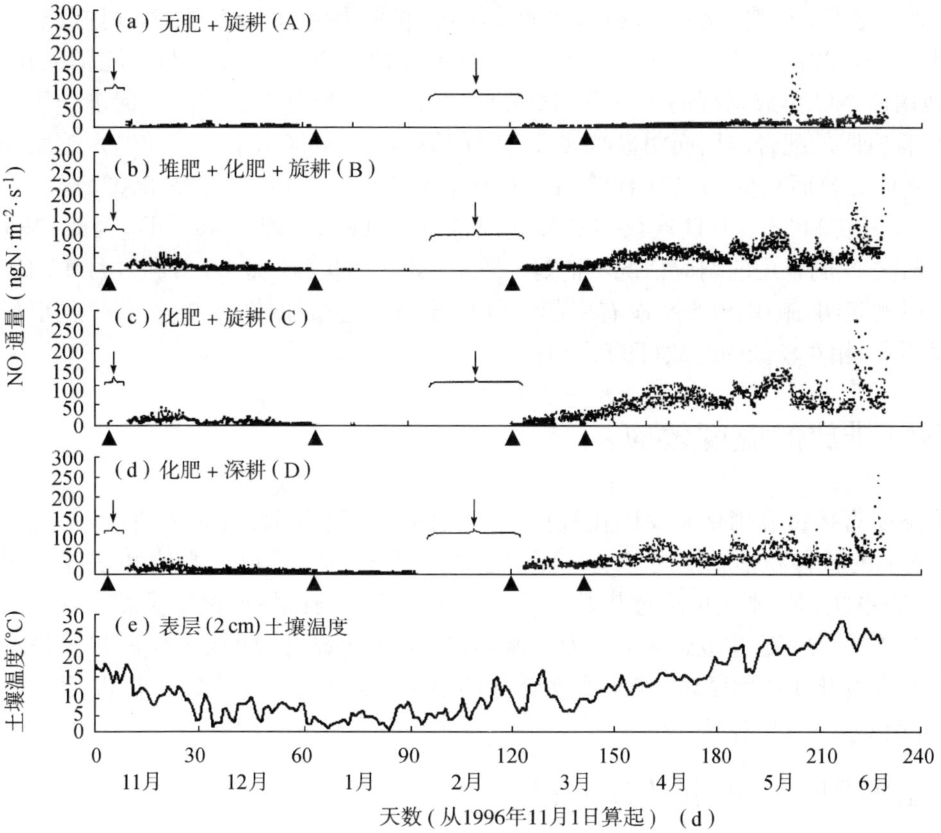

图 6.4　NO 排放及表层土壤温度(Zheng 等，2003a)

上三角符号指示施肥时间，向下的箭头及大括号指示由于仪器故障而缺数据的阶段

南北美洲、欧洲和澳大利亚观测的 NO 排放通量平均值约为 40 ngN·m^{-2}·s^{-1}(施肥农田土壤)和 4 ngN·m^{-2}·s^{-1}(不施肥农田土壤)(Galbally 等，1987；Jambert 等，1994；1997；Matson 等，1996)。本研究中，不施肥区在 3～6 月和 11～12 月两个时期观测的平均 NO 排放通量与以上观测相似；施肥区在 3～6 月间也观测到类似 NO 平均排放通量，而在 11～12 月间观测到的 NO 排放通量非常低，这说明水稻生长季的周期性淹水会对后茬旱作

阶段的 NO 排放产生负面影响，这一负面影响很可能是前茬水稻季淹水造成 11～12 月土壤水分含量较常规旱地高的缘故(Zheng 等，2003a)。冻融交替和根系穿透使得土壤形成很好的孔隙，因此，3～6 月间的土壤水分与常规旱地土壤相当。11～12 月间观测的土壤含水量为 41±4%(干基，w/w%，下同)，3～6 月间(一周湿润时期除外)土壤含水量为 34±5%，土壤含水量较高使得土壤通气状况较差，因此硝化作用产生和排放 NO 的过程可能受到抑制(Zheng 等，2003a)。

所有处理区 NO 排放通量具有相似的季节分布规律，这说明施肥和耕作不影响 NO 排放通量季节变化趋势，但是施肥和耕作可能影响 NO 季节排放总量(Zheng 等，2003a)。施肥区的 NO 排放通量日平均值均明显大于不施肥区(t 检验，$\alpha = 0.05$，$p < 0.001$)，这说明施肥促进了观测期间的 NO 排放。在整个观测期内，四个处理区(无肥＋旋耕(耕翻深度 5cm)、堆肥＋化肥＋旋耕、化肥＋旋耕、化肥＋深耕(耕翻深度 15 cm))的 NO 排放总量分别为 0.87±0.53，4.21±1.37，5.64±1.70 和 4.43±1.12 kgN · hm^{-2}。与不施肥区相比，化肥 N 的施用使 NO 排放量提高了 5.5 倍(表 6.1)，但是施肥对 NO 排放的促进作用会因为化肥 N 与有机肥的配合施用而明显减缓 25%(t 检验，$\alpha = 0.05$，$p < 0.001$)，施肥作用也会因小麦播前深耕而减少 21%(t 检验，$\alpha = 0.05$，$p < 0.001$)(Zheng 等，2003a)。

由于 11 月初和 2～3 月两次仪器故障造成部分数据缺失(图 6.4a－d)，因此，NO 排放对这期间两次 N 肥施用的响应情况不清楚。然而，其它两次(12 月 29 日和 3 月 13 日)施用尿素后的观测表明，施用化肥 N 没有引起 NO 排放的迅速增加(图 6.4a－d)。这很可能是土壤温度(5℃)相对较低的缘故(图 6.4e)。

6.2 NO 排放的温度效应

土壤温度直接影响硝化和反硝化过程所涉及的微生物数量、组成和活性，同时也影响 NO 在土壤中的转移和排放。为了定量评价土壤温度对 NO 排放的影响和估计区域排放量，陆地生态系统 NO 排放可通过指数方程 $F = \alpha e^{\beta T}$ 将其与区域或国家尺度上的温度条件相联系。其中 F 为 NO 排放通量，T 为土壤温度，可表达成气温的函数，α 和 β 是经验系数。土壤温度变化 10℃引起的 NO 排放变化的倍数(Q_{10})是描述 NO 排放温度效应的关键参数，可用 $Q_{10} = e^{10\beta}$ 计算。

6.2.1 土壤温度与 NO 排放日变化

在以日间极大值型日变化模态为主的 83 天中，有 65 个晴天观测到 NO 通量与同步测定的表层土壤(2 cm)温度呈显著指数相关，而对于阴雨天，两者之间没有相关性(Zheng 等，2003b)。通过对具有温度依赖性的 NO 排放日变化观测结果进行分析，求得各日的 α，β 和 Q_{10}。表 6.2 分别列出 1996 年 11～12 月和次年 3～6 月(包括小麦成熟期和休闲期)的参数 α，β 和 Q_{10} 的平均值。两个时期的参数 β 或 Q_{10} 值没有显著差异，而 3～6 月的 α 值比前者高约 4 倍($p < 0.001$)。这说明，在相同土壤温度条件下，3～6 月的 NO 排放日变化比前者更为强烈。如果降雨或灌溉使土壤充分湿润后紧接着晴好天气，NO 排放的日变化往往取决于土壤温度，Q_{10} 可异常地高达 8～20，例如 1997 年 5 月 28 日和 6 月 9 日、10 日就属于这种情形。但一两天后，Q_{10} 值又降低到通常水平。湿润土壤引起 Q_{10} 变化的原因

可能很复杂，如矿化和微生物生长的刺激作用等。

在以夜间极大值型日变化模态为主的 41 天中，有 22 天观测到 NO 排放与 NO 观测前 7±2 小时测定的表层土壤（2 cm）温度呈指数相关（表 6.2）（Zheng 等，2003b）。但对于 NO 日变化观测前有过强降水过程的 10 天来说，其 NO 排放明显地依赖于 NO 观测前 6±2 小时测定的土壤温度，同时 Q_{10} 异常地高达 25～40700，但这些异常高的 Q_{10} 值通常在短短几天后就降低到通常的水平（Zheng 等，2003b）。在强降水期间，即使能观测到典型的夜间极大值型日变化模态，但 NO 排放与土壤温度无关，可能的原因是降水使得土壤温度的日变化不甚明显（Zheng 等，2003b）。

表 6.2 NO 排放日变化（F）和 2 cm 土壤温度（T）确定的方程 $F=\alpha e^{\beta \cdot T}$ 参数（Zheng 等，2003b）

日变化模态	参数			R^2	$P(n)$	ζ	备注
	α （$ngN \cdot m^{-2} \cdot s^{-1}$）	β （$℃^{-1}$）	Q_{10}				
日间极大值型	5.0±2.7	0.074±0.024	2.1±0.5	0.59±0.21	<0.05 (27)	0	11～12 月，晴天
	19.3±12.3	0.066±0.028	2.0±0.6	0.57±0.23	<0.05 (23)	0	3～6 月，晴天
夜间极大值型	9.0±6.8	0.127±0.045	3.9±1.8	0.65±0.21	<0.001 (22)	7±2	无降雨天气
	1.3±1.6	0.649±0.248	7257±14356	0.66±0.17	<0.001 (10)	6±2	强降雨后
随机型	18.7±12.3	0.075±0.051	2.5±1.9	0.65±0.16	<0.001 (19)	3±2	小麦生长状况过渡时期，无降雨天气

P：一天内的 NO 排放随 2 cm 土壤温度的变化遵循指数方程的显著性水平；n 天数；ζ：2 cm 深土壤温度日变化与 NO 排放日变化的相位差（用前者日变化峰值提前的时间表示）（小时）

在以随机型日变化模态为主的小麦生育期中，无雨日的 NO 排放与 NO 观测前 3±2 小时测定的土壤温度有关（表 6.2），但是，降雨期间的 NO 排放没有温度依赖性（Zheng 等，2003b）。

基于整个观测阶段的若干次 NO 排放日变化及 2 cm 深度土壤温度日变化测定，参数 α（$ngN \cdot m^{-2} \cdot s^{-1}$）和 β（$℃^{-1}$）之间的关系可用方程 $\beta = 0.184\alpha^{-0.3855}$（$R^2=0.55$，$p<0.001$）描述（Zheng 等，2003b）。

6.2.2　土壤温度与 NO 排放季节变化

在小麦播种—越冬期（1996 年 11 月至次年 1 月），NO 排放随着表层土壤温度的降低而逐渐减少（Zheng 等，2003b）。无肥对照区的 NO 排放通量日平均值与土壤温度日平均值没有显著的相关关系（表 6.3），然而，施肥区 NO 排放通量对温度有指数依赖关系，表 6.3中相应的 R^2 说明了土壤温度变化可以解释施肥麦田中大约 39%的 NO 排放逐日变化（Zheng 等，2003b）。从 3 月到 6 月中旬，NO 排放随着土壤温度升高逐渐增加图（6.4）。施肥区和无肥对照区的日平均 NO 排放通量均与日均土壤温度呈指数关系，表 6.3 中给出的 R^2 值表明土壤温度变化可以解释无肥对照区 NO 排放逐日变化的 46%，但却只能解释施肥区 NO 排放逐日变化的 26%。由表 6.3 结果可以看出，施肥区与无肥对照区的 Q_{10} 之间没有显著差异，但是施肥区的参数 α 比无肥对照区的高出 4～24 倍。施肥区的参数 α 和 Q_{10} 一样，在 11 月至次年 1 月与 3～6 月两个时期间具有显著的差异。α 值从前期的 3 ngNO-N · $m^{-2} \cdot s^{-1}$ 左右增加到 3～6 月的 18 ngNO-N · $m^{-2} \cdot s^{-1}$ 左右（$p=0.006$），但 Q_{10}

却从 3.3 降到 1.8(p=0.05)，相应的 R^2 从 0.39 降到 0.26(Zheng 等，2003b)。

如果将这两个阶段综合起来考虑，则日平均 NO 排放通量与日平均土壤温度之间也呈显著指数关系(表 6.3)。施肥区的参数 α,Q_{10} 和 R^2 分别为 9.5，2.5 和 0.39；无肥对照区分别为 2.2、1.8 和 0.26(表 6.3)。无肥对照区 Q_{10} 值较低的原因可能是由于表层土壤中水分缺乏抑制土壤有机质的矿化作用和矿化 N 转化成 NO 所致。然而，在较深土层中土壤有机质的矿化作用可能进行得更快一些。因此，用在 2 cm 处观测的土壤温度进行分析很可能夸大了较深土层通过硝化作用产生 NO 的实际差异，从而给出了相对较小的 Q_{10} 值。

表 6.3　日平均 NO 排放(F)和日平均土壤温度(T)确定的方程 $F = \alpha \cdot e^{\beta \cdot T}$ 参数(Zheng 等，2003b)

参数			R^2	$P(n)$	备　注	资料来源
α ($ngN \cdot m^{-2} \cdot s^{-1}$)	β (℃$^{-1}$)	Q_{10}				
ND	ND				11 月至次年 1 月，无肥对照区	Zheng 等，2003b
1.4±0.1[#]	0.075±0.010	2.1±0.2	0.46±0.22	<0.001 (2)	3～6 月，无肥对照区	
2.2±0.3*	0.058±0.017	1.8±0.3	0.26±0.08	<0.05 (2)	综合考虑 11 月至次年 1 月及 3～6 月，无肥对照区，温度 1～28℃	
2.9±1.1*	0.117±0.019	3.3±0.6	0.39±0.02	<0.001 (5)	11 月至次年 1 月，化肥 66kgN · hm^{-2}	
18.3±13.0	0.056±0.026	1.8±0.5	0.26±0.10	<0.05 (5)	3～6 月，施肥区	
9.5±6.9*	0.087±0.032	2.5±0.8	0.39±0.10	<0.001 (5)	综合考虑 11 月至次年 1 月及 3～6 月，化肥 191kgN · hm^{-2}，温度 1～28℃	
3*	0.073±0.011	2.1±0.2	NR	NR	小麦田施用化肥 40 ± 9 kgN · hm^{-2}	Williams 等 1992a
9*	NR	NR	NR	NR	玉米田施用化肥 121±13 kgN · hm^{-2}	
4*	NR	NR	NR	NR	棉花田施用化肥 58±5kgN · hm^{-2}	

ND，未检出；NR，未报道；p，逐日 NO 排放与逐日土壤温度遵循指数方程的显著性水平；n，用于统计分析的微区数；[#] 平均值 ± 1σ，其中 σ 为标准差；　* 用于分析肥料 N 用量与参数 α、β 或 Q_{10} 之间关系的数据。

如上所述，土壤温度仅仅能够解释 NO 排放逐日变化的 26%～46%，这说明其它因素(如土壤水分等)也同时制约着 NO 排放的季节变化(Zheng 等，2003b)。

6.2.3　土壤水分对 NO 排放温度效应的影响

每次灌溉或降雨事件之后通常会出现 NO 排放的脉冲峰，NO 排放总量的 67%出现在观测前有降雨的情况。当降雨量大于 0 mm 时，NO 日排放量与相应的降雨量呈线性关系(施肥与无肥对照区的 R^2 分别为 0.32 和 0.41，p <0.001)，这是由于降雨改变了土壤水分状况进而影响 NO 的排放(Zheng 等，2003b)。

当日平均土壤温度高于 20℃时，无肥对照区和施肥区的 NO 排放通量与土壤水分含量均呈线性正相关(图 6.5a、b)。图 6.5a，b 中给出的 R^2 值说明 NO 排放逐日变化的 57%

（无肥对照区）～ 59%（施肥区）是由土壤水分含量的变化引起的（Zheng 等，2003b），但这一结果与其它研究者报道的负相关关系（Yamulki 等，1995）恰好相反，其原因目前尚不清楚。本研究所观测到的日平均表层土壤（2 cm）温度高于 20℃的情形主要出现在 5 月到 6 月中旬，此阶段的土壤含水量介于 25%到 45%之间，平均为 35%。在这样的土壤湿度条件下，日平均 NO 排放与日平均土壤温度之间没有显著的相关关系。然而，在日平均表层土壤温度小于 20℃并且土壤含水量相对较高（41±4%）的条件下，NO 排放与土壤温度呈指数相关（图6.5c、d）。

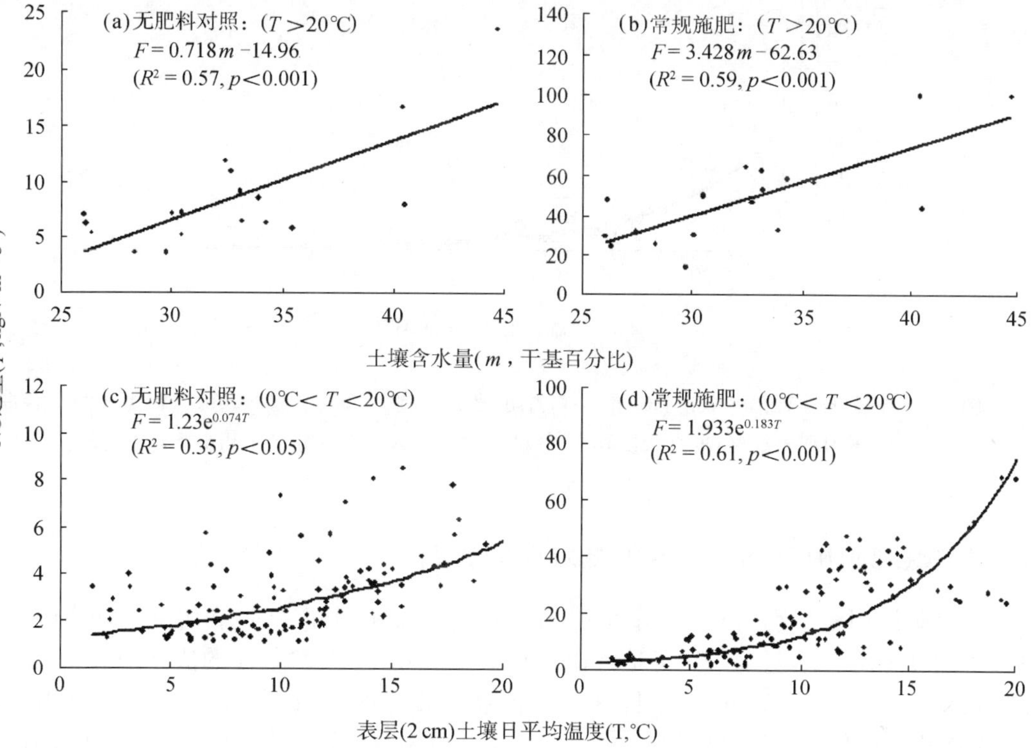

图 6.5　土壤含水量和温度对施肥和无肥对照田 NO 排放的影响（Zheng 等，2003b）。圆圈为实测通量值，曲线为拟合结果

实验室研究表明，在硝化细菌纯培养过程中产生的 NO 和 N_2O 的摩尔比大于 1，反硝化细菌纯培养过程中的摩尔比小于 1（Anderson 和 Levine，1986）。当然，田间条件下硝化和反硝化作用很可能是同时发生的（Skiba 等，1992），因此，很难直接将这一实验室研究结果外推到田间。尽管如此，田间排放的 NO 和 N_2O 的摩尔比大于 1 至少可以说明硝化作用对 NO 排放的贡献更加重要，而 NO/N_2O 摩尔比小于 1 则可以说明反硝化作用的贡献更为重要（Zheng 等，2003b）。由于硝化和反硝化过程发生的相对条件可能取决于受土壤水分制约的土壤 O_2 有效性（Williams 等，1992b），当土壤含水量低时，NO/N_2O 摩尔比大于 1，反之，则小于 1（Yamulki 等，1995）。在整个观测阶段，NO/N_2O 摩尔比大于 1 的出现频率为 86%，这表明稻麦轮作农田的旱地阶段排放的 NO 主要源于土壤中的硝化作用

(Zheng 等,2003b)。在 25%~50%的土壤含水量范围内,NO/N_2O 摩尔比(R_{mol})与土壤水分(m,w/w%)呈负指数关系(图 6.6),此相关性可以表达为 $R_{mol}=7908e^{-0.206m}$($R^2=0.94$,$p<0.001$)。根据这一方程,当 $m=43.7\%$(相当于田间持水量)时,R_{mol} 接近 1(Zheng 等,2003b)。这说明,当土壤含水量高于田间持水量时,所排放的 NO 可能主要来源于反硝化作用;反之,则可能主要来源于硝化作用(Zheng 等,2003b)。

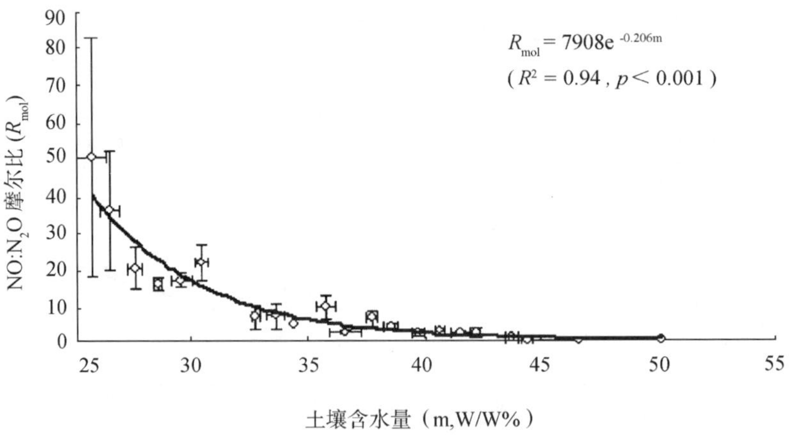

图 6.6 土壤水分对农田排放 NO 和 N_2O 摩尔比的影响(Zheng 等,2003b)。粗黑线为拟合曲线,圆圈为观测数据,垂直线段和水平线段分别为 NO/N_2O 摩尔比和土壤含水量的标准差。

6.2.4 氮肥施用对 NO 排放温度效应的影响

当化肥施用量分别为 0、66 kgN · hm^{-2} 和 191 kgN · hm^{-2} 时,利用日平均 NO 排放通量(F)和日平均土壤温度(T)可估计出方程 $F=\alpha\cdot e^{\beta\cdot T}$ 的参数 α 的值分别为 2.2、2.9 和 9.5 ngN · m^{-2} · s^{-1}(表 6.3)。将这些 α 值和小麦生长季化肥 N 施用量与 Williams 等(1992a)报道的有关非豆科作物(包括小麦、玉米和棉花)的数据(表 6.3 中标注 * 者)综合考虑,可得到参数 α(ngN · m^{-2} · s^{-1})与施 N 量(N_r,kgN · hm^{-2})间的相关关系为 $\alpha=0.045N_r+1.53$ ($R^2=0.86$,$p=0.008$),参数 β 和施 N 量的关系为 $\beta=-0.0003N_r+0.132$ ($R^2=0.80$,$p=0.04$),温度系数 Q_{10} 与施 N 量的关系为 $Q_{10}=-0.0085N_r+3.62$ ($R^2=0.77$,$p=0.05$) (Zheng 等,2003b)。后面两个关系式中,N_r 均大于 0 kgN · hm^{-2}。值得注意的是,当施 N 量低时,α 值可能被低估,而 β 或 Q_{10} 则可能被高估,因为在得出以上各关系式的过程中并没有考虑其它 N 源输入(如大气沉降等)的影响(Zheng 等,2003b)。尽管如此,上述关系式仍可使我们很方便地将农田 NO 排放与土壤温度或与化肥 N 施用量联系起来,这可能是估算区域 NO 排放的一个既简单又实用的方法。

6.3　NO 排放的日变化及季节变化模拟

6.3.1　NO 排放过程的表观活化能

目前已有的经验、半经验和生物地球化学过程模型中常用如前所述的指数方程和Arrhenius经验方程(Williams 等,1992a;Ding 和 Wang,1996;Li 等,2000),其中后者是描述化学反应或生物化学反应温度效应的另一种形式。Yamulki 等(1995)曾用 Arrhenius 方程 $F=A\cdot e^{-E_a/(R\cdot T_K)}$ 来描述麦田 NO 排放的温度效应,其中 T_K 是土壤温度(K),E_a 为表观活化能,R 为气体常数,A 为指前因子。通常认为参数 Q_{10} 或 E_a 为常数。由于农田 NO 排放的驱动因素很复杂,Arrhenius 方程中任何参数都可能随不同的条件而变。因而,定量地描述方程中各参数与 NO 排放关键驱动因子之间的关系是建立用于区域 NO 排放总量估算、预测和情景分析的过程模型所必不可少的。我们在田间观测的基础上,根据 Arrhenius 方程对具有显著温度依赖性的 NO 排放表观活化能逐日加以确定。结果表明,在整个观测时期(稻麦轮作周期的旱地阶段)内,E_a 并非常数,其变化范围为 11～833 kJ·mol^{-1},其中小于 150 kJ·mol^{-1}的出现频率为 89%(Zheng 等,2003b)。

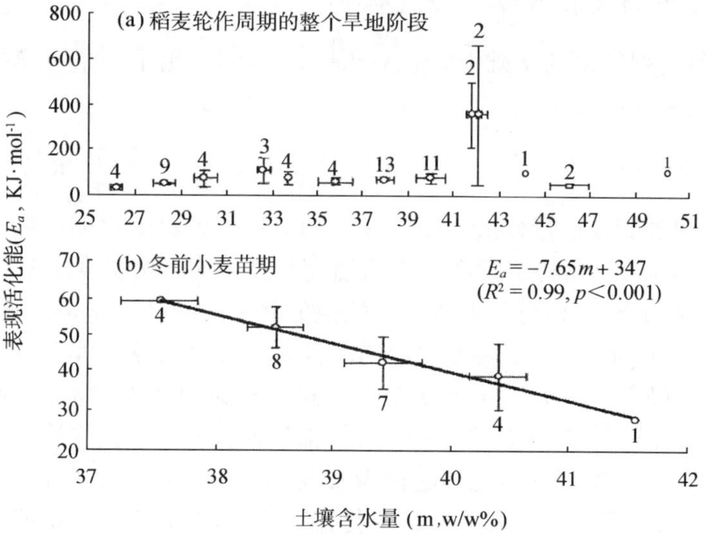

图 6.7　土壤水分对表观活化能的影响(Zheng 等,2003b)。水平线为土壤水分标准差,垂直线为表观活化能(E_a)的标准差,数据点旁的数字代表观测数。

大于 150 kJ·mol^{-1}的 E_a 值通常出现在降雨或灌溉后两三天内发生 NO 排放脉冲峰的情况下(Zheng 等,2003b)。在瑞士麦田中也曾观测到灌溉引起的 NO 排放脉冲峰现象(Gut 等,1999)。当土壤含水量为 42%左右(接近于田间持水量)时,E_a 值通常很大,并且具有很大的变异性(图 6.7a)。当土壤含水量为 $37\%\leq m\leq 42\%$时,$E_a=-7.65m+347$(图6.7b)。NO 排放对水分条件变化的脉冲式响应或者出现 E_a 极端高值,这可能是由于土壤湿润加速了硝化和反硝化作用,这种加速作用可能与土壤干燥时期累积的硝态 N

(Scholes 等,1997;郑循华等,1997)以及湿润后硝态 N 的消耗或者矿化激发作用的产物—铵态 N 的累积(Zheng 等,2000)有关。但是,若土壤连续湿润较长时间,则不会出现持续的 NO 排放脉冲峰,E_a 或 NO 通量都会降到较低水平(Zheng 等,2003b)。在土壤含水量发生剧烈变化的观测期内,水分变化对 NO 排放的影响超过了温度变化的作用,此时的 NO 排放不依赖土壤温度,因而无法通过 Arrhenius 方程确定 E_a(Zheng 等,2003b)。

当土壤含水量低于田间持水量时,E_a 值通常小于 150 kJ · mol^{-1},并且相对稳定,平均值为 56 kJ · mol^{-1}($n=92$),标准差为 28 kJ · mol^{-1}(Zheng 等,2003b)。这与 Johansson 和 Granat(1984)(65～83 kJ · mol^{-1})以及 Slemr 和 Seiler(1984)(44～103 kJ · mol^{-1})的结果相一致,但低于 Yamulki 等(1995)(108 kJ · mol^{-1})和 Williams 等(1988)(97 ± 11 kJ · mol^{-1})的结果。

Arrhenius 方程只是描述温度依赖性的一种表达方式,因此,E_a 和 Q_{10} 或 β 间应该存在相关关系,这一点可以被我们根据观测数据得出的关系式 $Q_{10}=e^{0.0155E_a}$ 或 $\beta = E_a/640$ ($R^2 = 0.99, p < 0.001$)加以证实(Zheng 等,2003b)。这些经验式说明,表观活化能升高将增强 NO 排放对温度的依赖性,换言之,任何影响表观活化能的因素都影响 NO 排放对温度的依赖性(Zheng 等,2003b)。了解方程 $F = \alpha \cdot e^{\beta \cdot T}$ 的参数与 Arrhenius 方程参数之间的关系,将有助于建立自然或人工管理陆地生态系统的 NO 排放过程模型。

6.3.2 NO 排放的日变化及季节变化模拟

本研究在实际观测结果的基础上,由 Arrhenius 方程导出了一个可模拟 NO 排放日变化和逐日变化的关系式(Zheng 等,2003b):

$$F = e^k e^{-E_a/(R\cdot T_K)} + e^k e^{-E_a/(R\cdot \triangle T_k)} \sin[(t-6-\tau)/12\pi] \tag{6.1}$$

式中,F 是特定时间的 NO 通量(ngN · m^{-2} · s^{-1}),E_a 是表观活化能(J · mol^{-1}),T_K 是日平均土壤温度(K),$\triangle T_K$ 是特定时间的土壤温度与日平均土壤温度之差(K),t 是特定时间(h),τ 是 NO 日排放峰值相对于土壤温度峰值的滞后时间(h),k 是经验系数,R 为气体常数(8.314 J · K^{-1} · mol^{-1})。在冬前小麦苗期,k 与土壤含水量呈显著正相关,即 $k = -3.589m + 162.7$ ($R^2 = 0.997, p < 0.001$) ,其中 m 是土壤含水量(w/w%);3～6 月间的 k 值被确定为 24.7～34.6,平均 29.6±4.2。滞后时间 τ 的取值取决于当时所盛行的日变化模态,对于夜间极大值型日变化和随机型日变化盛行的植物生长状况过渡阶段,其取值分别为 7 h 和 3 h;对于日间极大值型日变化盛行阶段,其取值为 0 h(Zheng 等,2003b)。各种日变化模态的盛行阶段可由作物的归一化生长阶段取值来确定(见 6.1.1)。式(6.1)右边的第一项给出的是由日平均土壤温度所决定的 NO 排放日平均值,第二项给出的是由给定时刻的土壤温度偏离日平均值的程度所决定的 NO 排放偏离日平均排放通量的大小。

我们用方程(6.1)计算了三个不同时期 NO 排放日变化及逐日变化,这三个时期分别为:小麦苗期(图 6.8a)、小麦旺盛生长期及其后的过渡期(图 6.8b)和小麦成熟期和随后的休闲期(图 6.8c)。在小麦苗期,土壤水分大于 42%或小于 37%时,E_a 值为 45±22 kJ · mol^{-1}(3 次观测);土壤含水量为 $37\% \leq m \leq 42\%$时,$E_a = -7.65m + 347$(图 6.7b)。在其后的两个时期中,E_a 值分别为 73±32 kJ · mol^{-1}(37 次观测)和 52±28 kJ · mol^{-1}(23 次观测)(Zheng 等,2003b)。图 6.8d 的结果说明,根据土壤温度和土壤水分含量就可能很好地模拟 NO 排放的日变化和逐日变化（$R^2 = 0.87, p < 0.001$）。但式 6.1 中的系数 k 可能受各种各样的因素控制，因此，如何利用已有的气象、土壤性质和农作措施等数据定量地确定参数 k 的值，还需要开展进一步的研究（Zheng 等，2003b）。

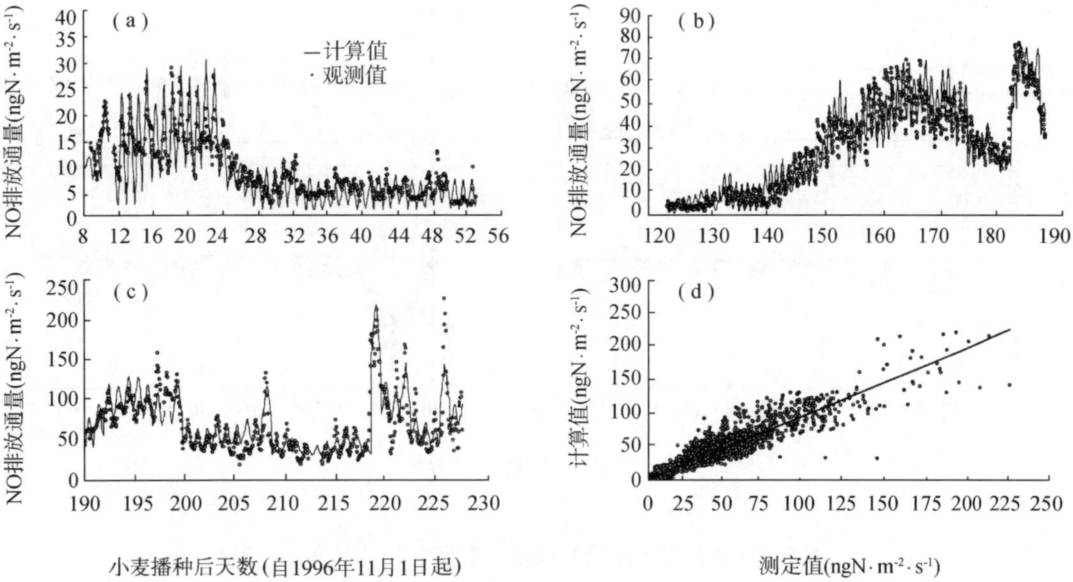

图 6.8　NO 排放的观测值和计算值（Zheng 等，2003b）

(a)冬前小麦苗期；(b)小麦旺盛生长阶段及其后向成熟期的过渡阶段；(c)小麦成熟期及其后的休闲期；(d)稻麦轮作周期整个旱地阶段的计算值与观测值的相关性

6.4　大气 CO_2 浓度升高对麦田 NO_x 排放的影响

图 6.9a、c 是无锡 FACE（CO_2 浓度升高 200±40 μmol · mol^{-1}）环境下麦田 NO 和 NO_2 的排放通量。与对照（常规）麦田（图 6.9b、d）类似，FACE 环境下冬小麦生长季及裸地休闲阶段的 NO 地-气交换主要表现为净排放，而 NO_2 地-气交换主要表现为净吸收，两者均有较为明显的季节变化，这种季节变化似乎与小麦的生长发育状况有关。在小麦播种后的 70 天内，NO 的排放通量较小，此后至小麦拔节（播种后 150 天）明显增加，拔节至抽穗开花期（播种后 150～190 天）明显降低，灌浆成熟期则相对较高（图6.9a、b）。在小麦生长较弱的苗期（播种后 90 天内）、成熟期以及裸地休闲阶段，NO_2 的净吸收比生长相对较旺盛的阶段（返青至灌浆期）要大得多（图 6.9c、d），平均约高 5 倍（t—检验 $p < 0.001$.）。

FACE 环境下 NO 和 NO_2 净交换通量分别为－1.3～13.7 ngN · m^{-2} · s^{-1}（平均为 2.7 ngN · m^{-2} · s^{-1}）和－6.6～0.6 ngN · m^{-2} · s^{-1}（平均为－1.1 ngN · m^{-2} · s^{-1}），对照麦田 NO 和 NO_2 净交换通量分别为－1.3～16.8 ngN · m^{-2} · s^{-1}（平均为 3.4 ngN · m^{-2} · s^{-1}）和－5.7～0.2 ngN · m^{-2} · s^{-1}（平均为－1.3 ngN · m^{-2} · s^{-1}）。NO 净排放通

量约为 NO_2 净吸收通量的 2.6 倍（t—检验 p ＜0.001），NO_2 净吸收仅能抵消大约 40％的 NO 净排放，因此麦田及随后休闲裸地阶段表现为向大气净排放 NO_x。这些观测结果总体上均低于欧洲森林地区的观测结果(Gashe 和 Papen，1999)。

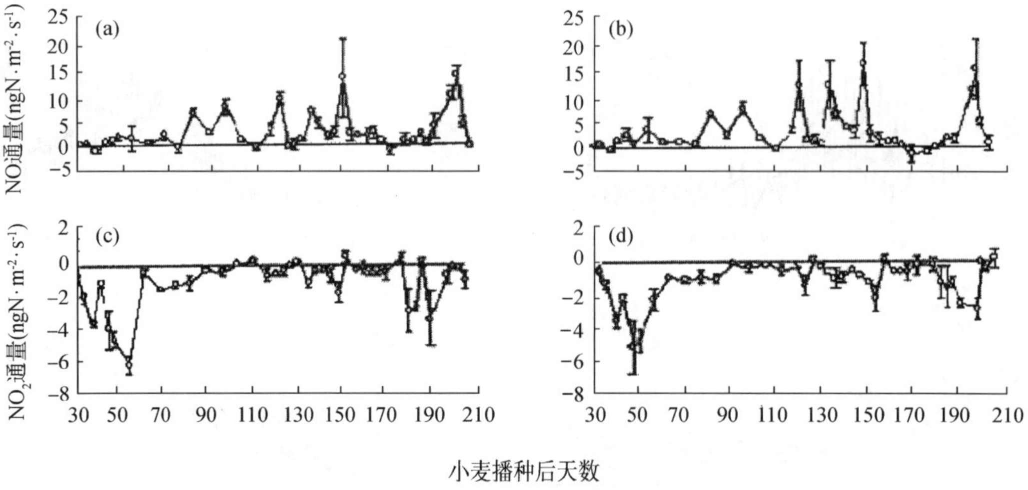

图 6.9 麦田 NO 和 NO_2 通量的季节变化(宋涛等，2002)。
(a) FACE 麦田 NO 通量；(b) 对照麦田 NO 通量；(c)FACE 麦田 NO_2 通量；(d)对照麦田 NO_2 通量

与对照麦田相比(图 6.9)，FACE 麦田的 NO 净排放和 NO_2 净吸收均有减弱趋势，NO 净排放显著减弱约 19％（t—检验 $p=0.096$），NO_2 净吸收约减少 10％（t—检验 $p=0.26$）。其原因可能是因为 CO_2 刺激了植物旺盛生长，增强了对土壤和肥料 N 素的竞争吸收能力，从而使得通过硝化和反硝化过程产生和排放的 NO 减少，麦田 NO 地-气交换就自然减弱了。但是，大气 CO_2 浓度升高对生态系统 NO 排放的影响可能是比较缓慢的过程，通过影响作物生长、根系分泌有机物、微生物活动、有机质形成及矿化等过程，最后通过影响硝化和反硝化过程而表现出对 NO 排放的影响，这些影响过程是需要较长时间才能达到一个新的平衡状态，因此大气 CO_2 浓度升高对生态系统 NO 排放的影响也还需要进一步用较长时间序列的实际观测数据来证明。

参考文献

宋涛，郑循华，王跃思，徐仲均，韩圣慧，朱建国．2002．开放式空气 CO_2 增高试验中 NO 和 NO_2 地气交换观测研究．应用生态学报，**13**（10）：1264～1268．

郑循华，王明星，王跃思，沈壬兴，龚宴邦，张文，骆冬梅，金继生，李老土．1997．华东稻麦轮作生态系统 N_2O 排放过程研究．应用生态学报，**8**（5）：495～499．

郑循华，王明星，王跃思，沈壬兴，金继生，李老土．1998．农田 NO 排放自动观测．环境科学，**19**（2）：1～5．

Anderson，I. C. and Levine，J. S. 1986. Relative rates of nitric oxide and nitrous oxide production by nitrifiers，denitrifers and nitrates respirers. *Applied Environmental Microbiology*，**51**：938－944.

Aneja，V. P.，Robarge，W. P.，Holbrook，B. D. 1995. Measurements of nitric oxide flux from an upper coastal plain，North Carolina agricultural soil. *Atmospheric Environment*，**29**：3037－3042.

Cao，M. K. and Woodward，F. I. 1998. Net primary and ecosystem production and carbon stocks of terrestrial ecosystems and their responses to climate change. *Global Change Biology*, **4** (2): 185—198.

Conrad, R. 1990. Flux of NO_x between soil and atmosphere: importance and soil microbial metabolism. In: Sorensen, J., Revsbech, N. P. (eds.). Denitrification in Soil and Sediment, Plenum Press, New York, pp. 105—128.

Davidson, E. A. and Kingerlee, W. 1997. A global inventory of nitric oxide emissions from soils. *Nutrient Cycling in Agroecosystems*, **48**: 37—50.

Ding, A. and Wang, M. 1996. Model for methane emission from rice fields and its application in Southern China. *Advances in Atmospheric Sciences*, **13**: 159—168.

Galbally, I. E. and Roy, C. R. 1978. Loss of fixed nitrogen from soils by nitric oxide exhalation. *Nature*, **275**: 734—735.

Galbally, I. E., Freney, J. R., Muirhead, W. A., Simpson, J. R., Trevitt, A. C. F., Chalk, P. M. 1987. Emission of nitrogen oxides (NO_x) from a flooded soil fertilized with urea: Relation to other nitrogen loss processes. *Journal of Atmospheric Chemistry*, **5**: 343—365.

Gashe, R. and Papen, H. 1999. A 3-year continuous record of nitrogen trace gas fluxes from untreated and limed soil of a N-saturated spruce and beech forest ecosystem in Germany: 2. NO and NO_2 fluxes. *Journal of Geophysical Research*, **104** (D15): 18505—18520.

Gut, A., Neftel, A., Staffelbach, T., Riedo, M., Lehmann, B. E. 1999. Nitric oxide flux from soil during the growing season of wheat by continuous measurements of the NO soil-atmosphere concentration gradient: A process study. *Plant and Soil*, **216**: 165—180.

Hutchinson, G. L. and Brams, E. A. 1992. NO versus N_2O emissions from an NH_4^+—amended Bramuda grass pasture. *Journal of Geophysical Research*, **97** (9): 9889—9896.

IPCC. Climate Change 1992: The supplementary report to the IPCC scientific assessment.

IPCC. Climate Change 2001: The Scientific Basis (http://www. grida. no/climate/ ipcc_tar/ wg1/)

Jacob, D. J. and Bakwin, P. S. 1991. Cycling of NO_x in tropical forest canopies. In: Rogers, J. E., Whitman, W. B. (eds.). Microbial Production and Consumption of Greenhouse Gases. American Society of Microbiology, Washington D. C., pp. 237—254.

Jambert, C., Delmas, R. A., Labroue, L., Chassin, P. 1994. Nitrogen compound emissions from fertilized soils in a maize field in the southwest of France. *Journal of Geophysical Research*, **99**: 16523—16530.

Jambert, C., SerC. a, D., Delmas, R. 1997. Quantification of N-losses as NH_3, NO and N_2O and N_2 from fertilized maize fields in southwestern France. *Nutrient Cycling in Agroecosystems*, **48**: 91—140.

Johansson, C. and Granat, L. 1984. Emission of nitric oxide from arable land, *Tellus*, **36** (B): 25—37.

Johansson, C. 1989. Fluxes of NO_x above soil and vegetation. In: Andraea, M. O., Schimel, D. S. (eds.). Exchange of Trace Gases between Terrestrial Ecosystems and the Atmosphere. John Wiley and Sons, New York, pp. 229—246.

Li, C., Aber, J., Stange, F., Butterbach—Bahl, K., Papen, H. 2000. A process oriented model of N_2O and NO emissions from forest soils: 1. Model development. *Journal of Geophysical Research*, **105**: 4369—4384.

Lovett, G. M. and Lindberg, S. E. 1993. Atmospheric deposition and canopy interactions of nitrogen in forests. *Canadian Journal of Forest Research*, **23**: 1603—1616.

Matson, P. A., Billow, C., Zachariessen, J. 1996. Fertilization practices and soil variations control nitrogen oxide emissions from tropical sugar cane. *Journal of Geophysical Research*, **101**: 18533—18546.

Scholes, M. C., Martin, R., Scholes, R. J., Parsons, D., Winstead, E. 1997. NO and N_2O emissions from savanna soils following the first simulated rains. *Nutrient Cycling in Agroecosystems*, **48**: 115—122.

Skiba, U., Hargreaves, K. J., Fowler, D., Smith, K. A. 1992. Fluxes of nitric and nitrous oxides from agricultural soils in a cool temperate climate. *Atmospheric Environment*, **26** (A): 2477—2488.

Slemr, F. and Seiler, W. 1984. Field measurement of NO and NO_2 emissions from fertilized and unfertilized soils. *Journal of Atmospheric Chemistry*, **2**: 1—24.

Williams, E. J., Parrish, D. D., Buhr, M. P., Fehsenfeld, F. C. 1988. Measurement of soil NO_x emission in central

Pennsylvania. *Journal of Geophysical Resesearch*, **93**: 9539－9546.

Williams, E. J., Guenther, A., Fehsenfeld, F. C. 1992a. An inventory of nitric oxide emissions from soils in the United States. *Journal of Geophysical Research*, **97** (*D7*): 7511－7519.

Williams, E. J., Hultchinson, G. L., Fehsenfeld, F. C. 1992b. NO_x and N_2O emissions from soil. *Global Biogeochemical Cycles*, **6**: 351－388.

Yamulki, S., Goulding, K. W. T., Wsbster, C. P., Harrison, R. M. 1995. Studies on NO and N_2O fluxes from a wheat field. *Atmospheric Envrionment*, **29**: 1627－1635.

Zheng, X. H., Wang, M. X., Wang, Y. S., Shen, R. X., Li, J., Heyer, J., Köge, M., Papen, H., Jin, J. S., Li, L. T. 1999. Characters of greenhouse gas (CH_4, N_2O, NO) emissions from croplands of southeast China. *World Resource Review*, **11**: 229－245.

Zheng, X. H., Wang, M. X., Wang, Y. S., Shen, R. X., Gou, J., Li, J., Jin, J. S., Li, L. T. 2000. Impacts of soil moisture on nitrous oxide emission from croplands: A case study on the rice-based agro-ecosystem in Southeast China. *Chemosphere-Global Change Science*, **2**: 207－224.

Zheng, X. H., Huang, Y., Wang, Y. S., Wang, M. X. 2003a. Seasonal characteristics of nitric oxide emission from a typical Chinese rice-wheat rotation during the non-waterlogged period. *Global Change Biology*, **9**: 219－227.

Zheng, X. H., Huang, Y., Wang, Y. S., Wang, M. X., Jin, J. S., Li, L. T. 2003b. Effects of soil temperature on nitric oxide emission from a typical Chinese rice-wheat rotation during the non-waterlogged period. *Global Change Biology*, **9**: 601－611.

第七章　农田 CO_2 排放和地气碳交换

碳循环是全球变化研究的一个重要组成部分，全球碳源和碳汇之间的不平衡使得对陆地生态系统碳循环的研究变得日趋重要。一方面，植物通过光合作用固定大气中的 CO_2。另一方面，植物和土壤的呼吸作用向大气释放 CO_2，在厌氧条件下土壤的有机碳和一部分植物光合作用固定的碳则以 CH_4 的形式向大气释放。大气中 CO_2 浓度的增加使得植被的净初级生产力提高(Weerakoon 等，1999；Valentini 等，2000；Morgan 等，2001)，因而有更多的植物残体进入土壤，增加土壤碳储量，同时亦促进了土壤的呼吸作用。土壤呼吸作用主要来自土壤原有有机质和外源有机质(如植物的凋落物、根茬及人为的有机物投入)的分解过程。有机质分解主要受土壤特性(黄东迈等，1998；Parshotam 等，2000)、水热条件(Lloyd 和 Taylor，1994；Reichstein 和 Bednorz，2000；Chambers 等，2000)、大气 CO_2 浓度增加(Sowerby 等，2000)和肥料施用(Kwabiah 等，1999；Ågren 等，2001)等因数的影响。气候变暖和 CO_2 施肥效应引起陆地生态系统的任何变化，都可能明显地影响地一气间 CO_2 净交换(Cao 和 Woodward，1998)。

近年来，关于土壤-植物系统 CO_2 排放的研究多见于森林生态系统(Jones 和 Mulholland，1998；Reich 等，1998；Buchmann，2000；Lusk 和 Reich，2000；Ohashi 等，2000；Ekblad 和 Hoegberg，2001)和草原生态系统(陈四清等，1999；曹广民等，2001；Li 等，2002)，而对于农田生态系统的研究特别是关于作物生长及其生物学特征对土壤-作物系统 CO_2 排放的影响研究则不多见。此外，如何在 FACE 实验中直接观测研究地气系统碳交换尚缺乏成熟的方法。

本章主要介绍由实验室培养实验和野外试验获得的最新研究结果。其中包括：土壤有机碳分解与土壤质地、水热条件和有机物料化学组分的定量关系；水热条件、作物生长和植株氮含量对土壤-作物系统 CO_2 排放的影响；大气 CO_2 浓度升高(FACE 条件)对稻田一大气间 CO_2 净交换以及麦田土壤 CO_2 气体浓度的影响。主要内容来自文献：黄耀等(2001；2002；2003)，郑循华等(2002)，刁一伟等(2002)，邹建文等(2003)。试验材料和方法见第三章的相关介绍。

7.1　土壤特性、水热条件与有机碳矿化

7.1.1　土壤质地对有机碳分解的影响

土壤质地是影响有机碳矿化的重要因素。一般而言，粘性土壤中的空气较砂性土壤要少，好气性微生物的活性往往受到抑制。许多实验结果还表明：土壤粘粒具有保持碳素的能力，其含量影响外源有机质(有机化合物、植物残体)及其转化产物的分解速率或稳定性(Tate，1987；Paul，1989)。可以推断，有机物料在粘粒含量低的土壤中分解比较快，随土壤粘粒含量的增加分解趋于缓慢。将小麦秸秆加入不同粘粒含量水稻土中(实验设计和材料见 3.5.1)进行培养实验(10 g · kg^{-1} 土、36℃、-0.033 MPa 水分条件)，测定结果表明，土

壤质地对该物料有机碳的分解具有一定的影响，其分解量随粘粒含量的提高而减少。图 7.1 给出该物料在三种土壤质地下的有机碳累积分解量，图 7.2 给出三个培养时段（0～30 天、31～60 天、61～90 天）中有机碳的累积分解量与供试土壤粘粒含量的关系。由图 7.2 可以看出，在 90 天的培养过程中，粘粒含量对有机碳分解的影响主要在第一个月，分解量随着粘粒含量的增加而减少，线性相关系数 r 为－0.9223，该线性关系可用式(7.1)表示：

$$Y = 287 - 73.7X \qquad (R^2 = 0.851^{**}, n = 6) \tag{7.1}$$

式中 Y 为第一个月的累积分解量(mg C)，X 为土壤粘粒含量(%)。由式 7.1 可以推知，在本实验条件下，土壤粘粒含量每增加 10%，分解量将减少约 7.4 mg。在培养的第二和第三个月，粘粒含量与累积分解量之间不具有显著的相关性，线性相关系数分别为 0.6196 和 0.5685。

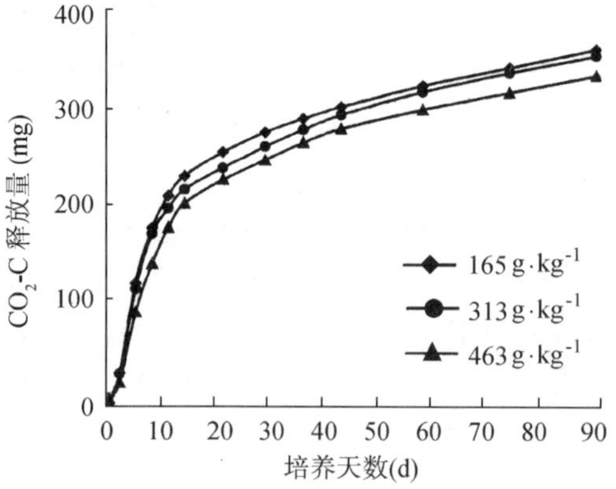

图 7.1 小麦秸秆在不同粘粒含量土壤中的 CO_2 累积释放量

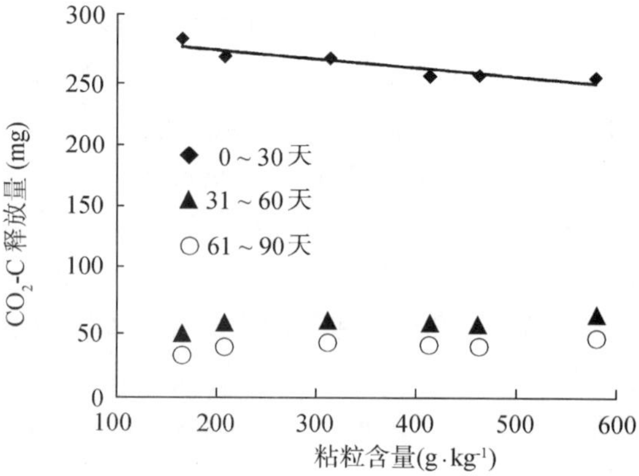

图 7.2 小麦秸秆有机碳累积释放量与土壤粘粒的关系

7.1.2 温度对有机碳分解的影响

图 7.3 为小麦秸秆在同一水分含量（300 g·kg^{-1}）不同温度条件下的 CO_2 累积释放量。可以看出：12℃条件下有机碳的分解比较缓慢，且分解速率随培养时间的变幅不大，累积分解量在整个 90 天的培养时段内近似一条直线。在 24℃及 36℃条件下，培养初期（15 天左右）有机碳的分解较快，其后逐步缓慢。表 7.1 给出小麦秸秆及根在 12℃、24℃及 36℃温度条件下 4 种水分（200 g·kg^{-1}、300 g·kg^{-1}、500 g·kg^{-1}、淹水）处理培养的平均分解量，表中所示增加率为温度升高时有机碳分解的增加量与前一级温度水平下有机碳的分解量之比。不难看出，当培养温度从12℃升高到24℃时，

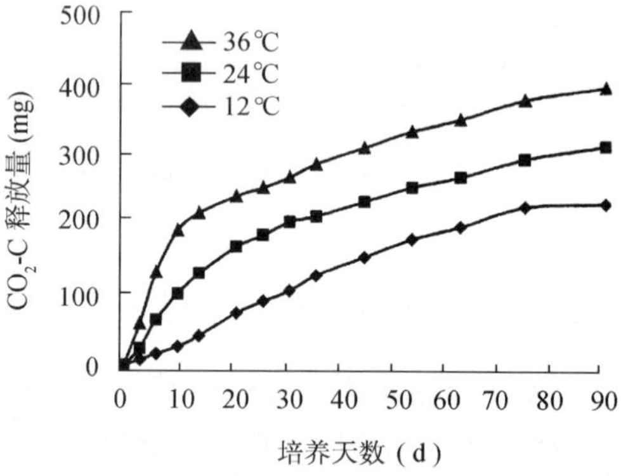

图 7.3 不同温度下小麦秸秆在水稻土中的 CO_2 累积释放量

前 30 天培养时段内有机碳的分解量增加了 83%～109%；而当培养温度从 24℃升高到 36℃时，同期内有机碳的分解量只增加了 37%～45%。这个结果表明，在温度较低的情况下，温度升高将大大促进有机碳的分解；而在较高的温度条件下，温度升高对有机碳分解的促进作用降低，这与以往的报道(Lloyd 和 Tayor，1994；Kirschbaum，1995)是一致的。

表 7.1　不同温度条件下有机物料的碳分解*

有机物料	培养温度(℃)	培养时段(d) 0～30		31～60		61～90	
		碳分解量(mgC)	增加率(%)	碳分解量(mgC)	增加率(%)	碳分解量(mgC)	增加率(%)
小麦秸秆	12	95.9	—	69.6	—	49.5	—
	24	175.7	83	71.0	2	49.6	0
	36	254.1	45	80.9	14	71.7	45
小麦根	12	63.1	—	53.3	—	36.0	—
	24	131.8	109	61.0	14	41.6	16
	36	180.4	37	63.0	3	49.8	20

* 表中所示有机碳分解量为未减去空白对照的分解量

表 7.1 的结果同时指出，在培养前期(0 ～ 30 天)温度升高明显促进有机碳的分解，而在后两个月的培养时段内，温度升高并未明显促进有机碳的分解。为进一步探讨温度对有机碳分解的影响，我们分别计算了不同培养时段(以一个星期为间隔)各供试有机物料在 4 种水分条件下分解的温度系数 Q_{10}。结果表明：在培养实验的第一周，淹水条件下供试物料有机碳分解的温度系数为 2 左右，其后趋于一个常数 1.4±0.25。对于其他 3 种非淹水的条件，在 90 天的培养时段内，供试物料分解的温度系数并非一个常数。在培养初期 Q_{10} 较大，平均值为 2.5 左右，随培养时间的延长，Q_{10} 以指数形式减小，大约 30 天以后，Q_{10} 接近于常数 1.31±0.04。这意味着在外源有机物施入土壤的初期，温度条件对分解速率的影响比较明显，随着时间的延长，其影响愈来愈小。利用非线性分析方法，求得供试物料有机碳分解的温度系数 Q_{10} 与培养时间 t(d) 的数量关系(图 7.4) 为：

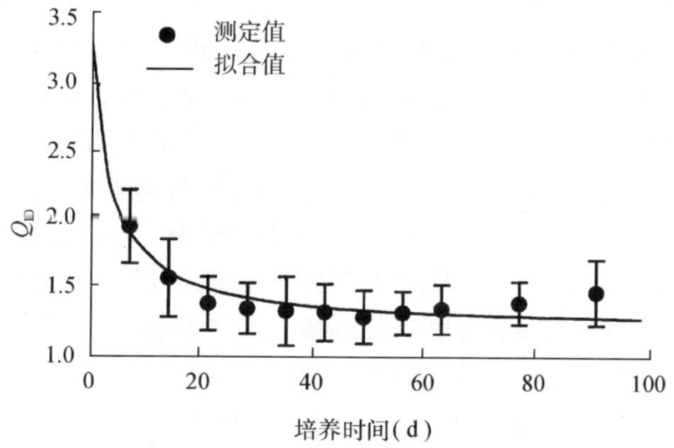

图 7.4　温度系数随培养时间的变化

$$Q_{10} = (3.36 + 0.34t)/(1 + 0.29t) \qquad (R^2 = 0.9495^{**}, n = 11) \qquad (7.2)$$

在不同的温度范围内，温度变化对土壤中有机碳分解的影响是不同的(Lloyd 和 Tayor，1994；Kirschbaum，1995)，表 7.1 所示结果进一步证实了这一点。然而，关于温度对土壤中有机碳分解的影响随着分解时间的延长而逐步减小则鲜有报道。从土壤微生物营养源(substrate sources)的角度来看，在有机物料投入土壤的初期，营养供应充足，此时营养物不是限制微生物活动的因素，而其它环境条件(如水热等)的变化则影响着微生物的活动。随着有机物料的不断降解，营养源不断减少，此时营养物的供应是限制微生物活动的关键因素，因而随着培养时间的延长，温度对有机碳分解的影响愈来愈小。

7.1.3 水分对有机碳分解的影响

图 7.5 为不同水分处理下小麦秸秆有机碳的累积分解量。可以看出，在 90 天的培养过程中，当水分含量为 300 g·kg^{-1}和 500 g·kg^{-1}时有机碳的分解最快，且两者之间的差异很小，而水分含量为 200 g·kg^{-1}和淹水时分解较慢。培养前期各处理间的差异明显大于培养后期，即随着培养时间的延长处理间的差异逐步减小。

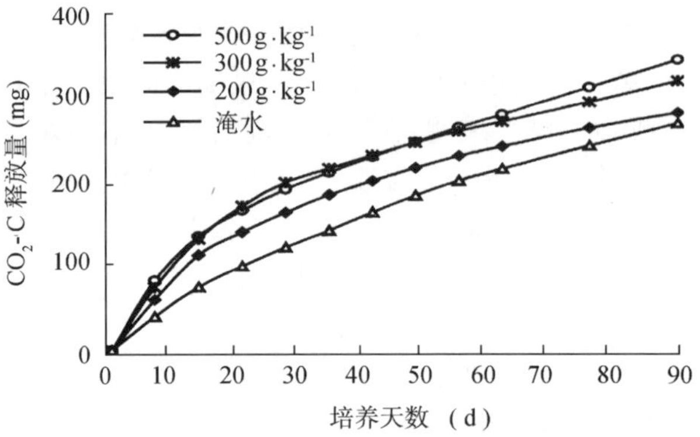

图 7.5 不同水分条件下小麦秸秆在水稻土中的 CO_2 累积释放量

利用差减法可以得出供试物料在不同水分条件下的有机碳分解量。表 7.2 给出不同水分处理下供试物料在 24℃时的培养测定结果，表中的分解百分率为占加入有机碳的百分数。由表 7.2 可以看出，在培养实验的第一个月，水分条件明显地影响有机碳的分解，总的趋势是在含水量为 300 g·kg^{-1}和 500 g·kg^{-1}时分解速率较快：小麦和水稻秸秆的分解量占该物料有机碳含量的 34.1±2.3%，相应根的分解量占该物料碳含量的 17.1±3.8%。在土壤含水量为 200 g·kg^{-1}及淹水条件下分解较慢，小麦和水稻秸秆的分解量占该物料碳含量的 20.5±8.7%，相应根的分解量占该物料碳含量的 10.2±7.4%。与培养实验第一个月的测定结果相比，水分条件在后两个月对有机碳分解的影响已不十分明显，这个趋势与温度对有机碳分解的影响比较一致。就整个 90 天的培养时间来看，小麦和水稻秸秆在 4 个水分条件(200 g·kg^{-1}、300 g·kg^{-1}、500 g·kg^{-1}、淹水)下的分解量分别占该物料碳含量的 42%、51%、54%和 36%左右，相应根的分解量分别占该物料碳含量的 29%、31%、33%和 15%左右。供试物料在 12℃及 36℃温度条件下不同水分处理的培养测定结果与表 7.2 非常类似，这里不再赘述。

表 7.2　不同水分条件下有机物料的碳分解[1]（占加入 C%）

有机物料	水分含量 $(g\cdot kg^{-1})$	培养时段（d） 0～30 碳分解量 (mgC)	0～30 分解百分率 (%)	31～60 碳分解量 (mgC)	31～60 分解百分率 (%)	61～90 碳分解量 (mgC)	61～90 分解百分率 (%)	0～90 碳分解量 (mgC)	0～90 分解百分率 (%)
小麦秸秆	200	117.55	29.84	45.47	11.54	22.37	5.68	185.39	47.05
	300	141.27	35.86	36.87	9.36	34.45	8.74	212.59	53.96
	500	122.62	31.12	49.75	12.63	43.02	10.92	215.40	54.67
	淹水	46.09	11.70	50.44	12.80	33.00	8.38	129.53	32.88
小麦根	200	71.81	17.39	39.64	9.60	16.45	3.98	127.90	30.97
	300	80.39	19.46	35.82	8.67	26.59	6.44	142.79	34.57
	500	87.62	21.22	42.11	10.20	32.06	7.76	161.79	39.17
	淹水	14.28	3.46	24.48	5.93	24.49	5.93	63.26	15.32
水稻秸秆	200	88.90	25.84	27.43	7.97	11.78	3.42	128.11	37.24
	300	115.03	33.44	34.49	10.03	18.79	5.46	168.31	48.93
	500	123.97	36.04	35.95	10.45	24.10	7.01	184.01	53.49
	淹水	50.61	14.71	53.91	15.67	28.67	8.33	133.18	38.72
水稻根	200	66.22	15.80	35.45	8.46	15.32	3.66	116.99	27.92
	300	61.84	14.76	31.03	7.41	24.76	5.91	117.63	28.07
	500	54.99	13.12	33.04	7.89	24.92	5.95	112.96	26.96
	淹水	17.34	4.14	20.52	4.90	22.23	5.31	60.09	14.34

[1] 培养温度为 24℃

黄东迈等(1998)的培养实验结果指出，在秸秆投放量为 2.5 $g\cdot kg^{-1}$ 土的条件下，淹水状态下有机碳的分解要比在旱地条件(70%田间持水量)快。本实验结果表明，水分处理对空白对照与加入有机物料的影响是不同的。在培养实验的第一个月，空白对照培养结果的趋势是土壤有机碳的分解速率随着水分含量的提高而加快，分解量的大小依次为淹水＞500 $g\cdot kg^{-1}$＞300 $g\cdot kg^{-1}$＞200 $g\cdot kg^{-1}$(图 7.6)。

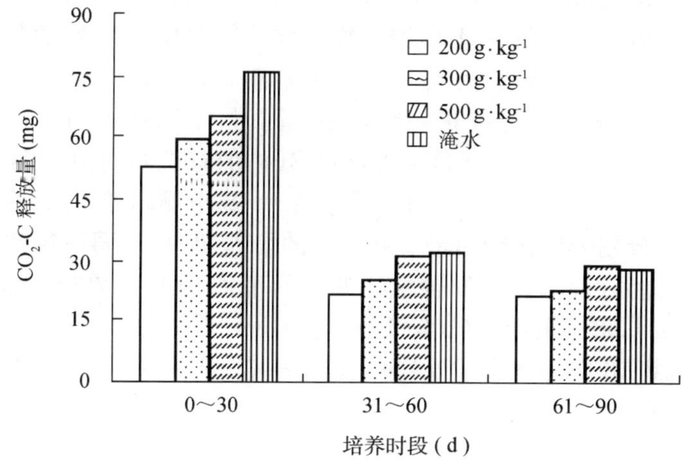

图 7.6　不同水分条件下对照土壤有机碳分解量

为进一步描述水分条件对土壤有机碳分解的影响，设置 9 个不同土壤水分条件(100 g·kg^{-1}、160 g·kg^{-1}、220 g·kg^{-1}、280 g·kg^{-1}、340 g·kg^{-1}、400 g·kg^{-1}、460 g·kg^{-1}、520 g·kg^{-1}、650 g·kg^{-1})对小麦秸秆(加入量为 10 g·kg^{-1}，30℃)进行为期 49 天的实验室培养测定。结果表明，当水分含量为 340 g·kg^{-1}左右(−0.033 MPa，相当于田间最大持水量)时，有机碳分解最快。将各水分条件下的 CO_2-C 测定值除以水分含量为 340 g·kg^{-1}下的测定值，可得各水分条件下有机碳的相对分解量，其值在 0～1 之间。利用回归分析，求得有机碳的相对分解量与水分含量的数量关系(图 7.7)为：

$$f_W = 0.49\exp(3.88W - 5.40W^2) \qquad (R^2 = 0.9727^{**}, n = 9) \tag{7.3}$$

式中，f_W 为不同水分条件下有机碳的相对分解量，定义其为水分影响函数，W 为土壤水分含量(w/w，%)。淹水条件下，f_W 取值为 0.65。

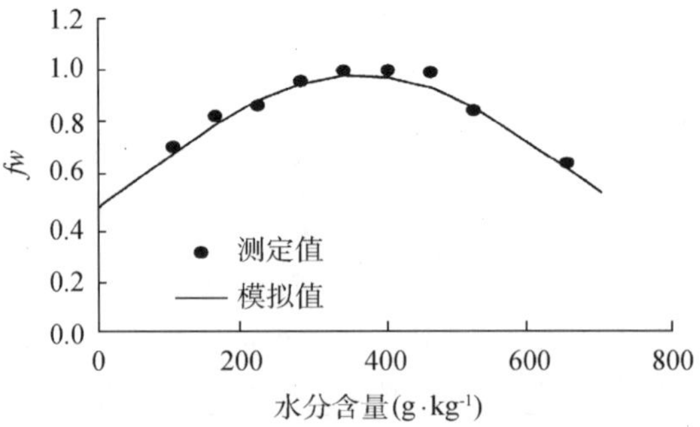

图 7.7　不同水分含量下有机碳的相对分解量

7.2　植物残体化学组分与有机碳矿化

7.2.1　不同植物残体矿化的动力学特征

以 19 种植物残体为材料，进行实验室培养实验，试验材料和方法见 3.5.2 节。植物残体的 C 分解量用差减法获得，即用土壤加植物残体培养测定的 C 释放量减去对照土壤的 C 释放量，其差值即为残体的 C 分解量。在培养前期(3 周左右)，有机 C 的分解速率较快，此后便逐步减慢且随培养时间的变化幅度减小。同时，不同残体间 C 分解速率的差异也不甚明显(图 7.8)。Murayama(1984)认为，植物残体的有机 C 可分为两个组分，即易分解组分(如糖类、淀粉等)与难分解组分(如木质素等)。易分解的有机 C 在第一阶段得以快速分解，而难分解组分则分解比较缓慢。在 9 周的培养期内，不同植物残体的 CO_2-C 累积分解量具有明显的差异(表 7.3)，19 种植物残体的平均 CO_2-C 累积分解量为 178 mg，海桐叶最高(256.2 mg)，水稻根最低(103.6 mg)。

根据培养 9 周共 18 次的测定结果(表 7.3)，各植物残体的 CO_2-C 释放量用以下一级动力学方程进行模拟：

$$C = C_0[1 - \exp(-kt)] \tag{7.4}$$

表 7.3 不同植物残体的 CO_2-C 累积分解量(mg)

植物	残体	培养时间(天)																	
		1	2	3	4	6	8	11	14	18	22	26	30	34	38	44	50	56	63
大豆	叶片	4.5	23.7	36.5	48.9	72.4	89.1	108.2	123.1	136.2	147.3	157.2	165.5	172.1	177.4	184.6	189.9	196.6	206.5
	茎	3.7	16.6	25.2	38.4	51.7	85.0	98.6	111.9	123.1	131.3	139.4	146.3	151.5	156.3	165.5	171.0	177.0	187.7
豇豆	茎	8.8	18.6	25.1	35.4	45.8	58.2	72.3	83.9	94.7	105.5	117.4	127.8	135.7	143.7	155.9	164.1	172.6	186.7
甘薯	叶片	15.2	28.0	36.1	42.9	59.0	74.0	92.4	105.1	118.2	127.9	137.0	144.5	151.9	158.8	166.7	172.3	178.9	185.1
	茎	12.4	34.6	49.4	60.3	71.3	90.0	109.4	126.3	137.9	146.8	155.6	162.8	167.9	172.5	179.9	186.1	192.5	202.6
丝瓜	叶片	23.6	41.6	57.7	72.6	96.4	113.4	130.0	141.9	154.0	165.0	173.4	181.7	186.9	191.5	197.9	202.2	206.3	210.9
玉米	叶片	13.4	24.3	31.6	41.4	51.2	63.3	80.0	94.9	107.8	119.7	130.0	138.6	145.9	153.1	163.5	169.9	178.4	191.2
	茎	1.1	27.5	45.1	50.9	56.7	65.3	78.0	90.0	100.3	110.3	120.0	129.4	137.2	145.5	157.3	166.2	175.0	187.6
	根	4.5	11.8	16.6	24.5	32.3	39.5	51.2	63.2	73.0	83.7	93.1	102.1	109.1	115.6	125.1	132.1	138.8	150.4
水稻	秸秆	6.0	12.2	16.4	24.0	31.7	42.4	59.8	76.0	88.8	100.0	109.5	117.6	124.3	130.3	140.4	147.2	154.8	167.2
	根	0.6	2.8	4.3	6.8	9.4	13.4	23.1	32.5	41.2	50.1	58.2	64.6	69.5	73.9	80.9	86.6	92.7	103.6
小麦	根	1.2	3.2	4.5	7.0	9.6	14.4	24.2	34.5	45.1	55.4	63.5	72.3	78.8	85.0	94.7	100.7	109.2	122.1
甘蔗	茎	4.4	6.8	8.4	11.7	14.9	21.4	31.1	40.7	50.2	59.3	67.6	75.4	82.3	87.8	97.1	104.1	111.4	123.2
高羊茅	叶片	9.7	21.6	29.6	48.6	67.7	91.9	120.5	139.8	153.6	166.3	177.0	187.2	196.2	208.0	218.5	225.3	235.1	244.8
菖蒲	叶片	4.0	9.0	12.4	21.8	31.1	42.5	60.6	76.3	89.7	102.3	114.2	124.3	134.4	142.6	154.9	163.3	171.6	183.8
菱角	茎	5.5	13.5	18.8	27.5	36.2	48.3	67.5	84.5	99.0	111.0	119.1	127.4	133.9	140.4	149.3	155.2	159.1	168.5
海桐	叶片	5.6	29.4	45.3	60.2	83.9	107.9	134.5	156.8	174.3	187.1	199.3	208.2	215.5	221.8	231.1	237.5	244.6	256.2
	叶柄	9.7	25.1	35.3	46.4	57.6	67.5	80.9	92.9	103.1	112.2	121.9	131.2	138.2	144.6	154.2	161.5	169.4	182.5
法国梧桐	叶片	4.2	16.5	24.7	32.7	40.7	48.0	56.7	64.6	73.0	79.9	86.3	91.4	95.4	99.3	104.7	108.6	112.2	116.5

式中，C_0 和 C 分别表示植物残体的初始含 C 量(mg)和培养时间为 t (d)时的累积 CO_2-C 释放量(mg)，k 为一级动力学常数(d^{-1})。由表 7.4 可以看出，不同植物残体的分解速率常数差异十分显著。丝瓜叶的分解速率常数(k)为 $2.28\times10^{-2}(d^{-1})$，而水稻根的分解速率常数为 $0.44\times10^{-2}(d^{-1})$，两者相差一个数量级。经过 9 周的培养，前者的 CO_2-C 矿化率(累积 CO_2-C 释放量占残体含 C 量的百分比)为 59.7%，而后者仅为 22.5%。表 7.3 和表 7.4 的结果同时表明，就总体趋势而言，不同植物科之间的 CO_2-C 矿化无明显差异，但不同植物器官间差异明显，叶片分解最快，茎次之，根最慢。

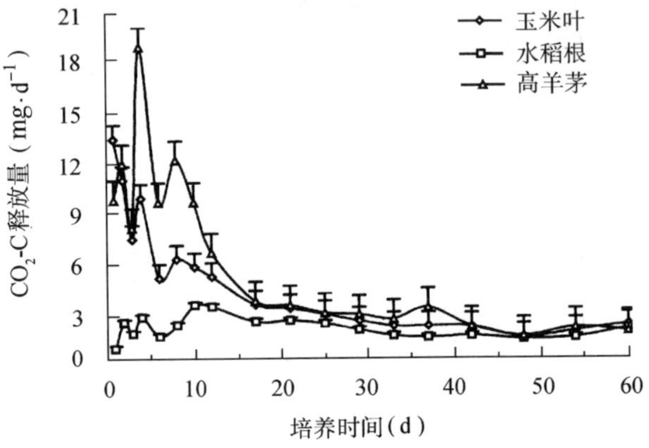

图 7.8　不同植物残体有机碳分解速率

表 7.4　不同植物残体的矿化特征

植物	残体	CO_2-C 矿化率(%)	一级动力学常数 ($\times10^{-2}d^{-1}$)	R^2
大豆	叶片	47.2	1.40(0.10)[1)]	0.9035
	茎	44.9	1.27(0.09)	0.8971
豇豆	茎	41.2	1.00(0.04)	0.9695
甘薯	叶片	41.8	1.16(0.08)	0.9243
	茎	50.1	1.54(0.12)	0.9034
丝瓜	叶片	59.7	2.28(0.21)	0.8966
玉米	叶片	48.5	1.31(0.07)	0.9607
	茎	43.1	1.09(0.06)	0.9520
	根	37.7	0.88(0.03)	0.9742
水稻	秸秆	43.5	1.08(0.04)	0.9656
	根	22.5	0.44(0.01)	0.9810
小麦	根	27.7	0.54(0.01)	0.9904
甘蔗	茎	26.1	0.53(0.01)	0.9880
高羊茅	叶片	56.9	1.78(0.10)	0.9430
菖蒲	叶片	40.9	0.98(0.03)	0.9757
菱角	茎	47.8	1.32(0.06)	0.9527
海桐	叶片	59.3	2.03(0.14)	0.9237
	叶柄	42.8	1.10(0.07)	0.9460
法国梧桐	叶片	24.1	0.58(0.04)	0.8956

1)括号内数值为一级动力学常数的标准误差

7.2.2　植物残体化学组分对有机碳分解的影响

根据表 7.4 的结果，分别将不同植物残体的一级动力学常数、CO_2-C 矿化率与相应的全 N 和木质素含量（第三章，表 3.8）作线性相关分析。结果表明，一级动力学常数分别与全 N 含量呈显著正相关（$r = 0.4802, p < 0.05$）、与木质素含量呈弱负相关（$r = -0.4061, p < 0.1$）、与木质素含量:N 含量之比呈显著负相关（$r = -0.5313, p < 0.05$）。与此相一致，CO_2-C 矿化率与全 N 含量及木质素含量的相关系数分别为 0.4135（$p < 0.1$）和 −0.4856（$p < 0.05$），与木质素含量:N 含量之比的相关系数为 −0.5119（$p < 0.05$）。运用逐步回归方法进一步研究发现，一级动力学常数和 CO_2-C 矿化率均可用全 N 含量及木质素含量的线性组合来定量表示：

$$k = 3.51 \times 10^{-2} + 4.61 \times 10^{-4} N - 1.53 \times 10^{-4} L \quad (R^2 = 0.8120, p < 0.001, n = 19) \tag{7.5}$$

$$F_c = 100 + 0.974N - 0.364L \quad (R^2 = 0.8277, p < 0.001, n = 19) \tag{7.6}$$

式中，F_c 为培养 9 周的 CO_2-C 矿化率（%），N 和 L 分别为植物残体的初始全 N 含量（$g \cdot kg^{-1}$）及木质素含量（$g \cdot kg^{-1}$）。上述结果表明，植物残体的初始全 N 含量及木质素含量决定其分解速率。决定系数（R^2）的数值说明不同植物残体分解的变异性有 80%以上可由其初始全 N 含量及木质素含量的差异得以解释。对于木质素含量类似的植物残体，含 N 量高的（如丝瓜叶）比含 N 量低的（如大豆茎）分解快；对于含 N 量类似的植物残体，木质素含量高的（如小麦根）比含量低的（如海桐茎）分解慢；含 N 量低或木质素含量高的植物残体分解慢（表 7.3、表 7.4）。

田间填埋试验结果表明，植物残体间重量损失的差异十分显著，其基本趋势与实验室

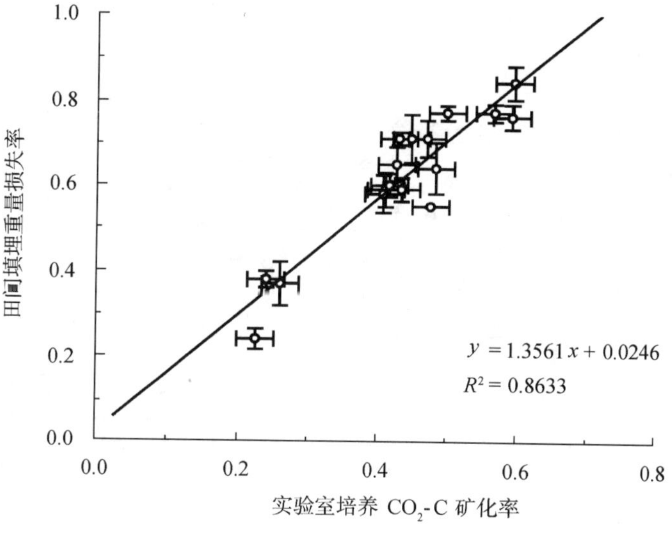

图 7.9　重量损失率与 CO_2-C 矿化率比较

培养结果一致(图 7.9),两者之间的线性相关系数(R^2)为 0.8633($n=17, p<0.001$)。由图 7.9 所示线性方程的斜率(1.356)可知,平均而言,田间填埋 23 周的重量损失率比实验室培养 9 周的 CO_2-C 矿化率高 35%左右。从两者的相关性来看,在水热状况适宜的条件下,培养 9 周的 CO_2-C 矿化量已足以反映不同植物残体之间的差异。图 7.9 的结果亦进一步验证了培养实验的可靠性。

线性相关分析表明,填埋 23 周的重量损失率与木质素含量呈显著负相关($r=-0.5053, p<0.05$)、与木质素含量:N 含量之比呈弱负相关($r=-0.4427, p<0.1$),这些结果与培养实验相一致。将植物残体的重量损失率与初始全 N 含量、木质素含量及木质素含量:N 含量之比作逐步回归分析,得到与方程 7.6 类似的结果:

$$F_w = 150 + 1.496N - 0.572L \qquad (R^2 = 0.799, p < 0.001, n = 17) \qquad (7.7)$$

式中,F_w 为植物残体的重量损失率(%),N 和 L 意义同上。方程 7.7 的结果进一步说明植物残体在土壤中的分解速率可通过其初始全 N 含量及木质素含量进行定量描述。

在建立陆地生态系统 C 循环模型时,较为困难的是如何根据植物残体的化学组分来定量表示其易分解比例。利用 Pinck 等对 11 种一年生植物残体的分解测定结果,Parton 等(1987)在 CENTURY 模型中用植物残体的初始木质素含量(L)与氮含量(N)的比值确定该物料的易分解比例(F_m)。其基本假设是木质素含量低或全 N 含量高的植物残体具有高的易分解比例,基本方程为:$F_m = 0.99 - 0.018L/N$。利用该方程,我们计算了各植物残体的易分解组分,然后分别与培养 9 周的 CO_2-C 矿化率(F_c)及填埋试验的重量损失率(F_w)进行比较。结果表明,不同植物残体的 F_m 与 F_c 和 F_w 的变化趋势是一致的,但有些则有较大的差异(图 7.10)。从数值上看,F_m 与 F_w 更为接近。由表 3.8 可以看出,本研究所选择的 19 种植物残体代表了 8 类不同的植物,其 N 含量和木质素含量均在一个较大的范围内变化。从这个意义上说,方程(7.7)具有更普遍的适用性,用其计算的结果更能代表植物残体的易分解组分。

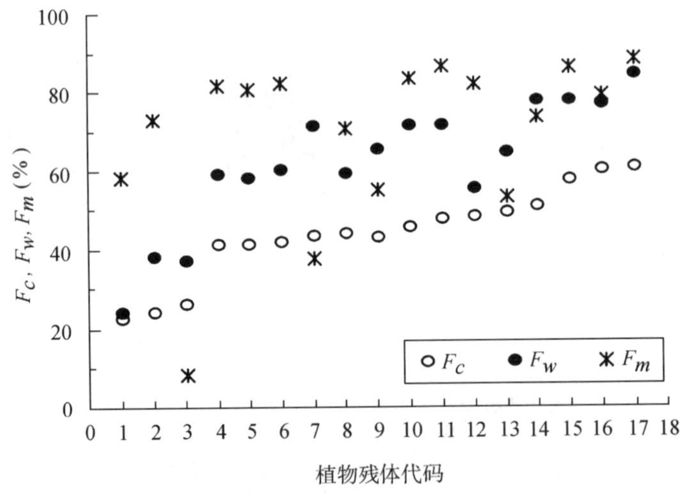

图 7.10 易分解组分(F_m)、CO_2-C 矿化率(F_c)及重量损失率(F_w)的比较

上述研究结果表明，不同植物残体的分解速率或重量损失率与其初始全 N 含量呈正相关、与初始木质素含量或木质素含量/N 含量呈负相关。用初始含 N 量和木质素含量两因子的二元线性模型可以较好地定量描述植物残体分解过程的一级动力学常数、CO_2-C 矿化率或重量损失率。

7.3　土壤-作物系统 CO_2 排放

7.3.1　土壤-作物系统的呼吸作用

采用室外盆栽试验，对土壤-作物系统呼吸速率（*RE*）、表观土壤呼吸速率（*RS*）和无作物参与的土壤异养呼吸（*RH*）进行了原位观测。观测结果表明，*RE* 在冬小麦和水稻生长季均呈现动态变化（表 7.5、表 7.6）。土壤-冬小麦系统在返青期的 *RE* 较低，成熟期较高，返青-成熟期内的平均值为 756.5 mg · m^{-2} · h^{-1}；土壤-水稻系统在分蘖期较高，成熟期较低，平均值为 1018.7 mg · m^{-2} · h^{-1}。由表 7.5 和表 7.6 还可以看出根系对土壤呼吸产生较大的影响。在冬小麦生长季，由于根系的参与使得 *RS* 比 *RH* 增加了 0.23～3.30 倍，平均 1.78 倍。水稻生长季 *RS* 比 *RH* 增加了 2.47～5.61 倍，平均 3.31 倍。

表 7.5　土壤-冬小麦系统 CO_2 排放（2002，南京）

采样日期（月-日）	*RE*	*RS*	*RH*	生物量（gC · m^{-2}）		温度（℃）	
	（mgCO_2 · m^{-2} · h^{-1}）			地上部分	地下部分	土壤	大气
02-28	477.8±29.3*	245.2±57.7	57.0±15.4	102.2±5.2	26.9±3.1	6.3	9.3±0.3
03-14	903.1±106.6	294.0±47.4	85.6±17.3	212.5±19.5	49.1±7.6	12.0	14.8±0.0
03-28	731.3±97.2	271.7±146.0	68.1±13.6	387.9±34.6	78.3±27.2	8.5	13.4±0.4
04-11	864.3±78.6	251.9±27.5	90.9±10.7	664.8±25.4	132.5±4.8	8.5	13.6±1.1
04-25	642.6±33.9	133.2±36.7	108.6±5.8	776.3±22.2	101.1±9.0	8.4	11.9±0.4
05-09	920.0±64.8	286.9±32.7	123.3±23.1	950.4±4.4	115.4±6.1	11.0	16.4±0.4

* 平均值±标准差（表 7.6 同）

表 7.6　土壤-水稻系统 CO_2 排放（2002，南京）*

采样日期（月-日）	*RE*	*RS*	*RH*	生物量（gC · m^{-2}）		温度（℃）	
	（mgCO_2 · m^{-2} · h^{-1}）			地上部分	地下部分	土壤	大气
07-25	1276.9±53.5	206.8±55.4	59.6±24.1	188.8±10.6	75.2±3.1	27.5±0.5	28.0±0.6
08-29	1215.7±91.4	207.9±69.2	56.0±14.1	738.2±82.0	191.6±12.4	25.2±0.3	26.2±0.5
09-24	706.6±63.6	212.3±50.6	32.1±1.7	1042.8±151.9	245.1±30.4	18.9±0.6	21.6±0.4
10-13	654.8±23.0	234.0±20.2	48.6±13.2	1272.2±41.4	209.6±14.4	19.0±0.6	18.6±0.5

* 播种期为 6 月 1 日

水稻生长季的土壤-作物系统呼吸速率(*RE*)和表观土壤呼吸速率(*RS*)明显高于小麦生长季。其主要原因在于两个方面:温度和作物的生物量。显然,水稻生长季相对高的温度和较大的生物量促进了土壤-作物系统的呼吸作用(表 7.5、表 7.6)。对于裸地土壤,长期淹水抑制了土壤的异养呼吸(*RH*),水稻生长季的 *RH* 比小麦生长季低了近一倍,且在生长季内变化不甚明显(表 7.6)。

7.3.2 植株氮含量与作物呼吸

根据是否伴随光合作用过程的发生,植物的呼吸一般可分为光呼吸和暗呼吸两部分。本研究采用暗箱法采样,采样过程中光合作用暂时中断,因而所测定的作物呼吸可视为暗呼吸。参照 Huang 等(1998)的研究,将作物暗呼吸对生物量和环境温度的依赖关系表达为:

$$RD = R_d \times Q_{10}{}^{(T-25)/10} \times W \tag{7.8}$$

式中 *RD* 为暗呼吸速率($gC \cdot m^{-2} \cdot d^{-1}$)。$Q_{10}$ 为暗呼吸的温度系数,*T* 为环境温度(℃),*W* 为作物生物量($gC \cdot m^{-2}$)。R_d 为暗呼吸系数($g \cdot g^{-1} \cdot d^{-1}$),其基本定义是 25℃下单位重量生物量的呼吸速率。由(7.8)式可以看出,当环境温度(*T*)和生物量(*W*)已知时,暗呼吸系数(R_d)是估算暗呼吸速率(*RD*)的关键参数。取温度系数 Q_{10} 为 2(Huang 等,1998),将不同温度下的暗呼吸速率 *RD* 校正到 25℃,方程(7.8)便可写成:

$$RD_{25} = R_d \times W \tag{7.9}$$

式中,RD_{25} 表示 25℃下的暗呼吸速率。将 RD_{25} 与相应的生物量(*W*)进行线性相关分析,此线性关系的斜率即为暗呼吸系数 R_d (图 7.11、图 7.12)。由图 7.11 和图 7.12 可以看出,作物不同生育阶段的暗呼吸系数有着显著的差异,且生长季内表现由高到低逐渐减小的趋势。

Reich 等(1998)和 Lusk 等(2000)通过对森林不同树木的叶片离体培养研究指出,叶片的暗呼吸速率与其氮含量呈显著正相关。Spitters 等(1989)研究表明植物的暗呼吸系数与植物的氮含量有关。本研究对不同生育阶段的暗呼吸系数与植株氮含量(*N*,%)的相关分析结果表明,冬小麦的 R_d 与氮含量之间存在显著的相关关系(图 7.13),用线性方程(7.10)可以描述;水稻盆栽实验的测定结果与大田的测定结果一致,其 R_d 与氮含量之间的相关关系(图 7.14)可以用非线性方程(7.11)描述。

$$R_d = 0.0124N - 0.0076 \qquad (R^2 = 0.9879, p < 0.001) \tag{7.10}$$

$$R_d = 0.0085N^2 - 0.0049N \qquad (R^2 = 0.9776, p < 0.001) \tag{7.11}$$

利用方程(7.11)和 2002 年大田水稻生长季植株氮含量的测定结果,我们计算了水稻植株的暗呼吸系数(R_d)。结果表明,移栽后 20 天左右暗呼吸系数最大(0.088),其后逐步下降,至成熟期下降到 0.006(图 7.15),最大值与最小值之间相差约 15 倍。移栽一抽穗期 R_d 平均为 0.044,抽穗一成熟期为 0.009。

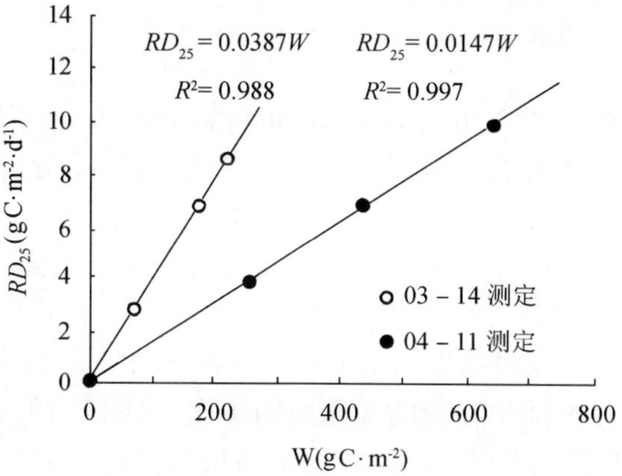

图 7.11 小麦暗呼吸速率（RD_{25}）与生物量（W）的相关关系（2002,南京）

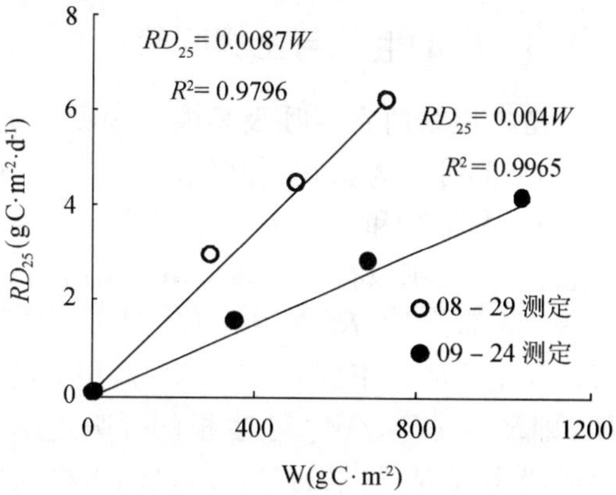

图 7.12 水稻暗呼吸速率与生物量的相关关系（2002,南京）

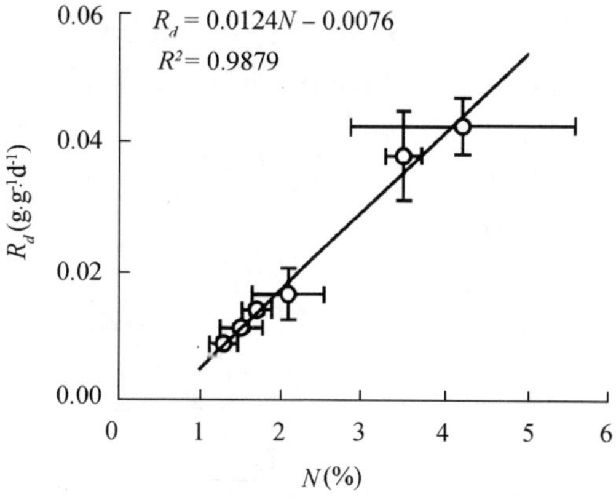

图 7.13 冬小麦暗呼吸系数与植株氮含量的关系（2002,南京）

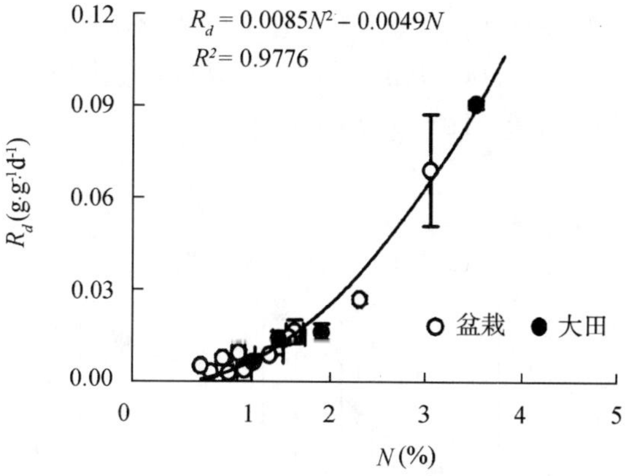

图 7.14 水稻暗呼吸系数与植株氮含量的关系（2002,南京）

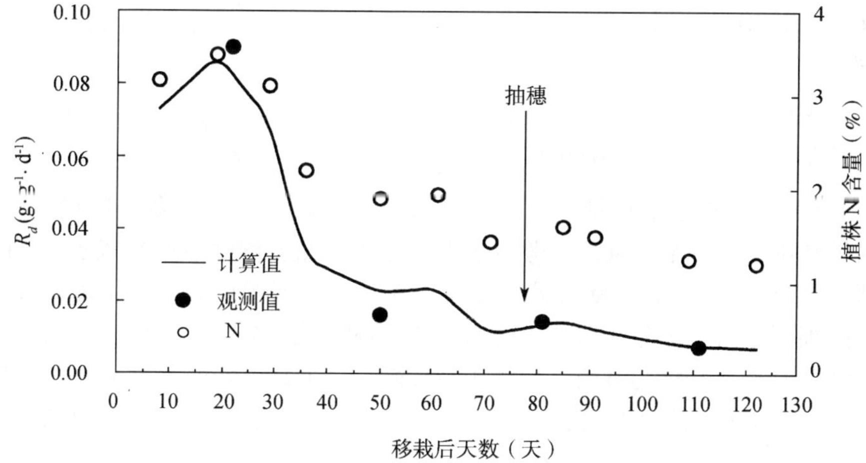

图 7.15 水稻暗呼吸系数的季节性变化（2002,南京）

7.3.3　根的生长与土壤呼吸

植物根系的自养呼吸和根际呼吸是土壤呼吸的重要组成部分(Daniel 等,1998)。一般认为,自养呼吸为植物新陈代谢的基本生理过程,而根际呼吸则来自于微生物对根系分泌物、根系凋落物和死亡根的分解(Kuzyakov,2002)。假定表观土壤呼吸 RS 包括土壤异养呼吸 RH(土壤原有有机碳分解)和由当季根系活动引起的呼吸 RR(根的自养呼吸 + 根际呼吸)两部分,用 RS 减去 RH(即未种植作物土壤的呼吸)可得到 RR。由方程 7.9,将不同温度下的 RR 校正到 25℃(RR_{25}),用此呼吸速率除以根的生物量 W_R 可得到根的呼吸系数 R_r,即 $R_r = RR_{25}/W_R$。小麦根的呼吸速率 RR_{25} 并不随生物量的变化而同步变化(图 7.16),但呼吸系数 R_r 与根的氮含量之间呈极显著线性正相关(图 7.17),这个结果与冬小麦暗呼吸系数－植株氮含量的关系(图 7.13)极为相似。与冬小麦不同,水稻根的呼吸速率 RR_{25} 随生物量的增加而增加,图 7.18 为三个播期(2002 年 05 月 10 日、06 月 01 日和 06 月 21 日,实验设计和测定方法见第三章 3.4.3 节)下水稻根系呼吸速率与生物量的季节性变化。采用与图 7.12 类似的方法,将 RR_{25} 与相应的根生物量 W_R 进行线性相关分析(图 7.19),得到呼吸系数 R_r 为 0.0058 ± 0.002。若用 $R_r = RR_{25}/W_R$ 进行计算,得到平均呼吸系数为 0.0080 ± 0.0049($n = 12$),这些数值比以往文献报道的 0.01(Penning de vries 等,1989;Spitter 等,1989)略小。

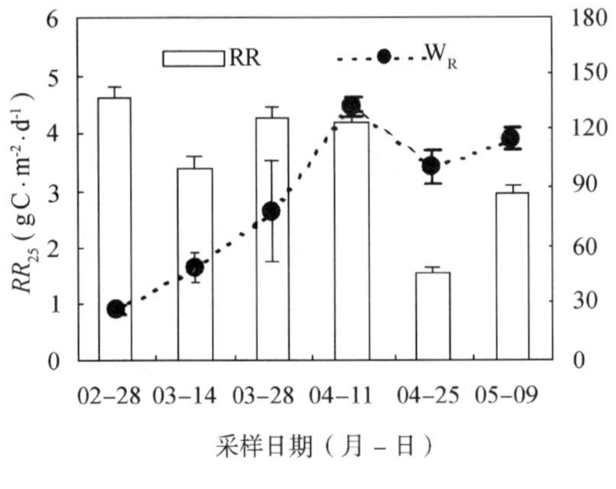

图 7.16　小麦根系呼吸速率(RR)与生物量(W_R)的动态变化(2002,南京)

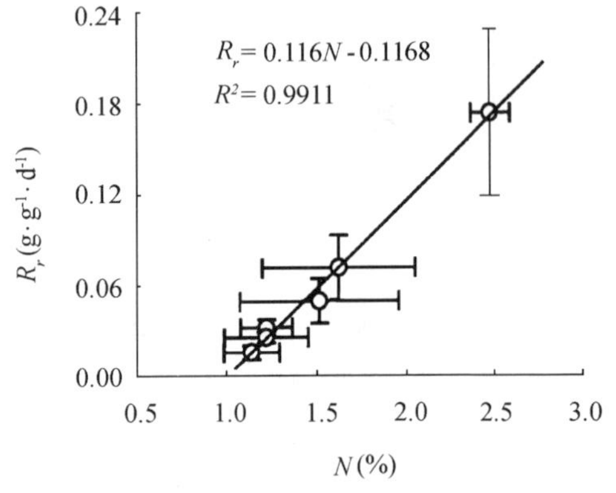

图 7.17　小麦根系呼吸系数与氮含量的相关关系(2002,南京)

虽然小麦的地下部分生物量(表 7.5)比水稻的(表 7.6)小得多,但根的呼吸系数(图 7.17)比水稻几乎要大一个数量级。假定小麦和水稻根系自养呼吸系数接近,则上述现象表明小麦根际呼吸对表观土壤呼吸的贡献要高于水稻。可能的原因是对于麦田而言,土壤通气状况良好,根系分泌物被分解后产生的 CO_2 较易从土壤中释放出来。而水稻生长处于淹水的厌氧环境中,根系分泌物被微生物利用直接转化为 CH_4(Minoda 等,1996),同时土壤中的 CO_2 在厌氧环境中亦部分地被还原为 CH_4。这均使得水稻根的呼吸系数低于小麦。

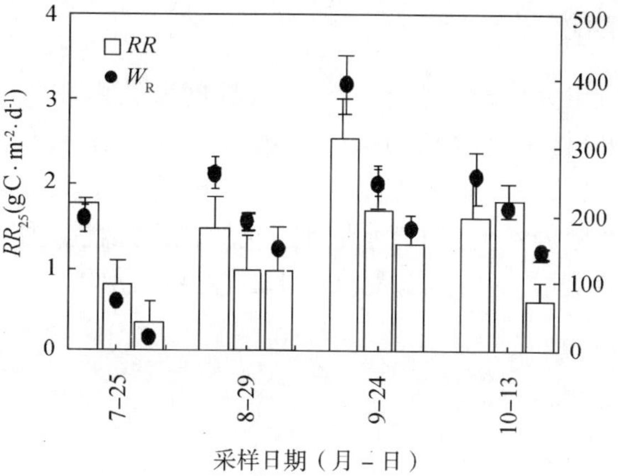

图 7.18　水稻根系呼吸速率(RR_{25})与生物量(W_R)的动态变化(2002,南京)

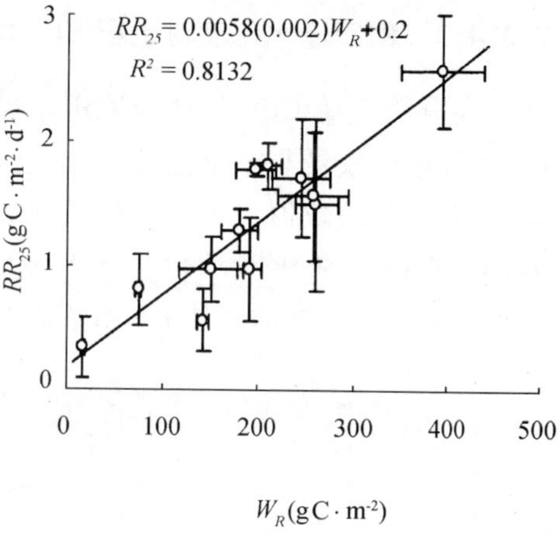

图 7.19　水稻根系呼吸速率与生物量的线性关系(2002,南京)

7.3.4　稻田土壤 CO_2 排放

7.3.4.1　稻田土壤 CO_2 排放的季节变化

图 7.20 为大田条件下未植稻微区土壤 CO_2 排放的季节变化。从图中可以看出,在移栽至烤田前的淹水阶段 CO_2 排放较低,烤田(7 月 24 日～8 月 2 日)促进了 CO_2 排放,复水后 CO_2 排放速率随之下降,以后湿润灌溉和落干期 CO_2 排放又有所回升。在稻田非淹水阶段(烤田和湿润灌溉及落干期),未植稻微区土壤 CO_2 排放的总体变化趋势与土温或气温趋于一致,相关分析结果表明该阶段两者呈极显著正相关关系($n = 30$, $R^2 = 0.837^{***}$)。这表明除了土壤水分状况外,土壤温度也是影响稻田土壤 CO_2 排放量的重要因素。

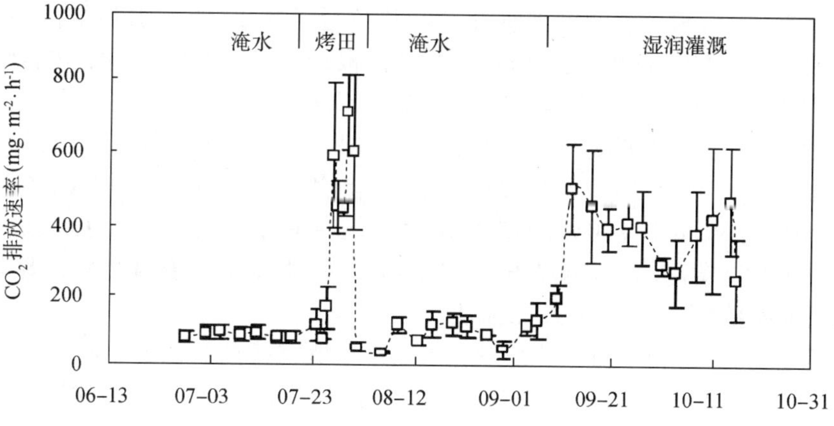

图 7.20　未植稻微区稻田土壤 CO_2 排放的季节变化(2001,南京)

7.3.4.2　稻田淹水深度对土壤 CO_2 排放的影响

在分析土壤 CO_2 排放与稻田水层深度的相关性时，用 $Q_{10}=1.68$(温度系数由非淹水阶段 CO_2 排放量与土壤温度的相关分析得出)将未植水稻的微区土壤 CO_2 排放速率校正到土温 25℃的数值。相关分析结果表明，淹水状态下稻田 CO_2 排放速率随着水层深度的升高而逐渐下降(图 7.21)。这可能有两方面原因：一方面淹水影响土壤微生物活性，另一方面，由于 CO_2 易溶于水，无植物参与微区的土壤 CO_2 传输受淹水水层深度的制约。

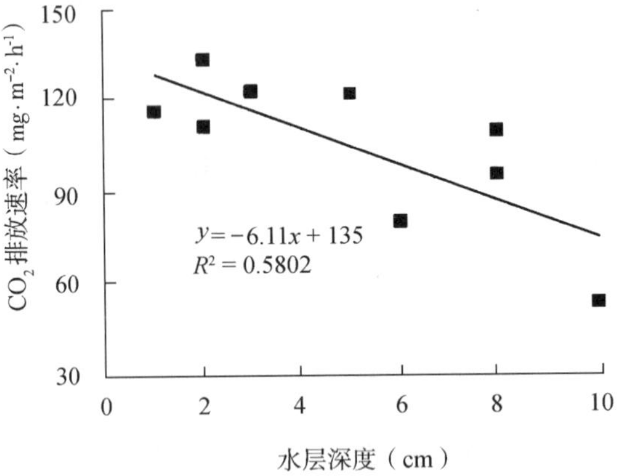

图 7.21　稻田淹水深度对土壤 CO_2 排放的影响(2001，南京)

7.3.4.3　水稻作物对土壤 CO_2 排放的影响

为了研究水稻作物对土壤 CO_2 排放的影响，除测定未植稻微区土壤 CO_2 的排放(图 7.20)外，我们还测定了植稻微区土壤-作物系统的 CO_2 排放。未植稻微区土壤的 CO_2 季节平均排放速率为 198.4±34.0 mg·m^{-2}·h^{-1}，低于 Kahalil(1990)在广州地区测定的结果(295 mg·m^{-2}·h^{-1})，植稻微区土壤-作物系统的 CO_2 季节平均排放速率为 1133.5±51.2 mg·m^{-2}·h^{-1}，水稻植物参与使得 CO_2 排放量增加 472%。其增加值一方面来源于水稻自养呼吸，另一方面是由于水稻凋落物分解、根系分泌物及根际共生体的作用，导致土壤呼吸作用增强。植物参与条件下，自养呼吸是 CO_2 排放的重要来源，而无植物参与的 CO_2 排放主要来自于土壤呼吸。因此，分别用气温和土温来分析温度对有、无植物条件下 CO_2 排放的影响。气温在 18.1～34.3℃范围内，土壤-植物系统 CO_2 排放与气温呈极显著的正相关关系($n=30$，$p<0.001$)，如果用温度函数表示，则温度系数(Q_{10})为 2.17；在 16.8～28.9℃的土壤温度范围内，未植水稻的土壤 CO_2 排放与土壤温度呈极显著正相关关系，可以用温度系数($Q_{10}=1.68$)加以描述。

若将稻田系统 CO_2 排放分为土壤排放(F_s)和植物排放(F_v)两部分，其中土壤排放部分用 $Q_{10}=1.68$，植物排放部分用 $Q_{10}=2.17$ 描述(温度系数由非淹水阶段 CO_2 排放量与土壤或大气温度的相关分析得出)，则稻田系统 CO_2 排放速率可表示为：

$$F = F_s + F_v$$
$$= 439.32 \times 1.68^{(T_s-25)/10} + 846.49 \times 2.17^{(T_a-25)/10}$$
$$(R^2 = 0.849,\ p < 0.001) \quad (7.12)$$

式中 F 代表稻田系统 CO_2 排放速率（$mg \cdot m^{-2} \cdot h^{-1}$），$T_s$ 表示土温℃，16.8℃ $\leqslant T_s \leqslant$ 29.8℃，T_a 表示气温℃，18.1℃ $\leqslant T_a \leqslant$ 34.3℃。利用方程(7.12)推算水稻植物参与下土壤 CO_2 排放量(R_s)，其季节排放总量为 11.95 $t \cdot hm^{-2}$，平均排放速率 426.45 $mg \cdot m^{-2} \cdot h^{-1}$，是未植水稻微区土壤 CO_2 排放量的 2.15 倍。

7.4　大气 CO_2 浓度升高对地气 CO_2 交换的影响

7.4.1　稻田-大气 CO_2 交换

过去的研究主要通过观测 FACE 条件下土壤有机碳(SOC)含量的变化，以此推断地气 CO_2 净交换的变化(Wood 等，1994；Leavitt 等，1994；1996；Prior 等，1997；Van Kessel 等，2000a、b)。这种方法的灵敏度较差，需要相对较长的实验周期(至少 3～5 年)才能检测到 SOC 含量的变化，而且观测结果通常达不到统计意义上的显著差异(Wood 等，1994；Leavitt 等，1994；1996；Prior 等，1997；Van Kessel 等，2000a、b)。

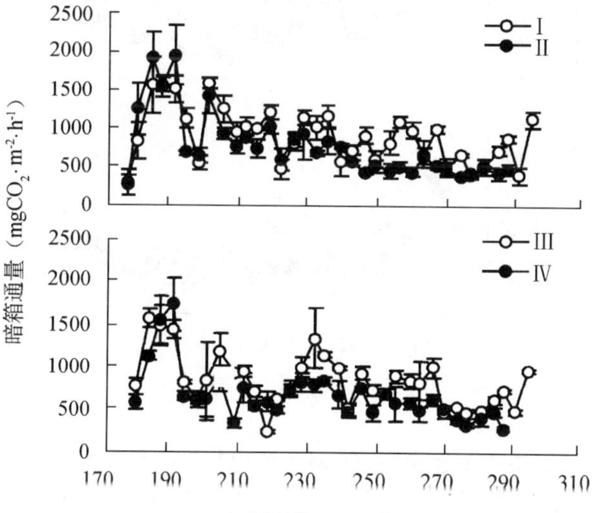

图 7.22　水稻生长期上午 9:00～11:00 的 CO_2 暗箱观测通量(TER)(郑循华等，2002)
Ⅰ. UN、对照大气；Ⅱ. UN、FACE；Ⅲ. LN、对照大气；Ⅳ. LN、FACE

图 7.22 为用暗箱法观测的自由大气和 FACE 条件下水稻生态系统总呼吸速率(TER，total ecosystem respiration rate，本书中也称为暗箱通量)的季节性动态，图中 LN 和 UN 分别表示施 N 量为 150 $kgN \cdot hm^{-2}$ 和 250 $kgN \cdot hm^{-2}$ 处理。t 一检验结果表明，水稻插秧后一个月内，自由大气和 FACE 条件下的 TER 没有显著差异。但在以后的生长期

内，2个N肥施用水平下FACE和自由大气之间的TER均存在显著差异（95%信度的t－检验，$p<0.001$）。在相同CO_2浓度水平下，不同N肥用量水平的TER不存在显著差异（t－检验：FACE $p=0.139$，对照 $p=0.154$）。插秧后15天左右的TER均达到生长季的最大值，该峰值持续大约1周。这主要是小麦秸秆快速分解的结果，因为大约70%的秸秆C可能在施入土壤20天以内分解释放（沈善敏，1998）。

由于缺乏实际测量的水稻地上部分呼吸系数的季节动态以及类似条件下的文献数据甚少，郑循华等（2002）根据TER观测结果估计出水稻地上部分呼吸系数可能取值的最大值，并由其计算出NEE_{min}。图7.23为由TER经过一系列相关计算（郑循华等，2002）后得到的稻田CO_2净交换通量（NEE）可能的最小值NEE_{min}。由于水稻FACE实验观测资料比较缺乏，因此由TER计算NEE_{min}的其它参数和变量也存在不确定性。尤其需要指出的是，在得出图7.23所示结果的过程中，水稻根系呼吸排放的CO_2-C被假设为与根系分泌物所含C的量相等（郑循华等，2002）。显然，这个假设存在不确定性。若前者实际上大于后者，则根据郑循华等（2002）的算法得出的NEE将偏大；反之，则偏小。尽管如此，图7.23给出的NEE_{min}计算结果可以在一定程度上反映大气CO_2浓度升高对水稻田CO_2净交换通量的影响。

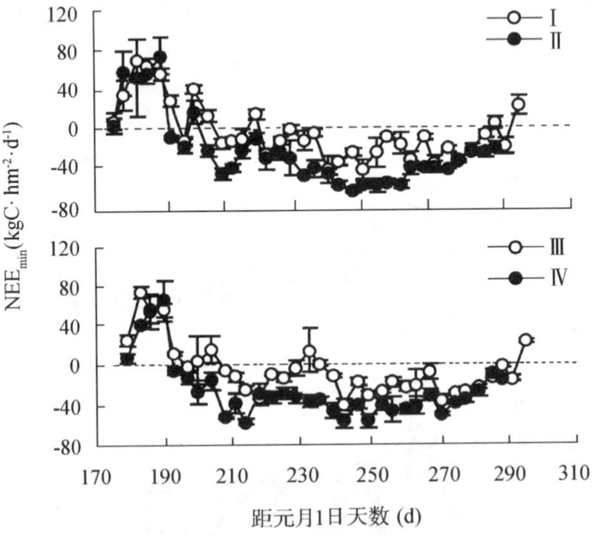

图7.23 水稻生长季CO_2净交换及其对大气CO_2浓度升高的响应（郑循华等，2002）
Ⅰ. UN、对照大气；Ⅱ. UN、FACE；Ⅲ. LN、对照大气；Ⅳ. LN、FACE.

图7.23表明，插秧后20天内，水稻田主要表现为向大气净排放CO_2，且不受大气CO_2浓度升高的影响（t－检验：UN $p=0.654$；LN $p=0.172$）。可能的原因为两个方面：一是插秧前施用了大量小麦秸秆，其分解过程中释放出大量CO_2。这一阶段是小麦秸秆的快速分解期，占秸秆C组分70%以上的蛋白质、可溶性有机碳以及纤维素和半纤维素在此期间几乎完全分解，之后转入秸秆中木质素极其缓慢的分解过程（沈善敏，1998）。二是CO_2浓度升高处理时间较短，植物生长差异所导致的吸收大气CO_2的差异较小，较强的秸秆分解影响掩盖了高CO_2效应。插秧1个月以后的生长期内，FACE和对照处理的稻田生态

系统均主要表现为净吸收大气 CO_2，大气 CO_2 浓度升高显著促进了水稻田生态系统对大气 CO_2 的吸收（95%信度的 t —检验结果，UN 和 LN 均有 $p<0.001$）。无论 FACE 还是对照处理，通常均有 $NEE_{min}<0$，表明植物对大气 CO_2 的光合固定通量通常大于植物和土壤的呼吸作用向大气排放 CO_2 的通量。无论低 N 还是常 N 水平，高大气 CO_2 浓度均使稻田生态系统在这一阶段对大气 CO_2 的净吸收增强为对照的大约 3 倍。这可能是高 CO_2 浓度促进植物光合作用（Drake 等，1996）并同时减弱植物呼吸作用（Drake 等，1999）的结果。在相同 CO_2 水平下，N 肥施用水平对水稻生长季的 NEE_{min} 没有明显影响（t —检验：FACE $p=0.285$，对照 $p=0.629$）。

利用暗箱观测结果估算 NEE 是一种尝试。准确估算 NEE 取决于三个主要环节：(1) 暗箱碳通量中合理扣除植株地上部分暗呼吸；(2) 土壤总呼吸中根自养呼吸量的确定；(3) NPP 中根际沉积碳（根系分泌物等）的估算。通过对这三个环节的进一步研究，利用暗箱观测结果准确估算生态系统 CO_2 净交换是可能的。

7.4.2　麦田土壤 CO_2 气体浓度廓线

土壤作为一种多孔介质，其空隙内空气中存在着很多微量气体成分（包括 CO_2、CH_4、N_2O 等）。土壤空气中的 CO_2 主要来源于土壤中一系列化学和生物化学过程以及地面空气向土壤中的扩散。土壤中 CO_2 浓度的大小是其在土壤中的产生过程、大气向下扩散过程和土壤气体向大气排放过程综合作用的结果。目前盛行的生物地球化学碳循环模型如 DNDC（Li，2000）中，通常需要根据 CO_2 等气体的产生过程计算单位体积土壤所含气体质量数在土壤中的垂直分布，然后用扩散方程计算 CO_2 等气体向地面的排放速率。为了验证模型模拟的正确性，实际观测土壤 CO_2 浓度及其在土壤中的垂直分布是必不可少的。土壤 CO_2 浓度及其动态的测定一般是在田间不同深度处埋置小气室。待气室气体与土壤空气平衡后，抽取部分气室里的气体作为样品，利用气相色谱仪、红外线气体测定仪或传统的碱液吸收法等测定 CO_2 浓度。在参考前人田间气室设计（Dowdell 等，1972；Goodroad 和 Keeney，1985；Burton 和 Beauchamp，1994；Fang 和 Moncrieff，1998；Sotomayor 和 Rice，1999；Kammann 等，2001）的基础上，我们自行设计了适合于旱地农田 FACE 研究的土壤气体采样方法（刁一伟等，2002）。

7.4.2.1　土壤 CO_2 浓度廓线

图 7.24 为 2002 年 3～4 月间每周 2 次（每次上午 9～11 时）观测的无锡 FACE 和对照麦田平均土壤 CO_2 浓度廓线。从图中可以看出，土壤 CO_2 浓度基本保持在 3500～5500 $\mu mol \cdot mol^{-1}$ 之间，比地面空气中 CO_2 浓度高 1 个数量级。3～4 月份距地面 6 cm 深度处土壤 CO_2 浓度平均为 3874 $\mu mol \cdot mol^{-1}$，与 Kammann 等（2001）1998～2000 年在德国草地测得的 5 cm 深度处土壤 CO_2 浓度（3 个观测点分别为 3950、3790 和 4290 $\mu mol \cdot mol^{-1}$）基本一致。同时每次观测都可以得到较好的土壤 CO_2 浓度廓线，这表明我们设计的采样器与其周围土壤之间可以建立稳定的气体平衡关系，整套观测系统可以客观准确地监测土壤 CO_2 浓度变化规律。

图 7.24 的结果还表明，土壤气体 CO_2 浓度随着土壤深度而增加。同时，FACE 麦田土壤 CO_2 浓度明显高于对照（14±5%或 557±251 $\mu mol \cdot mol^{-1}$），这可能是因为 3～4 月

份小麦正处于旺盛生长阶段，高浓度的大气 CO_2 促进了小麦地上部分和根系的生长，使得根系分泌物增多，刺激了土壤微生物种群增长，提高了微生物活性，导致根系呼吸和土壤微生物呼吸增强，最终使得 FACE 麦田土壤中 CO_2 浓度高于对照麦田。

3 月中旬到 4 月中旬，随着小麦的生长发育，对照麦田土壤 CO_2 浓度逐渐升高（图 7.25），3～30 cm 土层的平均浓度由 3192 $\mu mol \cdot mol^{-1}$ 增加到 4341 $\mu mol \cdot mol^{-1}$，30 cm 土层 CO_2 浓度在观测后期高达 5176 $\mu mol \cdot mol^{-1}$，且对照麦田 CO_2 浓度始终显著高于裸地（t 一检验 $p < 0.001$）。这些结果均表明土壤 CO_2 浓度与植物生长密切相关，植物生长越旺盛，土壤 CO_2 浓度就越高。同时，我们也观测到裸地 CO_2 浓度与对照麦田 CO_2 浓度的变化基本同步（平均从 982 $\mu mol \cdot mol^{-1}$ 升高到 2633 $\mu mol \cdot mol^{-1}$）。其可能原因是由于裸地距麦田较近（大约 1 m），土壤气体的水平交换使得裸地 CO_2 浓度亦增加。

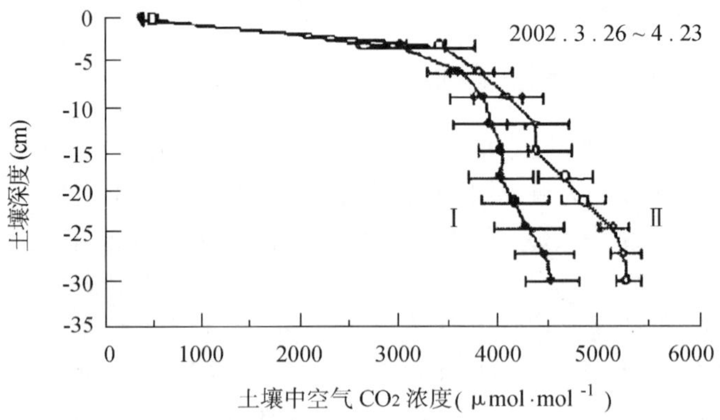

图 7.24　土壤空气 CO_2 浓度廓线（刁一伟等，2002）

Ⅰ. 对照；Ⅱ. FACE

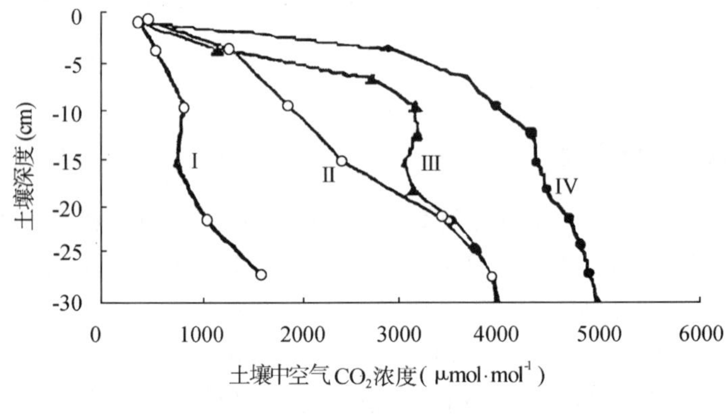

图 7.25　裸地和对照麦田的土壤 CO_2 浓度廓线（刁一伟等，2002）

Ⅰ. 裸地，3 月 18 日；Ⅱ. 裸地，4 月 16 日；Ⅲ. 对照麦田，3 月 18 日；Ⅳ. 对照麦田，4 月 16 日.

由土壤 CO_2 浓度廓线（图 7.24、图 7.25）可以看出：土壤 CO_2 浓度分布呈现下层高于上层的分布规律，尤其是裸地更加明显。小麦根系主要分布在耕层，0～10 cm 土层中集中分布了90%以上根系，这一土层的微生物活动应当最为活跃，根系和微生物呼吸作用产生的 CO_2 也应高于下层土壤。若上下土层的气体垂直扩散速率相同，则上层土壤中应当累积更高浓度的 CO_2，而实际观测结果恰好相反，这说明了上层土壤中 CO_2 向上垂直扩散要比下层土壤快的多。耕作、根系穿透和冻融交替使得上层土壤空隙大于底层(3～19 cm 土层空隙度为48%～55%，20～30 cm 为43%～47%)，这有利于土壤中气体的扩散。另外，地面风的作用亦可能促进上层土壤中气体的扩散。

参考文献

曹广民，李英年，张金霞，赵新全. 2001. 高寒草甸不同土地利用格局土壤 CO_2 的释放量. 环境科学，**22** (6)：14～19.

陈四清，崔骁勇，周广胜，李凌浩. 1999. 内蒙古锡林河流域大针茅草原土壤呼吸和凋落物分解的 CO_2 排放速率研究. 植物学报，**41** (6)：645～650.

刁一伟，郑循华，王跃思，徐仲均，韩圣慧，朱建国. 2002. 开放式空气 CO_2 增高条件下旱地土壤气体 CO_2 浓度廓线测定. 应用生态学报，**13** (10)：1249～1252.

黄东迈，朱培立，王志明. 1998. 旱地和淹水条件下土壤有机碳分解的研究和探讨. 土壤学报，**35** (4)：482～492.

黄耀，刘世梁，沈其荣，宗良纲. 2001. 农田土壤有机碳动态模拟模型的建立. 中国农业科学，**34** (5)：532～536.

黄耀，刘世梁，沈其荣，宗良纲. 2002. 环境因子对农业土壤有机碳分解的影响. 应用生态学报，**13** (6)：709～714.

黄耀，沈雨，周密，马瑞升. 2003. 木质素和氮含量对植物残体分解的影响. 植物生态学报，**27** (2)：183～188.

沈善敏主编. 中国土壤肥力. 北京：中国农业出版社. 1998.

郑循华，徐仲均，王跃思，韩圣慧，黄耀，蔡祖聪，朱建国. 2002. 开放式空气 CO_2 增高影响稻田－大气 CO_2 净交换的静态暗箱法观测研究. 应用生态学报，**13** (10)：1240～1244.

邹建文，黄耀，宗良纲，郑循华，王跃思. 2003. 稻田 CO_2、CH_4 和 N_2O 排放及其影响因素. 环境科学学报，**23**(6)：758～764.

Ågren，G. I.，Bosatta，E. and Magill，A. H. 2001. Combining theory and experiment to understand effects of inorganic nitrogen on litter decomposition. *Oecologia*，**128**：94－98.

Buchmann，N. 2000. Biotic and abiotic factors controlling soil respiration rates in Picea abies stands. *Soil Biology and Biochemistry*，**32** (11－12)：1625－1635.

Burton，D. L. and Beauchamp，E. G. 1994. Profile nitrous oxide and carbon dioxide concentrations in a soil subject to freezing. *Soil Science Society of America Journal*，**58**：115－122.

Cao，M. K. and Woodward，F. I. 1998. Net primary and ecosystem production and carbon stocks of terrestrial ecosystems and their responses to climate change. *Global Change Biology*，**4** (2)：185－198.

Chambers，J. Q.，Higuchi，N.，Schimel，J. P.，Ferreira，L. V. and Melack，J. M. 2000. Decomposition and carbon cycling of dead trees in tropical forests of the central Amazon. *Oecologia*，**122**：380－388.

Daniel，L. K.，Burger，J. A. and Edwards，G. S. 1998. Estimating root respiration，microbial respiration in the rhizosphere，and root-free soil respiration in forest soils. *Soil Biology and Biochemistry*，**30**：961－968.

Dowdell，R. J.，Smith，K. A.，Crees，R. 1972. Field studies of ethylene in the soil atmosphere －equipment and reliminary results. *Soil Biology and Biochemistry*，**4**：325－331.

Drake，B. G.，Muehe，G.，Peresta，M. S.，et al. 1996. Acclimation of photosynthesis，respiration and ecosystem carbon flux of a wetland on Chesapeake Bay，Maryland to elevated atmospheric CO_2 concentration. *Plant and Soil*，**187** (2)：111－118.

Drake，B. G.，Azcon-Bieto，J.，Berry，J.，et al. 1999. Does elevated atmospheric CO_2 concentration inhibit mitochondrial respiration in green plants? *Plant Cell Environment*，**22** (6)：649－657.

Ekblad，A. and Hoegberg，P. 2001. Natural abundance of ^{13}C in CO_2 respired from forest soils reveals speed of link between tree photosynthesis and root respiration. *Oecologia*，**127** (3)：305－308.

Fang，C. and Monchieff，J. B. 1998. Simple and fast technique to measure CO_2 profiles in soil. *Soil Biology and*

Biochemistry, **30**: 2107—2112.

Goodroad, L. L. and Keeney, D. R. 1985. Site of nitrous oxide production in field soils. *Biology and Fertility of Soils*, **1**: 3—7.

Huang, Y., Gao, L. Z., Jin, Z. Q. and Chen, H. 1998. Simulating the optimal growing season of rice in the Yangtze River Valley and its adjacent area, China. *Agricultural and Forest Meteorology*, **91**: 251—262.

Jones, J. B. and Mulholland, P. J. 1998. Carbon dioxide variation in a Hardwood forest stream: An integrative measure of whole catchment soil respiration. *Ecosystems*, **1** (2): 183—196.

Kahalil, M. A. K. 1990. Emission of trace gases from Chinese rice fields and biogas generation: CH_4, N_2O, CO_2, chorocarbons, and hydrocarbons. *Chemosphere*, **20**: 207—213.

Kammann, C., et al. 2001. A new sampling technique to monitor concentrations of CO_2, CH_4 and N_2O in air at well—defined depths in soils with varied water potential. *European Journal Soil Science*, **52**: 297—303.

Kirschbaum, M. U. F. 1995. The temperature dependence of soil organic matter decomposition, and the effect of global warming on soil organic C storage. *Soil Biology and Biochemistry*, **27**: 753—760.

Kuzyakov, Y. 2002. Separating microbial respiration of exudates from root respiration in non—sterile soils: a comparison of four methods. *Soil Biology and Biochemistry*, **34**: 1621—1631.

Kwabiah, A. B., Voroney, R. P., Palm, C. A. and Stoskopf, N. C. 1999. Inorganic fertilizer enrichment of soil: effect on decomposition of plant litter under subhumid tropical conditions. *Biology and Fertility of Soils*, **30**: 224—231.

Leavitt, S. W., Paul, E. A., Kimball, B. A., et al. 1994. Carbon isotope dynamics of free-air CO_2-enriched cotton and soils. *Agricultural and Forest Meteorology*, **70**: 87—101.

Leavitt, S. W., Paul, E. A., Galadima, A., et al. 1996. Carbon isotopes and carbon turnover in cotton and wheat FACE experiments. *Plant and Soil*, **187**: 147—155.

Li, C. 2000. Modeling trace gas emissions from agricultural ecosystems. *Nutrient Cycling in Agroecosystems*, **58**: 259—276.

Li, L. H., Han, X. G., Wang, Q. B., Chen, Q. S., Zhang, Y., Yang, J., Yan, Z. D., Li, X., Bai, W. M. and Song, S. H. 2002. Correlations between plant biomass and soil respiration in a Leymus chinensis Community in the Xilin River Basin of Inner Mongolia. *Acta Botanica Sinica*, **44** (5): 593—597.

Lloyd, J. and Taylor, J. A. 1994. On the temperature dependence of soil respiration. *Functional Ecology*, **8**: 315—323.

Lusk, C. H. and Reich, P. B. 2000. Relationships of leaf dark respiration with light environment and tissue nitrogen content in Juveniles of 11 cold-temperate tree species. *Oecologia*, **123**: 318—329.

Minoda, T., Kimura, M., Wada E. 1996. Photosynthates as dominant source of CH_4 and CO_2 in soil water and CH_4 emitted to the atmosphere from paddy fields. *Journal of Geophysical Research*, **101**: 21091—21097.

Morgan, J. A., LeCain, D. R., Mosier, A. R. and Milchunas, D. G. 2001. Elevated CO_2 enhances water relations and productivity and affects gas exchange in C_3 and C_4 grasses of the Colorado short grass steppe. *Global Change Biology*, **7**: 451—466.

Murayama, S. 1984. Decomposition kinetics of straw saccharides and synthesis of microbial saccharides under field conditions. *Journal of Soil Science*, **35**: 231—242.

Ohashi, M., Gyokusen, K. and Saito, A. 2000. Contribution of root respiration to total soil respiration in a Japanese cedar (Cryptomeria japonica D. Don) artificial forest. *Ecological Research*, **15** (3): 323—333.

Parshotam, A., Saggar, S., Searle, P. L., et al. 2000. Carbon residence times obtained from labeled ryegrass decomposition in soils under contrasting environmental conditions. *Soil Biology and Biochemistry*, **32**: 75—83.

Parton, W. J., Schimel, D. S., Cole, C. V. and Ojima, D. S. 1987. Analysis of factors controlling soil organic matter levels in Great Plains grasslands. *Soil Science Society of America Journal*, **51**: 1173—1179.

Paul, E. A. and Clark, F. E. 1989. Soil Microbiology and Biochemistry. New York: Academic Press Inc. pp. 91—130.

Penning de Vries, F. W. T., Jansen, D. M., ten Berge, H. F. M. and Bakema, A. 1989. Simulation of Ecophysiological Processes of Growth in Several Annual Crops. Pudoc, Wageningen and International Rice Research Institute Press, pp. 271.

Prior, S. A., Torber, H. A., Runion, G. B., et al. 1997. Free-air carbon dioxide enrichment of wheat: Soil carbon and nitrogen dynamics. *Journal of Environment Quality*, **26**: 1161—1166.

Reich, P. B., Walters, M. B., Ellsworth, D. S., Vose, J. M., Volin, J. C., Gresham, C., Bowman, W. D. 1998. Relationships of leaf dark respiration to leaf nitrogen, specific leaf area and leaf life-span: a test across biomes and functional groups. *Oecologia*, **114**: 471—482.

Reichstein, M. and Bednorz, F. 2000. Temperature dependence of carbon mineralization: conclusions from a long-term incubation of subalpine soil sample. *Soil Biology and Biochemistry*, **32**: 947—958.

Sotomayor, D., Rice, C. W. 1999. Soil air carbon dioxide and nitrous oxide concentrations in profile under tall grass prairie and cultivation. *Journal of Environment Quality*, **28**: 784—793.

Sowerby, A., Blum, H., Gray, T. R. G. and Ball, A. S. 2000. The decomposition of Lolium perenne in soils exposed to elevated CO_2: comparisons of mass loss of litter with soil respiration and soil microbial biomass. *Soil Biology and Biochemistry*, **32**: 1359—1366.

Spitters, C. J. T., van Keulen, H. and van Kraalingen, D. W. G. 1989. A simple and universal crop growth simulator: SUCROS87. In: R. Rabbinge et al. (eds.). Simulation and Systems Management in Crop Protection. Pudoc, Wageningen, pp. 147—181.

Tate, R. L. 1987. Soil Organic Matter: Biological and Ecological Effects. John Wiley and Sons, New York, pp. 238—259.

Valentini, R., Matteuccl, G., Dolman, A. J., Schulze, E. -D., Rebmamn, C., Moors, E. J., Granier, A., Gross, P., Jensen, N. O. and Pilegaard, K. 2000. Respiration as main determinant of carbon balance in European forests. *Nature*, **404**: 861—865.

Van Kessel, C., Horwath, W. R., Hartwig, U., et al. 2000a. Net soil carbon input under ambient and elevated CO_2 concentrations: Isotopic evidence after four years. *Global Change Biology*, **6**: 435—444.

Van Kessel, C., Nitschelm, J., Horwath, W. R., et al. 2000b. Carbon-13 input and turn-over in a pasture soil exposed to long—term elevated atomospheric CO_2. *Global Change Biology*, **6**: 123—135.

Weerakoon, W. M., Olszyk, D. M. and Moss, D. N. 1999. Effects of nitrogen nutrition on responses of rice seedlings to carbon dioxide. *Agriculture, Ecosystems and Environment*, **72**: 1—8.

Wood, C. W., Torbert, H. A., Rogers, H. H., et al. 1994. Free-air CO_2 enrichment effects on soil carbon and nitrogen. *Agricultural and Forest Meteorology*, **70**: 103—116.

第八章 农田土壤有机碳动态模型

近20年来我国农村经济迅猛发展，在许多经济发达的农村地区，传统的有机农业模式已被打破，取而代之的是以大量化肥投入为主的石油农业。由于高投入、高产出、集约化等现代农业生产的特点，农田生态系统的碳周转相对较快，因此农田土壤有机碳的动态变化备受关注。目前，我国农田有机碳的管理主要存在两大问题：一方面，作物秸秆就地焚烧、农村畜禽粪便等直接弃入江湖，造成农村生态环境恶化；另一方面，由于农业产量过分地依赖于化肥的投入，又没有保证秸秆等有机残体的足量归还，农田有机肥的施用愈来愈少。导致土壤有机质矿化与积累的不平衡，支出大于收入，有些地区土壤有机质含量逐年减少，土壤肥力下降和质量退化。

农田土壤有机质处于动态平衡中，其含量取决于其年形成量和分解量的相对大小。一方面是外来有机质不断输入土壤，并经微生物分解、转化形成新的土壤有机质；另一方面是土壤原有有机质不断地被分解和矿化，离开土壤。Jenkinson(1977)把由有机质输入，在土壤中的转化和矿化过程所构成的物质流通称作土壤有机质的周转。土壤有机质周转是一个十分复杂的流通和转化动力学过程，这个过程受土壤温度(Kirschbaum，1995)、水分(黄东迈，1998)、质地(Jenkinson，1988)、有机物料的化学组成(林心雄等，1985)及外源有机质输入(朱培立等，1994)等的影响。由于农田土壤的复杂性，人们难以对土壤有机质周转过程在各种条件组合下进行试验研究，因而对农田土壤的管理带有很强的地域性和经验性。因此，建立一个受土壤条件、气候条件及有机物组成等综合影响的农田土壤有机碳动态模型，并以此指导农田土壤的管理具有重要的意义。同时，农田土壤有机碳的周转也是N、P、S等营养元素转化的载体。因而农田土壤有机碳动态模型又是N、P、S在土壤-作物生态系统中转化、循环的基本模型。

本章主要介绍农田土壤有机碳模型的建立，模型的验证及基于模型和GIS技术的江苏省农田土壤有机碳预测。主要内容来自文献：黄耀等(2001)，刘世梁等(2001)，沈雨(2003)，Huang等(2002a、b)。

8.1 农田土壤有机碳动态模型的建立

8.1.1 基本假设与概念性模型

外源有机碳输入是维持和提高农田土壤有机碳含量的主要途径。一般认为，施入土壤中的有机物料(如作物残茬、秸秆、绿肥、厩肥等)可分为易分解与难分解两组分(Murayama，1984；Van Der Lingden等，1987；Parton等，1993)。易分解组分包括糖类、蛋白质、半纤维素等；难分解组分包括木质素等。易分解组分的半衰期为2～3个月，难分解组分的半衰期为1.5～2年甚至更长(Parton，1987；Parshotam等，2000)，此后部分极难分解的碳进入土壤碳库。这一部分碳及土壤原有有机碳的分解极其缓慢，半衰期为几十年到几百年(Parton，1987；张英利，1994)。本研究假定外源有机物料易分解与难分解两组分以及土壤原有有机碳的分解遵循一级动力学反应，相应的一级动力学速率常数 K_l，K_r 及 K_s 受土壤环境影响。图 8.1 为农田土壤有机碳周转的概念性模型，其中 F 为外源有机物料易分解比例。

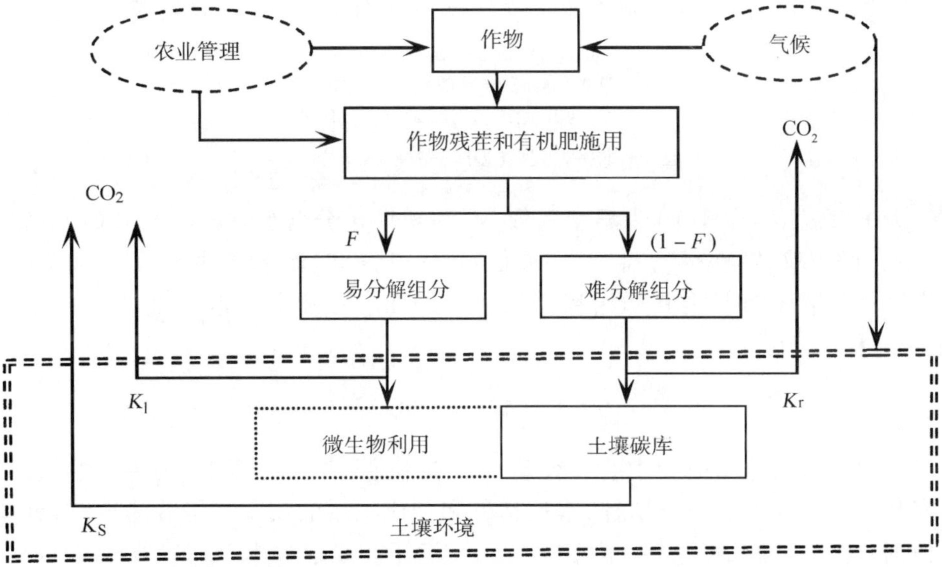

图 8.1　农田土壤有机碳周转的概念性模型

8.1.2　模型结构与参数

由基本假设及概念性模型(图 8.1)，导出各有机碳组分分解的一级动力学模型如下：

$$dC_i/dt = K_i \times f_T \times f_W \times f_S \times C_i \qquad (i = l, r, s) \tag{8.1}$$

式中 C_i 为第 i 种有机碳组分在 t 时刻的数量，$i = l$、r、s 分别表示外源有机碳中易分解与难分解组分以及土壤原有有机碳，K_i 为一级动力学参数。f_T、f_W 和 f_S 分别为温度影响函数、水分影响函数及土壤质地影响函数。取时间步长(t) 为天，则 t 天内第 i 种有机碳组分的累积分解量 Y_{it} 为：

$$Y_{it} = \sum K_i \times f_T \times f_W \times f_S \times C_i \qquad (i = l, r, s) \tag{8.2}$$

对微分模型(8.1)积分，容易导出各有机碳组分分解的积分模型：

$$C_{it} = C_{io} \times \exp(K_i \times f_T \times f_W \times f_S \times t) \tag{8.3}$$

式中 C_{it}、C_{io} 分别为第 i 种有机碳组分 t 时刻的数量及初始量。同样，由上式可得 t 时段内第 i 种有机碳组分的累积分解量 Y_{it}' 为：

$$Y_{it}' = C_{i0} - C_{it} = C_{i0} \times [1 - \exp(K_i \times f_T \times f_W \times f_S \times t)] \tag{8.4}$$

假定外源有机物料初始数量为 C_o，易分解比例为 F，则易分解组分(C_{l0}) 与难分解组分

(C_{r0}) 的初始量分别为：

$$C_{l0} = F \times C_0$$
$$C_{r0} = (1 - F) \times C_0 \tag{8.5}$$

根据第七章关于土壤特性和水热条件对有机碳分解影响的研究结果，温度影响函数(f_T)、水分影响函数(f_W) 及土壤质地影响函数(f_S) 分别表达为 (黄耀等，2001)：

$$f_T = Q_{10}^{\frac{T_s - 10}{10}} \tag{8.6}$$

$$f_W = 0.49\exp(3.88W - 5.40W^2) \tag{8.7}$$

$$f_S = 1 - 0.26Clay \tag{8.8}$$

式中：T_s 为土壤温度(℃)，Q_{10} 为温度系数。W 为土壤水分含量(w/w，%)，$Clay$ 表示直径 <0.005 mm的土壤粘粒含量。f_W 和 f_S 取值在 0～1 之间，淹水条件下 f_W 取值为0.65。外源有机物料易分解比例 F 由其初始氮含量(N，$g \cdot kg^{-1}$)及木质素含量(L，$g \cdot kg^{-1}$)计算(见第七章方程 7.7)：

$$F = (150 + 1.496N - 0.572L)/100 \tag{8.9}$$

上述土壤有机碳分解模型中的一级动力学速率常数 K_l，K_r 及 K_s 为待定参数。利用在不同温度及水分条件下对小麦秸秆、水稻秸秆和相应根系的实验室培养测定结果(黄耀等，2002)，根据有机碳分解的积分模型(方程 8.4)，运用非线性技术(SPSS Inc.，2000)确定出参数 K_l 及 K_r 分别为 0.025 和 0.080×10^{-2}(d^{-1})。K_s 的数值参考了张英利(1994)的工作，取值 0.065×10^{-3}(d^{-1})。由方程(8.1)可知，K_l、K_r 及 K_s 值的基本意义是各相应有机碳组分在砂性土壤(<0.005 mm 的粘粒含量趋于 0，$f_S = 1$)、田间最大持水量($f_W = 1$)及土壤温度为 10℃($f_T = 1$)时的日相对分解量。

8.2　农田土壤有机碳动态模型的验证

8.2.1　资料来源

8.2.1.1　大田填埋实验资料

田间填埋实验在江苏省宜兴市红塔乡水旱轮作的农田进行，该土壤的基本性状为：pH 值 5.5、总碳 17.5g · kg^{-1}、总氮 1.72 g · kg^{-1}、<0.005 mm 粘粒含量为 359 g · kg^{-1}。供试有机物料为小麦、水稻秸秆及相应的根系，填埋时间为 300～435 天。小麦秸秆与根系和水稻秸秆与根系分别于 1998 年 07 月 01 日和 1998 年 11 月 10 日埋入土壤。各有机物料初始重量为 10 g(烘干量)，剪断至 3～5 cm 长，装入 280 目尼龙网袋中密封，使其在分解过程中，水分、气体可以自由运动，但未分解的有机物料却不能逸出，而且土壤粘粒亦不可侵入。将各有机物料埋置于土壤耕作层之后，每隔一段时间取出，洗净外部泥土，烘干袋内物料至恒重，并分析样品的有机碳含量，相邻两次的有机碳含量之差即为该时段内的分解量。填埋后的一个月内，每隔 15 天取样一次，3 个重复，其后取样间隔逐步延长，填埋后期约两个月取样一次。

8.2.1.2　白土改良试验资料

土壤肥力定位试验于1983年至1990年在江苏省宜兴市万石镇白土改良实验点进行(表8.1)，猪厩肥每年施用两次，分别在小麦和水稻收获之后，每次施用前测定土壤有机碳含量。该土壤的初始基本性状为：pH值6.2、总碳7.85 $g \cdot kg^{-1}$、总氮0.57 $g \cdot kg^{-1}$、< 0.005mm粘粒含量为550 $g \cdot kg^{-1}$。该类土壤耕性差且有机碳含量低，在宜兴市分布比较广泛。

表8.1　江苏省宜兴市万石镇白土改良试验处理方案*

处理	肥料施用量			
	猪厩肥 ($t \cdot hm^{-2} \cdot a^{-1}$)	化肥—N ($kg \cdot hm^{-2} \cdot a^{-1}$)	化肥—P_2O_5 ($kg \cdot hm^{-2} \cdot a^{-1}$)	化肥—K_2O ($kg \cdot hm^{-2} \cdot a^{-1}$)
#1	19	124	68	90
#2	19	124	34	45
#3	19	124	101	135
#4	27	90	42	57
对照 (CK)	0	0	0	0

* 猪厩肥水分含量为66.5%，N、P_2O_5、K_2O含量分别为9.36、4.25、14.63 $g \cdot kg^{-1}$

8.2.1.3　定点培肥试验资料

江苏省从南到北3个主要农业区的长期定位培肥试验资料及中国农业科学院土壤肥料研究所在山东德州的微区试验资料(严慧俊等，1997)用于验证该模型在不同区域的可靠性。不同数量的秸秆还田和家畜肥施用是江苏省3个定位点的主要培肥方式。山东德州的试验处理包括3个麦秸施用水平(4.5 $t \cdot hm^{-2}$、6.0 $t \cdot hm^{-2}$、7.5 $t \cdot hm^{-2}$)，微区试验采用人工调控盐分(严慧俊等，1997)。表8.2为定点培肥试验区的基本情况。

表8.2　定点培肥试验区基本情况

定位点	经纬度	试验时段	土壤类型	初始有机碳含量 ($g \cdot kg^{-1}$)	轮作方式
江苏镇江丹阳	31°26′N，119°29′E	1985～1990	水稻土	9.22	小麦一水稻
江苏泰州兴化	32°48′N，119°27′E	1985～1990	水稻土	8.18	小麦一水稻(棉花)
江苏徐州铜山	34°17′N，117°18′E	1985～2000	潮　土	6.03	小麦一玉米(大豆)
山东德州陵县	37°26′N，116°19′E	1987～1994	盐渍土	4.23	小麦一玉米

8.2.1.4　气象资料与作物资料

同期气象资料(逐日最高温度、最低温度、日照时数、降水量)来自国家气象局。江苏省3个定位点的作物播种期、收获期和产量由各试验点提供，山东德州试验点的作物资料来自同一文献。根据逐年作物产量，参照有关研究(杨立炯等，1990；徐琪等，1998)估算出每季作物残茬的自然还田量。

8.2.2　模型验证

8.2.2.1　基本输入

（1）土壤温度

参照作者以往的研究（Huang 等，1998），土壤温度（T_s，℃）通过气温（T_a，℃）进行估计：$T_s = 4.4 + 0.76T_a$。

（2）土壤水分

根据土壤水分平衡原理，忽略渗漏和地表径流，可得简化的土壤水分平衡方程：

$$W_i = W_{i-1} + (R_i - E_i) \tag{8.10}$$

式中 W_i、W_{i-1} 分别为 i 及 i-1 时段的土壤水分含量（mm），R_i、E_i 分别为同期降水量和蒸散潜力（mm）。E_i 用 Thornthwaite 公式计算（方精云等，2000）。根据上式的结果以及耕作层土壤容重等求出土壤水分含量（w/w，%），本研究假定水稻生长期内土壤水分条件为淹水或饱和状态。

（3）时间步长与气象条件

大田填埋实验结果用于检验有机碳分解模型的微分形式（方程 8.1），时间步长为天。气象条件的输入包括逐日平均温度、日照时数及降水量。白土改良试验结果和定点培肥试验资料用于检验有机碳分解模型的积分形式（方程 8.3），时间步长为月。气象条件的输入包括逐月平均温度、日照时数及降水量。

8.2.2.2　模型检验结果

（1）大田填埋实验检验

图 8.2a 和 b 分别为小麦秸秆和水稻秸秆分解动态的模拟值与测定值，小麦秸秆经历的轮作周期为水稻—小麦—水稻，即水—旱—水；水稻秸秆经历的轮作周期为小麦—水稻，即旱—水。可以看出，在不同的土壤水旱交替过程中，模拟与测定的分解动态趋势非常一致。图 8.3 给出所有填埋物料分解动态模拟值与测定值的比较，模拟值与测定值之间的相关系数（R^2）为 0.929，两者具有良好的一致性。

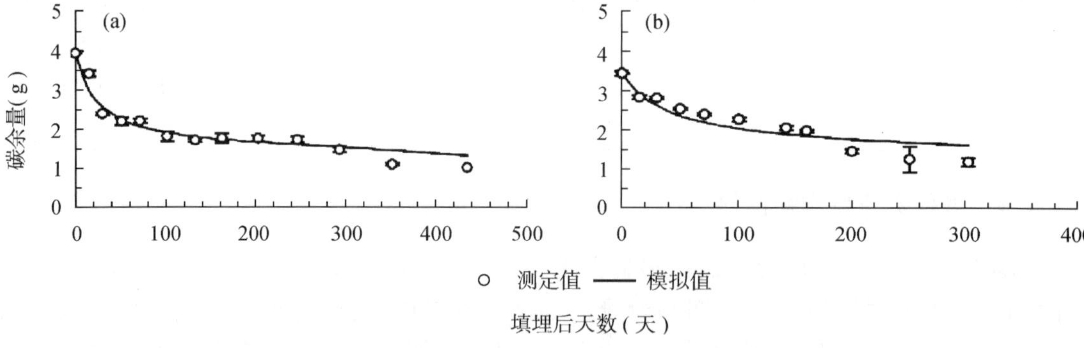

图 8.2　小麦秸秆(a)及水稻秸秆；(b)分解动态的模拟值与测定值比较

(2) 白土改良试验和定点培肥试验检验

图 8.4a、b 和 c 分别为对照、处理#1 和处理#4(表 8.1)土壤有机碳动态的模拟与测定结果。可以看出,不同处理的模拟结果与实况比较接近。模拟结果表明,不同处理对农田有机碳的维持和提高影响非常明显,总的趋势是土壤有机碳含量随有机肥施用量的增加而提高。经过连续 7 年的试验处理,施加 19 t · hm^{-2}和 27 t · hm^{-2}猪厩肥土壤的有机碳从初始含量7.85 g · kg^{-1}分别升高到 11.46 和 11.95 g · kg^{-1},而对照小区有机碳含量则降低至 7.07 g · kg^{-1}。相应的测定值分别为 11.51, 11.60 和 7.13 g · kg^{-1}。

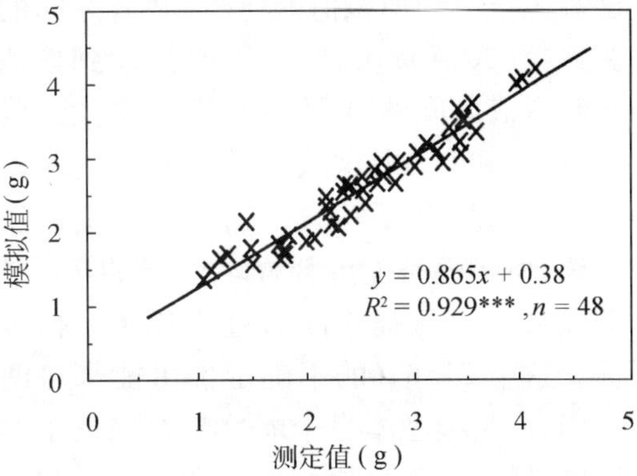

图 8.3　有机物料分解动态模拟值与测定值的一致性

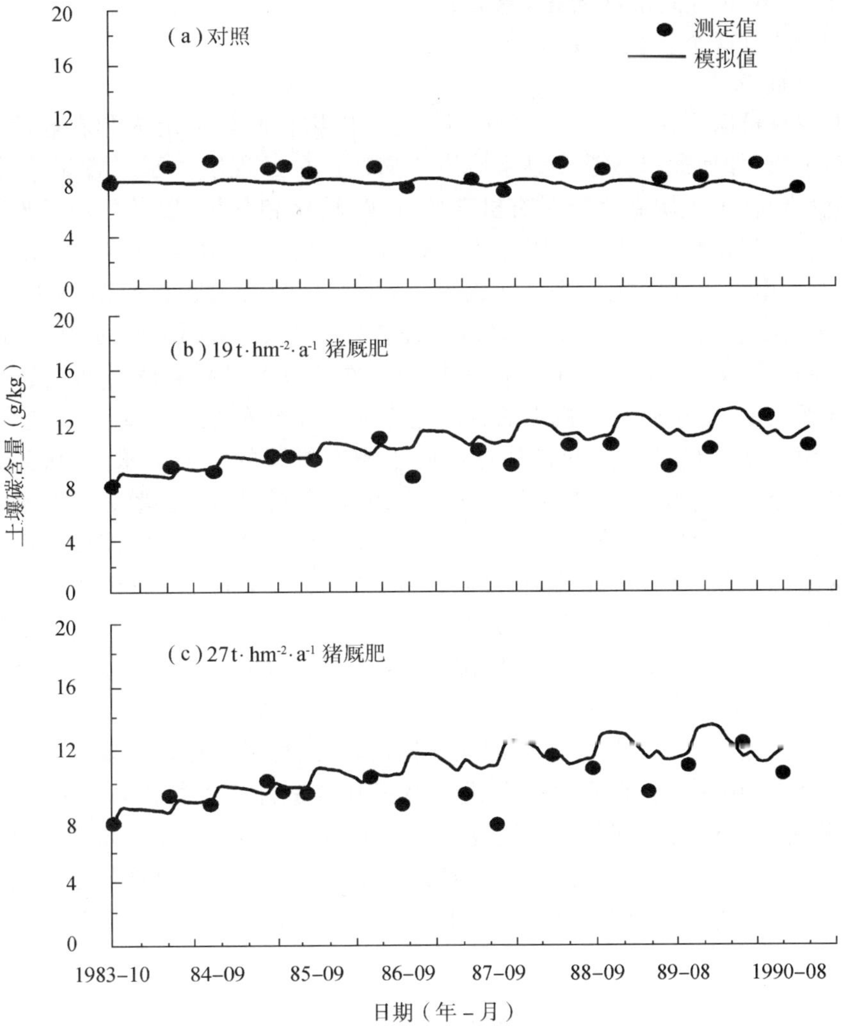

图 8.4　不同有机肥施用量下农田土壤有机碳动态模拟值与测定值的比较

图 8.5 给出白土改良试验和定点培肥试验测定值和模拟值的比较，两者之间的相关系数（ R^2 ）为 0.784。同时注意到模拟值与测定值之间线性回归的斜率和截距分别为 0.95 和 0.50，这从另一个侧面说明模型与实际间具有良好的一致性。从统计意义上说，所建模型能解释样本变异的 78.4%，而其余 21.6%尚不能通过所建模型得到解释。这个 21.6%的不确定性可能来自两个方面，一是模型本身未能恰当地描述土壤有机碳周转的有关过程，另一方面则是观测值的可靠性。如图 8.4c 中 1986 年 6 月至 1988 年 2 月间的 3 个测定值明显低于 1984 年 4 月至 1986 年 6 月间的测定值，这有悖于实际情况，因为这个试验区每年施加了 27 t・hm^{-2}猪厩肥。

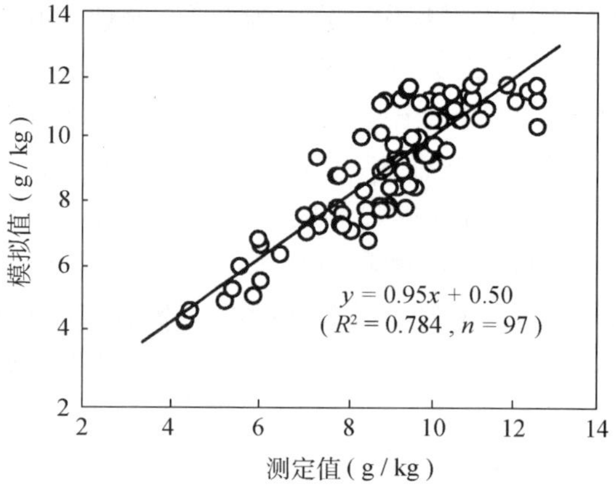

图 8.5　农田土壤有机碳动态模拟值与测定值的一致性

农田土壤有机碳周转是一个受气候、土壤、有机物料的化学组成和农业活动诸多因素影响的复杂过程，如何通过数学模型来恰当地描述这个过程取决于对各相关过程的理解。这些相关过程包括了土壤微生物对有机碳的分解、转化和利用，以及环境条件对微生物活性的影响等。一般认为，微生物每吸收 1 份氮需要吸收 4～5 份碳以构成自身细胞，同时消耗 20 份碳作为生命活动的能量来源。因而，微生物分解活动适宜的 C/N 比大致为 25∶1。探讨由微生物参与的土壤有机碳周转过程较好的办法是应用^{14}C示踪法，跟踪研究土壤中有机碳的分解动态，进而对示踪物和非示踪物的数据进行数学分析（黄东迈，1998）。在土壤碳素平衡中，土壤原有有机碳的分解速率是一个十分重要的数值。迄今为止，我国主要还限于用氮素质量平衡法间接估计田间土壤有机碳的年分解量（李庆逵，1992）。对外源有机物料分解速率的了解是认识农业生态系统中有机物料能量转化、物质再循环的一项基础工作。随着秸秆还田技术、有机农业和生态农业的兴起，我们需要了解并能预测土壤有机碳含量的变化，这必然涉及到有机碳的周转动力学，而土壤有机碳分解模型是其中最主要的部分。土壤作为一个“黑箱”系统（Weiner，1961），我们可以通过模型的方法定量研究该系统碳的输入（外源有机碳）与输出（主要是 CO_2）的关系以及影响这个关系的外部条件，从而探明土壤中碳含量的变化。

一个生态系统模型是对真实系统的数学描述，而这种描述往往需要对真实系统进行简化。作为一个成功的模型，它必须具备机理性强和普适性广的特点，前者是后者的基础。一般而言，机理性强的模型其普遍适用性广。然而，过于详细地描述机理过程往往使得应用者难以获取相应的参数来运行模型，本研究建立的农田有机碳分解模型则是对该过程的一个简化描述。作为完善模型的目标，未来需进一步研究土壤 pH 变化对有机碳分解的影响。

8.3 基于模型与 GIS 的农田土壤有机碳研究

对土壤有机碳的研究,分静态和动态方法。静态方法是对土壤进行分类和分层,根据不同碳密度估算碳总量,这种方法只能估算某一特定时刻的碳储量情况,并且由于土壤分类和分层方式的不同可能导致结果间有较大的差异(王绍强和周成虎,1999;金峰等,2000)。而模拟模型可以实现对土壤有机碳的动态研究及预测(Paustian,2001),地理信息系统(GIS,Geographic Information System)则为研究大尺度对象提供了强有力的工具。我们基于 8.1 节的模拟模型和 GIS 技术,以土壤基本性状、气候条件、作物产量和农作措施等为基本输入数据,模拟预测江苏省农田土壤有机碳的动态变化,并据此评价秸秆还田对增加土壤碳储量的积极意义。

8.3.1 基础数据及应用软件

8.3.1.1 基础数据与参数

农田土壤有机碳模型的基本输入变量包括气候、土壤、作物和农业管理。气象资料来自中国气象局的 13 个基准站(表 8.3),基础数据包括 1985 年到 2000 年逐日最高温度、最低温度、日照时数和降水量,月平均值或月总量由逐日值求得。江苏省地处东部,海拔低,地势平坦,没有明显的海拔落差,所以采用简单的距离权重反比(Inverse Distance Weighted)插值法(Maciej,1998)对月平均温度、总日照时数和降水总量按网格位进行插值生成面数据,并保存为 ASCII 文件。

表 8.3 江苏省地面气象站一览表

站 名	北纬	东经	观测场海拔高度(m)
徐州	34°17′	117°18′	43.0
赣榆	34°50′	119°08′	2.1
盱眙	33°00′	118°01′	34.5
清江	33°36′	119°02′	17.5
射阳	33°46′	120°15′	2.0
南京	32°00′	118°48′	8.9
高邮	32°48′	119°27′	5.4
东台	32°51′	120°18′	6.3
南通	32°01′	120°51′	5.3
启东吕泗	32°04′	121°36′	5.5
常州	31°46′	119°56′	4.9
溧阳	31°26′	119°29′	7.0
吴县东山	31°04′	120°26′	17.5

土壤资料是根据第二次土壤普查的县土壤志整理，包括有机质含量、粒径分级和土壤容重等。江苏省土壤类型矢量图(1∶400)万由中国科学院南京土壤研究所提供，江苏省县级行政区划矢量图(1∶10万)来自国家测绘局。

江苏省各县1985～2000年不同作物的种植面积和产量数据来自江苏省统计局编制的历年《江苏省农村经济资料》。全省4种主要作物(水稻、小麦、玉米、油菜)的种植面积占粮食和经济作物总面积的80%左右，而且是主要的秸秆还田作物(何平安，1999)。根据张福春和朱志辉(1990)的研究结果，水稻、小麦、玉米和油菜的草谷比分别取1.31、1.77、1.27和2.98。考虑自然还田高桩留茬方式，上述4种作物的秸秆还田量分别为秸秆量的27%、30%、10%和35%(童成立等，2002)。参考李忠佩等对江淮地区的研究结果，家畜肥的施用量取平均值2.25 t · hm^{-2} · a^{-1}(李忠佩等，2002)。

江苏省苏、锡、常地区自上世纪80年代以来大部分实施一季免耕农作，根据国内外相关研究(黄丽芬等，1999；徐阳春等，2000；Kern 和 Johnson，1993)，少耕/免耕能减少土壤 CO_2 排放和促进土壤有机碳的提高。对有免耕措施的地区，有机碳分解模型中的一级动力学速率常数 K_l，K_r 及 K_s (方程8.1、8.3)分别取值为0.375、0.012和0.001(月$^{-1}$)。

8.3.1.2 软件应用及计算方法

采用ESRI的Arc/Info8.1，Workstation用于数据处理(投影定义、矢量图匹配、矢量数据栅格化、栅格文件和ASCII文件互转等)，Desktop用于制作专题图以及做空间差异分析。用Visual Basic 6.0编写模型运算代码，读取各因子的ASCII文件，以网格点(2×2 km^2)为基本模拟单位，时间步长为月，系统输出为农田土壤耕作层的有机质含量。

8.3.2 江苏省2000年土壤有机质含量估计

图8.6是江苏省2000年土壤有机质分布图，从全省范围看，苏南的太湖地区和苏中江淮平原(兴化、宝应、建湖等)土壤有机质含量比较高，分别为24.6～37.5 g · kg^{-1}和17.9～29.6 g · kg^{-1}。苏北的黄淮平原(徐州、连云港、淮阴和盐城北部)和东部滨海平原(盐城大部分地区、南通的海安)有机质含量相对较低，分别为11.3～18.9 g · kg^{-1}和13.1～16.2 g · kg^{-1}。

与第二次土壤普查结果相比，到2000年全省有机质含量分布的总体空间格局未变，但约77%的农田土壤有机质含量有所增加(图8.7)。其中：太湖地区增加幅度为6.0～9.0 g · kg^{-1}；黄淮平原增加幅度为2.6～5.2 g · kg^{-1}。滨海平原以滩涂为主，主要是养殖业和林业，作物种植面积较小，农业耕地有机质含量增加幅度为1.7～4.3 g · kg^{-1}。宁镇扬地区和淮阴农区与第二次土壤普查结果相比基本持平或略有下降。苏中江淮平原约有22.9%面积的土壤有机质含量有所下降，幅度为0.9～2.6 g · kg^{-1}。

尽管上世纪80～90年代江苏省耕地面积在逐年减少，但由于农业技术的进步，作物产量得以普遍提高。产量的提高使得作物残茬相应增加，加上各级政府推行秸秆还田措施等，增加了外源有机碳对土壤的输入。在黄淮和滨海地区，作物残茬的增加和秸秆还田措施增加了土壤有机碳积累的来源。同时，该地区年平均温度较低，降水量较少，不利于土壤有机碳和外源有机物的分解，所以外源有机物在土壤中的积累较多。江淮平原大部分以稻麦轮作为主，辅以棉花种植。该区自然土壤为渣泽土，有机质含量较高(～30.0 g · kg^{-1})，

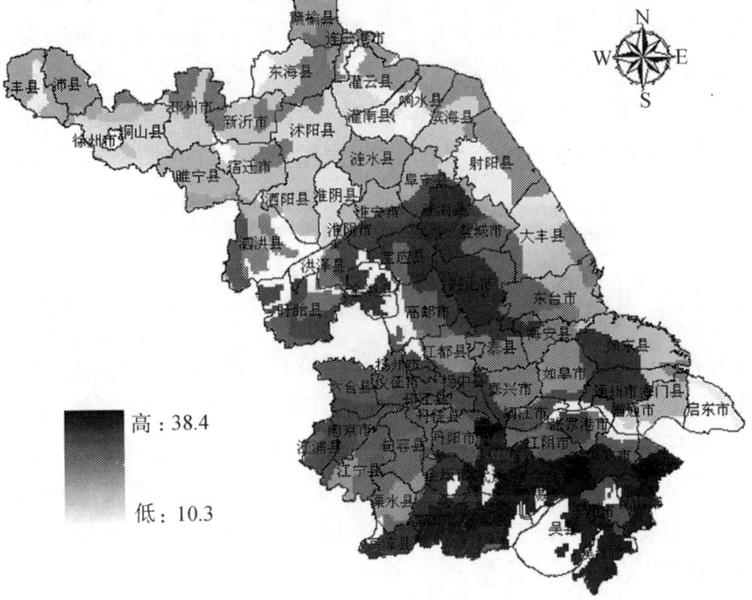

图 8.6　江苏省 2000 年土壤有机质含量(g/kg)空间分布模拟结果

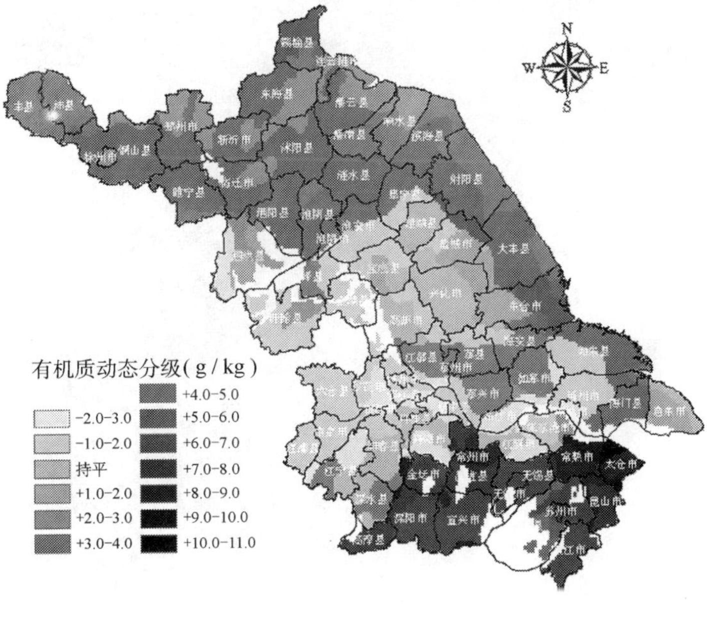

图 8.7　江苏省土壤有机质含量变化的空间分布

这使得分解量亦较高。虽然该地区积极推行秸秆还田等措施，但外加的有机碳源依然不足以补充其损失，到 2000 年有机质含量略有下降。然而，其绝对含量依然较高，仍属于高有机质含量区。在宁镇丘陵区，近十几年小城镇发展相当迅速，农业用地逐年减少，农田的利用率也在降低，加上丘陵区自然的土壤养分流失，该地区有机碳的损失要高于江淮平原地区。苏南太湖地区具有悠久的耕作历史，长期的精耕细作使土壤得到有效培肥，土壤有机质含量较高(20.0～30.0 g·kg^{-1})。由于该地区有多年的单季免耕措施,即水稻收获后不进行土壤耕翻而直接播种小麦,因而降低了土壤有机质和外源有机质的分解,增加了土壤有机质的积累。黄丽芬等(1999)和徐阳春等(2000)的研究指出,免耕条件下表层土壤有机质的增加量大约是常规耕作下的2倍。我们的模拟研究进一步表明,即使土壤原有有机质含量较高,在少耕/免耕条件下仍能增加有机碳积累,这对增加土壤碳汇的能力具有现实意义。

8.3.3　江苏省2010年土壤有机质含量预测

假定未来10年内的气候条件与近10年的相仿,轮作方式没有很大的变化,作物产量基本保持目前水平,我们设置两种情景对江苏省2010年农田土壤有机质含量进行了预测。情景(1):秸秆常规还田(水稻:27%、小麦:30%、玉米:10%、油菜:35%);情景(2):秸秆加量还田(水稻:50%、小麦:50%、玉米:10%、油菜:35%)。家畜肥施用量仍用2.25 t·hm^{-2}·a^{-1},作物产量采用2000年数据,气象资料采用1991～2000年的值。设置2000年土壤有机碳含量的模拟结果为初始值。

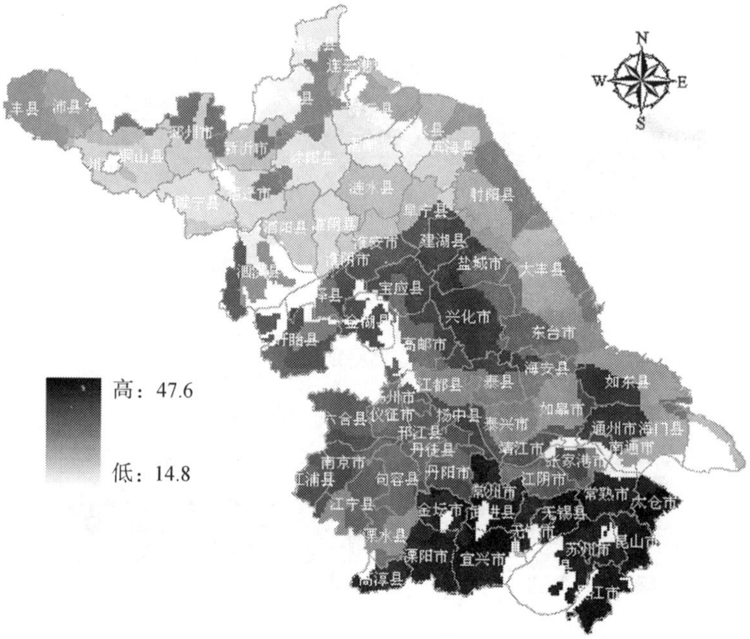

图8.8　江苏省2010年土壤有机质含量(g/kg)空间分布预测结果(情景1)

与2000年江苏省不同地区农田土壤有机质含量(10.3～38.4 g·kg^{-1},图8.6)相比,在常规还田情景下,2010年江苏省不同地区农田土壤有机质含量将增加到14.8～47.6 g·kg^{-1}(图8.8);在加量还田情景下,将增加到16.2～50.1 g·kg^{-1}(图8.9)。上述结果表明,即使在秸秆加量还田情景下,江苏省大部分农田土壤仍有接受能力。毫无疑问,秸秆还田对于促进农业可持续发展和提高土壤碳汇功能具有明显的促进作用。

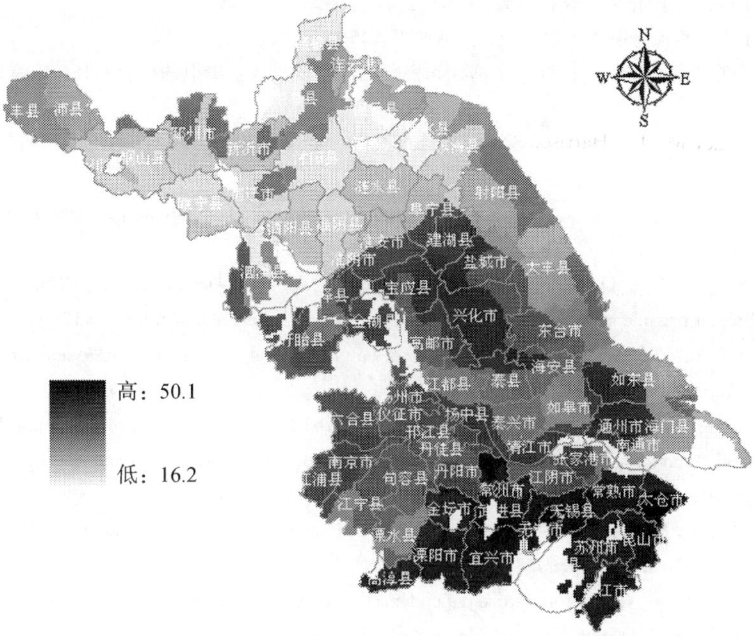

图 8.9　江苏省 2010 年土壤有机质含量(g/kg)空间分布预测结果(情景 2)

参考文献

方精云，唐艳鸿，林俊达等．2000．气候变化与生态响应．高等教育出版社，pp. 165～168.

何平安．1999．中国有机肥料养分志．中国农业出版社，pp. 54～65.

黄东迈，朱培立，王志明．1998．旱地和水田有机碳分解速率的探讨与质疑．土壤学报，**35**（4）：482～492.

黄丽芬，庄恒扬，刘世平等．1999．长期少免耕对稻麦产量与土壤肥力的影响．扬州大学学报（自然科学版），**2**（1）：48～52.

黄耀，刘世梁，沈其荣，宗良纲．2001．农田土壤有机碳动态模拟模型的建立．中国农业科学，**34**（5）：532～536.

黄耀，刘世梁，沈其荣，宗良纲．2002．环境因子对农业土壤有机碳分解的影响．应用生态学报，**13**（6）：709～714.

黄耀，沈雨，马瑞升，周密．2003．木质素和氮含量对植物残体分解的影响．植物生态学报，**27**（2）：183～188.

金峰，杨浩，赵其国．2000．土壤有机碳储量及影响因素研究进展．土壤，**1**：11～17.

李庆逵主编．1992．中国水稻土．北京：科学出版社，pp. 181～189.

李忠佩，林心雄，车玉萍．2002．中国东部主要农田土壤有机碳库的平衡与趋势分析．土壤学报，**39**：351～360.

林心雄，文启孝，徐宁．1985．广州地区土壤中植物残体的分解速率．土壤学报，**22**（1）：47～54.

刘世梁，黄耀，沈其荣，宗良纲．2001．农田土壤有机碳动态模拟模型的检验与应用．中国农业科学，**34**：644～648.

沈雨．基于模型和 GIS 的江苏省农田土壤有机碳变化研究[硕士学位论文]．南京：南京农业大学，2003.

童成立，吴金水，向万胜等．2002．长江中游稻田土壤有机碳计算机模拟．长江流域资源与环境，**3**：229～233.

王绍强，周成虎．1999．中国陆地土壤有机碳库的估算．地理研究，**16**：350～355.

徐琪，杨林章，董元华等．1998．中国稻田生态系统．北京：农业出版社，pp. 54～55.

徐阳春，沈其荣，雷宝坤等．2000．水旱轮作下长期免耕和使用有机肥对土壤某些肥力性状的影响．应用生态学报，**11**（4）：549～552.

严慧俊，刘继芳，张锐等．1997．黄淮海平原盐渍土有机质消长规律的研究．植物营养与肥料学报，**3**（1）：1～8.

杨立炯，崔继林，汤玉庚. 1990. 江苏稻作科学. 南京：江苏科学技术出版社，pp. 83～84.

张福春，朱志辉. 1990. 中国作物的收获指数. 中国农业科学，**23** (2)：83～87.

张英利. 1994. 塿土中有机质分解平衡之研究. 土壤通报，**25** (1)：19～21.

朱培立，黄东迈，余晓鹤等. 1994. ^{14}C 标记秸秆和根茬在淹水及旱地土壤中的矿化特征. 土壤通报，**25** (7)：67～70.

Dent, J. B., Blackie, M. J., Harrison, S. R. Systems Simulation in Agriculture. Applied Science Publishers Ltd., London. 1979.

Huang, Y., Liu, S. L., Shen, Q. R. and Zong, L. G. 2002a. Model establishment for simulating soil organic carbon dynamics. *Agricultural Sciences in China*, **1** (3): 307－312.

Huang, Y., Liu, S. L., Shen, Q. R., Zong, L. G., Jiang, D. A. and Huang, H. G. 2002b. Validation and scenario analysis of a soil organic carbon model. *Agricultural Sciences in China*, **1** (4): 417－423.

Huang, Y., Sass, R. L., Fisher, F. M. 1998. A semi-empirical model of methane emission from flooded rice paddy soils. *Global Change Biology*, **4**: 247－268.

Jenkinson, D. S. 1988. In: Wild, A. (ed.). Soil Conditions and Plant Growth. Harlow, Longman, pp. 564－607.

Jenkinson, D. S. and Ayanaba, A. 1977. Decomposition of carbon-14 labeled plant material under tropical conditions. *Soil Science Society of America Journal*, **41**: 912－915.

Kern, J. S. and Johnson, M. G. 1993. Conservation tillage impacts on national soil and atmospheric carbon levels. *Soil Science Society of America Journal*, **57**: 200－210.

Kirschbaum, M. U. F. 1995. The temperature dependence of soil organic matter decomposition, and the effect of global warming on soil organic C storage. *Soil Biology and Biochemistry*, **27**: 753－760.

Lloyd, J. and Taylor, J. A. 1994. On the temperature dependence of soil respiration. *Functional Ecology*, **8**: 315－323.

Maciej, T. 1998. Spatial interpolation and its uncertainty using automated anisotropic inverse distance weighting (IDW)－cross－validation/jackknife approach. *Journal of Geographic Information and Decision Analysis*, **2** (2): 18－30.

Murayama, S. 1984. Decomposition kinetics of straw saccharides and synthesis of microbial saccharides under field conditions. *Journal of Soil Science*, **35**: 231－242.

Parshotam, A., Saggar, S., Searle, P. L., et al. 2000. Carbon residence times obtained from labeled ryegrass decomposition in soils under contrasting environmental conditions. *Soil Biology and Biochemistry*, **32**: 75－83.

Parton, W. J., Schimel, D. S., Cole, C. V., et al. 1987. Analysis of factors controlling soil organic matter levels in great plains grasslands. *Soil Science Society of America Journal*, **51**: 1173－1179.

Parton, W. J., Scurlock, J. M. O., Ojima, D. S., et al. 1993. Observations and modelling of biomass and soil organic matter dynamics for the glassland biome worldwide. *Global Biogeochemical Cycles*, **7**: 785－809.

Paul, E. A. and Clark, F. E. 1989. Soil Microbiology and Biochemistry. Academic Press Inc. New York, pp. 31－130.

Paustian, K. 2001. Modelling soil organic matter dynamics－global challenges. Sustainable management of soil organic matter. Published CAB International, pp. 43－53.

Rykiel, E. J. Jr. 1996. Testing ecological models: the meaning of validation. *Ecological Modeling*, **90**: 229－244.

SPSS Inc. 2000. SYSTAT 10 Statistics I, pp. 600－604. SPPS Inc., Printed in the United States of America.

Tate, R. L. 1987. Soil Organic Matter: Biological and Ecological Effects. John Wiley & Sons, New York, pp. 150－200.

Van Der Lingden, A. M. A., Van Veen, J. A., Frissel, M. J. 1987. Modelling soil organic matter levels after long－term applications of crop residues, and farmyard and green manures. *Plant and Soil*, **101**: 21－28.

Weiner, N. 1961. Cybernetics or Control and Communication in the Animal and the Machine. The MIT Press and John Wiley & Sons, New York, London, pp. 94－110.

第九章　陆地生态系统碳通量模型

陆地生态系统有机碳库主要包括土壤碳和植物有机体两大部分。全球土壤有机碳库的估计值约 1200～1400 Pg(1 Pg ＝ 1 Gt ＝ 10^{15} g)(Post 等,1982;1985),占整个陆地生态系统有机碳库的 2/3,约为大气碳含量的 2 倍。因此,土壤有机碳库的微小变化将对大气二氧化碳浓度变化产生巨大影响。而土壤碳库变化取决于净输入量(植被的净初级生产力 NPP)和净输出量(土壤异养呼吸量 R_h)间的相对差值。目前,在陆地生态系统中直接观测这两者间微小的差值(净通量)其难度较大。虽然来自各方面的证据表明,过去 100 多年中陆地生态系统的确在净吸收大气二氧化碳(Tans,1990;Cao 和 Woodward,1998),但直接可靠的观测数据仍然是十分零散和缺乏的。

土壤异养呼吸构成生态系统有机碳的净输出量。在平衡状态下,土壤异养呼吸量应等于植被净初级生产力。通常在样地上所观测到的土壤呼吸量(R_s)是土壤异养呼吸量(R_h)与植物根呼吸量(R_r)之和。对所有植被而言根呼吸量约占总呼吸量的 24%(Raich 和 Schlesinger,1992)。常规观测方法很难将两者区分开来,因此很难直接描述土壤异养呼吸量与气候因素间的关系。对土壤有机碳分解(或呼吸速率)的研究是当前碳循环研究中的一个十分引人关注的热点问题(Liski 等,1999;Giardian 和 Ryan,2000),对它的研究将有助于认识目前碳平衡中的“Missing Sink”(即“漏失汇或未探明的汇”)问题。

土壤呼吸随温度变化习惯用 Q_{10} 描述。在生理生态学中,它指温度每增加 10℃呼吸增加的倍数。土壤呼吸的 Q_{10} 约在 2.0～2.4 之间(Raich 和 Schlesinger,1992;Batjes 和 Brides,1994)。如果用同样的方法表示 NPP 随温度的变化,则其 Q_{10} 约为1.0～1.5(Batjes 和 Brides,1994)。因此,从平均角度看,NPP 对温度的响应要小于土壤呼吸,因此在不考虑其它情况时,温度升高将导致碳的净释放。即使对土壤呼吸而言,不同生物群落的 Q_{10} 亦不尽相同,一般认为高纬度地区的 Q_{10} 比低纬度地区的要高(Batjes 和 Brides,1994)。最新的一些研究指出,老龄土壤的分解(Liski 等,1999)及平均土壤呼吸速率对温度的响应并不显著(Giardian 和 Ryan,2000)。如果这一结论是正确的,则对平衡目前的碳库有重要价值,并且降低了我们对未来气候恶化的担忧。但这两项研究都是基于非常有限的实验资料,其可信性需要进一步确定。比如 Giardina 和 Ryan(2000)所搜集的 44 个样地上平均土壤呼吸速率资料虽然大都处于湿润森林地带,但其降水量相差很大,相应的土壤湿度状况也不完全一致,因此单独考虑其与温度的关系是不合理的。只有综合考虑温度和降水对土壤呼吸速率的影响,才有可能确定其主要控制因素。由于土壤呼吸直接决定了有机物的分解以及土壤碳的累积,对大气二氧化碳浓度的变化具有非常重要的影响,因此搞清楚其同气候因素间的关系具有非常重要的意义。

本章主要介绍土壤呼吸速率模型和碳通量模型的建立,全球平均土壤呼吸速率和土壤碳密度的估算以及地—气间碳通量对近百年和未来气候变化的响应。主要内容来自文献:杨昕和王明星(2001),杨昕等(2002a、b),Yang 等(2001;2002)。

9.1 陆地生态系统碳通量模型的建立

9.1.1 平均土壤呼吸速率和土壤碳密度模型

在土壤碳循环达到平衡时，平均土壤呼吸速率（表示为 RR）可由下式计算：

$$RR = NPP/C \tag{9.1}$$

$$RR = R_h/C \tag{9.2}$$

其中 C 为土壤碳密度，R_h 为土壤异养呼吸量，NPP 为植被的净初级生产力，平衡时二者相等。对土壤碳密度 C 和植被的净初级生产力 NPP 的直接测量非常多，但是直接测量土壤微生物的异养呼吸量 R_h 是非常困难的。因此，一般不用(9.2)式来计算平均土壤呼吸速率。利用(9.1)式来计算 RR 的困难在于缺少大量的样地同步观测资料，且不同研究者所测得的数据标准也不相同。比如，对土壤碳密度 C 的测定，不同研究者的取样深度也不完全相同。因此，过去利用此方法对平均土壤呼吸速率进行估计的研究工作并不多。大多数有关的研究都是利用碳同位素分析方法来进行的(Giardian 和 Ryan，2000)。

全球范围约 3500 块样地（土壤深度为 1m）的碳密度观测资料（选取其中的自然及未受人为影响的部分）(Zinke，1986)及对应的模型输出 NPP 值可用来估计这些样地上的平均土壤呼吸速率 RR。虽然对特定样地上的 NPP，模型的计算同实测值相比差别较大，但对于大量样本，整体误差会较小。因此从整体上讲，用这种方法估计平均土壤呼吸速率是合理的，这为下一步寻找其同气候因子间的统计关系打下了基础。本研究利用一个修正的 MIAMI 模型(Friedlingstein 等，1992)来计算 NPP。所用到的气候因子主要有年降水量和年平均生物温度（月平均温度大于 0℃而小于 30℃的平均）。所用到的气候平均场为两个不同作者给出的全球 0.5°×0.5°分辨率的气候平均资料(Leemans 和 Cramer，1990；New 等，1999)。该模型所计算出的全球年 NPP 为 57 Gt，与通常认为的 60 Gt 的估计值非常接近。需要说明的是，考虑到气候资料的分辨率是 0.5 度，需要求取处于同一个网格中的样地碳密度平均值作为该网格的土壤碳密度，这样实际参加计算的样本数就由 3500 个降低到 975 个。

虽然土壤呼吸速率（RR）与温度和降水量间分别存在较高的单相关关系，但温度和降水的综合作用（主要代表土壤或大气的湿润或干旱状况）似乎是更有效的特征因子。潜在蒸散率(PETr，potential evapotranspiration ratio)是一个既简单又有效的代表土壤水、热状况的因子（见(9.3)式）。其中 T_b 为年平均生物温度(℃)，P 为年降水量(mm)。在 Holdridge 生命带分类系统中，PETr 是一个很重要的限制因子(Post 等，1982)。从图 9.1 可看出呼吸速率 RR（单位：年）随潜在蒸散率 PETr 的增加而增加，在 PETr 为 1 左右，达到最大，随后又随 PETr 的增加而减小。这同前人的研究结果基本一致(Parton 等，1987)，即非常干旱和非常湿润均不利于微生物的活动。

$$PETr = 58.93T_b/P \tag{9.3}$$

对图 9.1 中的 RR 按 PETr<1 和 PETr>1 分两段对其进行拟合，得到(9.4)和(9.5)式：

$$R_w = 0.061\ PETr^{0.7521} \quad (R = 0.39, n = 683, f = 99.9\%) \tag{9.4}$$

$$R_d = 0.0476\ PETr^{-0.3305} \quad (R = 0.20, n = 292, f = 95\%) \tag{9.5}$$

括号中给出了相关系数 R 值、样本数 n 以及置信度水平 f，可以看出，(9.4)和(9.5)式的统计显著水平分别是 99.9%和 95%。(9.6)式给出了(9.4)和(9.5)式的联合表达式。

$$R_{min} = \min(R_w, R_d) \tag{9.6}$$

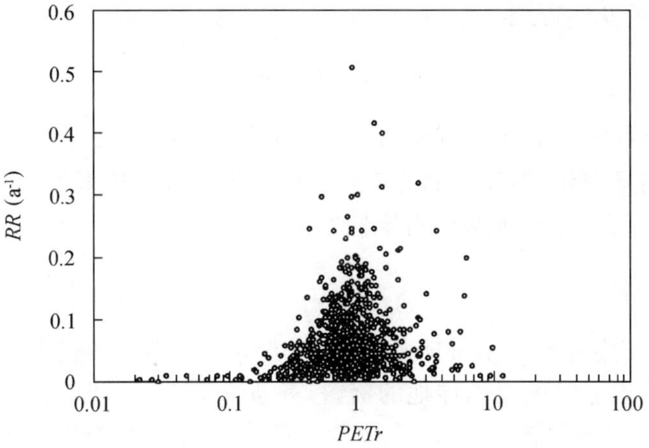

图 9.1　平均土壤呼吸速率与潜在蒸散率间的离散分布图
(杨昕和王明星，2001)

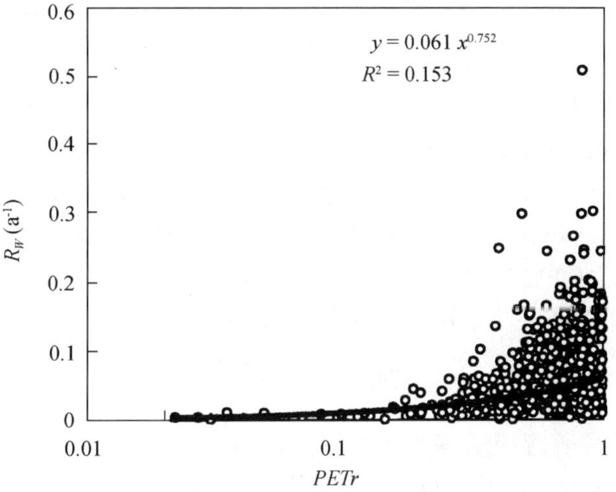

图 9.2　平均土壤呼吸速率的残差因子与年平均温度间的离散分布图
(杨昕和王明星，2001)

图 9.2 给出的是 RR 的残差量与年平均温度 MAT(℃)间的关系。它是将 PETr 对 RR 的影响去掉后得到的结果(将 RR 除以(9.6)式)。根据拟合(9.7)式可以计算出 $Q_{10}=1.7$。将温度和 PETr 的作用综合到一起,得到计算平均土壤呼吸速率 RR 的公式(9.8)。

$$R_t = 0.6323\exp(0.0512\,MAT) \quad (R = 0.60, n = 975, f = 99.9\%) \tag{9.7}$$

$$RR = 0.6323\exp(0.0512MAT)R_{\min} \tag{9.8}$$

根据以上关系,我们可以直接估计不同气候条件下的平均土壤呼吸速率,进而通过 NPP 模型计算土壤碳密度分布。

由公式(9.1)经过变形得到:

$$C = NPP/RR \tag{9.9}$$

此式即为计算平衡态下的土壤碳密度($kg \cdot m^{-2}$)的公式。此式适合于研究长期气候变化情况下土壤碳储量变化,但类似的关系式也用于研究近百年来气候变化对碳库的影响(Dai 和 Fung,1993),其结果可能只具有定性的意义。

9.1.2 碳通量模型

Zinke 等(1986)搜集并整理了全球范围内约 3583 块样地的碳密度资料(土壤深度为 1 米),我们选取其中非农业区的自然样地的资料,并按 0.5×0.5 度的网格计算其平均碳密度。用同样分辨率的气候资料(New 等,2000)来计算对应网格的 NPP(Friedlingstein,1995),利用(9.1)式估计土壤呼吸速率可计算出这些网格上的平均土壤呼吸速率。从而建立拟合关系式(9.4)、(9.5)和(9.8)(Yang 等,2002)。根据拟合公式推导出 $Q_{10}=1.7$,稍小于 2.4 的估计值(Raich 和 Schlesinger,1992)。

利用修正的 MIAMI 模型(Friedlingstein,1995)计算 NPP:

$$NPP = \min(NPP_t, NPP_p) \tag{9.10}$$

其中:$NPP_t = 0.0692\,T_b$, $T_b \leqslant 8℃$

$= 1.35/(1+\exp(1.315-0.119\,T_b))$, $T_b > 8℃$

$NPP_p = 1.125(1-\exp(-0.000664\,P))$ (热带地区)

$= 1.35(1-\exp(-0.000664\,P))$ (其它地区)

NPP:年净初级生产力(单位:$kgC \cdot m^{-2} \cdot a^{-1}$)。

陆地生态系统的净碳通量(NEP)可用下式表示:

$$NEP = NPP - R_h \tag{9.11}$$

NEP=0 表示土壤的异养呼吸量等于净初级生产力。NEP>0 则表示生态系统净吸收大气中的二氧化碳,反之则表示净释放碳。土壤的异养呼吸量 R_h 可由(9.2)式得到:

$$R_h = C_0 \times RR \tag{9.12}$$

其中 C_0 表示生态系统在气候平衡态时的土壤碳密度,它决定于选择的气候平衡态。假定气候变化只对土壤呼吸速率 RR 产生影响，而土壤碳密度 C_0 保持不变。显然上述假设会带来一定的误差，因为土壤碳密度是随时间变化的。但在几十年的时间尺度上，土壤碳密度的变化量相对于其自身总量来讲是一个小量。另外一个需要指出的问题是，MIAMI 模型及呼吸速率的模型均属于平衡态模型，将其应用于研究时变的状态是存在问题的。我们之所以依然这样做的原因有两个：其一是类似的研究工作过去也存在(Dai 和 Fung，1993)，并得到了一定的认可；其二我们的研究重点在于探讨不同时期的气候条件对地-气间碳交换的影响状况，因此系统偏差不会影响对问题的定性认识。

9.2　平均土壤呼吸速率和土壤碳密度的估算

9.2.1　平均土壤呼吸速率

估计土壤有机碳损失一个有效方法是选取植被类型发生明显改变的样地(如 C_3 森林植被转变成 C_4 草原植被)，并测量其土壤 C^{13}/C^{12} 比率以及土壤碳含量的变化(Giardian 和 Ryan，2000)。这样做的根据是，植被光合作用类型的变化将改变新腐殖质的 C^{13}/C^{12} 比，这样就可以计算出植被类型发生改变前的土壤有机碳的损失情况。Giardina 和 Ryan 搜集了五大洲的 44 块样地上的土壤 C^{13}/C^{12} 观测资料，根据单碳库模型计算出平均土壤碳周转时间(Giardian 和 Ryan，2000)。

利用这 44 块样地上的平均气象场条件，结合本研究所建立的计算模型，得出对应的土壤平均呼吸速率值。图 9.3 显示的是模型输出结果以及 Giardina 和 Ryan(2000)由实测碳同位素资料估算出的平均土壤有机碳的周转时间(呼吸速率的倒数，单位：年)随年平均温度 MAT(℃)的变化关系图。从图 9.3 中可见，虽然二者的结果在特定地点上的差别较大，但整体拟合结果非常一致(见图中的拟合线)。特别值得注意的是模拟结果显示在 20℃的年均温度跨度下，有机碳的周转时间并没有显著的改变。因为模型中给出的呼吸速率的温度响应函数非常大($Q_{10}=1.7$)，进而推算出当年均温度增加 20℃时，在其它条件不变的情况下，平均土壤呼吸速率将增加 2.9 倍。分析表明，图 9.3 中所显示出的周转时间并没有显著降低的主要原因，是降水量的作用同温度的作用相互抵消了。也就是说，虽然温度增加会提高土壤呼吸速率，但是相对较大的降水增加量将减小 PETr(在湿润条件下 PETr 变小对应呼吸速率的降低(见 9.4 式)，因此这二者的作用相互抵消了。这一解释与 Giardina 和 Ryan(2000)的结论不同。他们得出的土壤有机碳分解与温度变化无关的结论似乎有些偏颇，因为他们没有考虑降水或湿度的因素。虽然这 44 块样地大都处于湿润森林地带，土壤的相对湿度也较大，但是这不代表土壤相对湿度的不同对土壤有机碳的分解就没有作用。即使是相同的土壤湿度，在不同的温度条件下，有机碳的分解速率也有可能存在显著的差别。有关土壤呼吸速率随温度变化的研究是目前生物地球化学研究中的一个热点课题，也是预测未来气候变化的一个关键环节。因此，更多的样地观测分析和进一步的实验验证是必须的。

尽管这种解释的合理性依然有待进一步检验，但这一简单的模型所取得的相当好的模拟结果说明模拟与实测结果的一致性不可能是由于偶然因素所造成的，因为这两种方法在估计土壤呼吸速率(或周转时间)的方法上完全不同。而 Giardina 和 Ryan(2000)之所以得出他们的结论，很可能是一个巧合。即他们所选择的这 44 个样地的降水量随温度增加而增加的幅度非常大，以至于降水(或湿度)的作用抵消了温度的作用。

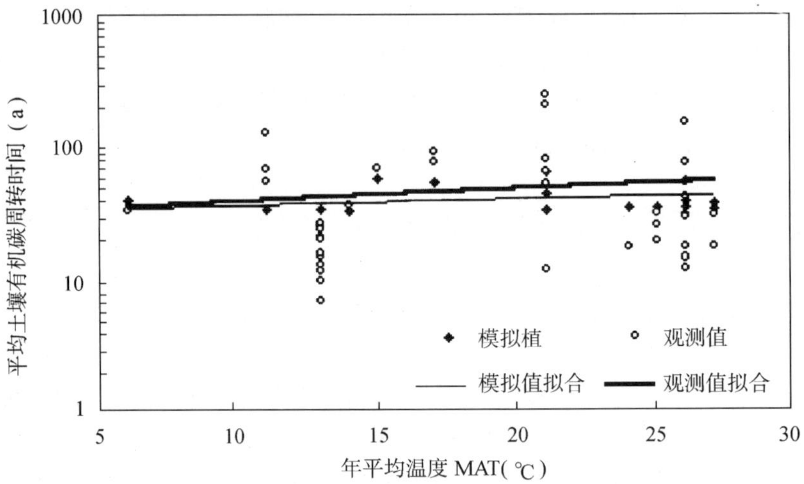

图 9.3 模拟得出的以及根据实测资料估算的平均土壤有机碳的周转时间随年平均温度的变化关系(杨昕和王明星,2001)

9.2.2 土壤碳密度

根据气候平均资料(New 等,1999)计算给出的全球总土壤碳库为 1152 Gt，稍小于 1400 Gt 的估计值(Post 等,1982)，与 Post 等(1985)估计的 1272 Gt 的值接近。根据模型计算出的全球潜在的土壤碳密度的分布基本与地表植被及气候状况相一致(图 9.4)，干旱的沙漠地区的土壤碳含量最低，在 2～4 kg · m^{-2}以下。高土壤碳密度主要在北半球的中、高纬度地带，如欧洲西北部、北美的东部、太平洋沿岸地区以及青藏高原的东南部地区，其土壤碳密度在 20 kg · m^{-2}以上。赤道地区的土壤碳密度并不是最高，一般在 6～10 kg · m^{-2}左右，但在降雨量很大的地区，土壤碳密度也会达到 20 kg · m^{-2}以上。

将计算出的全球土壤碳密度按 Holdridge 生命带分类方法(Leemans,1990)求取 37 类植被的平均碳密度，并和 Post 等(1985)的观测结果进行了对比(见图 9.5)。对比发现该模型所得到的各种植被类型上的土壤碳密度与实测资料基本一致，观测值与模拟值的相关系数为 0.82，达到 99.9%的检验信度。该方法的最突出特点是较好地描述了在同一温度带上不同湿润条件下的土壤碳密度变化规律。如从暖温带荒漠(warm temperate desert)到暖温带雨林(warm temperate rain forest)，土壤碳密度就从 1.4 kg · m^{-2}增加到 27.8 kg · m^{-2}，呈现出土壤碳密度随湿度增加而增加的趋势，对此变化在模型中得到了较好的反映。不过对雨林植被的土壤碳密度模拟值普遍高于实测值，而中高纬度的干旱植被带的模拟结果则偏低。

对雨林植被的土壤碳密度模拟值偏高的原因可能是没有考虑地面径流所带走的大量降水，因此利用(9.3)式计算出的PETr作为描述土壤湿润度时，将过高估计土壤湿润度

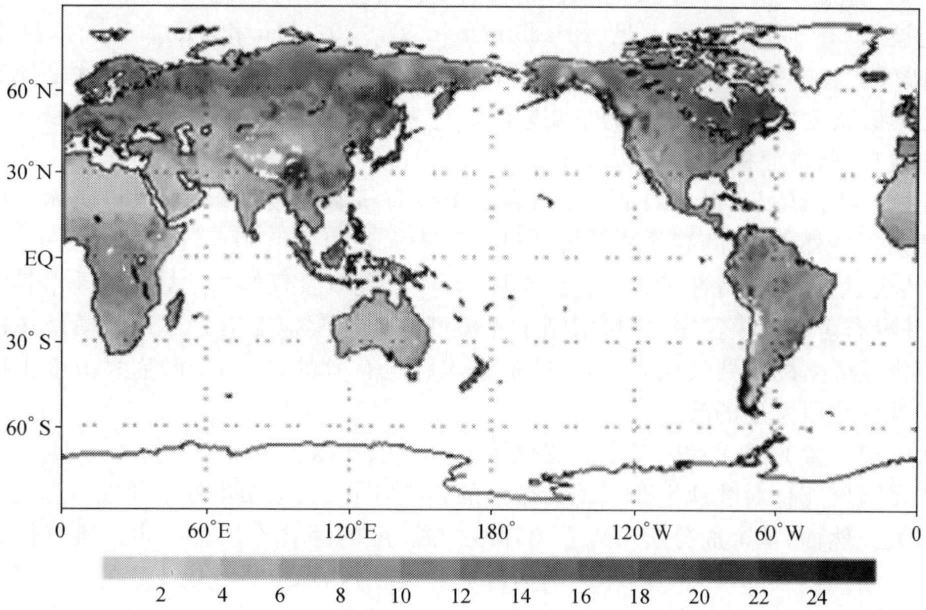

图 9.4 全球陆地生态系统土壤碳密度模拟结果
(杨昕和王明星,2001)

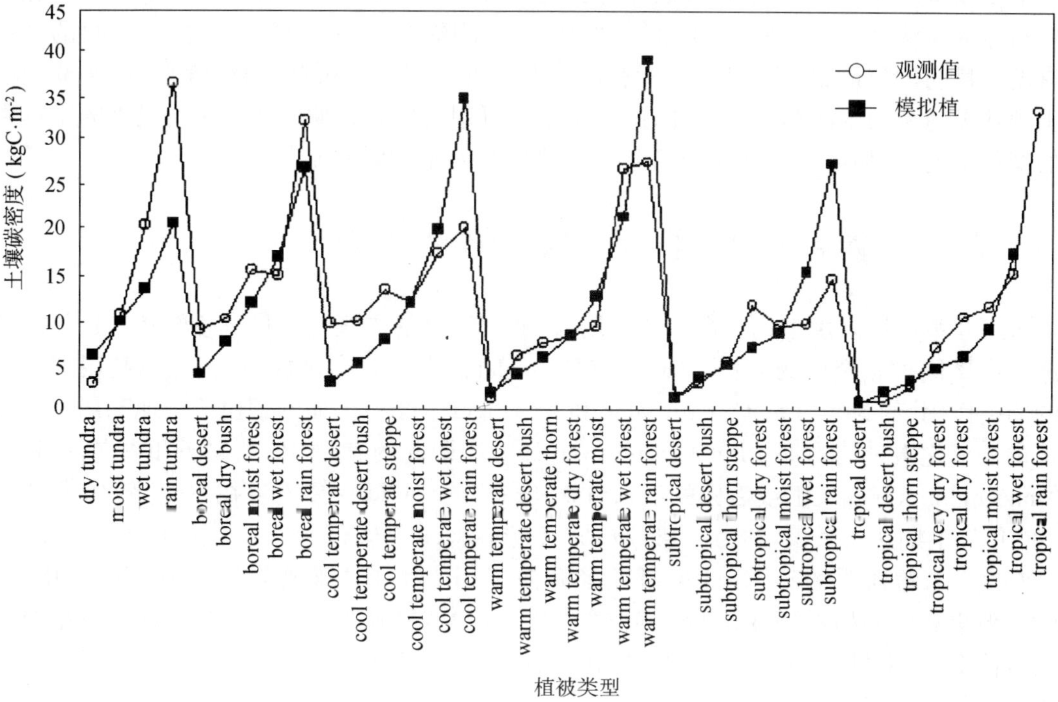

图 9.5 模拟结果用观测资料估算的 Holdridge 生命带分类系统中 37 类植被的平均碳密度的比较
(杨昕和王明星,2001)

(即 PETr 偏低)。由于干旱及荒漠地区的土壤碳密度观测资料较少,加上 MIAMI 模型对干旱植被的 NPP 模拟能力不足(Friedlingstein 等,1992;Dai 和 Fung,1993)(这主要是由于MIAMI模型本身是建立在降水充足的植被类型的观测数据基础上的),这是导致干旱区植被土壤碳密度模拟误差较大的主要原因。过去,根据气候资料估计地面碳密度是先重建地面植被类型,进而根据已有的植被与土壤碳密度的对应关系给出估计结果。我们的方法避开了这一中间环节,得到的是一个潜在的土壤有机碳密度结果,所以与实际的情况有一定的差别。另外,这里的简单统计模型只用到降水和温度两项。许多重要因子(比如土壤质地、结构、物理化学特性、海拔高度、坡度、营养状况以及气候的地域性及季节性变化性特征等)并没有考虑到模型中,这也限制了此模型的局地模拟能力。不过该模型抓住了影响土壤有机碳分解的主要气候因子,因此从整体看是有效的,可用于研究大范围土壤碳库随气候条件变化所发生的改变。

大气或土壤的湿润状况对土壤有机碳的分解及土壤的碳含量有很大影响。过去普遍比较关注温度变化对陆地生态系统碳循环的影响,因为土壤微生物的活性对温度变化的响应非常大。然而,从上面分析可以看出,降水和温度的综合作用将决定土壤有机碳的分解速率。单独强调某一个因子的作用是不合理的,温度和降水是气候要素的两个最主要物理量,不同时期温度和降水的变化情况非常大。温度和降水的不一致性很显然会对陆地生态系统的碳收支情况产生影响,因而由两者的相对变化所决定的蒸散率的改变是一个更重要的因素,这也为 20 世纪 40 年代以后的气候变化特征所证实。

采用以反映大气(或土壤)水、热综合状况的潜在蒸散率 PETr 做为描述土壤呼吸速率主要指标的做法基本是合理的。此模型所描述的土壤平均呼吸速率与气候因素间的关系将有助于目前的陆地碳循环研究。特别是该模型可以用于分析和解释目前人们普遍关心的土壤呼吸速率的观测结果。此外,这一模型还可用于研究长期气候变化情况下的土壤碳库的变化情况,比如冰期一间冰期循环期间的陆地碳库变化情况。

9.3　地-气间碳通量对近百年气候变化的响应

自工业革命以来由于化石燃料的使用,排放到大气的二氧化碳量呈急剧增加趋势。利用冰芯中碳同位素资料,估计出 1850～1984 年间整个生态净排放通量(土地利用加上可能的固碳作用)约为 50 PgC(Siegnthaler 和 Oeschger,1987)。而同期由于土地利用所净释放出的二氧化碳量估为 126 PgC(Houghton,1993),因此约有 76 Pg 的碳不知去向,故称其为“missing sink”(漏失汇或丢失的汇)。这一“missing sink”主要发生在 20 世纪 40 年代后期,80 年代中期达到最大,约为 2 PgC · a^{-1}(Woodwell 等,1998)。

对这一未曾探明的碳汇,许多研究者倾向于用 CO_2 的“施肥效应”来解释(Gifford,1993),但也有不同的看法(Enting,1992)。由于 CO_2 的“施肥效应”对不同植被类型及在不同条件下(氮素量、气候状况等)的作用并不一致,甚至十分复杂(Peng,1995),因此,它的作用目前还没有完全定论。

气候变化对陆地生态系统的碳循环具有非常主要的影响,有关的研究非常多(Woodwell 等,1998;Dai 和 Fung,1993;刘绍辉和方精云,1997)。Dai 和 Fung(1993)利用一个简单统计模型直接估算了 1950～1984 年间陆地生态系统的净碳通量,发现气候变化导致全球陆地生态系统吸收了约 20(±5)Pg 的碳,约占未探明的汇的一半。这一结果引起了广泛注意,它是继二氧化碳和氮的施肥效应之后,解释“missing sink”问题的另外一种机制。

注意到 Dai 和 Fung 的模型中所用到的计算土壤异养呼吸量的方法具有很大的局限性。该方法将 Raich 和 Schlesinger(1992)所得到总土壤呼吸量(根系呼吸与异养呼吸量之和)与温度和降水的统计关系式通过一个简单的方法(按不同植被类型给出比例系数)换算出其中的土壤异养呼吸量,并由此来计算与净初级生产力(NPP)间的差(即净碳通量 NEP)。显然按不同植被类型给出的根系呼吸量占总土壤呼吸量的比例具有很大的任意性,而且即使是在同样的植被类型中,不同的条件下比例系数也相差很大,这样做不可避免地产生较大的误差。整个生态系统的年净通量的值非常小(约 1～2 PgC 左右),只占异养呼吸量(约 50～60PgC)的很小一部分。所取比例系数的很小误差将对最终结果(净通量的大小甚至通量方向)产生重大影响。

9.3.1 近百年来气候变化的主要特征

利用英国气候研究组织(CRU)重建的 1901～1995 年间全球陆地 0.5°×0.5°的气候资料(New 等,2000),对近百年来的主要气候变化特征进行了分析(见图 9.6、图 9.7)。结果表明,近百年来全球陆地平均温度(图 9.6a)和降水量(图 9.6b)呈整体上升趋势。自 19 世纪中叶以来,全球平均地面温度上升了 0.6℃,而全球陆地降水则以平均每百年增加 1%～2%的数量增加(IPCC,1996)。从图中可见,降水与温度的上升趋势具有阶段性波动特点,如 20 世纪 40 年代到 70 年代中期,最主要的气候变化特征是平均温度的下降和降水量的增加,而此后的情况正好相反,温度急剧上升而降水显著减少。因此,这两种不同的气候状况会对陆地生态系统的碳收支情况产生不同的影响。

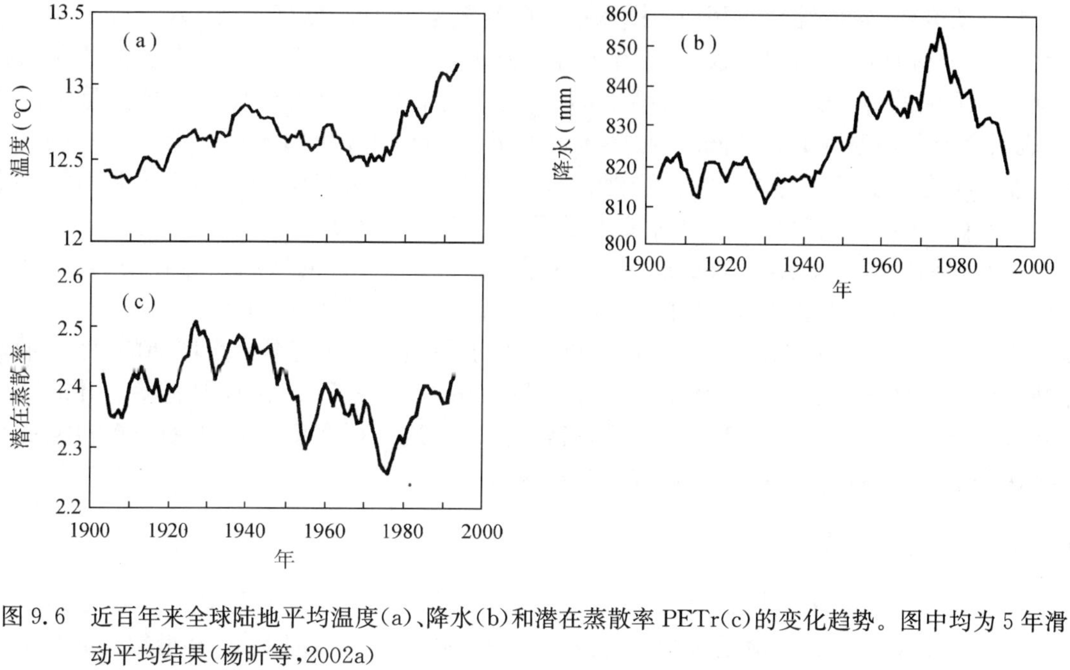

图 9.6 近百年来全球陆地平均温度(a)、降水(b)和潜在蒸散率 PETr(c)的变化趋势。图中均为 5 年滑动平均结果(杨昕等,2002a)

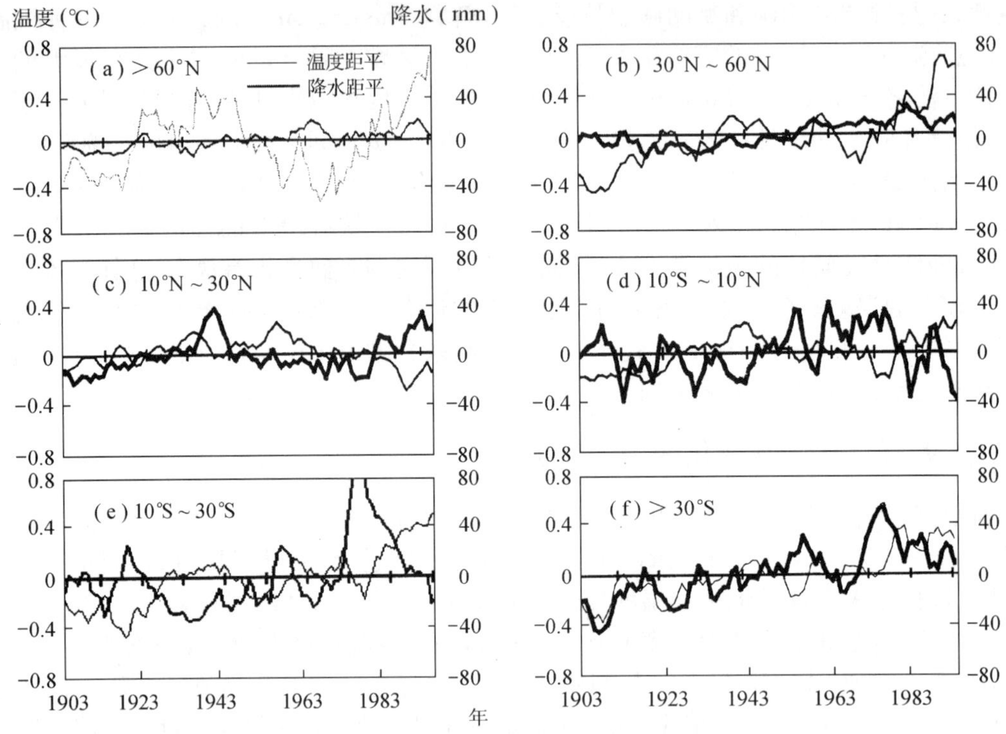

图 9.7　6 个不同纬度带上陆地年平均温度(℃)和降水(mm)距平随时间变化。图中均为 5 年滑动平均结果(杨昕等，2002a)

为了研究水、热的综合作用(可表示为潜在蒸散率 PETr，见(9.3)式)，计算了年降水量大于 50 mm 地区的面积加权平均 PETr 值(公式 9.3)。取大于 50 mm 地区是为了去掉非常干旱地区的高 PETr 值对最终结果的影响。从图 9.6c 看出，PETr 整体上呈下降趋势，表明全球平均温度上升的同时，年降水量大于 50 mm 地区的 PETr 下降。这一变化特征可能对生态系统具有特殊意义。当然仅根据 PETr 这一无量纲指数的变化并不能完全代表气候(或土壤)的变化情况，还需要考虑温度等的变化情况。

从不同纬度带温度和降水的变化情况来看(图 9.7)，最大的增温发生在中、高纬度地区(见图 9.7a、b)。从温度和降水的依赖关系上，北半球中、高纬度地区(图 9.7 a、b)的温度和降水的变化方向基本是一致的，即温度上升的同时降水也基本上是增加的；而热带及副热带低纬度地区的温度和降水的变化基本呈反相关(图 9.7c、d、e)，即温度上升的同时降水基本上是减少的，近 20 年这一关系变得更清楚。这一很有意思的现象可能与中、高纬度地区和低纬度地区受不同大气环流系统控制有关。

9.3.2　陆地生态系统碳通量变化

由于最近一百年来气候一直处于变化过程中，确定何时土壤碳库达到平衡态是很难的。工业革命前的状态应该是最好的，但没有观测的气候资料，即使是 20 世纪初的几十年由于观测站点的稀疏，所重建的全球气候平均场的可信度也不高。而近几十年的观测资料显然不能代表过去平衡态时状况。1920～1949 年的气候平均场是一个较为合适的选择(Dai 和 Fung,1993)。另外用一个 90 年(1901～1990 年)的气候平均场做对比实验,考察用不同 C_0 所产生的差别。除特殊说明外,所有结果均表示以 1920～1949 年的气候平均场来计算 C_0 下的结果。

模型模拟结果进一步肯定了 Dai 和 Fung(1993)的结论,即近几十年的气候变化导致陆地生态系统净吸收大量二氧化碳。模拟结果显示 1931～1950 年间南美的亚马逊地区及东亚和北美洲的东部为较明显的净碳吸收区;而欧洲的中、北部则为一较强的碳源。此期间的总的净碳吸收量为 6 PgC,约等于 0.3 PgC · a^{-1} 的碳通量。1951～1985 年间的净碳通量的模拟结果显示几个较明显的碳汇区为赤道地区(亚马逊及东南亚)、亚洲东部(特别是中国东部)及北美东南部,另外南半球 40 度以北的地区也是较明显碳汇区。这 35 年间陆地生态系统吸收碳约 50 PgC,相当于 1.43 PgC · a^{-1} 的净碳通量。而 Dai 和 Fung(1993)得出的同期碳吸收量为 20 PgC。1986～1995 年间总碳吸收量为 −2 PgC,这同最近的观测分析结果相一致,即最近十几年来整个陆地生态系统似乎已经由明显的碳汇变成近中性甚至成碳源了(Woodwell 等,1998;Battle,2000)。

计算结果表明,自 1901～1995 年间,整个生态系统吸收了 86.8 PgC,其中在 6 个纬度带(>60°N、30°～60°N、10°～30°N、10°S～10°N、10°～30°S 和>30°S)上的吸收量分别为 1.0、35.6、8.1、27.7、12.0、2.4 PgC,各自占总吸收量的 1%、41%、9%、32%、14%和 3%(见图9.8)。北半球中纬度地区(30°N～60°N)及赤道地区(10°S～10°N)是两个最大的碳汇区,其和占总吸收量的 73%。南、北副热带地区为两个次碳汇带,各自占总吸收的 10%左右。而在 60°N 以北的高纬度地区,碳的吸收量很小。这主要是由于近百年来温度的增幅很大,呼吸释放的碳量增加较多。

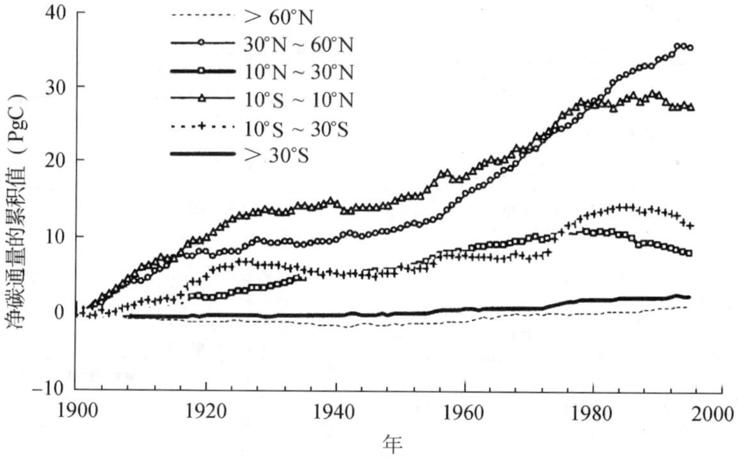

图 9.8　6 个不同纬度带上生态系统净碳通量(NEP)的累积值随时间的演变(杨昕等,2002a)

图 9.9 为三个时段(1931～1950,1951～1985,1986～1995)每隔 5 个纬度的 NEP 的纬度分布图。由图可见,1931～1950 年间,北半球各纬度带基本上为弱的净吸收。而在 1951～1985 年间,整个陆地生态系统为明显的碳汇,但不同纬度的差别较大,其中两个最

大的碳汇带在赤道地区及北半球的中纬度带。5 个纬度上的陆地生态系统平均净吸收量可达 0.1 PgC · a^{-1}，而在南、北纬 20 度附近为一净吸收量的低值区。大于 70°N 及小于 40°S 的地区由于陆地面积较小，碳的净通量也较小。而在 1986～1995 年间，低纬度(25°S～25°N)地区，特别是南、北纬 20 度附近为一较强的净碳释放带，5 个纬度上的最大释放强度接近 0.15 PgC · a^{-1}。

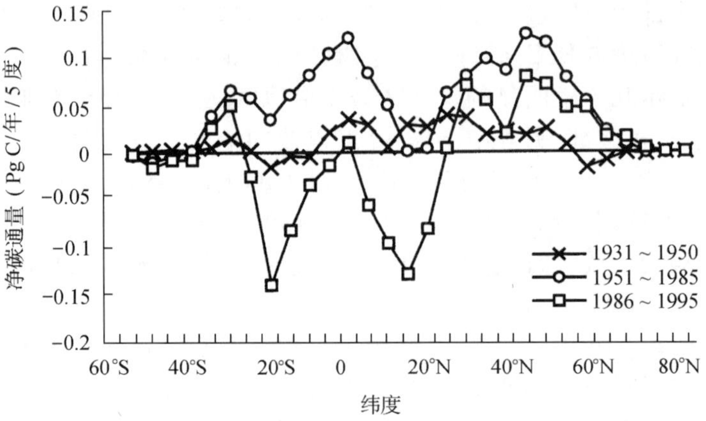

图 9.9　三个时段的平均 NEP(5 个纬度)的纬度分布。其中正值为净吸收碳，负值为净释放碳(杨昕等，2002a)

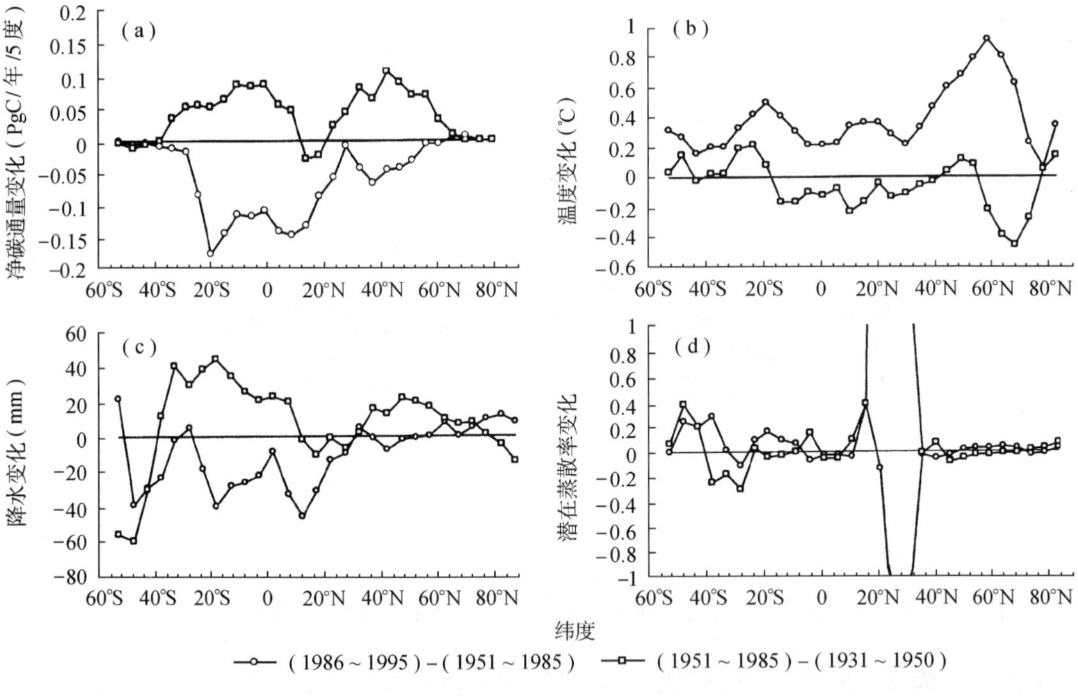

图 9.10　三个时段的 NEP(a)、温度(b)、降水(c)和 PETr(d)的相对变化量随纬度的分布(杨昕等，2002a)

图 9.10a－d 分别为三个时段的碳净通量 NEP、温度、降水和 PETr 的两两相对变化量的纬度分布图。从图 9.10a 可见，相对于 1931～1950 年，1951～1985 年间除北纬 20 度附近外的所有纬度带上均表现为碳的净累积；而相对于 1951～1985 年，1986～1995 十年间在所有纬度带上均表现为碳释放。有意思的是这 10 年间平均最大的碳吸收减少区出现在低纬度地区，北半球高纬度地区碳吸收也有所下降但强度并不大。

比较温度的变化（图 9.10b），1986～1995 年平均温度比 1951～1985 年间要升高 0.2℃以上，其中最大的温度增加发生在北半球的中高纬度地区，在北纬 60 度附近最大增温在0.8℃以上。对比图 9.10a 和 9.10b 可以发现温度增加同 NEP 减小相对应（反比关系）。但一个很有意思的现象是最大的增温区（如北半球的中、高纬度地区）却并不是碳吸收量减小的最大区。产生这一现象的主要原因是降水的作用。土壤呼吸对温度的变化非常敏感，特别是高纬度地区。因此温度的增加应引起较强的碳呼吸释放。但从图 9.10c 上可以发现，北半球的中高纬度地区的降水在 1986～1995 年间并没有明显的下降，而低纬度地区的降水却下降很大，这将降低 NPP。因此，在低纬度地区，温度升高同时降水下降的情况下，NEP 降低就不难理解。从模拟结果不难发现决定陆地生态系统碳通量变化的最主要因素不仅仅是温度，降水也是重要因素。温度对土壤呼吸的影响较大，而降水则直接决定生态系统的净初级生产力。虽然温度和降水共同决定了生态系统的净碳通量，但似乎降水的影响更大一些，这可从降水与 NEP 间成显著正相关得到证实（$r=0.72$，$n=29$）。由图 9.10a 和 9.10d 可见，NEP 和 PETr 间基本呈反相关。相关分析表明，NEP 同 PETr 间有显著的负相关关系（$r=-0.71^{**}$）。这表明潜在蒸散率（PETr）的增加将使得生态系统碳吸收减少。

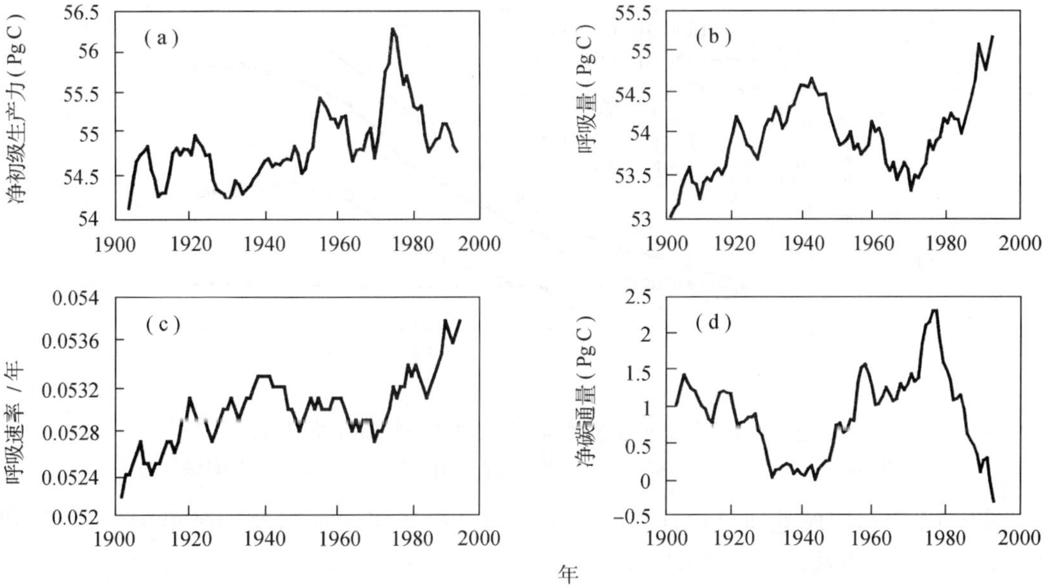

图 9.11　近百年来全球陆地净初级生产力 NPP(a)、异养呼吸 R_h (b)、平均呼吸速率 RR (c)、净生态系统生产力 NEP(d)的变化趋势。图中均为 5 年滑动平均结果（杨昕等，2002a）。

对全球总的碳通量变化而言(在此只讨论 20 世纪 30 年代以后的情况),生态系统净吸收碳主要发生在 20 世纪 40～80 年代(见图 9.11d)。在此期间陆地生态系统能够吸收大量碳的主要原因是自 40 年代开始到 70 年代中期,平均气温明显下降的同时陆地降水量却明显上升(图9.6a、b)。温度的下降将导致土壤呼吸的下降(图 9.11b、c)。由于大多数植被的生长基本上是受降水限制的,因此降水的增加会提高生态系统的净初级生产力 NPP(图9.11a),导致碳库的输入量大于输出量,从而净吸收大气中 CO_2。温度和降水的综合作用决定了生态系统碳通量的方向和大小。

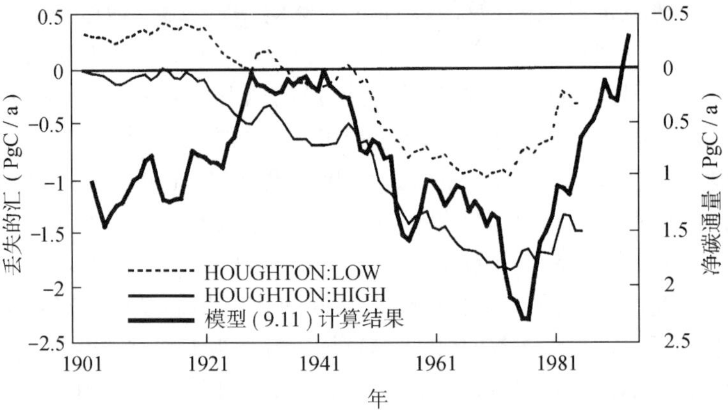

图 9.12 模拟计算出的净碳通量以及利用"deconvolution"方法反推得到的高估和低估"missing sink"值(杨昕等,2002a)

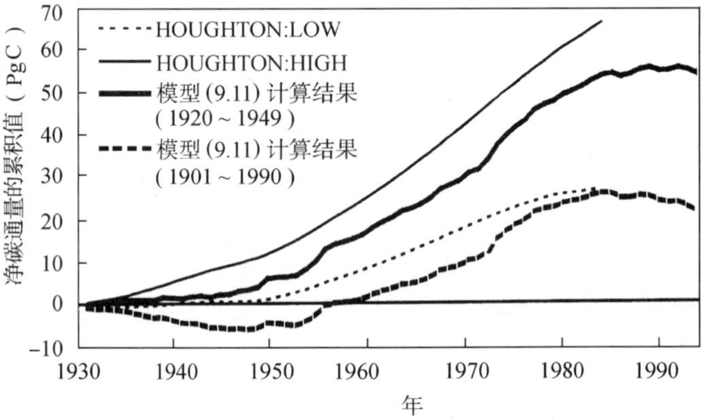

图 9.13 净碳通量的时间累积值的比较(杨昕等,2002a)
图中(1920～1949)和(1901～1990)分别表示用该时段内的气候平均场计算

图 9.12 为利用模型(9.11)计算的陆地生态系统净碳通量以及 Houghton(1993)利用"deconvolution" 方法反推得到的"missing sink"值。可以看出,自 20 世纪 30 年代以来模拟结果基本界于 Houghton(1993)的高估与低估计值间。这一点从累积的净碳通量(图 9.13)看得更清楚。1931～1994 年间累积净吸收碳 54 PgC。图 9.13 中还给出了利用 1901～1990 年的气候平均场作为计算 C_0 值的结果,其净碳吸收量则只有 20 PgC,降低了一半以上。显然其结果小于 Houghton(1993)给出的最低估计值。因此计算出的累积净吸收

碳量与 C_0 值的选择有很大关系。不过 C_0 的选择对模拟的净碳通量的时间变化形态没有影响，因此对结果的定性描述没有影响。

从图 9.12 可看出，模拟的 1901～1930 年间的情况同 Houghton(1993)的估计有明显的差别。可能的原因是：(1)简单统计模型本身的缺陷。因为其中的统计关系是在平衡状态下得到的，对显著气候变化的适应能力较弱。实际上，20 年代之前和之后整个气候状况是明显不同的(IPCC，1996)；(2)气候资料的问题。20 世纪初气象观测点很少，根据有限的资料外推到全球会产生很大问题。特别是对降水，由于其空间分布的变化很大，有效的外推范围较小，而本模型对降水是敏感的；(3)二氧化碳的施肥效应没有包括在本文的模型中。由于 CO_2 的浓度对 NPP 有很大影响，较低的大气 CO_2 浓度可能会降低 NPP 的输入量，从而降低土壤碳密度。

MIAMI 模型对 NPP 的计算是以温度和降水独立预告 NPP 的最小值作为最终值的。这一做法显然降低了温度的影响，因为大多数植被是受降水限制的，即使温度稍有变化，所计算出 NPP 值可能没有多大变化。本研究所建立的计算土壤异养呼吸速率的公式中，降水的直接作用并没有像温度那样明显地表达出，而是以 PETr 的形式间接起作用。

小的 C_0 值导致碳通量的结果偏大，反之偏小。不过，其结果的定性意义依然具有参考价值。40～70 年代中期的气象条件有利于碳的净吸收，而此后的情况则不利于生态系统的净累积碳。但从以上结果，可以认为气候变化对陆地生态系统的影响是导致碳吸收强度变化的一个主要原因。当然决定陆地生态系统碳循环的因子有许多，如土壤物理化学特性、营养状况等，并没有被考虑。因此有关碳循环尚有大量的工作去做。

9.4　地-气间碳通量对未来气候变化的响应

近几十年来，各种各样的生态-气候模型被广泛应用于研究未来气候变暖情况下陆地生态系统碳通量的变化(Jenkinson 等，1991；Cao 和 Woodward，1998)，国内对此也有大量的研究(刘世荣等，1994；方精云等，1998；张金屯，1998)。虽然各自的研究侧重点不同，但其目的均是希望弄清楚未来生态系统对气候变化的响应和反馈作用。其中 Jenkinson 和 Adams(1991)及 Cao 和 Woodward(1998)的工作比较具有代表性，他们利用模型对未来气候变化情况下陆地生态系统的响应做了模拟实验。Jenkinson 和 Adams(1991)的研究表明到 2050 年陆地生物圈将在变暖的气候条件下(以 0.03℃ · a^{-1} 的速率增温)净释放出约 60 Pg 的碳。Cao 和 Woodward(1998)指出，当大气二氧化碳浓度继续增加到一定的程度，二氧化碳的“施肥效应”将达到饱和。因此，陆地生态系统将随温度增加释放出更多的碳到大气中，加剧气候变暖。需要指出的是，利用模型对未来气候变化情况的预测有很大的不确定性，特别是对降水的预测可信度很低。为此，我们进行了敏感性实验，并对实验结果进行了分析和讨论。

9.4.1　未来气候变化的 GCM 模拟

利用设在英国 URL 的 IPCC 的数据发行中心所提供的 NCAR 的 GCM 模型模拟的 1901～2029 年间的气候场(分辨率为 T42)来驱动一个简单的陆面碳循环模型以研究碳循环情况。此 GCM 模拟结果不包括硫酸盐气溶胶的反馈作用，因此其温度的增加幅度要明显大于包括气溶胶反馈的情况。模型中1901～1989年间的大气二氧化碳浓度为历史记录值，1990～2029年间的大气二氧化碳浓度为利用IPCC的IS92a源排放方案计算出的结果（IPCC，1996）。

图9.14a、b给出了模拟和实测的陆地面积加权平均的温度和降水。实测资料为英国气候研究组织提供的1901～1995年间全球陆地0.5×0.5度的气候重建资料（New等，2000）。从中可看出在20世纪60年代前模型的结果同实测的气候平均状态非常接近，但自60年代后，模拟的平均温度明显高出实测值，这主要是由于没有包括气溶胶的原因。模型所给出的未来30年平均温度的增加趋势很强，到2029年陆地平均温度可达17.0℃，这比1920～1949年间的平均温度13.2℃要高3.8℃。虽然在较短的时间内这一温度增幅过于强烈了，但却代表了未来可能的温度变化。对这一气候变化情况下的陆面碳循环进行模型实验。从图9.14b中可以发现，降水量的增加幅度较小，没有温度变化那样明显，这预示模拟的未来气候可能比现在要干旱。应当强调指出，模型给出的结果只具有定性意义，并不能代表未来实际情况，但这对了解未来气候变化情况下的碳循环具有参考价值。

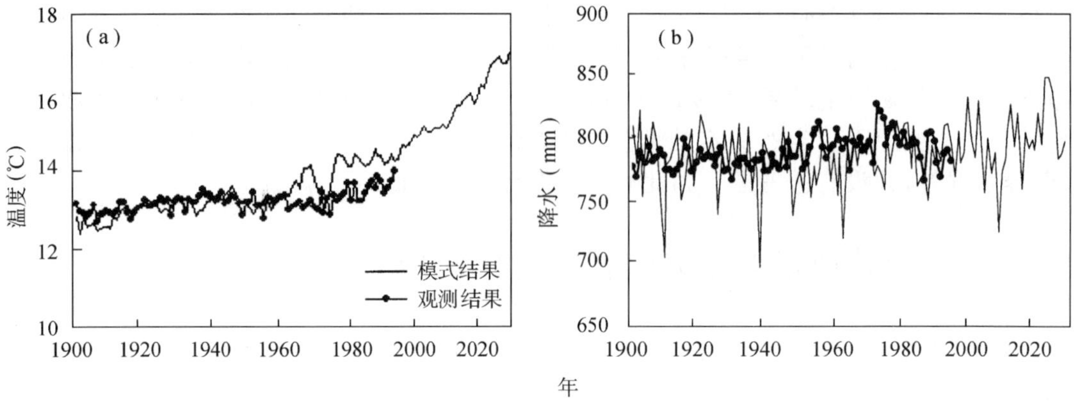

图9.14 实测及用NCAR的GCM模拟的陆地平均温度(a)和降水(b)。其中模拟的结果已按实测的1920～1949的平均值对其系统偏差做了修正(杨昕等，2002b)

根据1901～1995年间全球陆地0.5×0.5度的气候重建资料（New等，2000）可得到温度和降水的对应关系为温度每增加1℃，陆地降水将增加35 mm；而GCM模型结果显示，温度每增加1℃，降水只增加5 mm。显然模型所给出的降水量随温度的变化幅度要小于历史记录中所反映的情况。而降水量的大小对陆地生态系统的影响是非常大的。以下将着重研究不同的降水状况对碳通量的影响。

9.4.2 未来全球碳通量模拟

将GCM模型模拟输出的1901～2029年间全球陆地平均温度和降水以及1901～1995年实测的气候资料输入9.1节中介绍的陆地碳通量模型，对全球碳交换通量进行了计算。图9.15a和图9.15b分别给出了利用GCM模型结果及实测气候资料所计算出的年净碳通量和累积值。结果表明，20世纪60年代前，利用GCM模型模拟结果与利用实测资料所计算出的结果非常一致，明显的差别出现在60年代以后。自60年代后根据GCM模型结果计算出的NEP下降趋势明显大于利用实测资料所得到的结果。这一现象主要是由于

GCM 给出的温度在 60 年代以后要明显高于实测资料结果，而降水并没有相应的增加（见图9.14）。由于温度上升所导致的土壤呼吸量的增加幅度超过 NPP 输入量的增加，而 NPP 主要决定于降水量（Esser，1993），因此显示出 NEP 下降趋势。按此模拟结果，未来的陆地生态系统将从大气二氧化碳的汇转变为大气二氧化碳的源。例如到 2029 年生态系统将净释放约 200 PgC，相当于大气二氧化碳浓度增加约 100 ppm。产生这一结果的主要原因是 GCM 估计的未来降水量偏低。

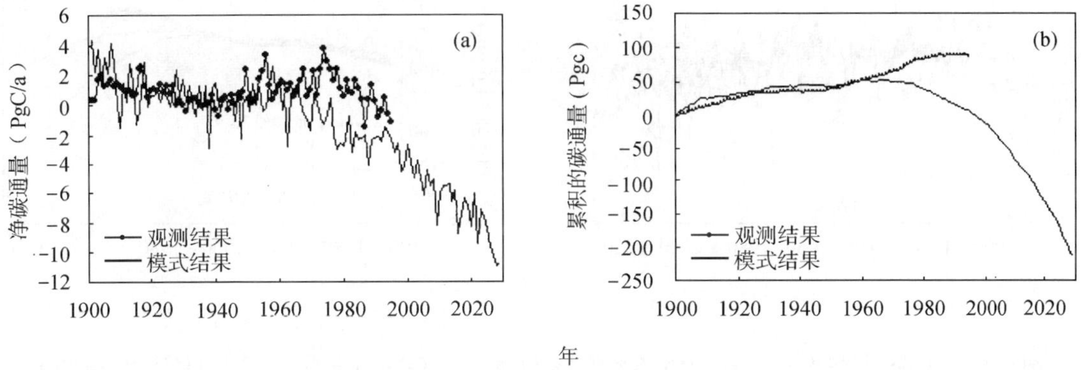

图 9.15　利用 GCM 模型及实测的气候资料计算出的每年陆地生态系统净碳通量 NEP(a)和累积的 NEP(b)（杨昕等，2002b）

9.4.3　降水变化对全球陆地碳通量的影响：敏感性分析

假定全球温度升高对降水的影响有两个情景：(1)温度每增加 1℃降水增加 35 mm（记为 Prec. 1），这一假定接近过去 95 年实测气候资料的结果；(2)温度每增加 1℃降水增加 54 mm（记为 Prec. 2）。在这两个情景下降水变化见图 9.16。

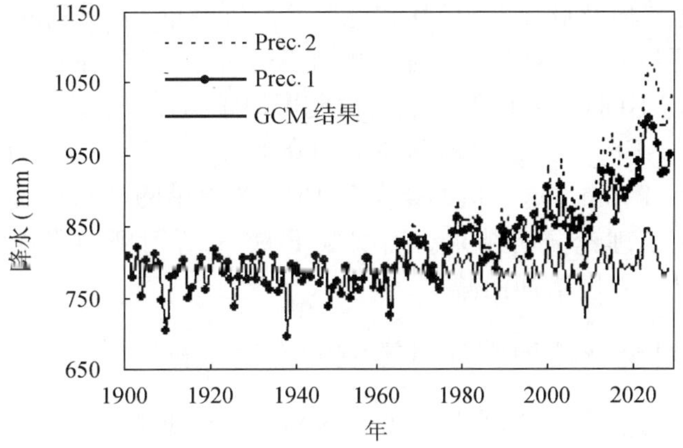

图 9.16　温度升高对降水影响的情景分析。其中 Prec. 1 按温度每增加 1℃降水增加 35 mm 计算；Prec. 2 按温度每增加 1℃降水增加 54 mm 计算（杨昕等，2002b）

根据上述两种情景，我们对全球陆地生态系统的 NEP 和累积的 NEP 作了重新计算(图 9.17a、b)。在气候情景 Prec.1 下，NEP 的下降趋势虽然减小了，但依然不能补偿温度增加所引起的碳净释放，其累计值将在 2020 年后变为负值。在气候情景 Prec.2 下，由于降水的增加将使 NEP 保持目前的状态，其累计值基本保持不变。这表示陆地生态系统在碳循环过程中将保持中性状态(既不是源也不是汇)。

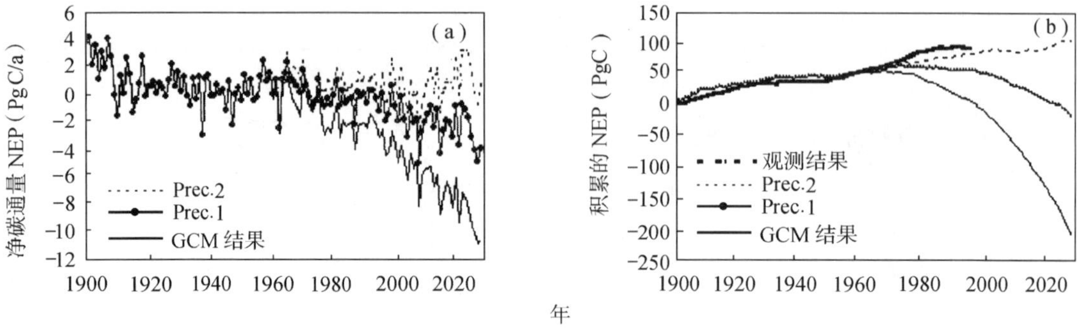

图 9.17　两种气候情景下全球陆地生态系统净碳通量 NEP(a)和累积的 NEP(b)(杨昕等，2002b)

因此，在未来大气逐渐变暖的趋势下，要使陆地生态系统成为二氧化碳的汇，降水的增加幅度需要比 GCM 模型估计的增加幅度大得多。可惜现在还不清楚未来气候变暖情况下降水(或水汽)的具体变化情况。上述实验表明，在温度增加幅度较大，而降水增加幅度较小的地区，陆地生态系统将净释放碳；反之，在降水增加幅度较大的地区将净吸收碳。按大多数 GCM 模型的模拟结果，中纬度地区的降水在未来气候变暖情况下将减少(IPCC，1996)，因此该地区将有可能从目前的碳汇转变成源；而赤道地区由于温度增加幅度较小，同时降水增加幅度较大，则可能吸收更多的碳。总之，在未来气候变化情况下，不同区域陆地生态系统的碳循环状况如何变化在很大程度上取决于温度和降水的相对变化。当然，这些结论是在没有考虑二氧化碳以及氮素的“施肥效应”的基础上得到的。

通过数值实验可以得到 NEP＝0 时温度和降水的近似关系：$P(\mathrm{mm})=\beta\exp(0.068\,\mathrm{MAT})$，其中 β 为对应不同 C_0 的比例系数。由此可简单得出：温度每增加 1℃，降水量需要增加约 7%才能使得 NEP＝0。以目前陆地平均降水量 $P=775$ mm 为例，则温度增加 1℃降水需要增加 $\Delta P=54$ mm。这一值即是实验 Prec.2 中用的降水增加幅度。实验 Prec.2 的结果也进一步验证了理论分析结果。而实验 Prec.1 所用到的降水增加幅度则低于此值，因此得到的 NEP 随温度增加而减少。

9.4.4　气候变化对全球陆地碳通量影响的不确定性

在未来气候变暖的情景下，降水量的变化对陆面碳通量的方向和大小有着非常重要的作用。但我们并不确切知道未来气候变暖情况下降水的变化情况，所有的结论均来自对 GCM 模拟结果的实验上，而且不同 GCM 的模拟降水空间分布和强度相差也较大，因此上述结果只具有定性意义。

一般的看法是赤道地区降水量将增加，而中纬度地区将变得更加干旱。假如降水的增加幅度同温度增加相比达不到上述所需要的量(仅从模型结果来看),则生态系统将释放二氧化碳到大气中。现在不知道文中所得到的降水和温度的关系是否合理或是可能,假如地-气系统本身不可能支持如此大的降水随温度的增长率,则在未来的气候变暖的情况下,陆地生态系统将有可能释放大量碳到大气。如果考虑到二氧化碳及氮素的"施肥效应"将促使植被吸收大量碳,则所需要的降水增加幅度将会大大减小。另外,由于水汽本身也是一种非常强烈的温室气体,增加水汽的气候效应是巨大的。因此对于降水的未来变化趋势不仅仅是有关陆地生态系统以及碳循环的问题,水汽本身的气候效应也是一个重要问题。因此预测未来气候变化目前还有很多复杂和不确定性的问题有待回答。主要包括以下几方面:

1) 二氧化碳及氮素的"施肥效应"是碳循环中的一个非常重要而且十分复杂的问题。随着大气二氧化碳浓度的增加以及氮素矿化程度的提高,有可能促使陆地植被吸收大量碳,而这一机制没有包括到模型中。

2) 所采用的简单模型不可避免地造成模拟结果同实际情况间的差别,这一点在本章已说明。需要指出的是,在利用 MIAMI 模型计算 NPP 时将温度和降水作用分离的处理方法可能低估了增加温度对 NPP 增加的影响。虽然绝大多数植被是受降水限制的,但温度的适当增加可能会在一定程度上增加植被的 NPP,这样就在一定程度上抵消因温度增加所引起的土壤呼吸释放量。

3) 没有考虑地上植被的分布及生物体碳含量的变化,相信未来气候变化情况下,植被分布状况会发生很大变化,植被的迁移将可能引起碳库的巨大变化。当然最困难的问题是在未来气候变化情况下发生在微尺度上的植物生理、生化等响应过程。这些都将引起全球碳循环的变化。

参考文献

方精云,位梦华. 1998. 北极陆地生态系统的碳循环与全球温暖化. 环境科学学报, **18** (2): 113~121.

刘绍辉, 方精云. 1997. 土壤呼吸的影响因数及全球尺度下温度的影响. 生态学报, **17** (5): 469~476.

刘世荣, 徐德应, 王兵. 1994. 气候变化对中国森林生产力的影响 II. 中国森林第一性生产力的模拟. 林业科学研究, **7** (4): 425~430.

杨昕, 王明星. 2001. 一个计算平均土壤呼吸速率和土壤碳密度的简单模型. 中国科学院研究生院学报, **18** (1): 90~96.

杨昕, 王明星, 黄耀. 2002a. 地—气间碳通量气候响应的模拟 I. 近百年来气候变化. 生态学报, **22** (2): 270~277.

杨昕, 王明星, 黄耀, 2002b. 地—气间碳通量气候响应的模式研究 II. 未来气候变化. 生态学报, **22**(6): 817~821.

张金屯. 1998. 全球气候变化对自然土壤碳、氮循环的影响. **18** (5): 463~471.

Batjes, N. H. and Bridges, E. M. 1994. A Review of Soil Factors and Processes that Control Fluxes of Heat, Moisture and Greenhouse Gases. In: International Soil Reference and Information Center. WISE Report No. 3, Technical Paper 23. Wageningen, pp. 97-148.

Battle, M., Bender, M. L., Tans, P. P., et al. 2000. Global carbon sinks and their variability inferred from atmospheric O_2 and $\delta^{13}C$. *Science*, **287**: 2467-2470.

Cao, M. and Woodward, F. I. 1998. Dynamic responses of terrestrial ecosystem carbon cycling to global climate change. *Nature*, **393**: 249-252.

Dai, A. and Fung, J. Y. 1993. Can climate variability contribute to the "missing" CO_2 sink? *Global Biogeochem Cycles*, **7**: 599-609.

Enting, I. G. 1992. The incompatibility of ice-core CO_2 data with reconstructions of biotic CO_2 sources(II). The influence of CO_2－fertilised growth. *Tellus*, **44**B: 23－32.

Esser, G. 1993. Carbon exchange between the terrestrial biosphere and the atmosphere. In: Heimann, M. (ed.). The Global Carbon Cycle. Springer－Verlag Berlin Heidelberg.

Friedlingstein, P., et al. 1992. The Climate induced variation of the continental biosphere: a model simulation of the last glacial maximum. *Geophysical Research Letters*, **19**: 897－900.

Friedlingstein, P., Fung, K. C., Fung, J. Y., et al. 1995. Carbon－biosphere－climate interaction in the last glacial maximum climate. *Journal of Geophysical Research*, **100**: 7203－7221.

Giardian, C. P. and Ryan, M. G. 2000. Evidence that decomposition rates of organic carbon in mineral soil do not vary with temperature. *Nature*, **404**: 858－861.

Gifford, R. M. 1993. Implication of CO_2 effects on vegetation for the global carbon budget. In: Heiman, M. (ed.). The Global Carbon Cycle. Springer－Verlag, Berlin Heidelberg.

Houghton, R. A. 1993. Changes in terrestrial carbon over the last 135 years, In: Heiman, M. (ed.). The Global Carbon Cycle. Springer－Verlag, Berlin Heidelberg.

IPCC. 1996. Climate Change 1995: the science of climate change. Houghton, J. T., Callander, B. A. and Varney, S. K. (ed.). Cambridge University Press.

Jenkinson, D. S., Adams, D. E. and Wild, A. 1991. Model estimates of CO_2 emissions from soil in response to global warming. *Nature*, **351**: 304－306.

Leemans, R. 1990. Possible Changes in Nature Vegetation Patterns due to a Global Warming, WP－90－08, Biosphere Dynamics Project, International Institute for Applied System Analysis IIASA, A－2361 Laxenburg, Australia.

Leemans, R. and Cramer, W. P. 1990. The IIASA Mean Monthly Temperature, Precipitation and Cloudiness on a Global Terrestrial Grid, WP－90－41, Biosphere Dynamics Project, International Institute for Applied System Analysis IIASA, A－2361 Laxenburg, Australia.

Liski, J., et al. 1999. CO_2 Emissions from soil in responses to climatic warming are overestimated－the decomposition of old soil organic matter is tolerant of temperature. *AMBIO*, **28**: 171－174.

New, M., Hulme, M., Jones, P. 1999. Representing twentieth－century space－time climate variability. part 1: development of a 1961－1990 mean monthly terrestrial climatology. *Journal of Climate*, **12**: 829－856.

New, M., Hulme, M., and Jones, P. 2000. Representing twentieth－century space－time climate variability. Part 2: development of 1901－1996 monthly grids of terrestrial surface climate. *Journal of Climate*, **13**: 2217－2238.

Parton, W. J., Schimel, D. S., Cole, C. V., et al. 1987. Analysis of factors controlling soil organic matter levels in great plains grasslands. *Soil Science Society of America Journal*, **51**: 1173－1179.

Peng, C. H., Guiot, J., and van Campo, E. 1995. Reconstruction of the past terrestrial carbon storage of the north hemisphere from the Osnabruck biosphere model and paleodata. *Climate Research*, **5**: 107－118.

Post, W. P., Emanual, W. R., Zinke, P. J., et al., 1982. Soil carbon pools and world life zones. *Nature*, **298**: 156－159.

Post, W. P., Pastor, J., Zinke, P. J., et al. 1985. Global patterns of soil nitrogen storage. *Nature*, **317**: 613－616.

Raich, J. W. and Schlesinger, W. H. 1992. The Global carbon dioxide flux in soil respiration and its relationship to vegetation. *Tellus*, **44**B: 81－99.

Siegenthaler, U. and Oeschger, H. 1987. Biospheric CO_2 emission during the past 200 years reconstructed by deconvolution of ice core data. *Tellus*, **39**B: 140－154.

Tans, P. P., Fung, J. Y., Takahashi, T. 1990. Observational constraints on the global atmospheric CO_2 budget. *Science*, **247**:1431－1438.

Woodwell, G. M., Mackenzie, F. T., Houghton, R. A., et al. 1998. Biotic feedbacks in the warming of the earth. *Climatic Change*, **40**: 495－518.

Yang, X., Wang, M. X. and Huang, Y., 2001. The climatic－induced net carbon sink by terrestrial biosphere over 1901－1995. *Advances in Atmospheric Sciences*, **18** (6): 1192－1206.

Yang, X., Wang, M. X., Huang, Y. and Wang, Y. 2002. A one－compartment model to study the soil carbon decomposition rate at equilibrium situation. *Ecological Modelling*, **151**: 63－73.

Zinke, P. J., Stangenberger, A. G., Post, W. P., et al. 1986. Worldwide organic soil carbon and nitrogen data. ORNL/NDP－018. Oak Ridge National Laboratory, Oak Ridge, Tennessee.

第十章　氮循环模型及亚洲氮收支

区域氮循环是人们了解与氮有关环境问题的关键，人类活动对陆地生态系统氮储量和区域乃至全球氮循环有着十分明显的影响。人类活动增强正使全球活性氮(Nr，Reactive Nitrogen)的人为产量大大提高，从 1890 年的 15 TgN · a^{-1} 增加到 1990 年的大约 140 TgN · a^{-1}，而自然陆地生态系统的生物固氮(BNF，Biological Nitrogen Fixation)则从大约 100 TgN · a^{-1} 下降到大约 89 TgN · a^{-1} (Galloway 和 Cowling，2002)。人类对全球 N 循环的影响密切依赖于陆地和水体生物固 N，以及经反硝化作用生成 N_2 的转化率(Galloway 和 Cowling，2002)。构建区域氮循环模型是全面系统了解区域氮循环及其受人类活动影响的有效方法，模拟模型在区域氮循环评估上起着重要作用。然而遗憾的是，对区域氮循环及其收支的估计面临着巨大的挑战。首先，迄今为止仍缺乏对于陆地和水体环境不同管理方式或自然条件下 N 素反硝化过程向大气返还 N_2 的速率的定量认识(Galloway 和 Cowling，2002)，这就是所谓的“丢失的固定态氮”问题(Socolow，1999)(亦即 N_2 转化成 Nr 的速率与 Nr 转化成 N_2 的速率不平衡问题)，这一问题的存在也可能是构建氮循环模型的一大障碍(Galloway 等，1995；Zheng 等，2002)。其次，区域尺度上的观测数据很少，而微域尺度上的数据很难简单的按比例外推到区域水平上。

亚洲(不包括苏联解体后成立的国家)正经历着世界上经济最快速的增长阶段。1950～1998 年间，该地区总的国民生产总值(GDP)已增长了 11. 7 倍，而其它地区只增长了 1. 2～6. 0 倍，全球范围内平均为 5. 3 倍(OECD，2001)。与此同时，亚洲人口在过去的 40 年里翻了一番，从 17 亿增长到 36 亿，在未来 30 年将可能增长 12 亿(FAO，2001)。虽然亚洲东南部太平洋和印度洋沿岸的发达地区属于湿润的季风气候，但是亚洲大部分内陆地区属于干旱或半干旱气候。由于气候和水分供应的极大差异，导致亚洲不同区域的经济发展极不均衡。全球或区域的经济发展水平在某种程度上依赖于消耗人工合成 N 的多少。亚洲的活性氮年产量增加以及未来人口、工业和氮用量等的变化都将对亚洲 N 循环产生影响。

本章主要介绍在 IPCC(Intergovernmental Panel on Climate Change)推荐的国家温室气体排放清单编制方法(IPCC，1997)基础上，用人为活动驱动的区域 N 固定－反硝化(Fixing－Denitrification)封闭循环方法建立的区域氮循环模型(IAP－N)，以及用此模型分析 70 年(1961～ 2030 年)时间序列中亚洲地区 N 循环的过去、现在和将来，以及人类活动所产生的影响，同时讨论促使环境中活性氮富集的因素，并提出几种可能的减控措施。主要内容源自文献：Zheng 等(2002)。

10. 1　氮循环模型

10. 1. 1　概念性模型

基于 IPCC 方法(IPCC，1997)，通过分析农田、大气、家畜和人、水体四个子系统之间 N 的流通过程，Zheng 等(2002)建立了以亚洲各国家和地区农作物面积和产量、家畜年末存栏数、化石燃料消耗量为基本输入的一个简单N循环模型(IAP-N),用以考察国家尺度上的人类活动驱动N素在各子系统之间的循环过程与动态变化。区域版IAP-N模型的概念框架如图10.1所示。该模型的当前版本尚不包含自然N循环过程,其功能只是按照图10.1所示的过程模拟人为活动驱动的区域N循环过程(Zheng等,2002)。为了使模型能直接利用IPCC方法中的某些参数,模型中关于农作物、家畜以及化石燃料的输入数据类型均按照IPCC方法(IPCC,1997)来分类。

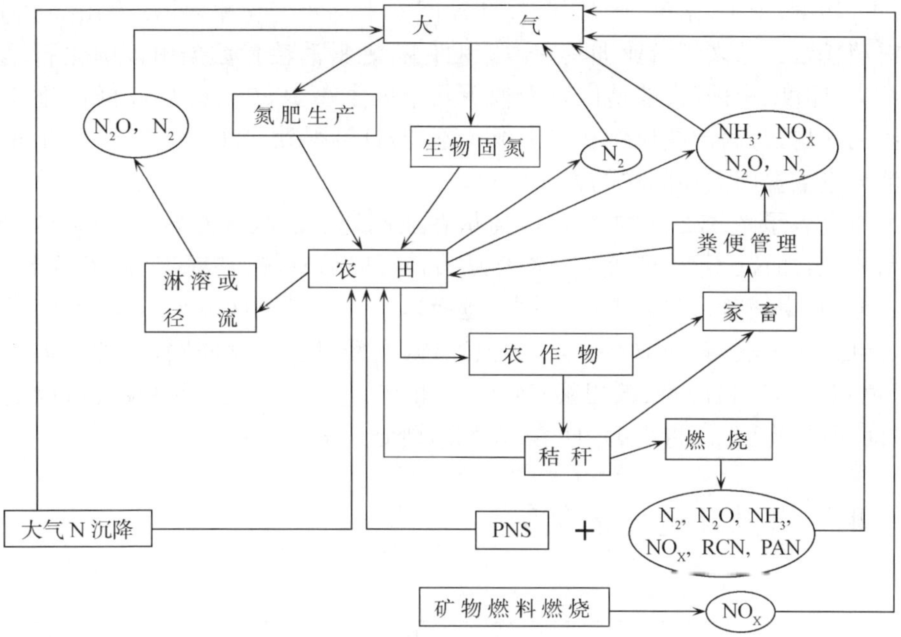

图10.1　人为活动驱动的区域氮循环模型流程(郑循华和韩圣慧未发表资料)

10.1.2　模型输入数据来源

IAP-N模型的1.0版本运行所需的农业数据及人口数据均从FAO数据库下载,主要化石燃料(石油,天然气和煤)的消耗量从EIA(Energy Information Administration,USA)数据库下载(EIA,2001)。

FAO数据库提供了1961～2000年的农作物收获面积和产量、家畜数以及1961～1998年各国(地区)的总土地面积、合成N肥的消耗量、农村人口和总人口数(FAO,2001)。同时,该数据库还提供了某些未来年份的人口预测数。以总人口数为基准,未来年份的农业数据(包括1999～2000 FAO未提供的数据)都是根据过去几十年的数据反推而得。若一个国家的某个农业数据与该国总人口数在过去的40年里呈显著相关($p<0.05$),则用此回归函数来估算未来年份的相应农业数据;如果相关关系不显著,则采用近10年内总人口数和该项农业数据二者的平均值之比来估算未来年份的相应农业数据。

EIA数据库(EIA,2001)提供了亚洲各国1980～1999年的石油、煤、天然气的消耗量和1961～1979年间日本、印度、中国(大陆地区)、南韩地区的石油消耗量数据,同时该数据库还提供了日本、印度、中国(大陆地区)、南韩、中东地区 2000～2020 年化石燃料消耗量的预测值。通过计算 1980～1999 年间亚洲各国(不包括日本、印度、中国、南韩)石油消耗量占四国(日本、印度、中国、南韩)的石油消耗总量的平均比例(假设此比例在 1961～1999 年间不变)来估算出 1961～1979 年间 EIA 数据库没有提供的亚洲国家的石油年消耗量。假设过去 40 年里亚洲各国化石燃料消耗结构不变,则用 1980～1999 年间亚洲各国煤或天然气的消耗量与汽油消耗量的平均比值粗略估算出亚洲各国 1961～1979 年煤和天然气的年消耗量。利用 1990～2020 年的 EIA 数据库,求得已给出化石燃料消耗量预测值的国家(日本、印度、中国、南韩、土耳其)在此期间的平均年变化率,外推得出 2021～2030 年化石燃料消耗量。未来年份亚洲其它国家的化石燃料消耗量数据由该国化石燃料消耗量数据与日本、印度、中国(大陆地区)、南韩等几个国家在 1980～1999 年间的逐年的消耗量总和之比的平均数(假定此比例在未来保持不变)计算得到。2000～2030 年中东国家的化石燃料消耗量数据用上述同样的方法估算。

为了研究各子系统之间的 N 素流通量在亚洲地区的区域差异,Zheng 等(2002)将亚洲分为南亚(孟加拉、不丹、印度、马尔代夫、缅甸、尼泊尔、巴基斯坦、斯里兰卡),中亚(中国、香港、澳门、柬埔寨、北韩、老挝、蒙古、越南),东亚(文莱、印度尼西亚、南韩、马来西亚、菲律宾、泰国、东帝汶、新加坡、日本),和西亚(阿富汗、巴林、塞浦路斯、加沙地带、伊朗、伊拉克、以色列、约旦、科威特、黎巴嫩、阿曼、卡特尔、沙特阿拉伯、叙利亚、阿拉伯联合酋长国、约旦河西岸、也门)。将南韩、日本、以色列划分为发达国家。

10.2 亚洲氮循环速率的估算

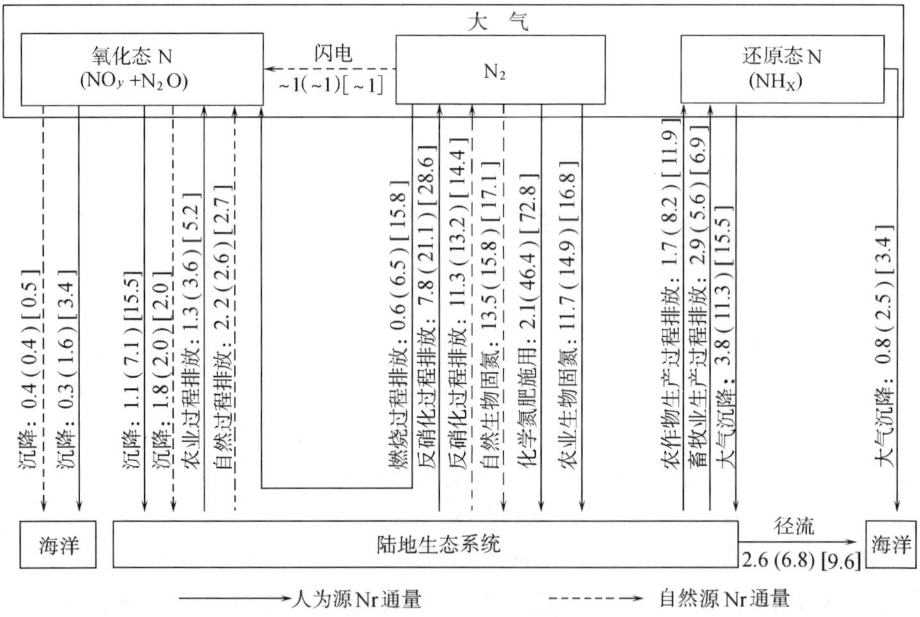

图 10.2 1961 年、2000 年、2030 年亚洲 N 收支(单位:TgN · a^{-1})(Zheng 等,2002)

注:()[] 外的数字为 1961 年计算结果;()内数字为 2000 年计算结果;[] 内数字为 2030 年计算结果

图 10.2 为亚洲 N 收支一览图。图中虚线箭头表示活性氮(Nr)由自然过程产生，实线箭头表示由人类活动参与产生。图中所示数值为 1961 年、2000 年和 2030 年的 N 循环速率。由于多种因素(如未来技术进步和经济发展的影响)，使得对未来年份的预测具有一定的不确定性(Zheng 等，2002)。图 10.2 中显示的受人为活动驱动的 N 循环(图中用实线表示)速率来自于 IAP-N 模型的计算结果。由于 IAP-N 模型尚不具备计算自然 N 循环速率的功能，图 10.2 中显示的自然循环速率是由有关的全球估计值通过区域与全球陆地或相应生态系统的面积比粗略换算而得(Zheng 等，2002)。

10.2.1 自然源产生的活性氮(Nr)及其归宿

氮元素在大气中主要以三种形式存在：氮气(N_2)、氧化氮(N_2O 和 NO_y)和还原氮(NH_x)。氧化氮包括 NO_3^-、HNO_3、N_2O_5、N_2O_3、PAN(过氧乙酰硝酸酯)、RCN(含 N 有机物)和 NO_x($NO_x=NO+NO_2$)，还原氮包括 NH_3、NH_4^+ 和 RNH_2(Zheng 等，2002)。

地球生物圈、大气圈、土壤圈和水圈到处都存在氮的循环。自然界中，N_2 可通过生物固氮和闪电作用，变成生物可利用的形式，而这些形式最终又将通过反硝化作用转化成 N_2。自然陆地生态系统中(如森林和草地)，全球生物固氮产生的活性氮(Nr)达 89 TgN · a^{-1}(Galloway 和 Cowling，2002)，其中亚洲为 16 TgN · a^{-1}。FAO 数据库显示，亚洲草地面积从 1961 年的 0.618×10^9 hm^2 增加到 1991 年的 0.799×10^9 hm^2，而森林面积在 1961～1991 年间从 0.591×10^9 hm^2 下降到 0.536×10^9 hm^2(FAO，2001)。假设这种趋势一直发展下去，到 2030 年亚洲自然陆地生态系统活性氮产量则为 13.5～17.1 TgN · a^{-1}(Zheng 等，2002)。

自然陆地生态系统中活性氮 N_r 的一小部分是通过硝化/反硝化作用释放 NO 和/或 N_2O。全球土壤排放 NO 的速率为 4～21 TgN · a^{-1}(Logan，1983；Potter 等，1996；Davidson 和 Kingerlee，1997；Delmas 等，1997)，其中 40%来自于农田土壤排放，剩下部分是自然陆地生态系统排放(Davidson 和 Kingerlee，1997；Delmas 等，1997)。根据亚洲草地和森林面积占全球的比例以及全球自然界 NO 排放量，可以估算出亚洲自然陆地生态系统的 NO 排放量约为 1.4 TgN · a^{-1}(Zheng 等，2002)。全球未经过管理的土地排放 N_2O 的速率为 3.3～9.7 TgN · a^{-1}，平均 6.5 TgN · a^{-1}(IPCC，2001)，其中亚洲的排放量约为 1.0～1.3 TgN · a^{-1}(Zheng 等，2002)。总体而言，亚洲自然陆地生态系统 1961～2030 年间排放 NO 和 N_2O 的速率估计为 2.2～2.7 TgN · a^{-1}(Zheng 等，2002)。

闪电使 N_2 转化成 NO、NO_2。全球产生的这部分活性氮大约 5 TgN · a^{-1}(Galloway 和 Cowling，2002)。假设全球闪电产生的活性氮与地球表面积成正比，则亚洲由闪电产生的 Nr 约为 1 TgN · a^{-1}(Zheng 等，2002)。通过自然和人为过程，N_2O 一旦形成且排放到大气中，在其最终形成 NO_x 之前通常会在大气中存留 100 年之久(IPCC，1996)。相反，NH_3 和 NO_x 在大气中具有相对较短的存留时间，一般为 10 天左右。之后，它们通过干/湿沉降回到陆地和近海水体。根据 Dentener 和 Galloway(个人通讯资料)估算，亚洲陆地排放的 NO_x 和 NH_3 有 82%又沉降在亚洲地区，剩下部分通过平流迁移而沉降在近海。根据这个百分比可估算从亚洲自然源(闪电和未经管理的土壤)产生的 NO_x 的沉降速率(图 10.2)。因为没有可靠的数据，本分析没有包括自然过程的 NH_3 挥发量及随后的沉降量。

从 1961～2030 年间，亚洲地区自然源产生的 Nr 为 14.5～18.1 TgN · a^{-1}(Zheng 等，

2002)。如果每年所产生的 N_r 量是稳定的话，则有 2.2～2.7 TgN · a^{-1}从未经管理的生态系统以 NO 和 N_2O 形式排放到大气；1.8～2.0 TgN · a^{-1}又沉降到下风向的亚洲陆地上；大约有 0.4 TgN · a^{-1}通过大气平流迁移沉降在太平洋及印度洋上；11.3～14.4 TgN · a^{-1}经反硝化作用转变成 N_2 而回到惰性 N 库(Zheng 等，2002)。

10.2.2 人为源 Nr

人类活动产生 Nr 的途径主要有 3 条：1)种植豆科作物、水稻、甘蔗过程中的生物固氮，这部分 Nr 可作为营养成分直接进入土壤-植物系统；2)主要由 Haber-Bosch 过程合成氨并进而生产各种化学 N 肥；3)燃料燃烧过程使空气中的 N_2 以及燃料中的有机氮氧化成 NO_x 和 N_2O(Zheng 等，2002)。产生 Nr 的燃烧过程以矿物燃料燃烧为主。与 NO_x 相比，由矿物燃料燃烧释放 N_2O 的量可以忽略不计。1990 年全球由于矿物燃料消耗释放 0.1～2.2 TgN_2O-N(Khalil 和 Rasmussen，1992)，而 NO_x 达 21 $TgNO_x$-N(Galloway 和 Cowling，2002)。估算一个区域中来源于合成 N 肥和矿物燃料燃烧的 N 有两种方法：一种基于消耗量，另一种是基于产生量(Galloway 和 Cowling，2002)。后一种方法涉及到不同区域间的进出口量。目前，亚洲农产品市场与外界的年贸易量大约为 2.2TgN · a^{-1}(Galloway 和 Cowling，2002)。当 Zheng 等(2002)用 IPCC 方法(IPCC，1997)估算家畜和人的排泄 N 量时，用作家畜饲料或人类食物的农产品净进口量已经间接地计入排泄 N。对于化学肥料 N，Zheng 等(2002)直接采用其消费量。因此，Zheng 等(2002)分析亚洲地区人为源 Nr 的收支时，没有直接考虑亚洲地区与外界的氮进出口。

10.2.2.1 农业生物固氮(BNF)产生的 Nr

种植豆科作物、水稻、甘蔗可将 N_2 通过生物固氮作用转化成 Nr。种植水稻和甘蔗土壤的厌氧层或微域里有固氮作用的非根瘤菌固氮酶(Non-Rhizobium Duazitrophs)。豆科作物，包括豆类种子作物和豆类遮盖作物，其根结具有共生固氮作用的根瘤菌。根据 IPCC (1997)的默认值以及 FAO 数据估算的亚洲豆类作物生物固 N 量为：1961 年 2.8 TgN · a^{-1}，2000 年 4.5 TgN · a^{-1}，2030 年预计可达到 6.1 TgN · a^{-1}(Zheng 等，2002)。1961 年，中国豆科作物固氮量占亚洲总固氮量的 47%，印度占 39%。然而，自此以后，这两个国家的豆科作物固氮量分别逐渐下降到 41%和 28%(Zheng 等，2002)。据 Kundu 和 Laha (1995)报道，亚洲种植水稻的固氮率为 14～50 kgN · hm^{-2} · a^{-1}，平均为 32 kgN · hm^{-2} · a^{-1}。用这个数值估算的亚洲水稻固氮量为：1961 年 3.4 TgN · a^{-1}，2000 年 4.4 TgN · a^{-1}，2030 年预计达 4.7 TgN · a^{-1}(Zheng 等，2002)。过去的 40 年里，亚洲水稻固氮量的 25%发生在中国，32%发生在印度(Zheng 等，2002)。用 Smil(1999)提供的甘蔗固氮率(100 kgN · hm^{-2} · a^{-1})估算亚洲的甘蔗固氮量为：1961 年 0.4 TgN · a^{-1}，2000～2030 年平均为 0.8 TgN · a^{-1}(Zheng 等，2002)。目前还没有关于亚洲国家或地区豆科覆盖作物和非固氮作物固氮量动态的分析数据。Galloway 和 Cowling(2002)以及 Smil(1999)估算的 1995 年亚洲生物固氮量为 5.1 TgN。为了能在人类活动产生 Nr 的动态收支分析中估算豆科覆盖作物和非固氮作物固氮量，我们直接引用他们的估算值，并依照亚洲各国作物种植面积按比例分配到各个国家。据此估算出 1961 年亚洲农业固氮所产生的 Nr 为 11.7 TgN · a^{-1}，2000 年为 14.9 TgN · a^{-1}，2030 年预计达 16.8 TgN · a^{-1}(Zheng 等，2002)。

Galloway 和 Gowling(2002)估算 1995 年亚洲固氮 13.7 TgN,这个值与 Zheng 等(2002)使用另一种方法(Smil,1999)估算同一年的固氮值 14.5 TgN 是一致的,这表明通过豆科种子作物计算生物固氮量具有可比性。

10.2.2.2 Haber-Bosch 过程产生的 Nr

全球通过 Haber-Bosch 过程产生的 Nr 通常用合成化肥 N(Fsn)的产量来表示。就某个区域而言,Nr 既可直接用 Fsn 的消耗量来估计,如 Galloway(2000)估算亚洲 1990 年的 Nr 为 40 TgN;也可用当地合成 N 肥产量加上进口量来估计,如 Galloway 和 Cowling(2002)用此法估计亚洲 1990 年合成 N 量为 46.4 TgN。两者的差异显示了数据及其在分析中的不确定性。如果有 Fsn 的消耗量且数据可靠,推荐直接用其来进行估算。Zheng 等(2002)就直接用 Fsn 的消耗量来估计亚洲由 Haber-Bosch 过程产生的 Nr。FAO(2001)数据库提供的亚洲 1961 年 Fsn 消耗量为 2.1 TgN · a^{-1},到 2000 年猛增到 46.4 TgN · a^{-1}。以人口预测值为依据估算的结果显示,2030 年的 Fsn 消耗量将达 72.8 TgN · a^{-1}(Zheng 等,2002)。Galloway(2000)估计 2020 年的 Fsn 消耗量达 80 TgN · a^{-1},但 Zheng(2002)的估计却为 66 TgN · a^{-1}。Fsn 的消耗量及其在亚洲不同国家和地区的分布在过去的半个世纪变化很大。1961 年东亚和中亚的 Fsn 消耗量各占亚洲总消耗量的 48%和 31%,而南亚和西亚共占 24%。亚洲发达国家消耗量占亚洲总量的大约 11%,印度和中国占 37%,其他国家和地区消耗 51%。2000 年中亚的 Fsn 消耗量却占亚洲总消耗量的 54%(其中中国占 51%),南亚增加到 31%(其中印度占 23%),东亚和西亚仅占 16%。约 98%的 Fsn 消费量发生在发展中国家,而 1961 年的发展中国家消耗量却只占 89%。过去的 40 年里,中国和印度化肥消耗量的增长(增加了 43 倍)大大超过整个亚洲的增长(增加了 22 倍)。尽管如此,对于亚洲单个国家或整个亚洲来讲,以人口预测值为依据估计的化肥消耗量在未来 30 年增长趋势变缓。如 2030 年的 Fsn 消耗量与 2000 年 Fsn 消耗量之比为:亚洲 1.6,中国 1.4,印度 1.8 (Zheng 等,2002)。

10.2.2.3 矿物燃料燃烧产生的 Nr

图 10.3 显示亚洲矿物燃料(分类型)燃烧产生的 Nr 随时间的变化情况。1961 年亚洲的矿物燃料消费产生的 Nr 仅为 0.5 TgN · a^{-1},而 40 年后迅速增加到 6.5 TgN · a^{-1}(Zheng 等,2002)。据 Galloway 和 Cowling(2002)估算,最近亚洲的矿物燃料消费所产生的 Nr 占全球的 31%。

未来 30 年里,由于亚洲的工业化进程加快,矿物燃料消费所产生的 Nr 将达到 15.8 TgN · a^{-1}(Zheng 等,2002)。和过去 30 年一样,石油消费仍占主导地位,所产生的 Nr 将占矿物燃料消费所产生的 Nr 总量的 60%。煤消费所产生的 Nr 仍居第二。1961～2000 年间,消费煤所产生的 Nr 占总矿物燃料消费的 30%,而且近来有所减少(图 10.3)。到 2030 年,煤和天然气消费产生的 Nr 将共占矿物燃料消费所产生 Nr 的 20%。在整个研究时段内,亚洲地区源于矿物燃料燃烧的 Nr 产量具有很大的区域差异。1961 年,亚洲矿物燃料燃烧产生的 Nr 41%来自东亚,35%来自中亚,9%来自南亚,14%来自西亚。40 年后,东亚所占的比例下降到 35%,预计未来 30 年将进一步下降到 30%;中亚所占的比例也由原来的 35%下降到 31%,但未来 30 年又会增长到 33%;南亚变化稍大,从 1961 年只占

9%增加到2030年的13%;西亚将发生巨大变化,2000年只占亚洲的17%,而到2030年将占24%(Zheng等,2002)。亚洲发达国家矿物燃料消费所产生的Nr在1961年占全亚洲的35%,2000年占30%,到2030年将只占15%;而不包括中国、印度的其他亚洲发展中国家1961年占27%,2000年占30%,到2030年将占43%(Zheng等,2002)。从1961到2030年,中国所占比例将从28%增长到36%,印度将从6%增长到10%(Zheng等,2002)。

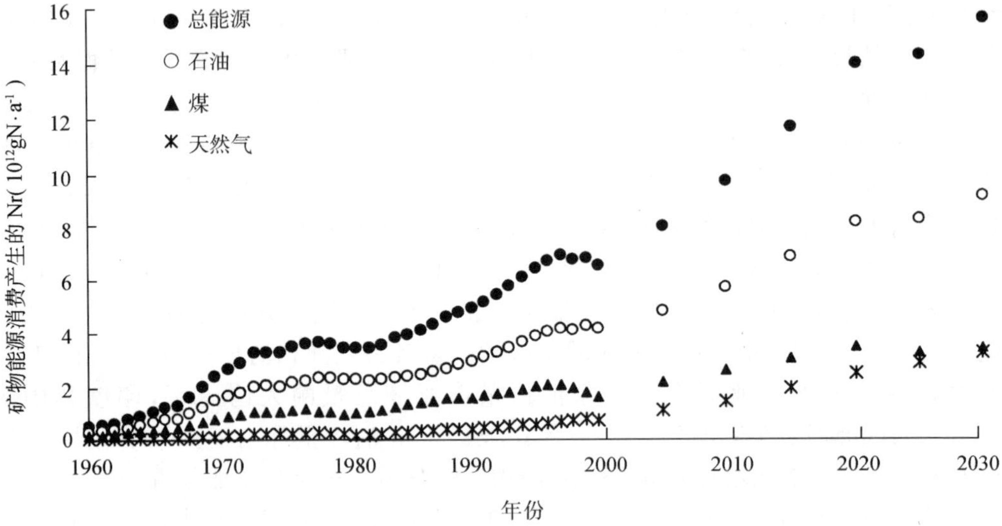

图10.3 1960～2030年化石燃料消耗所产生的Nr(Zheng等,2002)

10.2.3 人为源Nr的归宿

10.2.3.1 NHx排放与沉降

人类活动产生的Nr,一部分是由施用到田间的化肥N、秸秆燃烧、动物和人类排泄物及生活污水等挥发NH_3到大气。NH_3在大气中的存留时间很短,从亚洲地区释放到大气中的NH_3,大部分很快转化成其它形态的N而沉降到下风向地区,只有少部分NH_3会通过大气平流输送沉降到近海。

IPCC(1997)提供的施用到耕地的化肥N的NH_3+NO_x排放系数默认值为0.1或10%。但此值不一定适于估算亚洲地区的NH_3挥发。Zheng等(2002)采用Xing和Zhu(2000)报道的旱地肥料N的NH_3排放系数0.09 kgN·kg^{-1}N和水稻田肥料N的NH_3排放系数0.18 kgN·kg^{-1}N来估算亚洲施肥农田的NH_3挥发量。计算过程中考虑的含N肥料包括化学氮肥、粪肥(动物、农村人口)、还田秸秆、农田生物固定N及大气沉降N。估算结果给出从输入到农田的直接人为源Nr(Fsn和BNF)和间接人为源Nr(输入到农田的除Fsn和BNF之外人为源Nr)向大气排放的NH_3总量为:1961年1.7 TgN·a^{-1},2000年增加到8.2 TgN·a^{-1},2030年将达12.2 TgN·a^{-1}(Zheng等,2002)。

动物和人的排泄物在粪便管理系统中储存期间，一部分 N 主要以 NH_3 形式，少量以 N_2O 或 NO_x 形式释放到大气。IPCC(1997)方法提供的家畜排泄 N 在储存过程中的 NH_3+NO_x 排放系数默认值为 0.2 或 20%。欧洲和北美的研究指出家畜排泄 N 在储存过程中仅有<2%的 N 以 N_2O 形式释放到大气(Oenema 等，2001)，但极少数定量研究家畜排泄物 NO 排放的学者指出，家畜排泄 N 在储存过程中以 N_2O 形式排放的 N 远高于以 NO 形式排放的 N，二者之比介于<0.001 到 0.263 之间(如 Colbourn 等，1987；Oenema 等，2001)。这些数据表明，家畜排泄 N 在储存过程中的 NO-N 排放系数在<0.002%～0.5%之间，与 IPCC 方法的 NH_3+NO_x 排放系数默认值 20%比起来可以忽略不计。因而，Zheng 等(2002)忽略 NO_x 排放，直接用 IPCC(1997)的 NH_3+NO_x 排放系数默认值来估算家畜和人的排泄 N 在储存过程中挥发的 NH_3。估算结果给出从储存过程中的家畜和人的排泄 N 挥发到大气的 NH_3 为：1961 年约 2.8 TgN · a^{-1}，2000 年增加到 5.5 TgN · a^{-1}，2030 年将达到 6.9 TgN · a^{-1}(图 10.4)，其中人类排泄 N 导致的 NH_3 挥发仅占 8%(假定人类排泄 N 在储存过程中挥发 NH_3 的排放系数与家畜排泄 N 相同)(Zheng 等，2002)。家畜的 N 排泄率用 IPCC(1997)方法计算，人类 N 排泄率用 0.69 kgN · 人$^{-1}$ · a^{-1}(Xing 和 Zhu，2000)来估算。结果指出，亚洲家畜排泄 N 随畜牧业的发展而增加，尤其在上世纪 80～90 年代增长迅速，但这种势头在未来几十年内会减慢，其增长速度会降到与上世纪 60～70 年代基本持平(图 10.4)。

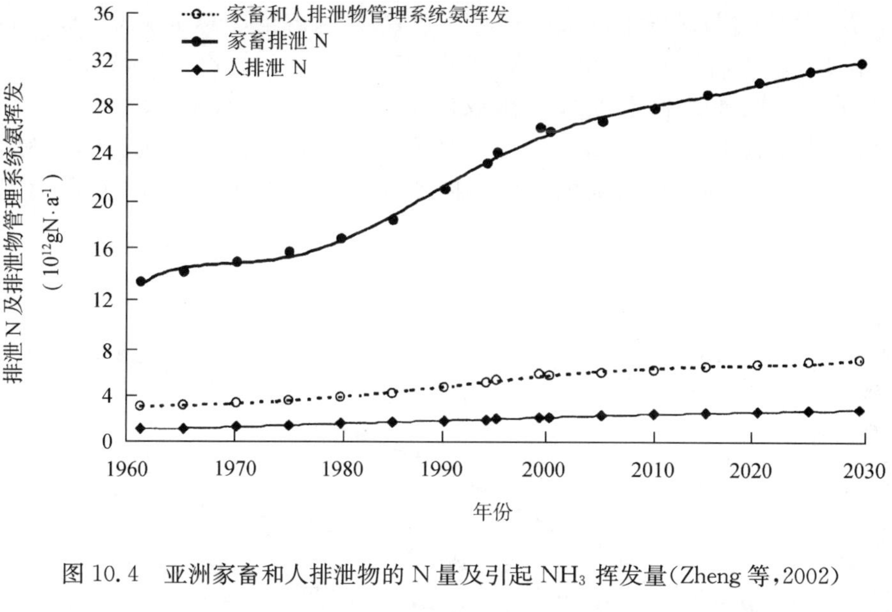

图 10.4 亚洲家畜和人排泄物的 N 量及引起 NH_3 挥发量(Zheng 等，2002)

上述结果表明，亚洲由于人类活动所产生的 Nr 以 NH_3 形式挥发进入大气的量 1961 年为 4.6 TgN · a^{-1}，2000 年迅速增至 13.8 TgN · a^{-1}。这是由于化肥 N 消耗量剧增和畜牧业急剧发展而造成的(Zheng 等，2002)。预计未来 30 年 NH_3 挥发量将达到 18.9 TgN · a^{-1}(Zheng 等，2002)。中国的 NH_3 挥发量占亚洲总量的比例为 1961 年 25%，2000 年增加到 39%；而印度所占比例为 1961 年 41%，2000 年下降到 29%(Zheng 等，2002)。在未来 30 年里，中国的排放预计将占 35%，而印度将保持在 29%(Zheng 等，2002)。粗略估计，释放到大气中的 NH_3 沉降到下风向区域的量介于 3.8 TgN · a^{-1}（1961 年）到 15.7 TgN · a^{-1}（2030 年）之间，而沉降到近海区域的量为 0.8～3.4 TgN · a^{-1}（Zheng 等，2002）。

10.2.3.2 N_2O 和 NO_y 的排放和沉降

矿物燃料消费是大气中 NO_x 的主要来源。此外，陆地和水体生态系统中的 Nr 也可以经过微生物的硝化和反硝化作用（郑循华等，1997；2000；Zheng 等，1997；1999；2000a、b），或者经作物秸秆燃烧时的热反硝化作用（Pyro-denitrification）（Sanhueza 和 Crutzen，1998）向大气排放 NO_x 和 N_2O。NO_x 在大气存留时间较短，通常会转化成其它形式的氮，如 NO_3^- 等，然后再沉降回陆地或近海水体。而 N_2O 在大气中滞留时间超过 100 年（IPCC，2001）。

人为生物源排放的 NO_x 和 N_2O 主要来自施用化学氮肥、农业生物固氮、有机肥施用、秸秆还田、大气氮（NO_y、NH_x）沉降、秸秆燃烧、放牧和粪肥管理系统（IPCC，1997）。从这些人为生物源排放的 NO_x 和 N_2O 估计为：1961 年分别是大约 0.8 TgN · a^{-1}和 0.5 TgN · a^{-1}，2000 年分别是 2.2 TgN · a^{-1}和 1.4 TgN · a^{-1}，2030 年将分别达到 3.1 TgN · a^{-1}和 2.1 TgN · a^{-1}（图 10.5）。因粪肥管理系统的 NO-N 排放系数＜0.5%，比施入土壤中的化肥 N 的 NO-N 排放系数 2%（Zheng 等，2003）低得多，Zheng 等（2002）估计的人为源 NO_y 排放不包含粪肥储存过程中释放的 NO_x。上世纪 80～90 年代亚洲耕作土壤（不包括作物秸秆燃烧）释放的 NO 估计为 0.8～1.2 TgN · a^{-1}，占全球总量 1.6～8.4 TgN · a^{-1}（Davidson 和 Kingerlee，1997；Delmas 等，1997）的 50%～14%（Zheng 等，2002）。估计 90 年代从亚洲耕作土壤和粪肥管理系统排放的 N_2O 为 1.1～1.4 TgN · a^{-1}（Zheng 等，2002），占全球估计值 3.9～6.3 TgN · a^{-1}（IPCC，2001）的 28%～22%。印度和中国的人为生物源 NO_x 和 N_2O 排放约占亚洲人为生物源 NO_x 和 N_2O 总排放量的 68%（Zheng 等，2002）。

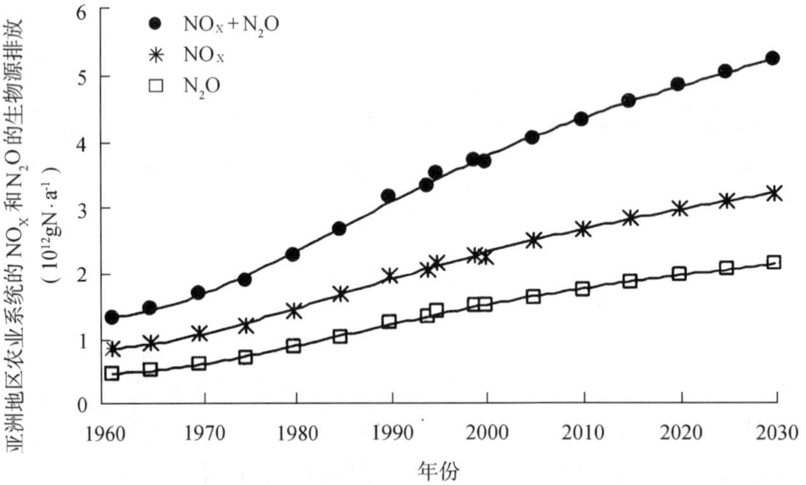

图 10.5 亚洲地区通过生物过程从人为源活性氮排放的 NO_x 和 N_2O（Zheng 等，2002）

亚洲排放的人为源 NO_y 沉降到下风向陆地区域的量估计介于 1.1 TgN · a^{-1}(1961年)到 7.1 TgN · a^{-1}(2000 年)之间，预计 2030 年将达到 15.5 TgN · a^{-1}，而沉降到近海的量估计在过去 40 年内为 0.3 ～1.6 TgN · a^{-1}，未来 30 年将达到 3.4 TgN · a^{-1}(Zheng 等,2002)。如果不采取有效措施减少矿物燃料燃烧排放的 NO_x，到 2030 年，亚洲的人为源 NO_y 排放量和沉降量均可能会增加到 2000 年的 2 倍以上(Zheng 等,2002)。

10.2.3.3　进入水体的 Nr

全球化肥 N 的 30%通过淋溶和径流进入海洋、湖泊或其它地表水体(Duan 等,2000)后几乎被完全反硝化(Seitzinger 和 Kroeze,1998)。Zheng 等(2002)采用在亚洲地区检测的氮淋溶损失速率和径流损失速率来估算亚洲从农田迁移到水体的氮量。投入到旱地土壤的 N 的径流损失为 11.8%(马立珊等,1997)，淋溶损失率为 2.4%(戴同顺和赵忠生,1992;易秀和薛澄泽,1993;袁锋明等,1995;Xing 和 Zhu,2000)。为数不多的研究结果显示，亚洲稻田的 N 淋溶＋径流损失率在 9.2～46.0 kgN · hm^{-2} · a^{-1}之间，平均为 26.9 kgN · hm^{-2} · a^{-1}(鲁如坤等,1996;马立珊等,1997;Xing 和 Zhu,2000)。用这些参数估算亚洲耕地的 N 淋溶＋径流损失量为:1961 年 3.8 TgN · a^{-1}，2000 年 9.8 TgN · a^{-1}，2030 年 13.6 TgN · a^{-1}(Zheng 等,2002)。施入淹水稻田的化肥 N 有 31%在水稻生长季以 N_2 形式损失(朱兆良和文启孝,1992)。假定通过径流和淋溶损失进入水体或更深层土体的可溶态无机氮(DIN)在进入河流或近海水体之前，也按上述比例(31%的 DIN)转化成 N_2，那么，亚洲的人为源 Nr 经河流输入太平洋和印度洋的 N 量可粗略地估计为:1961 年 2.6 TgN · a^{-1}，2000 年 6.8 TgN · a^{-1}，2030 年 9.6 TgN · a^{-1}(Zheng 等,2002)。其中 2000 年淋溶和径流损失量占全球总量 20 TgN · a^{-1}(Seitzinger 和 Kroeze,1998)的 34%(Zheng 等,2002)。Zheng 等(2002)估计 20 世纪 90 年代中期通过淋溶和径流损失而输入到海洋的 N 量为 6.4 TgN · a^{-1}，低于 Seitziger 和 Kroeze(1998)的估计(9 TgN · a^{-1})。亚洲输入海洋的 DIN，有大约 66%来自中国和印度。据报道，恒河、长江、黄河、湄公河流域的 NO_3^- 输出量分别为 601、495、276 和 144 kgN · a^{-1} · km^{-2}(Caraco 和 Cole,1999)。Zheng 等(2002)估计，整个亚洲地区消耗的化肥中有 15%以 DIN 形式由河流输送进入近海。

10.2.3.4　Nr 转化成 N_2

人类活动，如土壤耕作、秸秆或粪便燃烧、粪便管理等都会导致部分 Nr 转化成 N_2。Zheng 等(2002)直接采用亚洲测定的淹水稻田施用肥料 N 的当季 N_2 排放系数 31%(朱兆良和文启孝,1992)来估算淹水稻田及其它的厌氧条件(包括水体、深层沉积物、厌氧池、湿法粪肥管理系统)的 N_2 生产量，直接采用在亚洲旱田测定的 N_2 排放系数(即生成 N_2 量占输入耕地的 N 量)7.08%(朱兆良和文启孝,1992)来估算好气条件(包括旱田和其它几种干法粪肥管理系统)下 Nr 的 N_2 排放量。生物质燃烧释放 N_2 的排放系数为 46.7%(Sanhueza 和 Crutzen,1998)。Zheng 等(2002)用此参数估算亚洲农作物秸秆燃烧、粪便燃烧释放 N_2 的量。

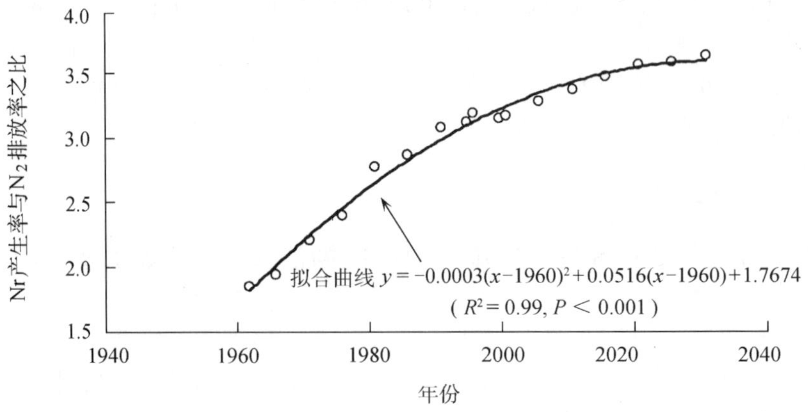

图 10.6　亚洲地区活性氮(Nr)产生率与 N_2 排放率之比及其变化趋势(Zheng 等,2002)

根据以上方法的估算结果,亚洲人为源 Nr 转化成 N_2 的量为:1961 年 7.8 $TgN \cdot a^{-1}$,2000 年 21.1 $TgN \cdot a^{-1}$,2030 年将达 28.6 $TgN \cdot a^{-1}$(Zheng 等,2002)。图 10.6 显示了 1961～2030 年间亚洲地区人为源 Nr 产生率与 N_2 排放率之比的变化。由图 10.6 所示的拟合曲线反推可得,在 20 世纪 40 年代,亚洲地区人为源 Nr 的生成速率与其转化成 N_2 的速率相当,此后,由于食品和能源需求量的增加,进入环境并滞留在环境中的 Nr 量也增加(Zheng 等,2002)。20 世纪 60 年代,亚洲人为源 Nr 的生成速率是由 Nr 转化成 N_2 的速率的 2 倍以上,到本世纪初超过了 3 倍(Zheng 等,2002)。约 70%的人为源 Nr 不能立即转化成 N_2 而滞留在环境中,这意味着亚洲 Nr-富集问题越来越受到人类活动的影响(Zheng 等,2002)。

10.2.4　Nr 在环境中富集及产生富集效应的根源

1961～2030 年间,亚洲人为源 Nr 在环境中富集速率的动态变化与化肥 N 消耗速率的变化相一致,但富集速率略超过化肥 N 消耗速率(图 10.7)。这意味着多余的 Nr 量等于甚至大于化肥 N 的生产量,这样年复一年的累积将增加环境中 Nr 的蓄存量(Zheng 等,2002)。一旦环境中蓄存的 Nr 超过了环境承载力,便可能导致生态恶化,威胁到野生生物的生存,如赤潮爆发导致海洋鱼类死亡等(National Research Council,2000;Galloway 和 Cowling,2002)。虽然对环境中 Nr 累积速率的估计具有很大的不确定性,但揭示其变化趋势对于认识环境 N 污染问题和制定有效的减排措施等均具有重要意义(Zheng 等,2002)。

10.2.4.1　化学合成 N 肥的过量施用

亚洲人口膨胀增加了对食品的需求量,从而刺激了化肥生产与消耗的急剧增加,尤其近年来亚洲某些相对发达的地区出现了氮素化肥过量施用,对区域环境造成了威胁(Zhu 等,2000)。Zheng 等(2002)通过每年的实际化肥 N 消耗量与使农作物保持产量所需要的

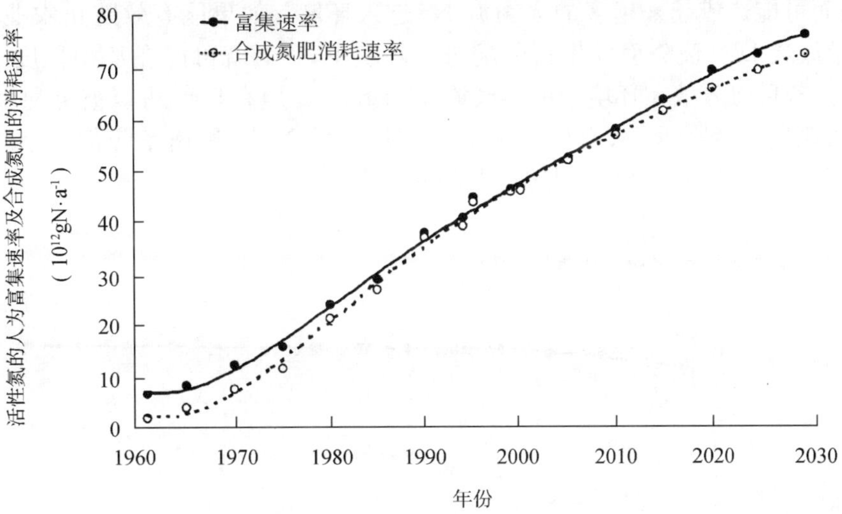

图 10.7　亚洲合成 N 肥的消耗与人类活动产生 Nr 在环境中的富集情况(Zheng 等,2002)

化肥 N 量之差估算了过量施用的量。估算过程中设定亚洲地区矿质肥料 N 的当年利用率为35.6%,有机肥料 N 的当年利用率为 26.5%(朱兆良和文启孝,1992),并假定大气沉降 N 和土壤残留 N(即上一年进入农田土壤的 N 量与移出土壤的 N 量之差)的当年利用率仅为矿质肥料 N 的 1/4。原因是考虑到与当季施入农田的肥料 N(通常在作物最需要的时间施入土壤,因而有较高的当季利用率)不同,这部分 N 不仅仅在作物生长季才具有生物有效性,在其他季节也具有生物有效性,同时也可以通过各种途径损失(Zheng 等,2002)。估算结果显示,不包括中国和印度在内的亚洲发展中国家的化学氮肥施用量在 1961～2030 年间一直处于不足状态(图 10.8a),印度的化学氮肥施用量严重不足将一直持续到本世纪 20 年代(图 10.8b),不包括中国在内的亚洲国家依靠增加化学氮肥施用量来增加农作物产量还没有导致化学氮肥用量过度(Zheng 等,2002)。中国的化学氮肥施用量在上个世纪 80 年代之前处于不足状态,但从 90 年代开始过量施用愈来愈明显(图 10.8b),尤其在中国东部经济相对发达的地区过量施用问题比较严重,但在中国北方和西部地区,化学氮肥施用仍很不足(Zheng 等,2002)。就整个亚洲发达国家而言,化学氮肥施用过量出现于上世纪 70 年代(图 10.8a)。

分析结果同时表明,如果中国和亚洲发达国家的氮素化肥消耗量减少 20%,则可能会减轻化肥过量施用所造成的危害(Zheng 等,2002)。然而,平衡作物生长所需 N 量和化肥氮消耗量,将最多能减少人为 Nr 产量 9%,这远不足以消除未来环境中 N 超负荷的问题(Zheng 等,2002)。

10.2.4.2　农业系统人为源 Nr 的再分布

亚洲地区农业系统的人为源 Nr 通过气态 N(NO_x、NH_3、N_2O、RCN)排放和 DIN 淋溶和/或径流迁移出亚洲,其中只有大约 8%的 Nr(目前约为 2 TgN · a^{-1})通过沉降返回亚洲农田供作物直接利用或家畜间接利用,而 90%以上的沉降 Nr(目前为大约 22 TgN · a^{-1},占农业系统人为源 Nr 的 36%)散落在农田以外的环境中不再被农作物利用(Zheng 等,2002)。对食物需求的不断增长会导致生成更多的人为源 Nr,但其中只有少量能被农作物再利用，因而可能造成越来越多的人为源 Nr 进入环境。如果能有效防止农业源 Nr 通过含氮气体排放或 DIN 流失而发生再分配进入环境中，我们就可能在某种程度上防止环境 Nr 超负荷。若目前分散在环境中的 Nr(约 22 TgN • a^{-1})有 50%可以被再利用，则每年的化学氮肥消耗量将会降低，从而使未来亚洲环境中的 Nr 富集速率降低 20%(Zheng 等，2002)。然而，对亚洲而言，要做到这一点却是巨大的挑战。

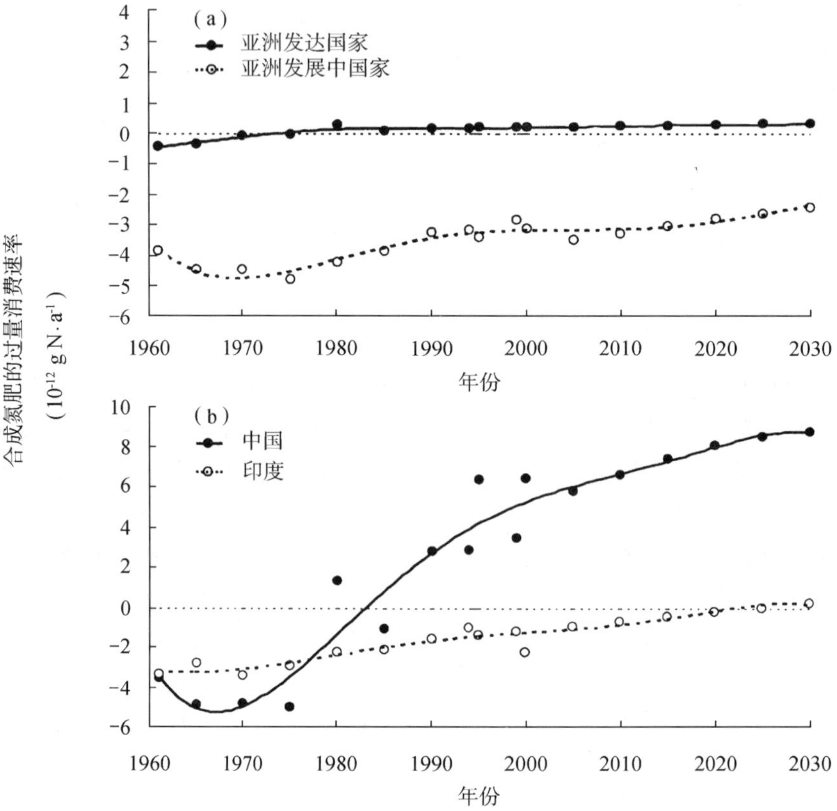

图 10.8　亚洲地区合成氮肥过量消费速率(Zheng 等，2002)

(a) 除印度和中国以外的发达国家和发展中国家；(b) 印度和中国。

10.2.4.3　矿物燃料消费中附带产生的人为源 Nr

1961～2030 年间，亚洲地区人为源 Nr 的 4%～18%是由于矿物能源消费而产生(Zheng 等，2002)。在矿物能源消费过程中，活性氮 Nr(大多为 NO_x)通常是必然的副产物，这些作为副产物的 Nr 仅有 11%～16%(目前为大约 1 TgN • a^{-1})可通过沉降进入农田而成为农作物可利用的潜在 N 源，剩下的部分则直接进入环境(Zheng 等，2002)。随着亚洲工业化的快速发展，仅就消费矿物燃料一项，已导致越来越多的 NO_x 进入环境。目前，矿物燃料消费产生的 NO_x 已达到农业生产产生的 NO_x 量的 3 倍，到 2030 年将可能达到 5 倍(Zheng 等，2002)。矿物能源消费排放的 NO_x 在很短时间内就会沉降到地面，大约 88%会再分布和在环境中累积(Zheng 等，2002)。目前，亚洲由于消费矿物燃料而产生的 NO_x 达 5.7 TgN • a^{-1}，未来 30 年可能达到 14 TgN • a^{-1}(Zheng 等，2002)。

10.3　解决亚洲地区环境 Nr 富集问题的可能途径

亚洲人口占世界总人口的 60%，其耕地面积占世界的 27%，其 Nr 年生成量占全球 Nr 总产量的 41%(Zheng 等，2002)。据 Zheng 等(2002)的分析，亚洲人口的膨胀以及生活水平提高是亚洲人为活动导致环境中 Nr 富集的根源。既然如此，人们做些什么才能减缓环境中 Nr 富集的速率呢?

控制人口增长是一种可行的解决方案吗? 从 20 世纪 70 年代开始，中国实行了严格的计划生育政策，即一对夫妻生育一胎小孩，从而使其人口增长速率得到有效控制。尽管如此，在未来 30 年里，中国人口还将可能达到一个最大值 16 亿(FAO，2001)。亚洲其它发展中国家的人口仍在急剧增长，且尚无有效的控制人口增长的政策或措施，所以 21 世纪的亚洲人口数量似乎不可能明显地减少。过去 40 年里，亚洲人为源 Nr 所导致的 Nr 在环境中的累积量(y，$TgN \cdot a^{-1}$)与亚洲总人口(x，亿)呈线性正相关，即 $y = 22.798x - 34.383$ ($R^2 = 0.98$，$p < 0.001$)(Zheng 等，2002)。由此推知，由于必须为不断增长的亚洲人口提供粮食和能源，在不久的将来降低人为源 Nr 在环境中的富集速率将比较困难(Zheng 等，2002)。一个可能降低人为源 Nr 产生量的办法是研制更有效的 Nr 形态用于农业生产，以有效地缓解气态 Nr 排放和 DIN 从农业系统流失。其它技术(如可以有效阻止矿物燃料消费过程中产生并排放 NO_x 的技术)也需进一步改进。

在削减矿物燃料燃烧产生并排放 NO_x 的新技术研究方面，国际上已经取得了可喜的进展，这些新技术对于未来削减亚洲矿物燃料消费中排放 NO_x 具有很大的潜力(Zheng 等，2002)。例如，使用选择性催化减排装置 (SCR)可使汽车尾气排放的 NO_x减少 90% (Bradley 和 Jones，2002)，这是当今减少矿物燃料燃烧排放 NO_x 的最有效的方法，但是目前其费用尚相当昂贵。Bradley 和 Jones(2002)提及用其它技术可降低矿物燃料燃烧排放 NO_x 30%～90%。如果广泛地在亚洲各国推广使用这些新技术，最多可使亚洲人为源 Nr 所致的环境 Nr 富集速率降低 18%(Zheng 等，2002)。

进一步缓解 Nr 在环境中累积，还必须依赖于可使农业生产中降低化学氮肥施用量的有效措施(Zheng 等，2002)。在开发出可以替代化学氮肥又可供农作物利用的新型高效 Nr 之前，提高化学氮肥的利用效率是降低化学氮肥用量的主要措施，尽管这个措施对于降低亚洲环境 N 负荷几乎无济于事，但这还是近期最主要的可行办法(Zheng 等，2002)。朱兆良和文启孝(1992)总结了一些提高 Fsn 利用率的传统方法，如改肥料表施为深施，采用更合理的肥水管理方案，使用脲酶抑制剂和硝化抑制剂，采用平衡微量营养元素的合理配方施肥，选择缓释氮肥品种等，这些措施可在亚洲广泛推广使用。盆栽实验和大田试验结果表明，抑制剂可使施入农田的化学氮肥的气态损失率降低 0～7%，同时可使其利用率提高 0～5%(朱兆良和文启孝，1992；Xu 等，2000；Xu 和 Zhou，2000)。在缺磷土壤中实行 N、P 平衡施肥，可使化学氮肥的利用率提高 3%～30%(朱兆良和文启孝，1992)。在精确农业管理实践中，通过调查土壤和作物中 N 营养的状况，确定作物生长所需 N 肥量，实施分次施肥优化方案，从而提高化学氮肥的利用率(Zhu，1997)。目前，科学家们还通过遥感技术获得田间作物 N 营养状况的空间分布信息来确定农作物的需 N 量(Rogowski，1996)。同时，通过种植覆盖作物或绿肥作物来缩短休闲时间是减少矿化 N 在土壤中的累积和可移动态矿化 N 流失的一种有效措施(Zhu,1997)。假定从 2000 年开始采用上述措施,那么,每年可减少大约 10%的化学氮肥施用量,这会使亚洲人为源 Nr 所致的环境 Nr 富集速率在未来 30 年里降低大约 8%(Zheng 等,2002)。显然,可改善化学氮肥利用率的这些传统措施并不象人们所期待的那样能有效地降低 Nr 在环境中的富集速率(Zheng 等,2002)。所以,目前一些科学家正在寻找和筛选那些对 N 的施加更敏感、并具有更高利用率的植物类型(Khush 和 Bennett,1992)。

当前人们面临的巨大挑战,不仅仅是要为日益暴涨的亚洲人口生产足够的食物和纤维,而且还要保护环境使其免受农业活动生成的过量 Nr 的负面影响(Cassman 等,2002)。目前迫在眉睫的是人们必须努力寻找或发明可供农作物高效利用的 Nr 以替代低效率的化学氮肥,而这种努力又必须依赖于分子生物学的发展和生物技术的进步。在一个人类可以克隆羊、牛、甚至人类自身的时代,这样的努力似乎有希望达到目的。随着分子生物学的迅速发展以及基因工程等生物技术的快速进步,人类培育出可以像豆科植物一样自身具备生物固氮功能的水稻、小麦、玉米等农作物新品种的时间应当不会太久远。人们正期待着一个很少需要化学氮肥而且粮食作物靠自身固氮就能达到高产的新世界。

参考文献

戴同顺,赵忠生. 1992. 海河流域灌溉平原区氮磷形态转化和淋失的定位研究. 环境科学学报, **12** (4): 497~501.

鲁如坤,刘鸿翔,闻大中,钦绳武,郑剑英,王周琼. 1996. 我国典型地区农业生态系统养分循环和平衡研究. 土壤通讯, **27** (4): 145~151.

马立珊,汪祖强,张水铭,马杏法,张桂英. 1997. 苏南太湖水系农业面源污染及其控制对策研究. 环境科学学报,**17** (1): 39~47.

易秀,薛澄泽. 1993. 氮肥在娄土中的渗漏污染研究. 农业环境保护,**12** (6): 250~253.

袁锋明,陈子明,姚造华,周春生,傅高明,宋永林,李小平. 1995. 北京地区潮土表层中 NO_3^--N 的转化积累及其淋洗损失. 土壤学报,**32** (4): 388~399.

郑循华,王明星,王跃思,沈壬兴,龚晏邦,张文,骆冬梅,金继生,李老土. 1997. 华东稻麦轮作生态系统的 N_2O 排放研究. 应用生态学报, **8**: 495~499.

郑循华,王明星,王跃思,李老土,金继生. 2000. 华东稻麦轮作生态系统冬小麦田 NO 排放观测研究. 应用生态学报,**11**: 577~581.

朱兆良、文启孝主编. 1992. 中国土壤氮素,南京:江苏科学技术出版社.

Bradley, M. J. and Jones, F. M. 2002. Reducing global NO_x emissions: promoting the development of advanced energy and transportation technologies. *AMBIO*, **31**: 141—149.

Caraco, N. F. and Cole, J. J. 1999. Human impact on nitrate export: an analysis using major world rivers. *AMBIO*, **28**: 167—170.

Cassman, K. G., Dobermann, A., Walters, D. 2002. Agroecosystems, nitrogen management, and economics. *AMBIO*, **31**: 132—140.

Colbourn, P., Ryden, J. C., Dollard, G. J. 1987. Emissions of NO_x form urine-treated pasture. *Environmental Pollution*, **46**: 253—261.

Davidson, E. A. and Kingerlee, W. 1997. A global inventory of nitric oxide emissions from soils. *Nutrient Cycling in Agroecosystems*, **48**: 37—50.

Delmas, R., Jambert, C., SerCa, D. 1997. Global inventory of NO_x sources. *Nutrient Cycling in Agroecosystems*, **48**: 51—60.

Duan, S., Zhang, S., Huang, H. 2000. Transport of dissolved inorganic nitrogen from the major rivers to estuaries in China. *Nutrient Cycling in Agroecosystems*, **57**: 13—22.

EIA. (Energy Information Administration, USA). 2001. World Energy Consumption Statistics. (http://www.eia.dep.gov)

FAO. 2001. FAO Statistical Database. (http://apps.fao.org)

Galloway, J. N. 2000. Nitrogen mobilization in Asia. *Nutrient Cycling in Agroecosystems*, **57**: 1—12.

Galloway, J. N. and Cowling, E. B. 2002. Reactive nitrogen and the world: 200 years of change. *AMBIO*, **31**: 64—71.

Galloway, J. N., Schlesinger, W. H., Levy II, H., Michaels, A., Schnoor, J. L. 1995. Nitrogen fixation: Anthropogenic enrichment-environmental response. *Global Biogeochemical Cycles*, **9**: 235—252.

IPCC. 1996. Climate Change 1995: The Science of Climate Change. Cambridge University Press, 86—103.

IPCC. 2001. Climate Change 2001—Synthesis Report: Third Assessment Report of the Intergovernmental Panel on Climate Change. Cambridge University Press.

IPCC, OECD and IEA. 1997. Revised 1996 IPCC Guidelines for National Greenhouse Gas Inventories. The Organ. Eco. Coop. Dev., Paris.

Khalil, M. A. K. and Rasmussen, R. A. 1992. The global sources of nitrous oxide. *Journal of Geophysical Research*, **97**: 14651—14660.

Khush, G. S. and Bennett, J. 1992. Nodulation and nitrogen fixation in rice: potential and prospects. IRRI, Philippines.

Kundu, D. K. and Ladha, J. K. 1995. Efficient management of soil and biologically fixed N_2 in intensively-cultivated rice fields. *Soil Biology and Biochemistry*, **4-5**: 431—439.

Logan, J. A. 1983. Nitrogen oxides in the troposphere: global and regional budgets. *Journal of Geophysical Research*, **88**: 10785—10807.

National Research Council. 2000. Clean Coastal Waters: Understanding and Reducing the Effects of Nutrient Pollution. National Academy Press. Washington, D. C. pp. 405.

OECD. 2001. The World Economy: A Millennial Perspective. (http://www.theworldeconomy.org/statistics.htm)

Oenema, O., Bannink, A., Sommer, S. G. and Velthof, L. G. 2001. Gaseous nitrogen emissions from livestock farming systems. In: Follett, R. F. and Hatfield, J. L. (eds.). Nitrogen in the Environment: Sources, Problems and Management. Elsevier Science, pp. 255—289.

Potter, C. S., Matson, P. A., Viitousek, P. M. and Davidson, E. A. 1996. Process modeling of controls on nitrogen trace gas emissions from soils worldwide. *Journal of Geophysical Research*, **101**: 1361—1377.

Rogowski, A. S. 1996. Quantifying soil variability in GIS application. II. Spatial distribution of soil properties. *International Journal of Geographical Information Science*, **10**: 455—476.

Sanhueza, E. and Crutzen, P. J. 1998. Budgets of fixed nitrogen in the Orinoco Savannash region: role of pyrodenification. *Global Biogeochemical Cycles*, **12**: 653—666.

Seitzinger S. P. and Kroeze, C. 1998. Global distribution in nitrous oxide production and N inputs in freshwater and coastal marine ecosystems. *Global Biogeochemical Cycles*, **12**: 93—113.

Smil, V. 1999. Nitrogen in crop production: an account of global flows. *Global Biogeochemical Cycles*, **13**: 647—662.

Socolow, R. H. 1999. Nitrogen management and the future of good: Lessons from the management of energy and carbon. *Proceeding of National Academy of Science*, *USA*, **96**: 6001—6008.

Xing, G. X. and Zhu, Z. L. 2000. An assessment of N loss from agricultural fields to the environment in China. *Nutrient Cycling in Agroecosystems*, **57**: 67—73.

Xu, X. K., Wang, Y. S., Zheng, X. H., Wang, M. X., Wang, Z., Zhou, L., Van Cleemput, O. 2000. Methane emission from a simulated rice field ecosystem as influenced by hydroquinone and dicyandiamide. *Science of the Total Environment*, **263**: 243—253.

Xu, X. K., Zhou, L. K, Van Cleemput, O, Wang, Z. J. 2000. Fate of urea-^{15}N in a soil—wheat system as influenced by urease inhibitor hydroquinone and nitrification inhibitor dicyandiamide. *Plant and Soil*, **220** (1—2): 261—270.

Zheng, X. H., Wang, M. X., Wang, Y. S., Shen, R. X., Shangguan, X. J., Heyer, J., Kögge, M., Papen, H., Jin, J. S., Li, L. T. 1997. N_2O and CH_4 emission from rice paddies in Southeast China. *Chinese Journal of Atmospheric Science*, **21**: 167—174.

Zheng, X. H., Wang, M. X., Wang, Y. S., Shen, R. X., Li, J., Heyer, J., Kögge, M., Papen, H., Jin, J. S., Li, L. T. 1999. Characters of greenhouse gas (N_2O, NO, CH_4) emissions from croplands of Southeast China. *World Resource Review*, **11**: 229—245.

Zheng, X. H., Wang, M. X., Wang, Y. S., Shen, R. X., Gou, J., Li, J., Jin, J. S., Li, L. T. 2000a. Impacts of soil moisture on nitrous oxide emission from croplands: a case study on the rice-based agro-ecosystem in Southeast China. *Chemosphere-Global Change Science*, **2**: 207—224.

Zheng, X. H., Wang, M. X., Wang, Y. S., Shen, R. X., Li, J. 2000b. Mitigation options for methane, nitrous oxide and nitrous oxide emissions from agricultural ecosystems. *Advance of Atmospheric Science*, **17**: 83—92.

Zheng, X. H., Fu, C. B., Xu, X. K., Yan, X. D., Huang, Y., Han, S. H., Hu, F., Chen, G. X. 2002. The Asian nitrogen cycle case study. *AMBIO*, **31**(2): 79—87.

Zheng, X. H., Huang, Y., Wang, M. X. 2003. Seasonal characteristics of nitric oxide emission from a typical Chinese rice-wheat rotation during the non—waterlogged period. *Global Change Biology*, **9**: 219—227.

Zhu, J. G., Han, Y., Liu, G., Zhang, Y. L., Shao, X. H. 2000. Nitrogen in percolation water in paddy fields with a rice/wheat rotation. *Nutrient Cycling in Agroecosystems*, **57**: 75—82.

Zhu, Z. L. 1997. Nitrogen balance and cycling in agroecosystems of China. In: Zhu, Z. L., Wen, Q. X. and Feney, J. R. (eds.). Nitrogen in Soils of China. Kluwer Academic Publishers. Dordrecht/Boston/London, pp. 323—330.

结　语

随着社会经济的不断发展，人类对全球环境的影响仍将继续。在未来的若干年乃至一个世纪内，全球变化仍将是人类共同关注的主题。可以预计，作为全球变化研究的核心议题之一，陆地碳氮循环及其对全球变化的响应和反馈的研究必将进一步深入。未来的研究需关注以下几个方面：

(1)陆地温室气体排放的综合全球增温潜势

对稻田 CH_4 排放的研究表明，烤田能显著抑制 CH_4 的排放，但同时却促进了 N_2O 的排放和 CO_2 的排放。研究农业活动对温室气体排放的影响必须考虑综合的全球增温潜势(Global Warming Potential)，特别是当人们试图采取某种措施以减少某种温室气体的排放时。

(2)根际微生态系统碳氮交换

根际微生态系统是植株和土壤联系最紧密的区域，同时也是土壤中微生物最活跃的区域。植物参与使得该区域具有特殊的生态结构和功能。已有资料表明，大约有 20%～50%的植物光合产物被输送到地下，形成根际微生态系统的碳流。迄今为止，人们尚不完全清楚这些碳流的微生物利用和转化对土壤碳释放的影响和土壤碳库的贡献，以及土壤氮素如何影响这些碳流的微生物利用和转化。因此，加强根际微生态系统碳氮交互作用的微生物学机理研究必将有助于人们进一步了解植物在地气系统碳氮交换中的作用。

(3)碳循环与氮循环、水循环过程的耦合

目前全球范围内已经建立了若干碳通量观测网络，如欧洲的 EuroFLUX，美国的 AmeriFLUX，亚洲的 AsiaFLUX 及我国的 ChinaFLUX，但是现有的观测内容大部分集中在水热通量，碳通量和植被生长状况等。我们并不完全清楚每年大气的氮沉降给陆地生态系统提供多少氮源，社会经济的发展对此有何影响以及这些氮源对陆地碳循环的贡献如何。就目前发表的陆地生物地球化学模型来看，大部分模型已将碳循环过程与大气降水和蒸散过程相耦合，但只有极少数模型考虑了氮素的作用。尽管我们知道氮素营养是陆地植被生产力的主要限制因子，但是仍然没有将土壤氮素供应、大气氮沉降和人工施肥等有效地耦合到碳循环过程/模型中。

(4)陆面模型与气候模型的耦合

IPCC 报告中引用的相关气候模型考虑了大气中温室气体浓度对全球增温的贡献，但是陆面过程(如植被动态、陆地碳氮循环和温室气体排放等)对气候变化的响应和反馈作用如何却难以得知。毫无疑问，温度升高和降水分布变异等将对陆面过程产生重要的影响，而这些影响又将在一定程度上驱动气候变化。陆面模型与气候模型不该是两个互不相关的模型，而是应该互为输入和输出地耦合在一起。

(5)陆地生物地球化学模型的验证

模型的有效性检验是客观评估现实世界(如全球碳源汇的现实格局)和准确预测未来世界的基础。虽然国际上已开发研制出几十个陆地生物地球化学模型，然而对模型的有效性检验却太少了。利用目前的数据，陆地生物地球化学模型难以得到充分的验证。随着区域性碳通量网络的进一步发展和相关观测的深入，我们有可能对已有模型进行较为细致而系统的验证。只有将经过充分验证过的陆面模型与气候模型相耦合方能客观预测与评价陆面过程对气候变化的响应和反馈。

(6)基础数据库的建设与开放

气候、土壤和植被动态数据是研究区域乃至全球尺度陆地碳氮循环的必备基础，无论是机理研究还是模型研究均离不开这些基础数据。长期以来，由于缺乏相关的政策法规，不同领域研究者所开发的数据库难以得到有机的整合，并且很少向相关研究机构和研究者开放，这对于深入研究陆地碳氮循环是一个极大的限制。因此，通过政府相关部门的协调和科学群体的相互协作，综合集成现有的基础数据、增加新的观测内容和强化数据质量控制，建设并逐步完善和开放基础数据库是必要的。